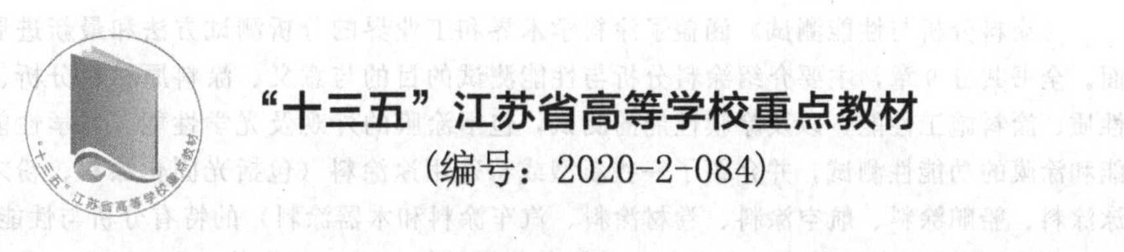

“十三五”江苏省高等学校重点教材

（编号：2020-2-084）

涂料分析与性能测试

◎ 刘仁 罗静 主编

化学工业出版社

·北京·

内容简介

《涂料分析与性能测试》涵盖了涂料学术界和工业界的分析测试方法和最新进展，内容全面。全书共分9章，主要介绍涂料分析与性能测试的目的与意义、涂料原材料分析、涂料产品性质、涂料施工性能，以及涂膜性能的测试，包括涂膜的外观及光学性能、力学性能、防护性能和涂膜的功能性测试，并介绍了一些新型或特殊用途涂料（包括光固化涂料、粉末涂料、电泳涂料、船舶涂料、航空涂料、卷材涂料、汽车涂料和木器涂料）的特有分析与性能测试。

《涂料分析与性能测试》可供高等学校高分子材料与工程，化学、应用化学、化学工程与工艺、精细化工等专业师生使用；也可供涂料研发、涂料生产、涂料应用等科研技术人员参考。

图书在版编目(CIP)数据

涂料分析与性能测试 / 刘仁，罗静主编. —北京：化学工业出版社，2022.8（2025.2重印）
"十三五"江苏省高等学校重点教材
ISBN 978-7-122-40454-1

Ⅰ.①涂… Ⅱ.①刘… ②罗… Ⅲ.①涂料－分析－高等学校－教材②涂料－检测－高等学校－教材 Ⅳ.①TQ630.7

中国版本图书馆CIP数据核字（2022）第080097号

责任编辑：丁建华
责任校对：李雨晴　　装帧设计：韩　飞

出版发行：化学工业出版社（北京市东城区青年湖南街13号　邮政编码100011）
印　　装：北京科印技术咨询服务有限公司数码印刷分部
787mm×1092mm　1/16　印张16.75　字数414千字　2025年2月北京第1版第3次印刷

购书咨询：010-64518888　　售后服务：010-64518899
网　　址：http://www.cip.com.cn
凡购买本书，如有缺损质量问题，本社销售中心负责调换。

定　　价：59.00元

前言

涂料是涂于物体表面能形成具有保护、装饰或特殊性能的固态涂膜的一类液体或固体材料之总称。早期大多以植物油为主要原料，故有油漆之称。现在其中的植物油大部分被合成树脂取代，故统一称为涂料。涂料是高分子材料应用领域中的一个重要方向，在汽车、家具、建筑、航空航天、军事等领域起着至关重要的作用，已成为衡量一个国家国民经济发展程度的重要标志之一。我国涂料年产量已经超过 2000 万吨，跃居世界第一位。我国虽是涂料生产和使用大国，但目前全球排名前 20 的涂料公司中仅有一家中国公司，因此我国涂料科学与技术的发展，以及高质量人才培养依然任重道远。

涂料科学是建立在高分子化学、有机化学、无机化学、胶体化学、表界面化学、流变学、材料力学等学科基础上的一门综合性学科，同时也是一门应用性和实践性非常强的学科。涂料专业人才的知识体系包括树脂的合成、涂料配方调制、涂料涂装固化到涂膜性能测试这一系列环节。在这些环节中，掌握涂料原材料、配方的分析和涂层性能检测是学习研究过程中“知其所以然”的关键所在。随着涂料科学与技术的发展，在传统溶剂型涂料之外，新发展的水性涂料、粉末涂料、光固化涂料及高固体分涂料等绿色涂料，对涂料分析和性能测试提出了全新要求。同时，新兴材料分析技术的发展有效丰富了涂料科学与技术的研究手段，如常见的摆杆硬度、铅笔硬度、划痕硬度等方法主要用于获取涂层宏观硬度数据，而纳米压痕技术的运用所获得的纳米压痕硬度则可获得涂层纳米尺度的性能参数，有助于开展更深入的涂料结构-性能研究。

涂料分析和性能测试知识的运用贯穿了涂料理论学习和实践实验的整个过程，而现有教材大多都是基础教程或者技术类教程，偏重于涂料的理论知识、配方或涂装过程，学生只能通过国家标准、行业标准、国外标准以及中外发表的论文、涂料类书籍等查阅所需表征与测试方法，有时需要结合查阅多种资料才能将每种表征测试方法的应用范围、试样制备、测试原理、测试方法和结果表示研究清楚。研究建立标准的涂料测试方法，创新涂料表征技术，将其归纳成册，对涂料工业的发展具有重要的学术价值和经济价值。

江南大学化学与材料工程学院从 1999 年开始即对高分子材料与工程专业本科生设立了涂料专业方向，建有系统的涂料专业方向课程体系。作为国家特色专业和国家一流本科建设专业的江南大学涂料专业方向，在办学 20 年中培养了一大批本硕博学历的涂料专业人才，在教学过程中同样深受没有教材的困扰。因此，我们基于多年的教学经验和科研体会开展了本书的编写工作。全书分为 9 章，第 1 章为绪论，主要介绍涂料分析与性能测试的目的与意义；第 2 章为涂料原材料分析；第 3 章为涂料产品性质；第 4 章为涂料施工性能；第 5~8 章为涂膜性能测试，分别系统叙述了涂膜的外观及光学性能、力学性能、防护性能及功能性测试方法；第 9 章介绍了一些新型或特殊用途涂料（包括光固化涂料、粉末涂料、电泳涂料、船舶涂料、航空涂料、卷材涂料、汽车涂料、木器涂料）的特有分析与性能测试方法。

本书由刘仁、罗静主编，第 1、2、8、9 章由刘仁编写，第 3 章由孙冠卿编写，第4~7章由罗静编写。全书由刘仁、罗静统稿。

由于涂料分析与性能测试技术发展速度快，涉及面广，技术创新层出不穷，加之我们的水平所限，书中疏漏之处在所难免，恳请读者不吝赐教，提出宝贵意见。

编者

2022 年 5 月

目 录

第1章 绪论

1.1 涂料的定义和范围、组成与分类

从史前时代开始，涂料（在中国传统名称为油漆）就一直在人类生活中发挥着保护和装饰作用，直至近几十年来发展起来的功能性作用，涂料成为了一种施涂在基材（底材）表面，起到保护、装饰和赋予一定功能性等作用的高分子材料。从家里的桌椅、地板上的木器涂料到金属眼镜、饰品上的电泳涂料，从交通道路上的路标涂料到桥梁、管道的防腐涂料，从水中舰船底部的防污涂料到空中飞机上的蒙皮涂料，涂料在我们生活中处处可见，因为施涂涂料是改变物体表面性质和性能的最简便且便宜的方法之一。涂料在未施涂之前处于液体或者固体（粉末）状态，当把它涂布在基材表面之后，经过自然或者人工的方法干燥固化形成一层薄膜，可以均匀、良好地覆盖在基材的表面。虽然金属、陶瓷和有机聚合物等都可以作为涂层材料使用，在本书中，我们将讨论范围限定在有机涂料。

有机涂料是一种混合物，配方通常包含成膜物（树脂）、溶剂、颜填料和助剂等四部分。成膜物在很大程度上决定了涂料的性质，传统涂料主要使用植物油基成膜物，在我国主要为桐油和天然漆（又名大漆、国漆，有生漆、熟漆之分）。自20世纪初以来，尤其是20世纪30年代以来，高分子材料科学的快速发展使得以石油为原材料的合成树脂大量涌现，以环氧树脂、丙烯酸树脂、聚氨酯树脂等为代表的一系列合成树脂性能优良、质量稳定、价廉易得，目前是涂料工业主要使用的成膜物。大多数涂料中都含有溶剂，溶剂在树脂合成、涂料配置和施工过程中发挥着重要作用。它使涂料在施工前具有足够的流动性，而在施工过程中或施工后挥发，加速涂料的干燥固化。出于环保目的，涂料界一直在努力发展高固体分涂料、水性涂料或无溶剂涂料等环保涂料，以降低溶剂用量。颜填料是分散在涂料中的不溶性固体颗粒，为涂料提供颜色和不透明性，也可以发挥提升耐磨性和防腐蚀性等的作用。涂料中通常添加有少量的助剂，用以改变涂料的某些性质，例如催干剂、防沉剂、润湿剂、消泡剂和流平剂等。

1.2 涂料类型和发展趋势

涂料的分类方法有很多，很难用一种分类标准将所有的涂料进行简单归类，主要的分类方法有以下几种：依据成膜物的不同进行分类，例如醇酸树脂涂料、丙烯酸树脂涂料、聚氨酯树脂涂料、氨基树脂涂料和环氧树脂涂料等；从溶剂来分，可分为水性涂料、溶剂型涂料、高固体分涂料、粉末涂料和无溶剂型涂料等；根据固化方式的不同，可以将涂料分成自然固化涂料、热固化涂料和辐射固化涂料等；根据涂料市场和用途进行分类则是目前国际上较为通用的方法，可以将涂料分成建筑涂料、汽车涂料、家具涂料、塑料涂料、纸张涂料、木器涂料和金属防腐涂料等，可谓种类繁多。

作为高分子材料应用领域中的一个重要方向，涂料在汽车、家具、建筑、航空航天、军事等领域起着至关重要的作用。近年来，随着各种新兴应用需求的出现，以及各种环保法规政策和标准的出台，涂料行业正在不断追求新原材料、新工艺、新设备和新应用技术的突破。从原材料来讲，在当下碳中和时代背景下，开发生物基产品替代传统石化基产品是涂料企业实现绿色低碳可持续发展的根本出路，因此生物基原材料和涂料已成为涂料行业发展的新风口。同时，现代涂料对涂料溶剂使用量的规定愈发严格，因此以水性、粉末、辐射固化、高固体分和无溶剂涂料等为代表的环境友好型涂料逐步成为主流的涂料类型。中国涂料行业“十四五”发展规划中提出，中国计划最迟到2025年使环境友好型涂料品种产量在涂料总产量中的占比达到70%。此外，具有抗菌、自修复、防污、自清洁、防火等功能的功能涂料以及耐高温涂料、光纤涂料、重防腐涂料等高性能涂料虽然占涂料总产量的比例较低，但却往往是其他相关行业发展的关键材料，甚至具有不可替代性，因此涂料的高性能化、功能化乃至智能化也是涂料行业的重要发展趋势之一。

1.3 涂料分析与性能测试的目的与意义

近现代以来，全球涂料行业蓬勃发展，至2020年，全球涂料总产量已达近1亿吨。我国涂料在制造和应用方面也进入了稳定增长期，涂料年产量由“十二五”末的1717.6万吨增长至“十三五”末的2459.1万吨，平均年增长率达到了7.44%。涂料行业在近现代的发展当然受益于现代工业的兴起以及人类消费需求增长的带动，但更重要的是它从一种“经验性技艺”走进了科学与技术的发展道路，基础理论的不断丰富、原材料和应用技术的持续创新赋予了涂料行业强盛的发展力。

时至今日，涂料科学已是建立在高分子化学、有机化学、无机化学、胶体化学、表界面化学、流变学、材料力学等学科基础上的一门综合性学科，同时也是一门应用性、实践性和交叉性非常强的学科。涂料专业人才的知识体系包括从树脂合成、涂料配方调制、涂料涂装固化到涂膜性能测试等一系列环节。在这些环节中，掌握涂料原材料、配方的性质分析和涂层性能检测是涂料研究和应用过程中“知其所以然”的关键所在，准确可行的分析检测方法是涂料实现稳定应用的保障，也是涂料原材料、工艺、装备和应用技术等创新的基础。

涂料分析具有显著的行业特点，例如对于成膜物，不仅要运用通用的红外光谱、紫外-

可见光光谱和核磁共振谱、凝胶渗透色谱等方法表征其化学结构，还要对其流变性、颜填料润湿性、色泽、透明性等进行考察，以满足综合的涂料涂装和固化性能要求。大多数涂料的分析要根据其涂料类型特点或其具体应用领域分别建立表征手段，例如通过表征光固化涂料的双键转化率和体积收缩率，可以更好地理解其对涂料附着力和固化程度的影响；通过泳透力的测试可以方便地表征电泳涂料在电泳涂装过程中背离电极的被涂物表面的上漆能力；T弯和杯突测试则有效地模拟了预涂板材加工中涂料的抗冲击和抗弯折能力。而近些年来涂料科学与技术蓬勃发展，涂料的应用领域越来越广泛，更为准确和更能反映实际情况的新表征方法还在不断被开发出来，以满足新的应用需求。

新兴材料分析与表征技术的发展有效丰富了涂料科学与技术的研究手段，如常见的摆杆硬度、铅笔硬度、划痕硬度等方法主要用于获取涂层宏观硬度数据，而纳米压痕技术的运用所获得的纳米压痕硬度则可获得涂层纳米尺度的性能参数，有助于开展更深入的涂料结构-性能研究。有机-无机杂化技术、自组装技术、纳米技术、微胶囊技术不断推动了高性能功能性涂料的应用，但这些涂层有时在应用时的厚度小于1μm，传统涂料的厚度测试方法已无法满足测试要求，台阶仪法、椭圆偏振法等方法适时地被引入到了涂料厚度的表征中。

防火涂料、防雾涂料、抗菌涂料等功能涂料类型不断丰富，应用领域不断拓展。涂料防火性能、防污性能、防雾性能、抗菌性能、导电性能等的功能性测试方法的建立是功能涂料不断发展的基础。同时在传统溶剂型涂料之外新发展的水性涂料、粉末涂料、光固化涂料及高固体分涂料等绿色涂料，对涂料表征和性能检测也提出了全新要求。如传统溶剂型涂料的挥发分检测方法是计算涂料固化前的加热质量损失，而光固化涂料由于含有大量活性稀释剂，且在固化后的涂抹中亦有所残留，因此其挥发分的检测需分别计算固化前、固化中和固化后三个阶段的质量损失。

我国已是一个涂料生产和使用大国，但2020年全球营收前10的涂料企业中没有一家是中国企业。作为涂料科学与技术体系中重要的组成部分，涂料分析与性能测试技术可以帮助研发人员了解和开发原材料和新型涂料；帮助生产和分析人员进行控制分析和生产过程管理；帮助涂料应用者评价和跟踪分析产品性能。因此，发展涂料分析与性能测试新技术、新标准，有助于我国从“涂料大国”真正发展成为涂料强国。

参考文献

[1] 洪啸吟，冯汉保，申亮．涂料化学［M］．北京：科学出版社，2019.

[2] 陈燕舞．涂料分析与检测［M］．北京：化学工业出版社，2009.

[3] 温绍国，刘宏波，周树学．涂料及原材料质量评价［M］．北京：化学工业出版社，2013.

[4] 虞莹莹．涂料工业用检验方法与仪器大全［M］．北京：化学工业出版社，2007.

[5] 刘仁．功能涂料［M］．北京：化学工业出版社，2019.

第2章

涂料原材料分析

2.1 树脂

涂料生产中，人们总是追求涂料产品能够达到所要求的各项性能指标，并且具有一定的贮存稳定性，同时还要适应施工条件的要求，施工后形成优异的涂层。这些对涂料的要求在很大程度上取决于成膜树脂的性质，而成膜树脂的性质既与树脂的化学结构有关，又与其分子量和分子量分布有关。

2.1.1 分子量

树脂是涂料体系的重要组成部分，起成膜作用。树脂本质上是混合物，其组成分子结构决定了涂料的性质。在成膜树脂的选择过程中，树脂的类型和技术指标往往是比较受重视的，而对于树脂的分子量（M）及其分布这一反映树脂产品内在质量的因素容易被忽视。实际上成膜树脂的分子量及其分布是影响涂料品质性能的重要因素之一，是涂料性能能否令人满意的关键。从性能考虑应选择高分子量成膜树脂制造涂料，因为高分子量树脂具有较好的耐候性能。从施工条件考虑，应选择低黏度的树脂，故低分子量树脂有利于制造涂料，但低分子量树脂的耐候性和耐水性均较差。所以选择适当分子量和分子量分布的树脂制造涂料是十分必要的。因此，树脂的分子量及其分布的测定非常重要。

一般用平均分子量来描述高分子化合物的分子量大小，平均分子量可分为数均分子量（M_n）、重均分子量（M_w）和黏均分子量（M_η），其中重均分子量和数均分子量之比称为多分散性指数（polydispersity index，PDI）。

2.1.1.1 黏度法（黏均分子量 M_η）

（1）测试原理

聚合物溶液的黏度对其平均分子量也有很大的依赖性，可利用这一特性来测定聚合物的分子量。

除了分子量，聚合物溶液的黏度与其浓度有关，故在测定分子量的过程中首先要排除浓度对黏度的影响，以下两个公式表达了聚合物溶液的黏度对其浓度的依赖关系：

$$\text{Huggins 式：}\frac{\eta_{sp}}{C}=[\eta]+K_H[\eta]^2C \tag{2-1}$$

$$\text{Kraemer 式：}\frac{\ln\eta_r}{C}=[\eta]+K_K[\eta]^2C \tag{2-2}$$

式中，η_{sp}为增比黏度；η_r为相对黏度；C 为溶液浓度；K_H，K_K 为常数；$[\eta]$ 为聚合物溶液的特性黏度，和浓度无关。

若以 η_{sp}/C 和 $\ln\eta_r/C$ 分别对 C 作图（见图 2-1），则它们外推到 $C\rightarrow0$ 的截距重合于一点，即两直线相交于一点，此截距即为 $[\eta]$，其值等于 $[\eta]$。两条直线的斜率分别代表常数 K_H和 K_K。

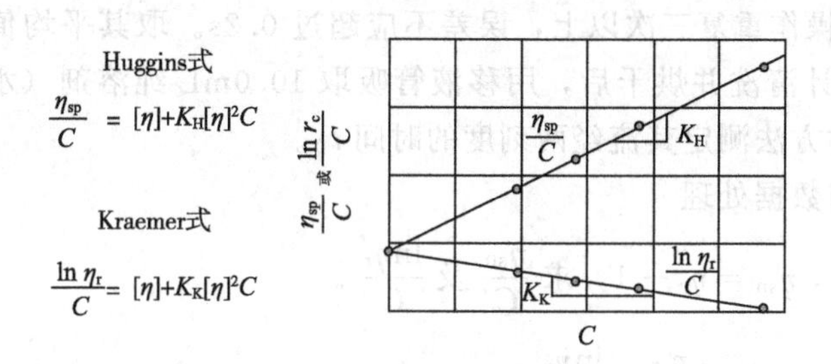

图 2-1　η_{sp}/C 和 $\ln\eta_r/C$ 对 C 的关系图

当聚合物的化学组成、溶剂和温度都确定后，特性黏度 $[\eta]$ 就只和聚合物的分子量有关，它们的关系可用 Mark-Houwink 公式来表达：

$$[\eta]=KM^{\alpha} \tag{2-3}$$

式中，K、α 值主要依赖于大分子在溶液中的形态。无规线团形状的大分子在不良溶剂中呈十分蜷曲的形状，α 为 0.5～0.8；在良溶剂中，大分子因溶剂化而较为舒展，α 为 0.8～1；而对棒状分子，$\alpha>1$。从文献或有关手册查出 K、α 值，就可以计算出聚合物的分子量。

（2）测试仪器与试剂

仪器：三支管乌氏黏度计（见图 2-2）；玻璃恒温水浴；秒表；洗耳球；锥形瓶（50mL）；砂型漏斗；移液管（10mL、20mL）。

试剂：聚乙烯醇（PVA）水溶液。

（3）测试步骤

① 黏度计的选择。黏度计选择恰当与否与分子量测定的准确性有很大的关系。由于稀释法需测定不同浓度下的溶液黏度，最简便的方法是在黏度计里逐步把溶液稀释，这样流经

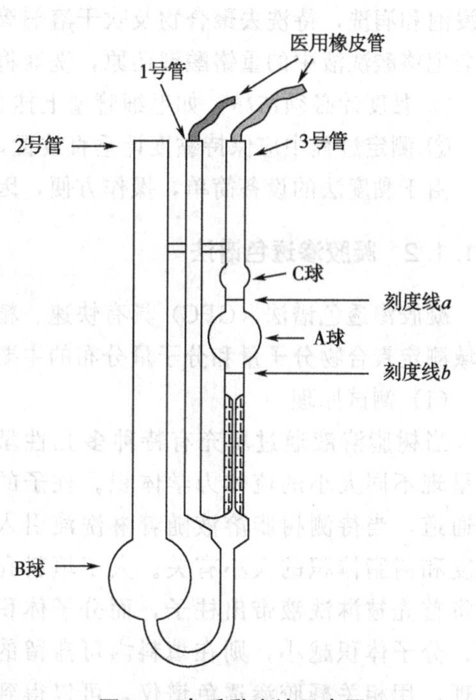

图 2-2　乌氏黏度计示意图

a 和 b 两刻度所需时间，就不受黏度计内溶液体积变化的影响。黏度计毛细管直径和 A 球大小的选择，务必使纯溶剂流经 a、b 两刻度的时间大于 100s，这样动能校正项可忽略不计。毛细管直径不宜小于 0.5mm，以防因堵塞影响流出时间的重现性。

② 试样准备与溶解。配制浓度为 1 %、0.5 %、0.25 %、0.2 %（质量分数）的聚乙烯醇（PVA）水溶液。

③ 黏度测定。在黏度计的 1 和 3 号管上小心地接上医用橡皮管，用铁夹夹好黏度计的 2 号管，然后把黏度计垂直地放于已调温至（35.0±0.1)℃的玻璃恒温水浴中，并使 B 球完全浸入水面下。用移液管向 2 号管注入 10mL 过滤溶液，恒温约 15min 后，用夹子（或用手）夹紧 1 号管上的橡皮管使其不通气，并用洗耳球（或注射器）从 3 号管上的橡皮管中抽气，使溶剂吸至 a 上方的球（C 球）一半时停止抽气。移开洗耳球（或把注射器拔下），再放开 1 号管的夹子，使空气进入 B 球，形成一气承悬液柱，随后即用秒表记录溶液流经 a、b 两刻度所需时间 t。上述操作重复三次以上，误差不应超过 0.2s。取其平均值作为该浓度下溶液流出时间 t。将黏度计清洗并烘干后，用移液管吸取 10.0mL 纯溶剂（水）于黏度计中，在同样条件下，按上述方法测定其流经两刻度的时间 t_0。

（4）测试结果与数据处理

① 根据 $\eta_r=\dfrac{t}{t_0}$，$\eta_{sp}=\eta_r-1$，求 $\dfrac{\eta_{sp}}{C}$ 及 $\dfrac{\ln\eta_r}{C}$。

② 作图外推求 $[\eta]$。以 $\dfrac{\eta_{sp}}{C}$、$\dfrac{\ln\eta_r}{C}$ 分别为纵坐标，浓度 C 为横坐标，将两条直线外推于 $C=0$，求出 $[\eta]$。

③ 根据式（2-3）计算分子量。

（5）注意事项

① 在使用有机物质作为聚合物的溶剂时，盛放过聚合物溶液的玻璃仪器，应先用这种溶剂浸泡和润洗，待洗去聚合物及吹干溶剂等有机物质后，才可用铬酸洗液浸泡，否则有机物质会把铬酸洗液中的重铬酸钾还原，洗液将失效。

② 黏度计必须洁净，如毛细管壁上挂有水珠，需用吹风机吹干。

③ 测定过程中应保持黏度计垂直放置，否则结果的准确性会受影响。

由于黏度法的设备简单，操作方便，因此应用最为普遍。

2.1.1.2 凝胶渗透色谱法

凝胶渗透色谱法（GPC）具有快速、精确、重复性好等优点，目前成为科研和工业生产领域测定聚合物分子量和分子量分布的主要方法。

（1）测试原理

当树脂溶液通过填充有特种多孔性填料的柱子时，溶液中树脂因其分子量的不同，而呈现不同大小的流体力学体积。柱子的填充料表面和内部存在着各种大小不同的孔洞和通道，当待测树脂溶液随着淋洗液引入柱子后，溶质即向填料内部孔洞渗透，渗透的程度和树脂体积的大小有关。大于填料孔洞直径的树脂只能穿行于填料的颗粒之间，因此将首先被淋洗液带出柱子，而分子体积小于填料孔洞的树脂，则可以在填料孔洞内滞留，分子体积越小，则在填料内可滞留的孔洞越多，因此被淋洗出来的时间越长。按此原理，用相关凝胶渗透色谱仪，可以得到聚合物中分子量分布曲线。用已知分子量的标准聚合物对上述分子量分布曲线进行分子量标定，可得到各组分的相对分子质量。由于不同树脂在溶剂中的溶解温度不同，有时需在较高温度下才能制成溶液，这时GPC柱子需在较高温度下工作。

(2) 测试仪器与试剂

仪器：凝胶渗透色谱仪主要由输液系统、进样器、色谱柱（可分离分子量范围$2\times10^2\sim 2\times10^6$）、示差折光检测器、记录系统等组成。

试剂：一组不同分子量分布窄的聚苯乙烯，四氢呋喃（色谱纯，流动相），待测样品。

(3) 测试方法

① 调试运行仪器：选择匹配的色谱柱，在实验条件下测定校正曲线（一般是40℃）。

② 配制试样溶液：将聚苯乙烯试样溶解在四氢呋喃里配制试样溶液，浓度为0.3%。

③ 用注射器吸取四氢呋喃，进行冲洗，重复几次。然后吸取5mL试样溶液，排除注射器内的空气，将针尖擦干。

将六通阀扳到“准备”位置，将注射器插入进样口，调整软件及仪器到准备进样状态，将聚苯乙烯试样溶液缓缓注入，而后迅速将六通阀扳到“进样”（“INJECT”）位置。将注射器拔出，并用四氢呋喃清洗。

抽取试样时注意赶走内部的空气；试样注入至调节六通阀至“进样”的过程中注射器严禁抽取或拔出。在注入试样时，进样速度不宜过快。速度过快，可能导致定量环内靠近壁面的液体难以被赶出，而影响进样的量；稍慢可以使定量环内部的液体被完全平推出去。

④ 获取数据。

⑤ 实验完成后，用色谱纯溶剂流过清洗色谱柱。

(4) 结果表示

GPC仪都配有数据处理系统，同时给出GPC谱图和各种平均分子量和多分散系数。

2.1.2 化学结构

涂料树脂的微观分子结构决定了涂层的性能（如附着力、柔韧性、耐温性、耐候性、硬度等），因此树脂的结构分析是涂料分析的最重要环节，也是涂料开发的最重要环节。红外光谱是聚合物结构鉴定最常用的方法之一，通过红外光谱测试分析可获得聚合物的化学键及特征官能团的信息。而且，红外光谱对样品没有任何限制，因此其应用非常广泛。

红外光谱可以鉴定高聚物的主链结构、取代基和双键的位置、相转变。总之，在微结构上起变化而在光谱上出现特殊谱线的过程都可以用红外光谱来研究。因此，在开发新产品时，可跟踪官能团的变化来指导工艺配方和合成条件，为最佳配方、最佳工艺路线的选择提供可靠的依据。如可用红外光谱法跟踪分析环氧树脂、丙烯酸树脂、聚氨酯等树脂的固化机理；由NCO和OH基团的变化来判断聚氨酯涂料的固化条件和固化时间；由羟基基团的变化推断出环氧树脂的固化过程。

(1) 测试原理

聚合物中的很多官能团（例如羟基、羰基、氨基、氨酯基、酰胺基、甲基、亚甲基、氰基等）都有特征红外吸收峰，因此通过红外光谱的出峰位置可以判断待测样品中存在哪些官能团，为确定待测样品的化学结构奠定了基础。而且官能团所处化学环境的不同会使其出峰位置以及峰形发生细微变化，这为研究表征分子内和分子间相互作用创造了条件。人们还采集了成千上万种已知化合物的红外光谱，编成红外光谱标准谱图库，只需把测得未知物的红外光谱与标准库中的光谱进行比对，便可判定待测样品的组成。

(2) 样品制备

样品的制备是红外光谱测试中很重要的一个环节，它的好坏影响到谱图的质量及解析的正确性。涂料用树脂基本上都是液体或固体，液体样品一般采取液膜法或溶液法制备，固体样品一般采取压片法或薄膜法制备。

① 液膜法。该法适用于沸点高于80℃不易挥发的液体。使用两块溴化钾或氯化钠盐片，将待测液体滴1～2滴到盐片上，用另一块盐片将其夹住，固定或放入样品室测量。测量时需注意不要让气泡混入，使用以后要立即拆除，用脱脂棉蘸氯仿、丙酮擦净。

② 溶液法。溶液法适用于挥发性较强的液体样品的测定。另外，对于一些吸收性很强的液体，当用调整厚度的方法仍然得不到满意的图谱时，也可以配制成溶液以降低浓度。这种方法对溶剂的选择要求比较高。除了对待测样品有足够的溶解度外，还应在所测光谱区域内溶剂本身没有强烈的吸收，不会对盐窗产生侵蚀。原则上，常选用分子简单、极性小的物质作为试样的溶剂。例如，CS_2 是 1350～600cm^{-1} 区域常用的溶剂，CCl_4 是 4000～1350cm^{-1} 区域常用的溶剂（在 1580cm^{-1} 附近稍有干扰）。

③ 压片法。固体样品常用光谱纯的溴化钾（300mg）和样品（0.5～3mg）在玛瑙研钵中充分磨细，在压片机上边抽气边加压，得到一个直径为 10mm、厚 1mm 的透明薄片，放入仪器中进行测试。

④ 薄膜法。涂料用树脂一般成膜性比较好，可以先将其溶于挥发性溶剂制成溶液，倒在洁净的表面上，使溶剂挥发形成薄膜，将薄膜固定后进行测量。

(3) 红外光谱解析的三要素

红外光谱具有鲜明的特征性，观察谱带的最大吸收位置、吸收强度和谱带形状是解析红外光谱的三要素，在解析红外光谱时，要同时注意吸收峰的位置、强度和峰形。其谱带的数目、位置、形状和强度都随化合物不同而各不相同。

红外光谱仪分析鉴定树脂组成，主要依靠对光谱与化学结构关系的理解、掌握和经验积累，与标准谱图对照，灵活运用基团特征吸收峰及其变迁规律，逐步推出正确的结构，以确定未知物的结构及名称。实际应用中，往往把肯定法、否定法和直接核对标准谱图法联合使用，就可以简单迅速地做出正确判断。

(4) 几种常见涂料树脂的红外光谱特征

图 2-3～图 2-5 给出了几种常见涂料树脂的红外光谱图的实例。

图 2-3 (a) 为双酚 A 环氧丙烯酸酯树脂的红外光谱图，其结构式如图 2-3 (b) 所示。图 2-3 (a) 中 806cm^{-1} 处为双酚 A 结构中苯环的振动峰，1633cm^{-1} 处振动峰归属于丙烯酸结构中双键，1724cm^{-1} 处为羰基结构峰，1178cm^{-1} 以及 1037cm^{-1} 处的峰归属于结构中的醚键，3438cm^{-1} 处为羟基的振动峰。

图 2-4 为水性双酚 A 环氧丙烯酸酯树脂的红外光谱图及结构式。图 2-4 (a) 中，3400cm^{-1} 处出现的特征吸收峰归属于—OH 的伸缩振动，3040cm^{-1} 处较弱的吸收峰归属于环氧基团的 C—H 伸缩振动，2910cm^{-1} 处的吸收峰较强，归因于甲基及亚甲基 C—H 的伸缩振动，1500cm^{-1} 和 1600cm^{-1} 处的两个特征吸收峰归属于双酚 A 结构中苯环振动，

1100cm^{-1}处的吸收峰是 C—O—C 的不对称伸缩振动吸收峰，920cm^{-1}处归属于环氧基团的吸收峰。

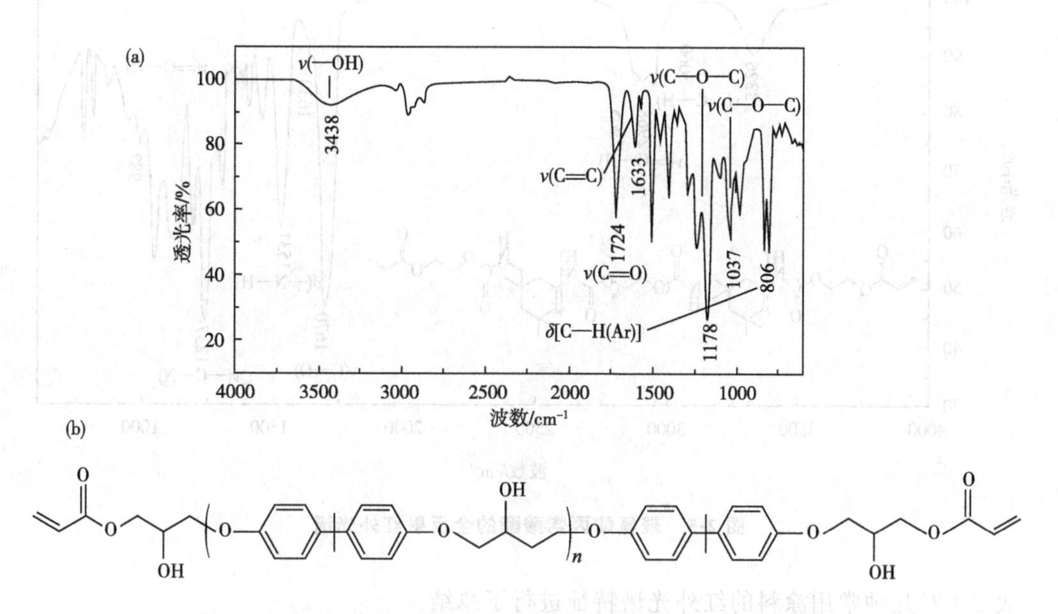

图 2-3 双酚 A 环氧丙烯酸酯树脂的红外光谱图（a）及结构式（b）

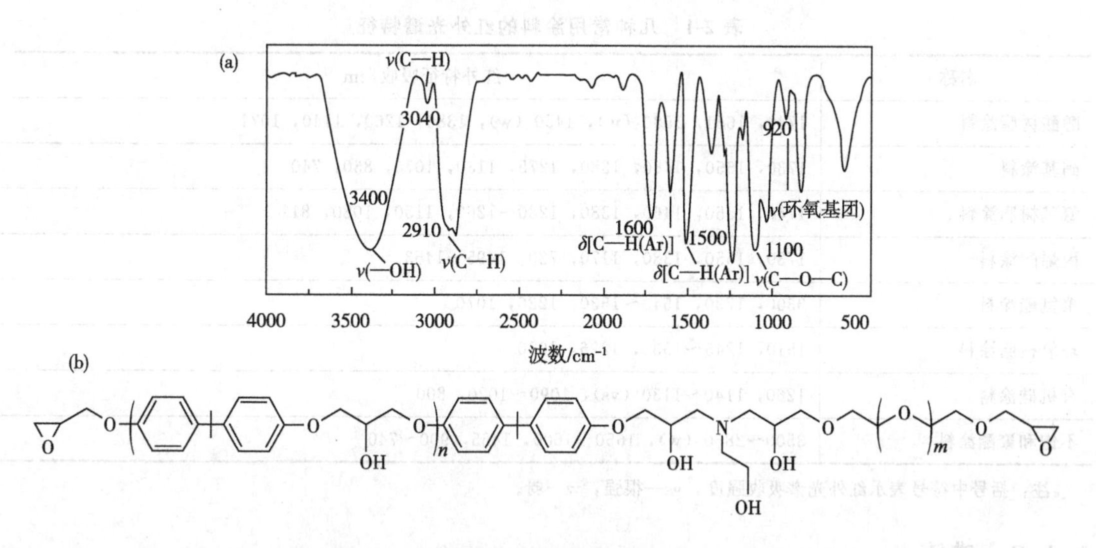

图 2-4 水性双酚 A 环氧丙烯酸酯树脂的红外光谱图（a）及结构式（b）

图 2-5 是聚氨酯丙烯酸酯的全反射红外光谱。因为氨酯键的存在，在光谱中出现了 3326cm^{-1}处的—N—H 伸缩振动和 1237cm^{-1}处的—C—N 伸缩振动，以及 1531cm^{-1}处的仲酰胺—N—H 变形振动。氨酯键中 C═O 由于与 N 原子上孤对电子产生共轭作用，而导致其特征峰向低波数位移至 1670cm^{-1}处。2905cm^{-1}和 2968cm^{-1}处的吸收峰分别对应甲基与亚甲基中═C—H 的伸缩振动。在 3060cm^{-1}、1630cm^{-1}和 987cm^{-1}处出现的吸收峰分别对应双键═C—H 的伸缩振动、—C═C—的伸缩振动和═C—H 的面外变形振动。

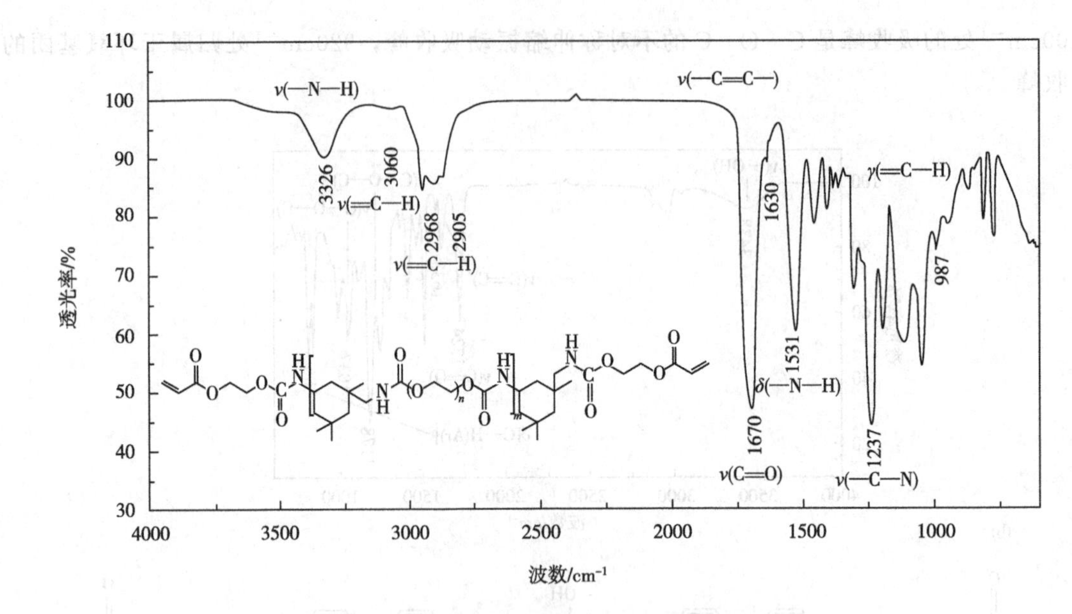

图 2-5 聚氨酯丙烯酸酯的全反射红外光谱

表 2-1 对几种常用涂料的红外光谱特征进行了总结。

表 2-1 几种常用涂料的红外光谱特征

名称	红外特征吸收/cm^{-1}
醇酸树脂涂料	1740，1651，1580（w），1450（w），1380，1260，1140，1071
硝基涂料	1730，1650，1460，1380，1275，1130，1070，830，740
氨基树脂涂料	1740，1550，1460，1380，1280～1260，1130，1080，812
丙烯酸涂料	1730，1550，1380，1170，720，1495～1453
聚氨酯涂料	3300，1730，1540～1530，1226，1070
环氧树脂涂料	1510，1245～1530，1226，1070
有机硅涂料	1260，1140～1130（vs），1090～1020，800
不饱和聚酯涂料	3500～2850（w），1650～1600，1465，900～740

注：括号中符号表示红外光谱吸收强度，vs—很强，w—弱。

2.1.3 碘值

碘值（iodine value；iodine number）为有机化合物中不饱和程度的一种指标，具体指100g物质所能吸收（加成）碘的质量（g），主要用于油脂、脂肪酸、蜡及聚酯类等物质的测定。不饱和程度愈大，碘值愈高。干性油的碘值大于非干性油的碘值。涂料工业中经常需要测定碘值，特别是干性油。油脂的干燥能力与碘值有着密切的关系。

（1）测试原理

测定碘值的方法很多，但原理一样，都是基于不饱和脂肪酸中的双键与卤素的加成反应。通常操作是把试样溶入惰性溶剂，加入过量的卤素标准溶液，双键和卤素起加成反应，然后再加入碘化钾与未反应的卤素作用，以硫代硫酸钠滴定所释放出来的碘。

(2) 试剂

碘化钾溶液(KI):100 g/L,不含碘酸盐或游离碘。

淀粉溶液:将5g可溶性淀粉在30mL水中混合,加入1000mL沸水,并煮沸3min,然后冷却。

硫代硫酸钠标准溶液:c($Na_2S_2O_3 \cdot 5H_2O$)=0.1mol/L,标定后7d内使用。

溶剂:将环己烷和冰醋酸等体积混合。

韦氏试剂:含一氯化碘的乙酸溶液。韦氏试剂中I/Cl应控制在1.10±0.10的范围内。

含一氯化碘的乙酸溶液配制可将一氯化碘25g溶于1500mL冰醋酸中。韦氏试剂稳定性较差,为使测定结果准确,应做空白样的对照测定。

配制韦氏试剂的冰醋酸应符合质量要求,且不得含有还原物质。

鉴定是否含有还原物质的方法:取冰醋酸2mL,加10mL蒸馏水稀释,加入1mol/L高锰酸钾0.1mL,所呈现的颜色应在2h内保持不变。如果红色褪去,说明有还原物质存在。

可用如下方法精制:取冰醋酸800mL放入圆底烧瓶内,加入8~10g高锰酸钾,接上回流冷凝器,加热回流约1h,移入蒸馏瓶中进行蒸馏,收集118~119℃间的馏出物。

注意:可以采用市售韦氏试剂。

(3) 测试方法

① 称样及空白样品的制备。根据样品预估的碘值,称取适量的样品于玻璃称量皿中,精确到0.001 g。推荐的称样量见表2-2。

表2-2 试样称取质量

预估碘值/(g/100 g)	试样质量/g	溶剂体积/mL
<1.5	15.000	25
1.5~2.5	10.000	25
2.5~5	3.000	20
5~20	1.000	20
20~50	0.400	20
50~100	0.200	20
100~150	0.130	20
150~200	0.100	20

注:试样的质量必须能保证所加入的韦氏试剂过量50%~60%,即吸收量的100%~150%。

② 将称好的试样放入锥形瓶中,加入表2-2所示与之相对应体积的溶剂将试样溶解,加入25mL韦氏试剂,盖好塞子,摇匀后将其置于暗处1~2h。

除不加试样外,重复上面的步骤,做空白溶液。

注意:对碘值低于150g/100g的样品,锥形瓶应在暗处放置1h;碘值高于150g/100g的、含有共轭脂肪酸的(如桐油、脱水蓖麻油)、含有任何一种酮类脂肪酸(如不同程度的氢化蓖麻油)的以及氧化到相当程度的样品,应置于暗处2 h。

③ 向锥形瓶中加入20mL碘化钾溶液和150mL水。用$Na_2S_2O_3$标准溶液滴定至溶液黄色接近消失。然后加入几滴淀粉溶液指示剂继续滴定,滴定的同时晃动锥形瓶,直到蓝色消失。

注意：也可以采用电位滴定法确定终点。

在相同的条件下进行两个空白试验。

(4) 结果计算

试样的碘值按式（2-4）计算：

$$W_1 = 69C\ (V_1 - V_2)\ /m \tag{2-4}$$

式中，W_1为试样的碘值，g/100 g；C 为 $Na_2S_2O_3$标准溶液的浓度，mol/L；V_1为空白溶液消耗 $Na_2S_2O_3$标准溶液的体积，mL；V_2 为样品溶液消耗 $Na_2S_2O_3$ 标准溶液的体积，mL；m 为试样的质量，g。

(5) 参考标准

GB/T 5532—2008《动植物油脂　碘值的测定》。

2.1.4 酸值

酸值表示有机物中游离酸含量的大小，一般用中和 1.0g 物质所需要的氢氧化钾质量表示（mg KOH/g）。酸值也可以作为某些配方设计的依据，比如在生产醇酸树脂的酯化过程中，从酸值和黏度的变化可以看出反应情况，说明酯化反应的程度，以此来判断反应的终点。成品的酸值也影响到涂膜（漆膜）性能和贮存稳定性，以及金属基材的适应性等。有些树脂如聚酯多元醇、植物油、环氧丙烯酸树脂都含有一定量的游离酸，酸值大小对产品性能有很大影响，如聚酯多元醇的酸碱性直接影响到它与异氰酸酯的反应活性，而且还对羟值测定也有影响；环氧丙烯酸树脂酸值是用来判断反应是否完全的重要指标之一；酸值大小还对产品的电性能、耐水性及耐老化性有很大影响。所以产品酸值是一个非常重要的指标。

酸值分为部分酸值和总酸值。部分酸值指中和树脂中所有的羧基、游离酸以及部分游离酸酐的酸值；总酸值为中和树脂中所有的羧基、游离酸以及所有游离酸酐的酸值。

(1) 测试原理

油脂酸值的主要测定方法是滴定法，从氢氧化钾标准溶液消耗量计算酸值。滴定法可以是电位滴定法或指示剂滴定法。

① 方法 A。称取一定质量的树脂，溶解在混合溶剂中。将氢氧化钾乙醇标准滴定溶液滴加到该溶液中，反应式如下：

$$R\langle(C{=}O)_2\rangle O + KOH + C_2H_5OH \longrightarrow C_2H_5OC(=O)RC(=O)OK + H_2O$$

将中和 1g 树脂所消耗的氢氧化钾的质量（mg）代入计算。

方法 A 适用于色漆和清漆用漆基（通常仅含有少量游离酸酐），同时也适用于不饱和聚酯树脂。

② 方法 B。称取一定质量的树脂，溶解在含水的混合溶剂中。先让游离酸酐水解 20min，然后用电位滴定法将氢氧化钾乙醇标准滴定溶液滴加到该溶液中，反应如下：

$$R\left\langle\begin{matrix}C=O\\ \\ C=O\end{matrix}\right\rangle O+2KOH \longrightarrow KO\overset{O}{\overset{\|}{C}}R\overset{O}{\overset{\|}{C}}OK+H_2O$$

将中和1g树脂所消耗的氢氧化钾的质量（mg）代入计算。

方法B适用于游离酸酐含量较大的不饱和树脂。

(2) 测试仪器

100mL、250mL锥形瓶，25mL滴定管，25mL、50mL移液管。

天平：精确到1mg。

电位滴定仪：由合适的电位计、玻璃参比电极系统及滴定台组成。

(3) 测试方法

① 方法A。称取试样于250mL锥形瓶中，精确至0.001g。用移液管移入50mL混合溶剂，混合至树脂完全溶解。如果5min后样品不能完全溶解，则再称取一份样品，用50mL混合溶剂和25mL丙酮溶解样品。

a. 电位滴定法。将锥形瓶放置在滴定台上，调整位置使电极能刚好浸没于溶液中。用滴定管中的氢氧化钾标准滴定溶液进行电位滴定。记录到达终点（滴定曲线的转折点）时消耗的氢氧化钾标准滴定溶液的体积（V_1），以mL表示。

b. 指示剂滴定法。加入2～3滴酚酞指示剂溶液，立即用氢氧化钾乙醇标准溶液滴定至出现红色，至少10 s不消失即为终点。对于聚酯树脂等用酚酞作指示剂终点颜色变化不明显的物质，可改用溴百里酚蓝等指示剂。

以同样的方法进行空白测试，加入50mL混合溶剂，如果需要，再加入25mL丙酮。记录消耗的氢氧化钾标准滴定溶液的体积（V_2），以mL表示。如混合溶剂经过了正确的中和，空白试验结果应为零。

重复上述步骤，平行测定两次。

② 方法B。称取试样于250mL锥形瓶中，精确至0.001g。用移液管移取60mL混合溶剂于锥形瓶中。塞上塞子，将锥形瓶置于磁力搅拌器上。搅拌试样直至其全部溶解。持续搅拌20min，使酸酐完全水解。如果需要得到完全溶解的样品，可对锥形瓶进行加热。用水浴和冷凝器冷却锥形瓶，然后让其自然冷却至室温。

a. 电位滴定法。将锥形瓶放在滴定台上，调整位置使电极能刚好浸没于溶液中。用滴定管中的氢氧化钾标准滴定溶液进行电位滴定。记录到达终点（滴定曲线的转折点）时消耗的氢氧化钾溶液的体积（V_3），以mL表示。

b. 指示剂滴定法。加入2～3滴酚酞指示剂溶液，立即用氢氧化钾乙醇标准溶液滴定至出现红色，至少10s不消失即为终点。对于聚酯树脂等用酚酞作指示剂终点颜色变化判断不明显的物质，可改用溴百里酚蓝等指示剂。

以同样的方法进行空白测试，加入60mL混合溶剂。记录消耗的氢氧化钾标准滴定溶液的体积（V_4），以mL表示。如混合溶剂是经过了正确中和，空白试验结果应为零。

重复上述步骤，平行测定两次。

(4) 结果表示

① 方法A。试样的部分酸值（PAV）的计算（溶剂或稀释剂中的固体树脂）。

对于每次测定，部分酸值（PAV）用每克试样消耗的氢氧化钾质量（mg）来表示：

$$PAV=\frac{56.1(V_1-V_2)C}{m_1} \tag{2-5}$$

式中，56.1为氢氧化钾的摩尔质量，g/mol；m_1为试样的质量，g；V_1为中和树脂溶液消耗的氢氧化钾标准滴定溶液的体积，mL；V_2为空白试验消耗的氢氧化钾标准滴定溶液的体积，mL；C为氢氧化钾标准滴定溶液的浓度，mol/L。

② 方法B。试样总酸值（TAV）的计算（溶剂或稀释剂中的固体树脂）。

对于每次测定，总酸值（TAV）用每克试样消耗的氢氧化钾质量（mg）来表示：

$$TAV=\frac{56.1(V_3-V_4)C}{m_2} \tag{2-6}$$

式中，56.1为氢氧化钾的摩尔质量，g/mol；m_2为试样的质量，g；V_3为中和树脂溶液消耗的氢氧化钾标准滴定溶液的体积，mL；V_4为空白试验消耗的氢氧化钾标准滴定溶液的体积，mL；C为氢氧化钾标准滴定溶液的浓度，mol/L。

（5）参考标准

GB/T 6743—2008《塑料用聚酯树脂、色漆和清漆用漆基　部分酸值和总酸值的测定》。

2.1.5 羟值

羟值表示树脂中羟基的含量，以每克样品相当量的KOH质量（mg）表示。在不饱和树脂和脂肪酸树脂生产中，羟值是树脂质量的重要指标之一。快速而准确地测定树脂的羟值，对树脂生产具有一定的意义。

（1）测试原理

先以非水滴定法测定树脂的酸值，再用乙酸酐酯化树脂中的羟基，最后用氢氧化钾标准溶液滴定乙酸酐的消耗值，从而计算出树脂的羟值。

（2）试剂

甲苯-无水乙醇混合溶剂［2∶1（体积比）］；百里香酚酞蓝指示液（0.1%无水乙醇溶液）；氢氧化钾-无水乙醇标准溶液（0.1mol/L）；吡啶-水混合液［3∶1（体积比）］；氢氧化钾标准水溶液（0.5mol/L）；酚酞指示液（10 g/L）。

（3）测试方法

① 酸值的测定与计算。准确称取2g（精确至1mg）树脂试样于烘干的锥形瓶中，准确加入50mL甲苯-无水乙醇混合溶剂，摇动至试样完全溶解，加入5滴百里香酚酞蓝指示液，把锥形瓶放于磁力搅拌器上并通入氮气使溶液鼓泡，用0.1mol/L氢氧化钾-无水乙醇标准溶液滴定至蓝色并保持30s不消失即为终点。记下消耗氢氧化钾-无水乙醇标准溶液体积（mL）。

以相应的混合溶剂进行空白试验，并记下消耗氢氧化钾-无水乙醇标准溶液体积（mL）。

酸值按式（2-7）计算：

$$A=\frac{56.1(V_1-V_0)C}{m} \tag{2-7}$$

式中，A为酸值，mg KOH/g；V_0为滴定空白试验所用氢氧化钾-无水乙醇标准溶液体积，mL；V_1为测试试样所用氢氧化钾-无水乙醇标准溶液体积，mL；C为氢氧化钾-无水乙醇标准溶液的浓度，0.1mol/L；m 为试样质量，g。

② 乙酸酐-乙酸乙酯混合液的配制。取20mL乙酸乙酯和3.0mL高氯酸（72%）于细口瓶中，加入10.0mL乙酸酐，摇匀，静置0.5h，冷却至5℃，加入52.5mL乙酸酐，摇匀，5℃以下保持1h，再恢复至室温。

③ 羟值的测定。准确称取2g试样于锥形瓶中，用移液管加入乙酸酐-乙酸乙酯混合液5mL，用瓶塞封口并摇匀，静置0.5h，加入5mL蒸馏水和5mL吡啶-水混合液，摇匀，加入3滴酚酞指示剂，用0.5mol/L氢氧化钾标准水溶液滴定至粉红色即为终点。

(4) 结果表示

$$X=56.1\frac{(V'_0-V)\ C'_{KOH}}{m'}+A \tag{2-8}$$

式中，X 为试样的羟值，mg KOH/g；V'_0 为滴定空白试验所消耗氢氧化钾标准水溶液的体积，mL；V 为滴定试样所消耗氢氧化钾标准水溶液的体积，mL；C'_{KOH} 为氢氧化钾标准水溶液的浓度，0.5mol/L；m' 为试样的质量，g；A 为试样的酸值，mg KOH/g。

2.1.6 环氧值

环氧树脂是涂料、黏合剂和电子行业中应用最广泛的一种树脂，这类树脂中每个分子含有两个或两个以上的环氧基团，本身不能发生固化反应，当加入固化剂后，环氧基团与固化剂发生交联反应从而形成体型结构的聚合物。

环氧树脂是一种混合物，品种比较多，分子量从几百到几千，变化范围比较大，工业上一般用环氧值或环氧当量来表征环氧树脂分子量的大小。环氧当量指含有1mol环氧基的环氧树脂质量；环氧值指100 g环氧树脂中所含环氧基的物质的量。

环氧值和环氧当量存在如下关系式：

$$\text{环氧值}=\frac{100}{\text{环氧当量}} \tag{2-9}$$

测试环氧值对于生产单位来说，是鉴定环氧树脂质量的重要手段；对使用单位来说，环氧值的大小，对产品黏度大小、固化剂的用量、产品的性能（黏结性、韧性、电性能）都有很大影响。目前测定环氧值大小的方法主要采用盐酸吡啶法和盐酸丙酮法。

(1) 测试原理

首先在环氧树脂中加入一定量（过量）的盐酸：

$$\underset{\diagdown\ O\ \diagup}{CH—CH_2}+HCl \longrightarrow —\underset{\substack{|\\OH}}{CH}—\underset{\substack{|\\Cl}}{CH_2}$$

过量的盐酸用氢氧化钠标准溶液滴定，再根据公式就可以计算环氧树脂的环氧值或环氧当量。

(2) 测试仪器和材料

药品：盐酸、丙酮、氢氧化钠、甲醇、酚酞、乙醇、邻苯二甲酸氢钾。

仪器：50mL碱式滴定管、250mL碘量瓶、50mL滴瓶、广口瓶。

（3）实验步骤

① 0.2mol/L 盐酸-丙酮溶液的配制。量取 1.6mL 浓盐酸与 100mL 丙酮混合配制而成。

② 0.1mol/L NaOH 甲醇标准溶液配制及标定。称取一定量的 NaOH 固体（约 0.8g）溶解在 200mL 甲醇中，静置一段时间后标定。标定方法：称取已在 105～110℃烘干至恒重的基准邻苯二甲酸氢钾 m（约 0.2g，精确到 0.2mg），溶解在 50mL 去离子水中，加入酚酞指示剂，用 NaOH 甲醇标准溶液滴定至呈粉红色，然后根据式（2-10）计算 NaOH 浓度 C_{NaOH}；

$$C_{NaOH}=\frac{m\times 1000}{204.2V_{NaOH}} \tag{2-10}$$

③ 环氧值测定。精确称取 0.4g 试样（精确至 0.2mg）装入碘量瓶中，用移液管移取 25mL 0.2mol/L 盐酸-丙酮溶液，加盖充分摇匀，使试样完全溶解，在室温下放置 15min 后，加入乙醇 25mL、3 滴酚酞指示剂，用 0.1mol/L NaOH 甲醇标准溶液滴定至呈粉红色，即为终点。同时做空白试验。根据试验结果即可计算试样环氧值。

（4）结果计算与表示

$$EEW=\frac{1000m}{C_{NaOH}(V_1-V_0)} \tag{2-11}$$

式中，EEW 为环氧当量；m 为环氧树脂试样的质量，g；V_1 为空白试验 NaOH 标准溶液滴定体积，mL；V_0 为试样滴定 NaOH 标准溶液滴定体积，mL；C_{NaOH} 为 NaOH 标准溶液浓度，mol/L。

2.1.7 异氰酸酯基含量

近年来，聚氨酯产品的应用相当广泛。在涂料行业中，聚氨酯涂料以其优异的性能及性价比成为广受欢迎的产品，木用涂料中聚氨酯涂料的比例占到 70％～80％。双组分聚氨酯涂料是由含有异氰酸酯基（—NCO）的甲组分和含有羟基的乙组分组成，在生产含有异氰酸酯基（—NCO）的甲组分（通常为加成物或三聚体）时，需要通过检验其—NCO 的含量来确定合成反应的终点，如反应过头会导致产品的—NCO 含量降低，降低成膜时的交联密度，降低涂膜的多项性能，严重的会导致产品在反应釜内胶化，无法使用并严重影响生产，所以过程检验的及时性及准确性对聚氨酯涂料的生产来说是相当重要的。另外，R—NCO 有毒，能与人体的蛋白质反应，生成变性蛋白，对人体危害很大。随着人们健康环保意识的不断加强以及相关法律的出台，对聚氨酯涂料产品中游离单体的要求更为严格。由于种种原因，很多国产异氰酸酯树脂中的甲苯二异氰酸酯（TDI）游离单体含量过高，与国外产品相比存在较大差距。这不仅影响了产品质量的提高，更重要的是对环境及人身健康造成有害影响，更会影响该产品的进一步发展，现已引起行业和社会的广泛关注。因此，异氰酸酯基含量的测定是非常重要的。

目前对异氰酸酯基的测定方法有多种，主要有两大类：化学分析和仪器分析。具体又包括化学分析法、分光光度法、红外光谱法、气相色谱法、凝胶渗透色谱法、高效液相色谱法和核磁共振法等。化学分析法虽然简便，但溶剂用量大，污染环境，且分析成本高，测定时间长。当测定—NCO 含量较低的样品时，测定精密度和准确度低。分光光度法应用很广，主要用于含微量—NCO 的样品，需要加入显色剂等各种试剂，分析成本较高，测定时间较长。

2.1.7.1 化学分析法

(1) 测试原理

化学分析法测定—NCO最常见的是二正丁胺-甲苯法，其原理是利用异氰酸酯基与过量的二正丁胺反应产生脲，再用盐酸标准溶液滴定过量的二正丁胺来定量计算异氰酸酯基的含量。

$$(C_4H_9)_2NH + R—CNO \longrightarrow (C_4H_9)_2N—CO—NH—R$$

$$(C_4H_9)_2NH + HCl \longrightarrow (C_4H_9)_2NH_2^+Cl^-$$

然后根据以下公式，可计算出—NCO含量：

$$NCO\% = \frac{(V_0 - V_1)\,C \times 42.02}{1000m} \times 100\% \tag{2-12}$$

式中，42.02为—NCO基团的摩尔质量；1000为将g换算为mg；V_0为空白样品消耗的HCl体积，mL；V_1为滴定样品消耗的HCl体积，mL；C为HCl标准溶液的浓度，mol/L；m为样品质量，g。

(2) 试剂与器材

试剂：二正丁胺；浓盐酸；溴酚蓝；甲苯；氢氧化钠；无水碳酸钠；丙酮；异丙醇。

器材：50mL酸式滴定管1支；25mL移液管1支；250mL碘量瓶2个；250mL锥形瓶2个；100mL、1L容量瓶各1个；10mL、50mL量筒各1个；50mL棕色试剂瓶1个；500mL广口瓶1个；250mL烧杯2个；洗瓶1个；电子天平。

(3) 测试方法

① 标准溶液的配制。

a. 溴酚蓝指示剂。将0.1g溴酚蓝放入100mL的容量瓶中，用1.5mL 0.1mol/L的氢氧化钠溶液溶解，然后加入蒸馏水至刻度线即可。

b. 盐酸标准溶液（0.1000mol/L）。量取4.5mL的浓盐酸用去离子水稀释至0.5L，再将0.1g无水碳酸钠溶于50mL去离子水中，对盐酸标准溶液浓度进行标定。

c. 0.1mol/L二正丁胺-甲苯溶液。称取12.9g二正丁胺加入1L的容量瓶内，向其中加入溶剂甲苯至刻度线为止，然后充分摇匀。

② 准确称取一定量（约0.5g）的样品，置于250mL的具塞锥形瓶中，用移液管移入20mL丙酮溶解预聚物，再移入20mL二正丁胺-甲苯溶液，盖上瓶塞充分振荡，静置20min（必要时可以在通风条件下，低温加热一段时间），然后加入50mL的异丙醇（无水乙醇），加入3～5滴溴酚蓝指示剂，用标定好的盐酸滴定至终点（溶液从蓝色变至黄色），同时做空白试验。

(4) 结果表示

将实验数据代入式（2-12）进行计算，结果列入表中。

(5) 优缺点与改进方法

由于甲苯与水不互溶，导致HCl与二正丁胺反应可能不完全和显色不准确，滴定终点难以确定。因此，该方法需要加入大量的异丙醇作为增溶剂，导致溶剂用量大，污染环境，且分析成本很高。用该法测定操作简便，不需特殊设备，主要用于较高质量分数（如1%以上）—NCO的测定。

对于低质量分数（如0.05%）—NCO的测定需降低标准溶液浓度，可用电位滴定法指示终点。应用电位滴定法时利用 pH 值的变化确定滴定终点，不需指示剂，不需精确校正酸度计，不受溶液色泽影响，从而提高了准确度。

通过上述方法测定异氰酸酯基（—NCO）含量的时间一般需要 50～90min，用这样的方法进行过程质量控制，很难及时判断反应终点，不利于产品质量的控制，同时也给生产带来很大的安全隐患。刘红等发展出了一种快速、准确的检测异氰酸酯基（—NCO）含量的方法。考虑到二正丁胺与二异氰酸酯的反应速率很快，常温下 3min 内即可反应完全，取消了室温放置时间，直接进行滴定。用 25mL 乙酸乙酯溶剂取代 20mL 无水甲苯（或 1+1 甲苯环己酮）和 40～50mL 异丙醇（或乙醇）溶剂，减少了化学试剂的用量，不仅节约了成本，减少了甲苯对检验人员身体健康的损害，还减少了检验产生的废液量，更利于环境保护。另外，为了缩短整个测试过程并提高测试结果的准确性，用瓶颈加液器取代老式的移液管加入二正丁胺-甲苯溶液，用电位滴定仪自动滴定取代普通滴定管手工滴定。结果证明用快速测定方法和常规测定方法对同一样品进行测试，结果非常相近，两者的相对偏差都在 1%以下，所以两方法的准确性相当。

熊军等则是将甲苯换成了丙酮，配制了“二正丁胺-丙酮”溶液，与传统的二正丁胺-甲苯相比减少了溶剂的用量，而且丙酮与水任意比互溶，不需要加入其他增溶剂，且对溴甲酚绿指示剂显色准确。丙酮的介电常数远大于甲苯，故该反应在丙酮中更快进行，反应 15min 即可进行滴定。

2.1.7.2 分光光度法

分光光度法一般有下面 3 种方法：

① 正丁胺-孔雀绿法。该法灵敏度较高，可用于微量—NCO 的测定，但是溶剂处理和试剂配制过于烦琐，试验条件苛刻，显色体系不稳定。

② 重氮偶合法。该法需要预先将试样溶于乙酸，并用乙酸-硫酸体系将异氰酸酯水解，溶解效果不好，水解反应不完全。

③ 对二甲氨基苯甲醛（DMAB）法。—NCO 与 DMAB 在醋酸存在下发生显色反应，形成黄色化合物。

$$(H_3C)_2N-C_6H_4-CHO + R-NCO + CH_3COOH \longrightarrow (H_3C)_2N^+{=}C_6H_4{=}CH-O-C(=O)-NH-R + CH_3COO^-$$

DMAB 分光光度法是测定聚氨酯中微量—NCO 含量的一种较理想方法，也是目前常用的方法。在精确度重现性以及准确性等方面都可满足测定要求，而且所用仪器和试剂都较普通，分析成本低，操作简单，分析时间短，既可用于聚氨酯中微量—NCO 的测定，也可用于跟踪测定聚氨酯合成反应及贮存期内游离—NCO 含量的变化。

2.1.7.3 气相色谱法

气相色谱（GC）法主要用于测定聚氨酯预聚体中游离甲苯二异氰酸酯（TDI）的含量。

聚氨酯涂料中存在未反应的甲苯二异氰酸酯，当涂刷这种涂料时，游离TDI就会慢慢挥发到空气中对人体造成伤害。TDI蒸气对眼结膜及其他黏膜具有强大的刺激作用，吸入人体后，刺激呼吸系统，长期吸入将会损伤肺部，从而影响施工人员的身体健康。

(1) 测试原理

将试样用乙酸乙酯溶解，让TDI在气相色谱的汽化室中汽化，通过装有硅橡胶的色谱柱，使TDI与其他物质（如溶剂等）分离，再用火焰离子化检测器检测，可得到TDI的色谱峰，峰的面积与TDI的含量有直接关系，从而可实现TDI的定量测定。

(2) 测试材料和试剂

载气：氮气，纯度>99.8%；燃气：氢气，纯度>99.8%；助燃气：空气；乙酸乙酯：分析纯，经5A分子筛脱水、脱醇，含水量$<300\times10^{-6}$；正十四烷：色谱纯；甲苯二异氰酸酯：将工业甲苯二异氰酸酯单体进行一次重蒸后使用。

(3) 测试仪器

气相色谱仪；离子化检测器。

注意：参照国际标准ISO 10283（1997）、德国标准DIN 55956（1981）和化工部行业标准HG/T 2454的分析方法，所选用的色谱固定液是常用品，正十四烷也是色谱分析中常用的内标物，具有稳定性好、对仪器无污染等特点。最新的ISO 10283中也采用正十四烷作内标物。有的方法中选用UC-W982作色谱柱固定液，三氯代苯（TCB）作内标物，固定液UC-W982为0.15%乙烯基的聚甲基硅氧烷（SE-30），性能和SE-30接近，但UC-W982在国内属非常用固定液，不易买到，需向外商定购。

(4) 测试方法

① 校正因子测定。在干燥的5mL样品瓶中加入4mL乙酸乙酯，并称取0.02g正十四烷（内标物）和0.02g TDI单体（精确至0.0002g），将样品密封后摇匀。按上述色谱条件，稳定后进行分析，即可得到TDI峰和正十四烷峰的面积。

按下式计算TDI的质量校正因子

$$F_w=\frac{A_s W_i}{A_i W_s} \tag{2-13}$$

式中，F_w为相对质量校正因子；W_s为内标物正十四烷的质量；A_s为内标物正十四烷的峰面积；W_i为甲苯二异氰酸酯的质量；A_i为甲苯二异氰酸酯的峰面积。

② 样品配制。在干燥的5mL样品瓶中加入3mL乙酸乙酯和0.02g正十四烷，并根据表2-3称取一定量的样品加入，密封后摇匀。注入1μL样品进行分析。

表2-3 不同TDI含量所对应的试样量

TDI含量范围/%	试样量/g	TDI含量范围/%	试样量/g
<0.5	2	>2，<4	0.2
>0.5，<1	1	>4	0.1
>1，<2	0.5		

(5) 结果表示

$$X\%=F_w\frac{A_i W_s}{A_s W_i} \tag{2-14}$$

式中，$X\%$为样品中游离甲苯二异氰酸酯的含量；F_w为相对质量校正因子；W_s为内标物正十四烷的质量；A_s为内标物正十四烷的峰面积；W_i为样品的质量；A_i为甲苯二异氰酸酯的峰面积。

（6）注意事项

气相色谱法测 TDI 含量的方法并不复杂，但必须严格控制实验条件。

① 汽化温度和柱温均为 150℃，在该温度下 TDI 汽化完全，而基体材料不会发生分解。

② 实验过程中所用到的各种器皿均应保持干燥。乙酸乙酯的含水量要严格控制。

③ 为避免称量过程中 TDI 与空气中的水分反应带入的误差，应先加入乙酸乙酯，再称 TDI 或样品。称量过程中盖好瓶盖，以防止乙酸乙酯挥发。

用 GC 法进行测定，必须将待测物汽化，这是该方法的主要特点。但不能汽化的物质就不能直接用 GC 法进行测定，这是该方法的局限性。

（7）参考标准

GB/T 18446—2009《色漆和清漆用漆基　异氰酸酯树脂中二异氰酸酯单体的测定》。

2.2　颜填料

颜料是不溶于水、油、溶剂和树脂等介质，但能分散于特定介质中的有色或白色粉状物质。在涂料行业中，颜料起到着色、装饰、保护及增强等作用，要求具有适当的遮盖力和着色力、较高的分散度、鲜明的颜色、对光较为稳定等。

颜料的通性包括颜色、着色力、遮盖力、吸油量、密度和比容、比表面积、分散性、溶解性、耐化学品性、耐光性、耐候性、晶系等，这些性质是选用颜料的重要依据。

2.2.1　颜色

颜色既与人的视觉特性有关，又与所观测的客观辐射有关。颜色是评定颜料产品质量的重要指标。

颜色的表达一般可分两类，一类是用颜色三个基本属性来表示，如将各种物体表色进行分类和标定的孟塞尔颜色系统，在这一系统中 H 表示色调，V 表示明度，C 表示彩度，写成 HV/C；另一类是以两组基本视觉数据为基础，建立的一套颜色表示、测量和计算方法，即 CIE（国际照明委员会）标准颜色测量系统。

颜料颜色的检验方法分两类，一类是颜色比较法，即与参比样品目视或仪器测试比较给出结果；另一类是直接测色法，即使用仪器或目视直接给出颜色的量值或标号。

（1）测试原理

以相同方法分别制备试样和标样色浆，按规定方法目视比较两颜色差异，以试样和标样的颜色差异程度表示结果。

（2）测试仪器

调刀；自动研磨机；手工研磨器；无色透明玻璃板；湿膜制备器。

(3) 测试方法

用自动研磨机或手工研磨器、调刀制备颜料分散体，然后将试验颜料和商定参照颜料两个浆状物用湿膜制备器刮涂在无色透明玻璃板上制成不透明条带（宽度不小于25mm，接触边长不小于40mm），刮涂后立即在散射日光下或标准光源下观察不透明条带表面的颜色差异。

(4) 结果表示

用试验颜料的颜色等于或不等于商定参照颜料的颜色来表示。颜色差异度也可以采用其他合适的术语或仪器测定得到的色差值来表示，例如可以用近似、微、稍、较四个等级来描述，其中微/稍/较之后需列入色相及鲜、暗的评语。对于白色颜料，还可以用优于、等于或差于等术语来描述。

(5) 参考标准

GB/T 1864—2012《颜料和体质颜料通用试验方法 颜料颜色的比较》。

2.2.2 着色力

颜料着色力又称着色强度，是颜料吸收入射光的能力，它是颜料作为着色剂使用时，以其本身颜色使被着色物具有颜色的能力。

在涂料工业中着色力指一种颜料与另一基准颜料混合后所显现颜色深浅的能力。例如用两种铜铬黑与同一种钛白粉颜料分别配成相同的灰色时，两者所需要白色颜料的多少不同，需要多的表示着色力强，需要少的表示着色力弱。

彩色或黑色颜料的着色力是一定量的该种颜料与一定量的白色颜料（如钛白或氧化锌）混合，并以同比量的标准样品与白色颜料的混合物相比较，此时两混合物在标准光源下观察应达到色泽相似。着色力以百分比表示，合格品应在95%～105%之间。

白色颜料的着色力又称消色力，是以一定量的白色颜料与一定量的黑色颜料相混合，并以同比量的标准样品与黑色颜料的混合物比较。

(1) 测试原理

用自动研磨机分别制备待试样品和标样样品的分散体，按一定比例将分散体与白颜料浆混合，分别制得试样和标样冲淡色浆，将两种冲淡色浆进行颜色强度比较。

(2) 测试仪器

平磨仪和光度计。

(3) 测试方法

通过预备试验确定颜料分散体的最佳研磨浓度和最佳研磨转速。将待试样品和标样样品制得色浆后，以最小压力在平磨仪上和定量白浆混合，分别制得冲淡色浆，刮于无色玻璃板上形成均匀厚度不透明条带，在散射光或人造日光下通过玻璃板对两者着色强度进行比较。

若着色强度不同，则要估计受试样品分散体的量，制备另一冲淡色浆，而标准样品不变，再进行比较直至着色强度相等。

(4) 结果表示

着色力的计算公式为：

$$T=(b/a)\times 100\% \tag{2-15}$$

式中，T 为着色力，%；b 为标准样品的质量，g；a 为达到与标准样品相同着色强度的试样质量，g。

(5) 参考标准

GB/T 5211.19—1988《着色颜料相对着色力和冲淡色的测定　目视比较法》。

2.2.3 吸油量

吸油量为定量的干颜料黏结成腻子状物或形成某种浆时所需要的亚麻仁油的量，用以评价颜料被漆料湿润的特性。在实际运用中，吸油值主要用来估计粉体对树脂的吸附量的多少，即涂料中颜料和树脂的体积浓度（PVC）。粉体吸油值的大小对涂膜的性能影响较大，同时对涂料生产时的黏度影响也较大。在涂膜干燥过程中，树脂不仅要完全包覆在粉料表面，还要填充在粒子间的空隙，当粉体吸油值大的时候，就需要更多的树脂来完成这些功能，所以粉体的吸油值是影响涂膜的很重要的一个因素。

(1) 测试原理

颜料和油混合时，颜料粒子表面被油润湿，在一套规定的特殊分散条件下，测定经压实颜料粒子所需要的亚麻仁油量。

(2) 测试仪器与试剂

精制亚麻仁油，酸值为5.0～7.0mgKOH/g。

平板：磨砂玻璃或大理石制，尺寸不小于300mm×400mm。

调刀：钢制，锥形刀身，长约140～150mm，最宽处20～25mm，最窄处不小于12.5mm。

(3) 测试方法

操作在玻璃板或大理石板上进行。向100g的颜料中逐滴加入亚麻仁油，随时用调刀混合。刚开始加入油时，颜料仍处在松散状态，随着亚麻仁油的连续加入，最后可使全部颜料黏结在一起，当形成稠度均匀的膏状物，恰好不裂不碎。若继续再加油，体系就会变稀，此时所用的亚麻仁油量即为这种颜料的吸油量。常见颜料的吸油量见表2-4。

表2-4　常见颜料的吸油量

粉料名称	化学组成	密度/（g/cm^3）	吸油量/%
金红石钛白	TiO_2	4.2	16～21
锐钛钛白	TiO_2	3.84	22～26
氧化锌	ZnO	5.6	18～20
立德粉	$ZnS \cdot BaSO_4$	4.1～4.3	11～14
重晶石粉	$BaSO_4$	4.47	6～12
沉淀硫酸钡	$BaSO_4$	4.35	10～15
重体碳酸钙	$CaCO_3$	2.71～2.9	13～21
轻体碳酸钙	$CaCO_3$	2.71～2.9	30～60
滑石粉	$3MgO \cdot 4SiO_2 \cdot H_2O$	2.85	22～57

续表

粉料名称	化学组成	密度/（g/cm³）	吸油量/%
高岭土（天然）	$Al_2O_3 \cdot 2SiO_2 \cdot 2H_2O$	2.58～2.62	50～60
瓷土（煅烧）		2.5～2.63	27～48
云母粉	$K_2O \cdot 3Al_2O_3 \cdot 6SiO_2 \cdot H_2O$	2.76～3	65～72
白炭黑	SiO_2	2.0～2.2	100～300
硅灰石	$CaSiO_3$	2.75～3.1	18～30
硅微粉	SiO_2	2.65	18～32
复合钛白粉	SiO_2-TiO_2-MgO_2-Al_2O_3	2.8	21～28

(4) 参考标准

GB/T 5211.15—2014《颜料和体质颜料通用试验方法　第15部分：吸油量的测定》。

2.2.4 遮盖力

颜料的遮盖力就是颜料在研磨后遮盖基材本色的能力，是颜料的最主要性能指标之一，它关系到颜料使用过程中在涂膜物体上的浓度、亮度以及遮盖物体本色的能力。遮盖力与透明度是相对的概念，透明度是物质透过光线的能力，而颜料透明度则是指颜料被光线穿透而表现出基材本色的能力。

遮盖力的强弱主要取决于颜料的下列性能：

① 折射率。折射率愈大，遮盖力愈强。在含有颜料的涂膜中，颜料的折射率与基料的折射率相同，颜料在膜内显得透明，无遮盖作用，这样的颜料称为透明颜料。颜料的折射率与基料的折射率差别越大，颜料的遮盖力越强。如钛白粉的折射率约为2.5，聚合物的折射率约为1.3，因而钛白粉对聚合物是遮盖力很强的颜料。

② 吸收光线能力。吸收光线能力越大，遮盖力越强。颜料的遮盖力也取决于颜料对射在它上面的光的吸收能力。如炭黑完全不反射光线而能吸收射在它上面的全部光线，因而是具有高度遮盖力的颜料，因此颜料吸收光线的能力也与其本身的颜色有关，自然界中的红橙黄绿青蓝紫，每种颜色由于其对光线的吸收能力不同而表现出不同的遮盖力。

③ 结晶度。颜料的晶体结构越强，遮盖力越强。晶体结构不强或无定形的颜料的遮盖力均较低。以钛白粉为例，如金红石型钛白粉和锐钛型钛白粉的晶形不同，遮盖力也不同，前者高于后者。

④ 分散程度。当其他条件相同时，颜料的遮盖力取决于它们的分散程度。颜料在研磨过程中细度越细，分散程度越高，它的遮盖力就越高，这是因为颜料粒径之间的间隔越小。但这个关系是有一定限度的，当颜料颗粒的大小变得等于光波长的一半时，即达到遮盖力的限度，光将穿透颗粒而不被折射，这样的颗粒显得透明，例如纳米二氧化钛。

(1) 测试原理

将试样和标样以相同的配方和方法制成漆浆并涂膜（保持膜的厚度基本一致），以反射率仪分别测得黑底上和白底上的反射率，并以黑底上反射率除以白底上反射率算出对比率。比较试样和标样的对比率来对其遮盖力优劣进行评定。

（2）测试仪器与试剂

亚麻仁油改性甘油醇酸树脂：油度55%，含量50%。

200号溶剂油。

催干剂：环烷酸铅、环烷酸钴、环烷酸锌、环烷酸钙混合催干剂。

聚酯膜：厚20～40μm，长120mm，宽90mm。

涂料调色机。

旋转涂漆器：转速可调。

反射率仪。

（3）测试方法

① 用亚麻仁油改性甘油醇酸树脂加适量200号油漆溶剂油为展色剂，加适量的玻璃珠，于涂料调色机中研磨制得试样和标样漆浆，加适量催干剂搅匀备用。

② 用旋转涂漆器在聚酯膜上制得厚度基本相同的涂膜，并进行干燥，干燥时间至少48h，但不得超过168h。

③ 以反射率仪测定所得试样和标样涂膜的反射率，并比较两者对比率。

（4）结果表示

各涂膜的遮盖力按下式计算，并以百分数表示：

$$遮盖力=(R_B/R_W)\times 100 \tag{2-16}$$

式中，R_B为涂膜在黑底上的反射率；R_W为涂膜在白底上的反射率。

（5）参考标准

GB 5211.17—1988《白色颜料对比率（遮盖力）的比较》。

2.2.5 易分散程度

当颜料用于涂料中时，颜料在介质中的分散性好坏直接影响涂料产品的质量，因此颜料分散程度的测定对于涂料生产是很重要的一环。国际标准化组织（ISO）制定了颜料分散性评定方法系列标准——ISO 8781-1～3《颜料和体质颜料　分散性的评定方法》。根据该标准可以将颜料分散性评定方法分为三种：由着色颜料的着色力变化进行评定，由研磨细度的变化进行评定，由光泽的变化进行评定。

2.2.5.1 着色力变化

由着色颜料的着色力变化进行评定主要适用于着色颜料分散性的评定。

（1）测试原理

将试样颜料和标样颜料以同样方式同时研磨，一定间隔时间内测定每个样品的着色力，通过相同阶段下着色力增加值（以百分数表示）来评定两者之间的分散性差异。

（2）测试仪器

平磨仪和光度计。

（3）测试方法

将试样和标样分阶段地分散至涂料体系中。分散一段时间后，取出部分研磨料分别与白色颜料浆混合形成冲淡浆。用光谱光度计测定每个冲淡浆的着色力。计算试样和标样的着色力增加值（以百分数表示）来评定两者之间的分散性差异。也可以通过绘制着色力递增图来详细地评定颜料的分散难易程度。

(4) 参考标准

ISO 8781-1《颜料和体质颜料　分散性的评定方法》第 1 部分：由着色颜料的着色力变化进行评定。

2.2.5.2 研磨细度变化

由研磨细度的变化进行评定，该方法适用于所有颜料分散性的评定。

(1) 测试原理

将试样和标样以同样方式同时研磨，一定间隔时间内测定每个样品的细度，以每个样品达到要求细度所需时间或研磨一定时间达到的细度来说明颜料的相对易分散程度。

(2) 测试仪器与试剂

长油度亚麻仁油季戊四醇醇酸树脂。

涂料调色机。

刮板细度计。

(3) 测试方法

以长油度亚麻仁油季戊四醇醇酸树脂为介质，在选定的研磨浓度下，将试样和标样于涂料调色机中同时研磨，在不同时间间隔内利用刮板细度计测定其细度，作出细度对时间的曲线。

(4) 参考标准

ISO 8781-2《颜料和体质颜料　分散性的评定方法》第 2 部分：由着色颜料的细度变化进行评定。

2.2.5.3 光泽变化

由光泽的变化进行评定适用于所有颜料分散性的评定。

(1) 测试原理

将试样和标样以同样方式分散在树脂体系中，一定间隔时间内测定每个样品成膜之后的光泽度，以每个样品达到要求光泽度所需的时间或研磨一定时间后所达到的光泽度来说明颜料的相对易分散程度。

(2) 测试仪器

光泽计。

(3) 测试方法

将试样颜料和标样颜料分别分散在同一树脂体系中。分散一段时间后，取出部分研磨料，干燥成膜后测定涂层的镜面光泽。绘制随分散阶段而变化的光泽曲线图，由图可以确定获得商定镜面光泽值所需的分散阶段。

(4) 参考标准

ISO 8781-3《颜料和体质颜料　分散性的评定方法》第 3 部分：由着色颜料的光泽变化进行评定。

以上每一种评定方法得出的结果与所用分散方法以及分散时选用的树脂体系是密切相关的。因此，进行分散性评定时应同时考虑选用哪种分散方法、采用哪种树脂体系以及哪种评定方法，这样得到的评定结果才有意义。

2.3 助剂

2.3.1 催干剂催干性能

催干剂是一种能够加速涂膜干燥的物质，对干性油膜的吸氧、聚合起着催化作用。催干剂常用于氧化干燥型涂料，起加速固化作用。催干性能是评定催干剂品质的重要标志。

（1）测试原理

用催干剂与精制亚麻仁油以一定质量比混合均匀，涂制样板，以涂膜干燥时间来判定该催干剂的催干性能。

（2）测试仪器与材料

精制亚麻仁油：碘值在175g/100g以上。

玻璃板。

（3）测试方法

① 按产品标准规定的比例，称取适量的（准确至0.01g）催干剂和精制亚麻仁油，充分混合均匀，并静置2～5h。

② 在玻璃板上制备涂膜，进行干燥。

③ 按催干剂标准规定的时间，采用指触法和刀片法判断涂膜的实干和表干。催干性能以时间单位h表示。

（4）参考标准

HG/T 2882—1997《催干剂的催干性能测定法》。

2.3.2 流变剂触变指数

在涂料生产制造过程中，液体涂料的流变性能是一个必须考虑的重要因素，被应用于原料的选择、涂料的制造、成品贮存乃至应用施工和转化成膜等各个阶段。在涂料配方中添加有机流变助剂是改变涂料流变性的一个重要途径。有机流变助剂的加入能防止颜料沉降，有助于形成有触变性的厚浆涂料，利于流挂控制，保持优良的流平性，并提供足够的干膜厚度。

涂料的触变性是指涂料的黏度随剪切力作用变化而改变的性质。当液体在低剪切速率时，黏度很高；提高剪切速率时，黏度下降；再降低剪切速率，黏度又上升的现象（但不是同曲线）称为触变性。人们通常希望涂料在高剪切力作用下（如搅拌、涂装）呈现较低的黏度，而在低剪切力作用下（如流挂）呈现较高的黏度。为了使涂料具有一定的触变性，通常会在涂料中加入流变助剂，使其具有一定的流动性而又能快速保持一定形态。常用的流变助剂包括有机膨润土、气相二氧化硅、蜡浆等。

流变剂的触变指数是专门用于评定流变剂性能的参数。触变指数也叫触变系数、摇变指数，表示在不同的剪切速率下液体黏度的变化数值。触变指数值是在6r/min下测得黏度数值与在60r/min下测得黏度数值的比值。触变指数能反映流体在剪切力的作用下结构被破坏后恢复原有结构的能力大小。涂料的触变指数值越高，涂料恢复原有结构的能力越强；相反，则越弱。

(1) 测试原理

以不同转速下动力黏度比值表征涂料触变性能的触变指数（thixotropic index）。

(2) 测试仪器

旋转黏度计：当采用牛顿流体黏度计时，其转子速度应有 6r/min 和 60r/min 两种；当采用非牛顿流体黏度计时，若其转子速度设置不同，允许用 5.6r/min 和 65r/min 替代。

恒温浴槽：应能在 20～100℃范围内可调，且恒定水温的误差不大于 0.2℃。

(3) 测试方法

① 将盛有试样的容器放入已升温至试验温度的恒温浴（槽）中，使试验温度达到平衡。

② 将 6r/min（或 5.6r/min）的转子垂直浸入试样中，并使液面达到转子液位标线。

③ 按黏度计说明书规定的操作方法启动黏度计，读取旋转的指针稳定后的第一次读数。关闭电机后再重新启动两次，分别读取指针第二次和第三次稳定后的读数。

④ 将 6r/min（或 5.6r/min）的转子更换为 60r/min（或 65r/min）的转子，重复上述步骤，测量其指针稳定后的读数，共读三次。

(4) 结果计算与表示

分别读取 6r/min（或 5.6r/min）和 60r/min（或 65r/min）的黏度，取 3 次读数的平均值，且取有效数字 3 位。黏度的单位以 mPa·s 表示。

触变指数应按下式计算，取两位有效数字，并应注明试验的温度。

对中、低黏度胶液：$\zeta = \eta_6 / \eta_{60}$；

对高黏度胶液：$\zeta = \eta_{5.6} / \eta_{65}$。

2.3.3 流平剂流平性能

流平剂是一种常用的涂料助剂，它能有效降低涂饰液表面张力，提高其流平性，有利于涂料形成一个平整、光滑的涂膜。流平剂还可以改善涂饰液的渗透性，能减少刷涂时产生斑点和斑痕的可能性，使成膜更加均匀、自然。流平剂主要是表面活性剂和有机溶剂等。在溶剂型涂料中可用高沸点溶剂或丁基纤维素，在水基型涂饰剂中则用表面活性剂或聚丙烯酸、羧甲基纤维素等。

流平剂的流平效果是通过流平剂加入定量涂料中所表现的流平性来判定。一般来说，可以采用目测的方法来粗略判断涂料流平剂的好坏。按照指定的涂刷方法施工干燥后，如果涂料表面没有缩孔、针孔、橘皮、丝纹、刷痕、雾影等缺陷，就可以判定这个涂料流平剂的流平性是较好的。

但是上述方法无定量指标，很容易引起分歧。所以在国内和国际的涂料工业界制定了专门的标准来评定涂料流平剂的流平性能。如：

① JB/T 3998—1999《涂料流平性涂刷测定法》。该方法测定涂料按一定方法涂覆于基材上达到流平所需的时间。

② ASTM D2801 流平性测定法。该方法使用纽约涂料协会（NYPC）的流平性刮刀，以成对的两条漆条流到一起的能力来确定流平性等级。

2.3.4 防潮剂白化性能

防潮剂也称防白剂，是由沸点较高、挥发较慢的酯类、醇类及酮类等有机溶剂混合而成的无色透明液体。在相对湿度较高的气候环境中加入，可防止涂层发白或发生针孔等弊病。在潮湿天气（相对湿度在70%以上）涂饰挥发性漆（硝基漆、虫胶漆等）时，空气中有较多的水蒸气，涂料中的溶剂挥发时，吸收周围热量，导致涂层表面温度迅速降低，空气中的水蒸气就凝结在涂膜表面，使涂层形成白色雾状，此种现象称为“泛白”。此外，用喷枪喷涂时压缩空气中可能含有水蒸气，也会引起泛白。在这种条件下施工时，临时加入防潮剂，使整个涂层溶剂的挥发变慢，水蒸气凝结现象减少，可防止涂层泛白现象的发生。

（1）测试仪器和材料

喷枪；空压机；黏度计；恒温恒湿箱；马口铁板。

（2）测试方法

按规定比例，将防潮剂加入同类型挥发性漆中，喷涂制板，在产品标准规定的条件下干燥后，观察涂膜发白及失光现象。如不发白或没有无光泽的斑点，即为符合标准。

（3）参考标准

HG/T 3859—2006《稀释剂、防潮剂白化性测定法》。

2.3.5 消泡剂消泡性能

消泡剂是指能降低液体物质的表面张力，防止泡沫形成，或使原有泡沫减少或消灭的物质。消泡剂一般具备下列性质：①消泡力强，用量少；②不与被消泡体系起反应；③表面张力小；④与表面的平衡性好；⑤耐热性好；⑥扩散性、渗透性好，正铺展系数较高；⑦化学性稳定，耐氧化性强；⑧ 气体溶解性、透过性好；⑨在起泡性溶液中的溶解性小；⑩无生理活性，安全性高。

消泡剂的种类很多，大致可以分为矿物油类、醇类、脂肪酸及脂肪酸酯类、酰胺类、磷酸酯类、有机硅类、聚醚类、聚醚改性聚硅氧烷类消泡剂。

（1）测试原理

将消泡剂加入定量涂料样品中，通过测量产生的泡沫高度或样品密度变化确定消泡剂消泡能力。

（2）测试方法

① 量筒法。在量筒内加入20～30mL试样及定量消泡剂，塞紧后激烈摇动20次，立即记录泡沫高度，间隔一定时间后再记录一次。

② 高速搅拌法。在烧杯内加入试样100mL及定量消泡剂，以恒定转速（3000～4000r/min）搅拌，测定搅拌时间为30s、60s、120s和180s的泡沫高度。

③ 鼓泡法。在量筒内加入100mL试样及定量消泡剂，用泵导入空气（500mL/min），每隔一定时间记录泡沫高度。

④ 振动法。将试样和定量消泡剂加至试验罐的1/2体积，反复振动规定的时间后，测定密度。

2.3.6 防沉剂防沉效果

防沉剂的加入能大大提高涂料的黏度，赋予涂料触变性，对涂料的贮存、涂装和涂膜性能产生重要影响。常见的防沉剂有有机膨润土、蓖麻油衍生物、改性氢化蓖麻油、气相二氧化硅、改性聚脲的 N-甲基吡咯烷酮溶液等。

（1）测试原理

防沉剂用来防止涂料在贮存期间因颜、填料凝集在容器底部产生沉淀，防沉剂的效果是通过比较测试样品和标样的防沉性能体现的。

（2）测试方法

取待测试样品 3 份，分别放入 3 个样品罐中，用 1 个罐做原始试样贮存前检查，第 2 和第 3 罐进行贮存性试验。

（3）参考标准

GB/T 6753.3—1986《涂料贮存稳定性试验方法》。

参考文献

[1] 丁长旺．涂料用聚合树脂的分子量及分子量分布与性能的关系（续）[J]．中国涂料，2005，20（7）：22-23.

[2] 陈燕舞．涂料分析与检测 [M]．北京：化学工业出版社，2009.

[3] 鲁艳，艾照全，蔡婷，等．聚氨酯体系中异氰酸酯基含量测定的改进研究 [J]．粘结，2013（11）：82-86.

[4] 刘红．异氰酸基（NCO）含量快速测定方法 [J]．监督与选择，2008（7）：64-65.

[5] 熊军，孙芳，杜洪光．丙酮-二正丁胺滴定法测定聚氨酯中的异氰酸酯基 [J]．分析实验室，2007，26（8）：73.

[6] 张亨．颜料通性及相关标准概述 [J]．现代涂料与涂装，2015，18（10）：18-21.

[7] 沈苏江，黄逸东，吴志平．由着色力变化评定着色颜料分散性 [J]．中国涂料，2007，22（11）：46-48.

[8] 赵蓉旭，赵举．流变助剂对高极性溶剂型涂料性能影响研究 [J]．中国涂料，2016（2）：34-38.

[9] 温绍国，刘宏波，周树学．涂料及原材料质量评价 [M]．北京：化学工业出版社，2013.

[10] 虞莹莹．涂料工业用检验方法与仪器大全 [M]．北京：化学工业出版社，2007.

[11] Ai D，Mo R，Wang H，et al. Preparation of waterborne epoxy dispersion and its application in 2K waterborne epoxy coatings [J]. Progress in Organic Coatings，2019，136：105258.

第3章

涂料产品性质

3.1 外观（光泽度）和透明度

透明度是物质透过光线的能力，透明度可以表明清漆、清油、漆料及稀释剂等是否含有杂质或悬浮物。

在生产过程中，各种物料的纯净度、溶剂对树脂的溶解性、助剂或填料的析出以及杂质的混入都会影响产品的透明度。产品的透明度将影响成膜后的光泽、颜色和干燥时间等性能。外观浑浊且不透明的产品会对成膜后的光泽和颜色带来不利影响，还会降低涂层的附着力和对化学介质的抵抗力。清漆要求清澈透明，没有杂质和沉淀物，从而能把底层的颜色和纹理清晰地显现出来。

目前透明度测定有目测法和仪器法两种。

3.1.1 目测法

3.1.1.1 格氏管法

（1）测试仪器

格氏管：透明玻璃，平底，管内径（10.650± 0.025）mm，管外长（114±1）mm。

（2）测试方法

① 将试样装于一支清洁的格氏管内，在塞子下面留一个空气泡。把格氏管倾斜使同水平面成一个很小的角度，使空气泡缓慢移动，观察正在移动的液体中产生轻微浑浊的细微粒子。

② 倒出格氏管中80%～90%的试样，塞上塞子，垂直放于试管架上 15min（如为高黏样品，放置时间另做规定），以使样品完全流回到管底，观察留在管壁上样品薄膜中有无细微粒子。

（3）结果表示

以纯净、透明、雾状、浑浊来表示。

纯净表示在样品薄膜中用可见光进行观察时，完全看不出任何明显的、有时被认为是

“颗粒”一样的物质所引起的不均匀性。

透明表示借助强烈的透射光线对试样进行观察时，完全看不出任何明显的不均匀性。

雾状表示有极少量不沉降“絮凝物”或“悬浮物”，它们不可能与试样均匀一体，液体是“半透明的”，能透过大部分光线。

浑浊表示有相当量的不沉降“絮凝物”“悬浮物”或“凝胶粒子”等，即使液体是“半透明的”，还能透过少量光线。

（4）参考标准

ASTM D2090—1998《涂料和油墨液透明度和纯净度的试验方法》。

3.1.1.2 标准液比较法

（1）测试原理

在暗箱内的透射光下对一系列不同浑浊程度的标准液进行目视比较，评定试样的透明度。

（2）测试仪器和材料

具塞比色管，容量25mL；比色架；光电分光光度计，72型；目视比色箱，应具有D65标准光源，见图3-1。

直接黄棕新D3G染料；柔软剂VS（十八烷基乙烯脲）溶液。

（3）标准液的配制

① 直接黄棕新D3G溶液。称取0.1g直接黄棕新染料，加入20mL蒸馏水（用量筒量取）并充分搅拌，使其溶解。如有沉淀，则取用上部清液。

② 柔软剂VS溶液。称取1g柔软剂VS，共加入200mL蒸馏水（用量筒依次量取）并充分搅拌，使其溶解。静置48h后，弃除上层清液，取中间溶液备用。

图3-1 目视比色箱

③ 按照表3-1所列柔软剂VS溶液和蒸馏水的用量，配成“透明”“微浑”“浑浊”三级试液，分别在光电分光光度计上（波长选用460nm）校正至相当于该三级透明度的透光率，校正好的试液作为无色部分的标准液。

表3-1 各级透明度的配合量（无色）

等级	透明度	配合量/mL		以柔软剂VS溶液或蒸馏水在光电分光光度计上校正的透光率/%
		柔软剂VS溶液	蒸馏水	
1	透明	0	200	100
2	微浑	6	200	85±2
3	浑浊	11	200	75±2

④ 按照表3-2所列柔软剂VS溶液和蒸馏水的用量，以同样的方法进行配制并校正，校

正好的试液再加直接黄棕新 D3G 溶液调整至相当于铁钴比色计色阶 12～13 之间，作为有色部分的标准液。

表 3-2 各级透明度的配合量（有色）

等级	透明度	配合量/mL		以柔软剂 VS 溶液或蒸馏水在光电分光光度计上校正的透光率/%
		柔软剂 VS 溶液	蒸馏水	
1	透明	0	200	100
2	微浑	14	200	60±2
3	浑浊	20	200	35±2

（4）测试方法

① 将试样倒入干燥洁净的比色管中，调整温度到（23±2)℃，于比色箱的透射光下与一系列不同浑浊程度的标准液（无色的用无色部分，有色的用有色部分）比较，见图 3-2。

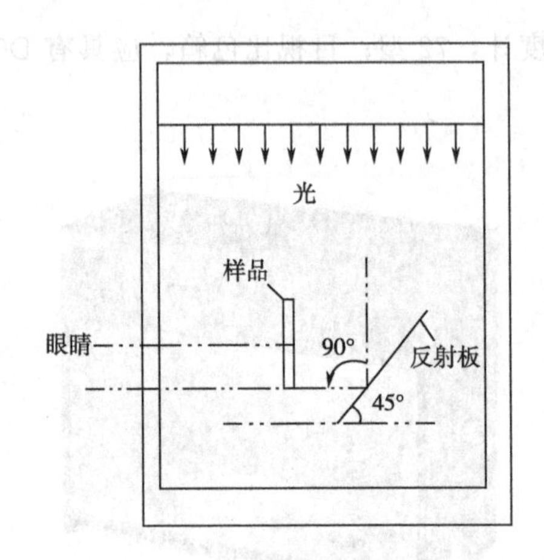

图 3-2 透明度测定示意图

② 通过比较，选择与试样最接近的一级标准液。试样的透明度等级直接以标准液的等级表示。

（5）结果表示

透明度标准液分为三个等级，分别为透明、微浑、浑浊，即标准中的 1、2、3 级。试样的透明度等级直接以最接近的一级标准液等级表示。

（6）注意事项

① 标准液要妥善保管，防止光照，有效使用期为六个月。

② 如发现标准液有棉絮状悬浮物或沉淀时，应摇匀后再与试样对比。

③ 测定前，装试样的比色管外观要透明、清洁，否则会影响测试结果。

（7）参考标准

GB/T 1721—2008《清漆、清油及稀释剂外观和透明度测定法》。

3.1.2 仪器法

采用光电式浊度计消除产品色相深浅不同而对目测结果的干扰，并提高测试的准确度。

3.1.2.1 扩散光测定法

（1）测试原理

光源发出的光受试管中杂质或悬浮物的影响而产生散射光，经反射罩反射并投射到光敏电阻被接收。

（2）测试仪器

浊度计：仪器配备有标准试管和标准浊度管（高、中浊度各一支）。

（3）测试方法

① 首先根据被测溶液的颜色，拨动装有白（无色）、红、绿、蓝滤色片的转轮，使其与溶液的颜色相对应。

② 将装有蒸馏水的标准试管（作为校零试管）插入测头的测量孔内，并盖好金属遮光罩，调整主机面板旋钮，以蒸馏水作为完全透明，校正指示为零。

③ 取出蒸馏水标准试管，换上磨砂有机玻璃棒（作为高浊度校正试管），盖好金属遮光罩，调整主机面板旋钮，将指示定为100或所标定的浊度值。

④ 将装有被测溶液的试管插入测头的测量孔内，并盖好金属遮光罩，此时主机面板上仪表指示的读数即为该被测溶液的浊度值。

⑤ 测量浊度时，应注意被测溶液中不能有气泡，液面应与试管壁上刻度线平齐，试管底部不应有沉淀物。若有气泡或少量沉淀物，应先摇动试管，待气泡或沉淀物消失后再测量。

3.1.2.2 透射光测定法

（1）测试原理

如果被测溶液是完全透明的，当一束定向入射光 I 经过溶液时，能检测到定向透射光 I_c 的光强度。

若溶液存在不同程度的浑浊，当定向入射光 I 经过溶液时，必定会产生光的扩散，从而使定向透射光 I_c 的光强减小，因而通过定向透射光 I_c 光强大小的测定，就能反映出溶液的透明度。

（2）测试仪器

透明度测定仪见图 3-3（BGD 型），透明度等级 20～100，测量精度±2%。

图 3-3 透明度测定仪

（3）测试方法

将待测溶液用80目或100目铜网过滤，去除机械杂质，然后把过滤后的溶液倒入一干燥洁净的比色皿中，液体高度不低于槽深的4/5。将比色皿插入测量口，合上盖子，读取仪器显示的数值，即为被测溶液的透明度等级。

平行测定两次，如果两次测定结果之差不大于2，取两次测定结果的平均值。

（4）结果表示

按表 3-3 判断透明度等级。

表 3-3 测量值与透明度等级的对应关系

透明度	无色	有色
透明	86～100	70～100
微浑	63～85	31～69
浑浊	<60	<30

(5) 注意事项

该仪器所附的玻璃比色皿是经过配对测试的，未经配对处理的比色皿将影响样品的测试精度。用手拿比色皿应握比色皿的磨砂表面，不应该接触比色皿的透光面，即透光面上不能有手印或溶液痕迹，待测溶液中不能有气泡、悬浮物，否则也将影响样品的测试精度。比色皿在使用完毕后应立即洗干净。

3.2 颜色

颜色不仅是产品的一项质量指标，也是某些原材料和半成品的一项控制项目。测定时主要测定透明液体（清漆、清油、漆料及稀释剂）颜色深浅的程度。颜色的深浅可以综合反映出产品的成分和纯度。色深的清漆不适宜制造罩光漆，也不适用于制造白色或浅色的色漆。

色漆是含有颜色的胶粒体，起装饰作用，其中颜色分红、黄、蓝、白、黑等几种，可配成几百种不同深浅的复色漆。对色漆的要求是颜色一致。不产生浮色的同一批涂料，要求颜色上下一致，不允许颜色有深有浅。

色漆颜色的判断通常是用肉眼观察，可与生产厂家提供的标准色板进行比较。常规的检测方法为标准色阶法，通常是将待测样品与一系列标准色阶溶液进行比较，在天然散射光下或固定的人工光源的透射光下，观察其颜色的深浅。常见的颜色的测定方法有铁钴比色法（GB/T 1722—1992）、罗维朋比色法（GB/T 1722—1992）、加氏比色法（GB/T 9281.1—2008、ISO 4630—2015）、铂钴比色法（GB/T 9282.1—2008）和碘液比色法。

3.2.1 铁钴比色法

(1) 测试原理

在一定温度下，将试样置于人造日光比色箱或木制暗箱内的透射光下与标准色阶号进行目视比较，确定试样的颜色号。

(2) 测试仪器和材料

无色玻璃试管：内径 10.75mm，长 114mm。

标准色阶溶液：采用三氯化铁和氯化钴的稀盐酸溶液配成的 18 个标准色阶溶液。颜色由浅到深，1 号最浅，18 号最深。

人造日光比色箱：木制暗箱，500mm×400mm×600mm。

(3) 测试方法

将试样装入玻璃比色管中，放入人造日光比色箱或木制暗箱内，在 30～50cm 视距的透射光下与标准色阶进行目视比较，选出两个与试样颜色最接近的，或一个与试样颜色相同的标准色阶号。

（4）结果表示

记录与试样颜色最接近的或与试样颜色相同的标准色阶号，该号则表示试样的颜色。

（5）注意事项

① 测定前，应检查比色管是否清洁、透明，否则不能使用。

② 如试样温度低而引起浑浊时，可在水浴上加热到50～55℃，保持5min，然后冷却到(23±2)℃，再进行测定。

③ 测定时，当色相不同时，可不考虑色相，只比较深浅。

④ 铁钴比色计要妥善保管，防止日照。每三年校正一次。

（6）参考标准

GB/T 1722—1992《清漆，清油及稀释剂颜色测定法》。

3.2.2 加氏比色法

（1）测试原理

将试样置于标准的玻璃管中，以目视法与一系列标准颜色号进行比较，确定与试样色最接近的标准色，结果以加氏颜色号表示。

（2）测试仪器

加氏颜色号：18个玻璃颜色和液体颜色。

无色玻璃试管：内径约10.65 mm，外径约12.5 mm，外壁长约114 mm。

比色计：照明采用C光源，环境应是非彩色的。

（3）测试方法

将试样倒入清洁的试管内，放入比色计的试样架上，打开光源，以30～50cm之间的视距进行目视观察，比较试样与标准号最接近的颜色。

（4）结果表示

以与试样颜色最接近的标准号表示试样的颜色。

（5）注意事项

① 如果试样内有可见的浑浊现象时，需经过滤。

② 测定时，装入试管中的试样高度应不低于70 mm。

③ 测试结果应注明采用的是玻璃颜色标准还是液体颜色标准，试样是否过滤过。

（6）参考标准

GB/T 9281.1—2008《透明液体　加氏颜色等级评定颜色　第1部分：目视法》。

3.2.3 铂钴比色法

铂钴比色计主要用于测试浅色透明液体，配备有铂钴标准比色溶液与比色管，测定操作与铁钴比色计一样，找出试样与铂钴标准比色溶液最接近的颜色，以铂钴单位值表示，共20档，0最浅，500最深。

（1）测试原理

将试样的颜色与铂钴颜色标准进行比较，并用铂钴颜色单位来表示结果。

(2) 测试仪器

比色管：容量为100mL，带磨口玻璃塞。

比色计：比色计的两端应有挡板，防止光线从侧面透进比色管中。

(3) 测试方法

将试样倒入清洁的比色管内，将比色管放入比色计中进行测试，比较试样与铂钴标准色最接近的颜色。

(4) 结果表示

试样的颜色以最接近某一标准色的铂钴单位值来表示。

(5) 注意事项

① 待测试样应为颜色和铂钴等级标准颜色相似的透明液体。

② 试样有浑浊现象或可见杂质时，应先进行过滤。

③ 当试样颜色介于两标准色之间时，结果取颜色较深者。

④ 当试样与标准色色相不同时，结果比对难以判断时，应对试样颜色做一说明。

(6) 参考标准

GB/T 9282.1—2008《透明液体　以铂—钴等级评定颜色　第1部分：目视法》。

3.2.4 罗维朋比色法

以上几种方法均需目视评定，具有一定的主观性和局限性，还会带来误差，近年来趋向于使用仪器来代替目视法进行颜色的测定。其中之一是罗维朋比色法（Lovibond），使用罗维朋比色计。该仪器结构简单，使用方便，以数字颜色语言来表示，得到国际公认并通用。

仪器采用72片红、黄、蓝三原色滤色片相组合，得到了数千种罗维朋色度值，大大提高了颜色评定的精度和水平。对于涂料行业来说，使用三原色滤色片，外加中性灰色滤色片能调配至与试样完全一致的颜色，因而解决了铁钴比色时试样颜色与色阶号颜色“因色相不同而难以判定”的难题。用罗维朋比色计测定铁钴比色计7～12色阶号的罗维朋色度值及计算的罗维朋色度总值见表3-4。

表3-4　铁钴比色计7～12色阶号的罗维朋色度值及计算的罗维朋色度总值

铁钴比色计色阶号	罗维朋色度值			罗维朋色度总值
	黄 (Y)	红 (R)	中性灰 (L)	$H=(R_z+Y_z+L_z)^{1/2}$
7	10.1	1.0	0.6	10.17
8	20.0	1.3	0.7	20.05
9	30.0	1.9	0.8	30.07
10	50.0	4.1	1.1	50.18
11	60.0	6.0	1.3	60.31
12	70.0	8.0	1.1	70.46

(1) 测试原理

将试样装入样品池（比色皿）中，用标有罗维朋色度值的红、黄、蓝三原色滤色片与试样进行目视匹配，当匹配色与试样色一致时，以三原色滤色片的色度标单位值表示试样的颜色。

(2) 测试仪器

样品池：10.0 mm，用于测深色的试样；25.4 mm，用于测浅色的试样；133.4 mm，用于测极浅色的试样。

罗维朋比色计是一种目视颜色测量仪器，也称（罗维朋）比较测色计或罗维朋色辉仪。它采用一种特殊的颜色系统和色度单位（色标），主要以目视的方法来实现对被测对象颜色的测量。由于罗维朋比色计上的标准色片的各种组合可以匹配几乎所有样品的颜色，而具有独特的使用价值。罗维朋比色计的光学系统如图 3-4 所示。罗维朋比色计（简称仪器，以下同）由观测系统（包括目镜筒、白板背景观测室）、样品室、滤色片组和滤色片架、光源（充气钨丝灯）以及样品池等附件所组成。

(3) 测试方法

在测试样品之前，应选择适合该样品规格的样品池。当仪器达到规定状态时，方可对试样进行测试。首先将样品池放入仪器中，从目镜中观察试样，对各滤色片进行匹配组合，直至组成的颜色与试样的颜色一致。

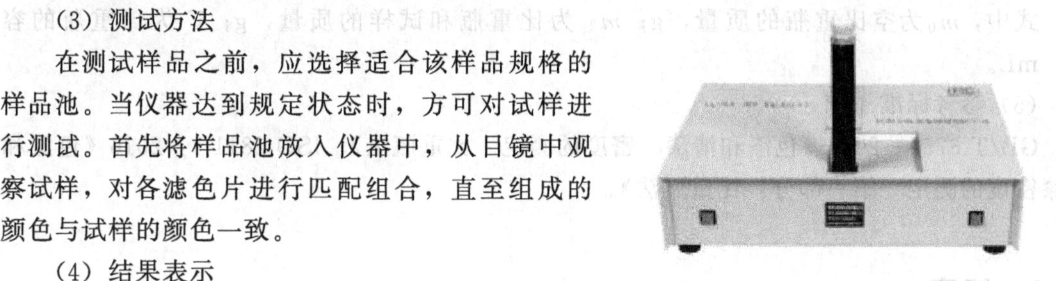

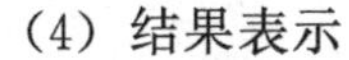

图 3-4 罗维朋比色计的光学系统

(4) 结果表示

用各滤色片色度标单位值表示试样的颜色。

(5) 参考标准

GB/T 1722—1992《清漆，清油及稀释剂颜色测定法》。

3.3 密度

测定涂料产品密度的目的，主要是控制产品包装容器中固定容积的质量；在生产中可以利用密度来发现配料是否准确，也可以较快地核对连续几批产品混合后的均匀程度。测试涂料的密度最常见的方法为比重瓶法。

(1) 测试原理

用比重瓶装满被测产品，从比重瓶内产品质量和已知的比重瓶体积计算出被测样品密度。

(2) 测试仪器和材料

① 比重瓶。一种能精确测定液体体积的设备，根据材质可分为金属比重瓶和玻璃比重瓶两种。因操作方便、易清洗，在工厂成品检验中，较多使用的是金属比重瓶。

金属比重瓶：容积为 50mL 或 100mL，是用精加工的防腐蚀材料制成的横截面为圆形的圆柱体，上面带有一个装配合适的中心有一个孔的盖子，盖子内侧呈凹形。

玻璃比重瓶：容积为 10mL 或 100mL（盖伊-芦萨克比重瓶或哈伯德比重瓶）。

② 水浴或恒温室。当要求的精确度高时，能够保持在试验温度±0.5℃的范围内。对于生产控制，能保持在试验温度±2℃的范围内。

(3) 测试方法

① 比重瓶的校准。

② 比重瓶容积的计算。按式（3-1）计算比重瓶的容积 V（以 mL 表示）：

$$V=(m_1-m_0)/\rho_{水} \tag{3-1}$$

式中，m_0为空比重瓶的质量，g；m_1为比重瓶及水的质量，g；$\rho_{水}$为水在试验温度（23℃或其他商定的温度）下的密度（可查表获得），g/mL。

③ 试样密度的测定。用试样代替蒸馏水，重复上述操作步骤。用蘸有适合溶剂的吸收材料擦掉比重瓶外部的试样残余物，并用干净的吸收材料擦拭，使之完全干燥。

（4）结果表示

按式（3-2）计算产品在试验温度下（23℃或其他商定的温度）的密度 ρ（以 g/mL 表示）：

$$\rho=(m_2-m_0)/V \tag{3-2}$$

式中，m_0为空比重瓶的质量，g；m_2为比重瓶和试样的质量，g；V为比重瓶的容积，mL。

（5）参考标准

GB/T 6750—2007《色漆和清漆　密度的测定　比重瓶法》、ISO 2811-1：2016《色漆和清漆密度的测定　第一部分：比重瓶法》。

3.4 细度

细度是涂料中颜料及填料分散程度的一种量度。涂料细度是产品的内在质量之一，对成膜质量、涂膜的光泽、耐久性、涂料的贮存稳定性等均有很大的影响。细度小的涂层，表面平整、均匀，外观、装饰性均好。粗糙的涂层不但影响外观和光亮度，还影响涂层其他物理性能。

涂料的细度主要是采用刮板细度计法来进行测定。在规定的条件下，于标准细度计上得到读数，该读数表示细度计某处凹槽的深度，一般以微米（μm）表示。

（1）测试原理

将试样充分搅拌均匀，用小调漆刀将试样滴入刮板细度计的最深部位（最上端）数滴，以双手持刮刀从刮板细度计的最上端垂直匀速刮过，在规定的时间、角度及最小分度线内，对光观察颗粒均匀显露处，最终判断涂料的细度。

（2）测试仪器

调漆刀。

刮板细度计（图 3-5）：量程分别为 0～50μm，0～100μm，0～150μm。规格有单槽和双槽。

① 刮板细度计的磨光平板是由工具合金钢制成，板上有一长沟槽［长（155.0±0.5）mm，宽（12.0±0.2）mm］。在 150mm 长度内刻有 0～150μm（最小分度 5μm，沟槽倾斜度 1∶1000）、0～100μm（最小分度 5μm，沟槽倾斜度 1∶1500）、0～50μm（最小分度 2.5μm，沟槽倾斜度 1∶3000）的表示槽深的等分刻度线。分度值误差为±0.001mm。

② 刮刀是由优质工具碳素钢制成，两刃均磨光，长（60.0±0.5）mm，宽（42.0±0.5）mm，硬度应稍低于刮板。

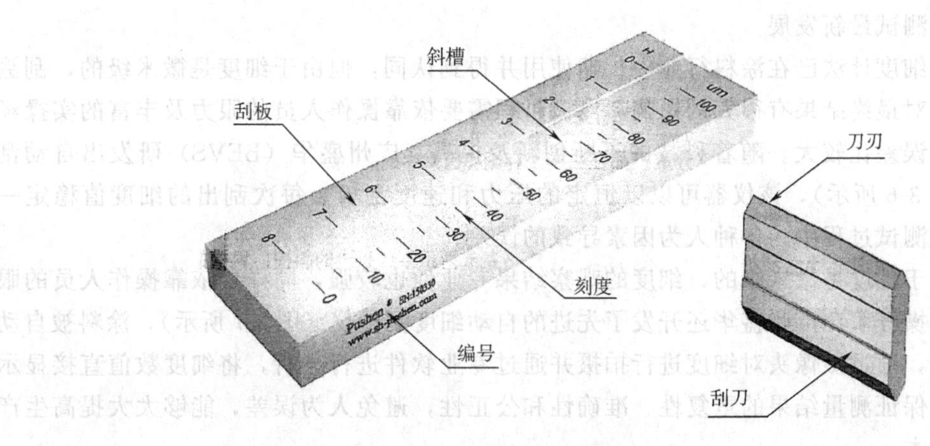

图 3-5 刮板细度计

(3) 测试方法

① 首先对试样进行预测，以选择量程最适宜的细度计。细度在 30μm 及 30μm 以下时，应选用 0～50μm 量程的细度计；细度为 31～70μm 时，应选用 0～100μm 量程的细度计；细度在 70μm 以上时，应选用 0～150μm 量程的细度计。

② 用溶剂将细度计洗净擦干，再用调漆刀将试样充分搅匀，在细度计的最上端滴入 2～3 滴试样，以能充满沟槽而略有多余为宜。

③ 以双手持刮刀，在试样边缘处使刮刀与磨光平板表面垂直接触。从上到下匀速刮过，使试样充满沟槽而平板上不留有余漆。

④ 刮刀拉过后，立即（不超过 5 s）使视角与沟槽平面成 30°～150°角，对光观察沟槽中颗粒均匀显露处，记下读数（精确到最小分度值）。

(4) 结果表示

以颗粒均匀显露处刮板细度计凹槽深度（μm）表示涂料细度，细度读数与相邻分度线范围内颗粒不得超过三个，平行测定三次，结果取两次相近读数的算术平均值。两次读数的误差应不大于仪器的最小分度值。细度除了用微米（μm）表示外，还有采用米尔（mil）(1mil＝25.4μm)、海格曼（Hegmann）等级（0～8 级）和 FSPT 规格（0～10 级）来表示的。

(5) 影响细度测定的因素

① 被测涂料的黏度。一般黏度与细度成反比，黏度低，造成溶剂挥发较快，使颗粒容易显露出来。

② 溶剂的挥发速度。溶剂挥发速度快，测得的细度值偏高。

③ 读数时间。读数时间长，细度值偏高（因为溶剂挥发多，颗粒逐渐突出），所以应在规定时间内读数。

④ 空气泡。由于测试前搅拌试样，往往会把空气带入涂料内，使空气泡在细度计上显现出来，造成读数误差，因此搅匀后的样品应稍放置一会再测试。

⑤ 测定完毕，一定要把刮板细度计擦洗晾干，尤其是水性漆更要注意，以免细度计表面腐蚀而影响使用。

(6) 参考标准

GB/T 1724—2019《色漆、清漆和印刷油墨　研磨细度的测定》。

（7）细度测试最新发展

虽然刮板细度计法已在涂料行业中长期使用并得到认同，但由于细度是微米级的，刮涂的压力与速度对最终结果有很大的影响。测试过程需要依靠操作人员的眼力及丰富的实操经验，这样人为误差比较大。随着科技的不断创新及提高，广州盛华（BEVS）研发出自动刮板细度机（图 3-6 所示），该仪器可以以恒定的压力和速度刮板，每次刮出的细度值稳定一致，可以避免测试过程中的各种人为因素导致的误差。

另外，由于细度是微米级的，细度的观察结果专业性也较强，同样要依靠操作人员的眼力及丰富的实操经验。广州盛华还开发了先进的自动细度测量仪（图 3-7 所示），涂料被自动刮在细度板上，通过摄像头对细度进行拍摄并通过专业软件进行分析，将细度数值直接显示在触摸屏上，保证测量结果的重复性、准确性和公正性，避免人为误差，能够大大提高生产效率，节约成本。

图 3-6 自动刮板细度机

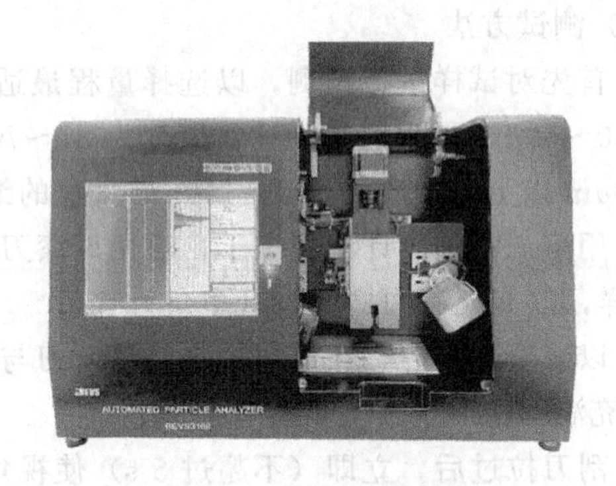

图 3-7 自动细度测量仪

3.5 不挥发物含量（固体含量）

涂料不挥发物含量指涂料所含有的不挥发物质的量，也称固体含量，一般用不挥发物的质量分数表示。涂料是由多种物质组成的。清漆中含有植物油、树脂、催干剂、助剂及溶剂等。色漆中除上述组分外，还含有颜料和填料。除溶剂外，都是不挥发分，是涂料的主要成膜物质。

不挥发物是涂料生产中的重要质量控制项目之一。通过对不挥发物的测定，可以确定涂料内成膜物质的多少。涂料生产中常对所用的原材料、半成品、成品进行不挥发物的测定，以进行配方计算，确保涂料质量及批次的稳定性。

（1）测试原理

将少量试样置于预先干燥和准确称量的器皿内，使试样均匀地流布于器皿的底部，在规定的温度下经烘干后，恒重、称量。

（2）测试仪器和材料

平底皿（金属或玻璃）：直径为（75±5）mm，边缘高度至少为 5mm。

玻璃表面皿、马口铁或铝制的平底圆盘：直径约 75mm。玻璃表面皿直径 80～100mm。

玻璃干燥器：内放变色硅胶或无水氯化钙。

鼓风恒温烘箱。

（3）测试方法

① 清洗平底皿，并将其放置于烘箱中，设置规定或者商定的温度烘干。保持规定或者商定的时间，然后放置在干燥器中备用。

② 准确称量器皿的质量（m_0），精确至1mg。取待测的样品至皿中铺匀，称取皿和试样的质量（m_1）。对高黏度的样品或结皮样品，用一个已称重的金属丝将试样铺平。如果必要，可以另加 2mL 合适的溶剂。

③ 把盛试样的器皿放入预热到规定温度的烘箱内，保持一定的加热时间。表 3-5 列出了常见色漆、清漆、色漆和清漆用漆基及液态酚醛树脂的试验参数。

④ 加热结束后，将器皿转移至干燥器中使之冷却至室温，或者放置在无灰尘的大气中进行冷却。冷却到室温再称量器皿和剩余物的质量（m_2），精确到1mg。平行测定两个试样。

表 3-5　色漆、清漆、色漆和清漆用漆基及液态酚醛树脂的试验参数

加热时间/min	温度/℃	样品量/g	产品类别的举例
20	200	1.0±0.1	粉末树脂
60	80	1.0±0.1	硝化棉，硝基纤维素喷漆，多异氰酸酯树脂
60	105	1.0±0.1	纤维素衍生物，纤维素漆，空气干燥型漆，多异氰酸酯树脂
60	125	1.0±0.1	合成树脂（包括多异氰酸酯树脂），烤漆，丙烯酸树脂（首选条件）
60	150	1.0±0.1	烘烤型底漆，丙烯酸树脂
30	180	1.0±0.1	电泳漆
60	135	3.0±0.5	液态酚醛树脂

（4）结果表示

用式（3-3）计算不挥发物的含量 NV，用质量分数表示。

$$NV=\frac{m_2-m_0}{m_1-m_0}\times 100 \tag{3-3}$$

式中，m_0为空皿的质量，g；m_1为皿和试样的质量，g；m_2 为皿和剩余物的质量，g。

如果色漆、清漆及漆基的两个结果之差大于 2%（相对于平均值），或者聚合物分散体的结果大于 0.5%，则需重新测试。

（5）注意事项

① 对于橡胶乳液，建议使用带盖的皿。黏稠的聚合物分散体或乳液，建议使用 0.1mm 厚的铝箔，裁成可以对折的大小约为（70±10）mm×（120±10）mm 的矩形，通过轻轻挤对折的两部分而使黏稠液体完全铺开。

② 高黏度试样一般指在剪切速率为 $100s^{-1}$时，黏度≥500mPa·s，或用 6mm 的流出杯测得的流出时间 t≥74s 的试样。

③ 对于高挥发性的试样，可以将样品放入一个带塞的瓶中，或放入可称重的移液管或 10mL 的不带针头的注射器中，将试样用减量法称取至器皿中。

④ 对于水性体系涂料，其在器皿中的厚度要尽可能薄，以免加热时溅出，这是由于表面

会结皮，而结皮会受烘箱中的温度、空气流速和相对湿度的影响。

⑤ 受试样品是否完全铺平及铺平的时间对不挥发物含量影响很大。如果受试样品由于黏度很大等原因而未完全铺平，则表观不挥发物含量会增大。

⑥ 加热结束后，尽量将器皿转移至干燥器中使之冷却，如不使用干燥器会影响方法的精密度。

(6) 参考标准

GB/T 1725—2007《色漆、清漆和塑料　不挥发物含量的测定》。

3.6 贮存稳定性

贮存稳定性是指涂料产品在正常的包装状态和贮存条件下，经过一定的贮存期限后，产品的物理或化学性能所能达到原规定使用要求的程度。它反映涂料产品抵抗存放后可能产生的异味、增稠、结皮、返粗、沉底、结块、干性减退、酸值升高等性能变化的程度。

(1) 测试原理

将涂料放置在密闭的容器中，经过自然环境或加速条件下贮存后，测定涂料的黏度变化、颜料沉降、重新混合以适于使用的难易程度以及其他按产品规定所需检测的性能变化。

(2) 测试仪器和材料

恒温鼓风干燥箱：能保持 (50±2)℃。

容器：容积为 0.4L 标准压盖式金属涂料罐。

黏度计：涂-4 黏度计、涂-1 黏度计或其他适宜的黏度计。

调刀：长 100mm 左右，刀头宽 20mm 左右，质量约为 30g。

狼毛刷：宽 25mm。

试板：120mm×90mm×(2～3) mm 的平玻璃板。

(3) 测试方法

① 将三份试样分别装入三个容器中，装样量以离罐顶 15mm 左右为宜。

② 测定一罐原始试样的黏度，检查容器中试样的状态和涂膜颗粒、胶块及刷痕等，以便对照比较。

③ 将另两罐试样盖紧盖子后，称量试样质量，准确至 0.2 g，然后放入恒温干燥箱内，在 (50±2)℃加速条件下贮存 30 d，也可在自然环境条件下贮存 6～12 个月。

④ 试样贮存至规定期限后，称量试样质量，如与贮存前的质量差值超过 1%，则可认为由容器封闭不严密所致，其性能测试结果值得怀疑。

(4) 结果表示

① 结皮、压力、腐蚀及腐败味的检查与评定。在开盖时，注意容器是否有压力或真空现象，打开容器后检查是否有结皮、容器腐蚀及腐败味、恶臭或酸味。每个项目分别按下列六个等级记分：10＝无；8＝很轻微；6＝轻微；4＝中等；2＝较严重；0＝严重。

② 沉降程度的检查与评定。如有结皮，应小心地去除结皮，然后在不振动或不摇动容器情况下，将调刀垂直放置在涂料表面的中心位置，调刀的顶端与涂料罐的顶面取齐，从此位置落下调刀，用调刀测定沉降程度。如果颜料已沉降，在容器底部形成硬块，则将上层液体的悬浮部分倒入另一清洁的容器中，存之备用。用调刀搅动颜料块使之分散，加入少量倒出

的备用液体，使之重新混合分散，搅匀。再陆续加入倒出的备用液体，进行搅拌混合，直到颜料被重新混合分散，形成适于使用的均匀色漆，或者已确定用上述操作不能使颜料块重新混合分散成均匀的色漆为止。

沉降程度的评定如下：10 为完全悬浮，与色漆的原始状态比较，没有变化；8 为有明显的沉降触感并且在调刀上出现少量的沉积颜料，用调刀刀面推移没有明显的阻力；6 为有明显的沉降颜料块，以调刀的自重能穿过颜料块落到容器的底部，用调刀刀面推移有一定的阻力，凝聚部分的块状物可转移到调刀上；4 为以调刀的自重不能落到容器的底部，调刀穿过颜料块，再用调刀刀面推移有困难，而且沿罐边推移调刀刀刃有轻微阻力，但能够容易地将色漆重新混合成均匀的状态；2 为当用力使调刀穿透颜料沉降层时，用调刀刀面推移很困难，沿罐边推移调刀刀刃有明显的阻力，但色漆可被重新混合成均匀状态；0 为结成很坚硬的块状物，通过手工搅拌在 3～5min 内不能再使这些硬块与液体重新混合成均匀的色漆。

③ 涂膜颗粒、胶块及刷痕的检查与评定。将贮存后的色漆刷涂于一块试板上，待刷涂的涂膜完全干燥后，检查试板上直径为 0.8mm 左右的颗粒及更大的胶块，以及由这种颗粒或胶块引起的刷痕。对不适宜刷涂的涂料，可用 200 目滤网过滤调稀的被测涂料，观察颗粒或胶块情况。每个项目分别按下列六个等级评定：10＝无；8＝很轻微；6＝轻微；4＝中等；2＝较严重；0＝严重。

注意：如试验样品显著增稠，允许用 10％以内的溶剂或按产品规定稀释后，再进行刷涂试验。

④ 黏度变化的检查与评定。如果试样搅拌后能使所有的沉淀物均匀分散，则立即用黏度计测定色漆的黏度。如有未分布均匀的沉淀物或结皮碎块，可用 100 目筛网过滤之后再行测试。测定黏度时，试样的温度可按产品规定的要求，保持在 (23±2)℃或 (25±1)℃ (应注明温度)，黏度以时间 (s) 表示，精确到 0.1 s。在色漆搅拌均匀并经过滤后，用产品规定的适宜的黏度计测定黏度，根据贮存后黏度与原始黏度的比值，按下列等级评定黏度变化值：10 为黏度变化值≤5％；8 为 5％＜黏度变化值≤15％；6 为 15％＜黏度变化值≤25％；4 为 25％＜黏度变化值≤35％；2 为 35％＜黏度变化值≤45％；0 为黏度变化值＞45％。

本方法最终评定以“通过”或“不通过”为结论性评定。

(5) 参考标准

GB/T 6753.3—1986《涂料贮存稳定性试验方法》。

3.7 乳胶漆稳定性

3.7.1 稀释稳定性

(1) 范围及说明

本方法适用于测定乳胶漆或乳液在生产和使用过程中加水稀释后其分散体系不被破坏的能力。

(2) 测试方法

在 10mL 试管中加入 2mL 乳液或乳胶漆，用氨水调节 pH 值为 8。再加入 8mL 去离子水，盖严摇匀，放在试管架上，置于恒温室内 (23±2)℃静置 48h 后观察有无沉淀和结块现象。

（3）结果表示

以合格/不合格表示。无变化为合格，沉淀、絮凝、结块为不合格。

3.7.2 机械稳定性

（1）范围及说明

本方法适用于测定乳胶漆或乳液在高剪切或高速搅拌作用下，保持其分散体系稳定、不被破坏的能力。

（2）测试仪器

高速搅拌机：转速 4000r/min。

（3）测试方法

在 1000mL 搪瓷杯中加入 200 g 乳液或乳胶漆，用氨水调节 pH 值为 8，将杯置于高速搅拌机底座上，开动高速搅拌，以 4000r/min 的转速搅拌 0.5 h，观察有无破乳或结块现象。

（4）结果表示

以合格/不合格表示。无变化为合格，破乳、絮凝、结块为不合格。

3.7.3 低温稳定性

（1）范围及说明

本方法用于测定乳胶漆或乳液在低温环境下其分散体系保持稳定、不被破坏的能力。

（2）测试仪器

低温箱，温度能保持（−5±2)℃。

（3）测试方法

取试样 1L 装入带盖的塑料或玻璃容器中，放入低温箱中调至温度为（−5±2)℃，保持 18h，取出后放入恒温室［(23±2)℃］，保持 6h。如此反复三次，打开容器充分搅拌，观察有无硬块、絮凝、分离等现象。

（4）结果表示

以合格/不合格表示。试样状态无变化为合格，结块、絮凝、分离为不合格。

3.7.4 热稳定性

（1）范围及说明

本方法用于测定乳胶漆或乳液在高温环境下其分散体系产生的变化。本方法也可作为乳胶漆贮存稳定性的加速试验。在（50±2)℃的加速条件下放置 30d，相当于自然条件下贮存半年至一年。

（2）测试仪器和材料

密封罐，三个；恒温烘箱，温度能保持（50±2)℃；天平，感量 0.2g。

（3）测试方法

① 按取样要求分别将 1L 左右的试样装入三个密封罐中，称出质量，准确至 0.2g，装样量应离罐顶 15mm 左右。

② 将其中两罐试样盖子盖严，放入（50±2)℃的恒温烘箱中存放30d，取出后在恒温室(23±2)℃的条件下放置24h后，检验其有关性能（放置后先称其质量，若失重差值超过1%，则为容器盖子密封不严所致，其结果准确性应予考虑)。

③ 在试样放入恒温烘箱前，将另一罐原始试样按产品标准要求检验其原始性能，以便对照比较。

(4) 结果表示

以合格/不合格表示。试样状态及各项性能符合原产品的指标为合格，否则为不合格。

3.7.5 耐冻融性

(1) 范围及说明

本方法适用于测定以合成胶乳或合成树脂乳液为漆料的水性漆，在经受冷冻并融化后，其黏度、抗聚结或抗结块和起斑方面有无损害性变化和保持原有性能的程度。

(2) 测试仪器和材料

冷冻箱：一个合适的箱子，其大小应能容纳若干个试验样品，箱内温度应能保持在(－18±2)℃。

试板：具有相邻黑白区域的表面光滑的纸板，上面罩以清漆，使表面能均匀地涂上涂膜，且不会渗透涂料乳液。也可使用具有黑白区域的玻璃板，如GB/T 1726中规定的玻璃板。

黏度计：带有桨叶型转子的斯托默（Stormer）黏度计。

涂料刷：宽25mm的软毛刷。

密封容器：三个，容积各为500mL（有衬里带密封盖的铁罐、带有密封盖的大口玻璃瓶或塑料瓶)。

(3) 测试方法

① 将待测试样搅拌均匀后分别装入三个带盖能密封的500mL容器中，装入量为容器的2/3，容器要洁净，及时盖好盖子，防止蒸发损失。

② 用普通不锈钢涂料调刀对三个容器中的受试样品进行手工搅拌（搅拌时要小心，避免产生气泡)。然后测定其初始黏度。测试后将样品封严，其中一个标上“对比样”字样，存放在（23±2)℃的地方。另外两个样品标上“试验样”字样，放入冷冻箱内。冷冻箱温度保持在（－18±2)℃。

③ 样品罐在冷冻箱中放置17 h后取出，放置在（23±2)℃下。

(4) 结果表示

① 在搅拌试验样品前，观察并评定容器中样品的沉淀、胶结、聚结、结块等状况，以“无变化”“轻微”“严重”表示。

② 对放置6h和48h后容器中的样品进行搅拌，记录试样试验前初始黏度和试验后放置6h和48h的黏度值，以“无变化”“轻微”“严重”表示。黏度变化值不大于20%为“轻微”，大于20%、不大于40%为“严重”。

③ 测定黏度后，立即用干净的软毛刷将对比样品和试验样品刷在同一块试板上，干燥至少24h，然后比较试验样品和对比样品，目视观察并记录干涂膜的遮盖力、光泽、凝聚、斑点和颜色的变化情况。

(5) 注意事项

① 在整个搅拌过程中，要使对比样品和试验样品受到完全同样处理。

② 样品罐不得与冷冻箱的箱壁或箱底接触，相邻样品罐之间及样品罐与箱壁之间至少要留有 25mm 的间隙，以利于空气围绕样品自由循环（可将样品罐放在架上）。

(6) 参考标准

GB/T 9268—2008《乳胶漆耐冻融性的测定》。

3.8 挥发性有机化合物含量和释放量

涂料中 VOC 含量是指在涂料产品中挥发性有机化合物含量（也称为罐内 VOC）。VOC 是室内空气中的异类污染物，主要指沸点在 250℃以下的有机化合物，一般包括苯、甲苯、乙苯、对（间）二甲苯、甲醇、乙醇、异丁醇、三乙胺、乙二醇醚及乙二醇醚酯类等。由于它们种类多且单独的浓度低，一般以 VOC 表示其总量，而不是分别表示。研究表明，即使室内空气中单个 VOC 含量都低于其限量，但多种 VOC 的混合存在还是具有大的危害性。VOC 能引起机体免疫水平失调，影响中枢神经系统功能，出现头晕、头痛、嗜睡、无力、胸闷等症状，还可能影响消化系统，出现食欲不振、恶心等，严重时可损伤肝脏和造血系统，甚至引起死亡。

随着社会的发展和人民经济水平的提高，VOC 对人身健康和环境的影响也被越来越多的人所认知。特别是近几年来，政府出台了一系列政策，如《中华人民共和国大气污染防治法》中“工业涂装企业应当使用低挥发性有机物含量的涂料”、国务院《关于印发打赢蓝天保卫战三年行动计划的通知》（国发〔2018〕22 号）中“重点区域禁止建设生产和使用高 VOC 含量的溶剂型涂料、油墨、胶粘剂等项目”的要求。因此，对涂料中 VOC 含量的测定越来越重要。

国内目前测试涂料中 VOC 的含量主要依据差值法和气相色谱法，已制定了相应的测试方法标准，分别为 GB/T 23985—2009《色漆和清漆　挥发性有机化合物（VOC）含量的测定　差值法》、GB/T 23986—2009《色漆和清漆　挥发性有机化合物（VOC）含量的测定　气相色谱法》。对于溶剂型涂料中 VOC 的测试主要选用差值法，如：GB 18581—2020《木器涂料中有害物质限量》、GB 24409—2020《车辆涂料中有害物质限量》等产品标准中都是选用差值法进行 VOC 含量的测试。水性涂料主要使用气相色谱法测定 VOC 含量，如 GB/T 23984—2009《色漆和清漆　低 VOC 乳胶漆中挥发性有机化合物（罐内 VOC）含量的测定》、GB 18582—2020《建筑用墙面涂料中有害物质限量》等产品标准中规定使用气相色谱法测试样品中的 VOC 含量。高固体分、无溶剂涂料体系和不饱和树脂涂料也主要是选用差值法，按《含有活性稀释剂的涂料中挥发性有机化合物（VOC）含量的测定》（GB/T 34682—2017）的规定进行。

3.8.1 溶剂型涂料 VOC 差值法

(1) 范围及说明

本方法用于测定色漆、清漆及相关原材料中挥发性有机化合物（VOC）含量，主要适用于 VOC 含量大于 15%（质量分数）的样品。

（2）测试原理

准备好样品后，先测定样品中不挥发物的含量，然后再采用卡尔费休试剂滴定法测定水分含量，然后通过两者的差值计算出样品中 VOC 的含量。

（3）测试方法

① 不挥发物含量的测定。按照 3.5 节中不挥发物含量测定的步骤，称取适量的待测样品置入器皿中，然后将器皿放入预热到规定温度的烘箱内，保持规定的加热时间后，测试加热前后质量的变化，计算出样品中不挥发物的含量 w（NV）。

② 水分含量的测定。采用卡尔费休试剂滴定法测定样品中水分含量 w（H_2O）［具体步骤参照 GB/T 6283—2008《化工产品中水分含量的测定　卡尔·费休法（通用方法）》］。

（4）结果表示

待测样品的 VOC 含量以质量分数（%）来表示，按式（3-4）计算：

$$w(\text{VOC}) = 100 - w(\text{NV}) - w(\text{H}_2\text{O}) \tag{3-4}$$

式中，w（VOC）为待测样品的 VOC 含量，%；w（NV）为不挥发物含量，%；w（H_2O）为水分含量，%。

如果两次测定结果（平行测定）的差值较大，则需重新测定。计算两个有效结果的平均值。

（5）参考标准

GB/T 23985—2009《色漆和清漆　挥发性有机化合物（VOC）含量的测定　差值法》、GB 18581—2020《木器涂料中有害物质限量》、GB 24409—2009《车辆涂料中有害物质限量》。

3.8.2　乳胶漆 VOC 含量

（1）范围及说明

采用气相色谱法定量测定标准大气压（101.325Pa）下低 VOC 含量乳胶漆中挥发性有机化合物（VOC）（罐内）含量（即沸点最高可达 250℃的有机化合物的含量）。本方法适用于 VOC 含量在 0.01%～0.1%（质量分数）的样品。使用该方法的主要目的是判断产品是否为低 VOC 乳胶漆，而不是例行的质量控制。

（2）测试原理

采用顶空进样器使很少量的稀释后样品中的 VOC 完全汽化，然后用气相色谱分析法测定其含量，如下所述：

在隔膜密封的小瓶中，将几微升用缓冲液稀释后的样品加热至 150℃，当完全汽化后，一部分气相试样导入非极性毛细管柱中。对相对保留时间低于十四烷（沸点 252.6℃）的所有组分的峰面积进行积分，采用标准储备混合物作为标准添加物以四种浓度等级来测定 VOC 含量。测定结果是基于标准储备混合物的平均响应因子。

（3）测试仪器

气相色谱系统：顶空进样器，最好由自动样品传输器以及能程序升温的毛细管气相色谱仪、火焰离子化检测器或质量选择检测器和数据处理系统组成。与样品接触的顶空进样器的所有部件（例如分配针头、分配阀、输送管）都应能够加热。

非极性的熔融石英毛细管柱：固定相由 95%～100%的二甲基聚硅氧烷和 5%～0%的苯

基聚硅氧烷组成，并化学键合到柱上。

（4）测试试剂和材料

除非另有规定，只能使用已确认的分析级试剂（纯度大于 99%）及符合 GB/T 6682 规定的 1 级水。

气体：

① 载气：干燥无氧的氦气、氮气或氢气，纯度至少为 99.995%（体积分数）。

② 检测器气体：氢气纯度至少达 99.995%（体积分数），以及不含有机化合物的压缩空气。

用分析天平各称取约 1 g（精确至 1mg）的每一种标准化合物于隔垫密封的小瓶中，先加入高沸点化合物，再加入低沸点化合物。只有在加入每一种标准化合物时才除去瓶盖。在混合物中加入约 1000mg/kg 的阻聚剂。

柠檬酸盐缓冲溶液，pH 5.0：可从市场上购买，也可以制备，制备时在 1L 的容量瓶中加入 20.265g 柠檬酸和 7.840g 氢氧化钠，并在 20℃下加入去离子水至刻度。

聚合反应抑制剂：2,6-二叔丁基-4-甲基苯酚或 *N*,*N*-二甲基二硫代氨基甲酸酯的水合酸性钠盐。

十四烷：纯度至少为 99.5%（质量分数）。

（5）测试方法

① 原样的稀释。在带隔垫瓶盖的小瓶中加入 10g 原样（乳胶漆）和 10g 柠檬酸盐缓冲溶液（均精确到 0.1g），密封并混合均匀。

② 不加多级标准添加物的分析试样的制备。用力摇晃装有稀释后乳胶漆样品的密封小瓶，然后立即将 2mL 一次性注射器插入隔垫中抽出过量的气体。在三个小瓶中各称入（15±3）mg 的等分试样（精确到 0.1mg），并立即密封小瓶，用于分析。

③ 加入多级标准添加物的分析试样的制备。按步骤①制备 4 份稀释后的乳胶漆样品，用 50μL 注射器分别加入 10μL、20μL、30μL 和 40μL 标准储备混合物（每一个小瓶中加入的量不同）。称量每个小瓶（精确到 0.1mg）。密封小瓶并充分混合均匀。

再次用力摇晃密封的小瓶，然后立即将 2mL 一次性注射器插入隔垫中抽出过量的气体。在三个空的小瓶中各称取（15±3）mg 已加入标准添加物并稀释后的等分试样（精确到 0.1mg），立即密封小瓶，用于分析。

④ 将步骤③和④准备好的小瓶放入顶空进样器中。顶空进样器中样品的控制温度为 150℃，传送管和分配阀的控制温度为 160℃，温度保持时间为 4min。

⑤ 积分终点的确定。通过单独的 GC 分析确定十四烷的保留时间，该时间即为 VOC 测定的积分终点。

（6）结果表示

① 峰面积的测定。对保留时间小于十四烷的所有峰面积进行积分，得到面积总和来评定色谱图。

标准加入法的测定准确度主要受样品称入小瓶时精密度的影响。为避免过早的挥发损失，操作时动作要快。基于这个原因，实际操作时 15mg 的样品质量只能是近似量，因此将每次分析的峰面积按式（3-5）除以实际样品的质量归一化至 1mg 样品的峰面积。

$$A_{\text{norm}}=\frac{A}{m_{\text{vd}}\times\dfrac{m_{\text{p}}}{m_{\text{p}}+m_{\text{cb}}}} \tag{3-5}$$

式中，A_{norm}为归一化至1mg乳胶漆校准后的峰面积，面积单位值/mg；A为保留时间小于十四烷的所有峰的积分面积，面积单位值；m_{vd}为试样的质量，mg；m_p为乳胶漆原样（EP）的质量，g；m_{cb}为加入原样中的柠檬酸缓冲溶液的质量，g。

② 罐内VOC含量的计算。首先对不加标准添加物的试样以及加入标准添加物分别为10mg、20mg、30mg和40mg的试样，每种情况下进行三次测定，并计算得到归一化峰面积，然后按式（3-6）计算平均值，单位为面积单位值/mg。

$$\overline{A}_{norm(X)}=\frac{1}{3}\times\sum_{i=1}^{3}A_{norm(X)} \tag{3-6}$$

式中，$A_{norm(X)}$为不加标准添加物的试样以及加入标准添加物为10mg、20mg、30mg和40mg的试样测定后归一化至1mg乳胶漆的峰面积，面积单位值/mg；X分别对应于标准添加物为0mg、10mg、20mg、30mg和40mg的试样。

通过计算，或者通过计算并将按这种方式得到的平均面积单位值对相应的标准添加物量作图进行线性回归分析。从纵轴上的截距A_y以及线性回归曲线的斜率B，按式（3-7）计算原样质量m_p中VOC的含量m_{VOC}（mg）。

$$m_{VOC}=\frac{A_y}{B} \tag{3-7}$$

用式（3-8）计算罐内VOC含量（mg/kg）：

$$w_{VOC}=\frac{m_{VOC}}{m_p}\times 1000 \tag{3-8}$$

式中，m_p为乳胶漆原样（EP）的质量，g。

要换算成以克每升（g/L）表示的罐内VOC含量ρ_{VOC}，需知道乳胶漆的密度，该密度可以从生产商提供的资料中查取。用式（3-9）进行换算：

$$\rho_{VOC}=\frac{w_{VOC}\,\rho_{EP}}{1000} \tag{3-9}$$

式中，w_{VOC}为罐内VOC的含量，mg/kg；ρ_{EP}为乳胶漆原样的密度，g/mL。

（7）参考标准

GB/T 23984—2009《色漆和清漆　低VOC乳胶漆中挥发性有机化合物（罐内VOC）含量的测定》。

3.8.3 含有活性稀释剂的涂料VOC含量

活性稀释剂又称反应性溶剂，是既能溶解或分散成膜物质，又能在涂料成膜过程中参与成膜反应，形成不挥发组分而留在涂膜中的一类化合物。由于其可以显著地降低VOC含量的特点，目前主要用于高固体分、无溶剂涂料体系和不饱和树脂型涂料中。例如，缩水甘油醚类（用于环氧树脂涂料）、苯乙烯（用于不饱和树脂涂料）、聚己内酯二元醇（用于高固体分涂料）、聚乙二醇（用于高固体分涂料）等。

由于含有活性稀释剂的涂料在配方和固化机理上与常规的溶剂型涂料和水性涂料有所不同，其组分中含有大量可挥发的活性稀释剂成分，在涂料体系中所占比例一般为10%～20%。如果用测量常规涂料VOC的方法（把样品放置于一定温度下，固定时间，然后测量质量变化）对该类涂料进行VOC测量的话，那么涂料中的活性稀释剂成分将会在测量过程中挥发掉，造成测定固体分结果偏低，与实际情况不符。因此在 2017 年国家标准化管理委员会专门出台了针对含有活性稀释剂涂料 VOC 含量的测定方法。需要说明的是，该方法并不适用于辐射固化涂料。

（1）测试原理

按产品明示的配比和稀释比例制备好试样，混合均匀后，在规定的条件下通过差值法测定样品的不挥发物含量。如果样品中含有水分，需采用卡尔·费休法或气相色谱法测定水分含量。如果需要，根据样品的类型采用合适的方法测定样品的密度。最后计算样品中挥发性有机化合物（VOC）的含量。

（2）测试方法

该测试方法与一般的 VOC 测试方法相比较，区别主要在于挥发物含量测试过程。一般的 VOC 测试方法是先称取 1g 样品然后直接在（105±2)℃下烘烤 60min，而该方法是称取 3g 样品，先在标准试验环境下放置 24h 后，再经（105±2)℃的烘箱中烘 60min，测试加热前后质量的变化，计算出样品中不挥发物的含量 w（NV）。然后测定样品中的水分含量 $w(H_2O)$。

（3）结果表示

待测样品的 VOC 含量以质量分数（%）来表示，按公式 $w(VOC)=100-w(NV)-w(H_2O)$计算。

（4）参考标准

GB/T 34682—2017《含有活性稀释剂的涂料中挥发性有机化合物（VOC）含量的测定》。

3.8.4 光固化涂料 VOC 含量

3.8.4.1 挥发物总含量小于或等于 3%时的检测方法

（1）测试原理

称取一定量的光固化（UV）涂料样品，将其涂覆到铝制基体上，然后称量铝制基体的质量，用紫外灯对测试样品进行辐照固化，称重测量 UV 涂料涂饰过程中挥发物的含量；把固化冷却后的样品置于（110±2)℃烘箱中加热 60min，通过质量损失计算潜在挥发物含量，两者之和为 UV 涂料的挥发物总含量。

（2）测试仪器

紫外灯固化机；鼓风干燥箱；涂布器；玻璃干燥器；铝板。

（3）测试方法

① 配制 10g UV 涂料，搅拌均匀，避免产生气泡。

② 对预处理过的测试样板进行称量，精确到 0.1mg。

③ 称取 0.2g 样品涂覆到预处理过的测试样板上，然后重新称量，精确到 0.1mg。涂覆后应在 30s 内进行称量，如果样品中含有任何活性稀释剂（如苯乙烯），样品涂覆后应在 15s 内进行称量。

④ 采用 UV 灯对样品进行固化。将固化后的测试板放到室温下冷却 15min，然后进行称量，精确到 0.1mg。

⑤ 把已完成固化且冷却后的测试样板置于（110±2)℃的鼓风干燥箱中 1h，再将测试样板放置于玻璃干燥器中，冷却至室温后，称取质量，精确至 0.1mg。

⑥ 按照上述步骤，平行测定3次。

(4) 结果表示

涂饰过程中挥发物含量＝［(m_1-m_2)／(m_1-m_0)］×100％

潜在挥发物含量＝［(m_2-m_3)／(m_1-m_0)］×100％

挥发物总含量＝涂饰过程中挥发物含量（％）＋潜在挥发物含量（％）

式中，m_0为测试样板的质量，g；m_1为样品和测试样板的质量，g；m_2为样品固化后样品和测试样板的质量，g；m_3为加热、固化后样品和测试样板的质量，g。

结果取三次测试的算术平均值。当检测出的挥发物含量大于3％时，需重新按照3.8.4.2的检测方法进行检测。

(5) 参考标准

GB/T 35241—2017《木质制品用紫外光固化涂料挥发物含量的检测方法》。

3.8.4.2 挥发物总含量大于3%时的检测方法

(1) 测试原理

部分UV涂料（如喷漆类）为调整黏度需添加少量挥发性溶剂，为保证UV涂料固化彻底且挥发物含量测试结果准确，在测试涂饰过程中挥发物含量时，先将含有溶剂的UV涂料置于丙酮溶液中，在低温［(50±2)℃］下加热30min，冷却至室温后，用紫外灯对测试样品进行辐照固化，在室温下继续冷却5min，称重测量涂饰过程中挥发物含量；再把冷却后的样品置于(110±2)℃烘箱中1h，通过质量损失计算潜在挥发物含量，两者之和为挥发物总含量。

(2) 测试仪器

紫外灯固化机；鼓风干燥箱；玻璃干燥器。

铝盘（直径58mm，高18mm)：底面光滑平整，将铝盘放入(110±2)℃的干燥器内，干燥30min。

(3) 测试方法

① 配制10g UV涂料，搅拌均匀，避免产生气泡。

② 对预处理过的铝盘进行称量，精确到0.1mg。

③ 先将铝盘中加入(3±1) mL丙酮溶液，用注射器抽取(0.3±0.1) g的UV涂料样品，将样品逐滴加入铝盘中，慢慢转动铝盘，使样品充分分散到丙酮中。然后将铝盘置于(50±2)℃的鼓风干燥箱中加热30min。

④ 采用UV灯对样品进行固化。将固化后的测试板放到室温下冷却15min，然后进行称量，精确到0.1mg。

⑤ 把已完成固化且冷却后的铝盘置于(110±2)℃的鼓风干燥箱中1h，再将测试样板放置于玻璃干燥器中，冷却至室温后，称取质量，精确至0.1mg。

⑥ 按照上述步骤，平行测定3次。

(4) 结果表示

涂饰过程中挥发物含量＝［$m-(m_2-m_0)$］/m×100％

潜在挥发物含量＝［(m_2-m_3) /m］×100％

挥发物总含量＝涂饰过程中挥发物含量（％）＋潜在挥发物含量（％）

式中，m_0为铝盘的质量，g；m为样品的质量，g；m_2为样品经预加热和固化后与铝盘的质量，g；m_3为最终加热且固化后样品和铝盘的质量，g。

结果取三次测试的算术平均值。

（5）参考标准

GB/T 35241—2017《木质制品用紫外光固化涂料挥发物含量的检测方法》。

3.8.5 涂料VOC释放量

涂料中VOC释放量是指涂料产品在固化成膜过程中释放到空气中的挥发性有机化合物的量。已经有证据表明，涂料的高VOC含量不等于高VOC释放量、低VOC含量不等于低VOC释放量，两者的意义不同。对于购买内墙涂料、木器涂料等装饰装修涂料的消费者来说，更关心其VOC释放量对室内环境和人身健康的影响，事实上一些所谓“零VOC内墙涂料”也会释放VOC。前面所介绍的各种VOC测试方法仅适用于罐内VOC含量的测试，没有VOC释放量的测试方法，不能对涂装环节VOC释放进行测定。

世界上一些国家已经开始采用以VOC释放量作为考查涂料环保性能的标准，其中最具代表性的是芬兰“M1认证”，也是世界上最为严格、最为苛刻的产品认证标准。我国也在2019年制定了国家标准《涂料中挥发性有机化合物（VOC）释放量的测定》（GB/T 37884—2019）。

目前，国内外普遍采用环境测试舱法测试涂料的VOC释放量，该方法可以模拟与实际室内环境相近的环境条件，检测内墙涂料、木器涂料以及室内涂装的工业涂料（如工厂维保用防腐涂料，船舱、贮罐等密闭场所用防护涂料等）施涂后固化过程中VOC释放量，对涂装过程中VOC的释放情况进行研究。这些数据可以让人们了解相关涂料产品VOC的释放规律，从而选择更低挥发性的涂料用原材料，为今后环保涂料配方的研制提供依据，帮助和指导消费者购买环保涂料和科学装修。

（1）测试原理

将试件置于测试舱中，试件释放的挥发性有机化合物和进入测试舱的空气混匀后从舱出口排出，一定时间后以吸附剂或吸收液在测试舱采样口处分别采集一定体积的测试舱内的空气，所采空气中的挥发性有机化合物被吸附在吸附剂上，经热解吸装置解吸附，再以色谱柱分离，氢火焰离子化检测器（FID）或质谱检测器（MSD）测定所采集气体中挥发性有机化合物的质量，并根据采集气体的体积计算试件VOC的释放量。

（2）测试仪器

① 测试舱系统。由密封舱、空气过滤器、空气温湿度调节控制及监控系统、流量调节控制装置、空气采样系统等部分组成，测试舱由化学惰性材料制成，舱容积为20～1000L。其构造如图3-8所示。

② 气相色谱仪。配备带有氢火焰离子化检测器（FID）和/或质谱检测器（MS）。

③ 石英毛细管柱。长度至少为30 m，柱内涂覆二甲基聚硅氧烷固定相（或同等固定相的色谱柱）。

④ 热解吸装置。能对吸附管进行热解吸，其解吸温度及载气流速应可调。

⑤ Tenax-TA吸附管。为玻璃管或内壁光滑的不锈钢管，管内装有200mg粒径为0.18～0.25mm的Tenax-TA吸附剂。使用前采用惰性气体（如氮气）高温老化，最高老化温度不得高于320℃，老化时间不小于30min，老化至无杂质峰为止，老化后密封保存。

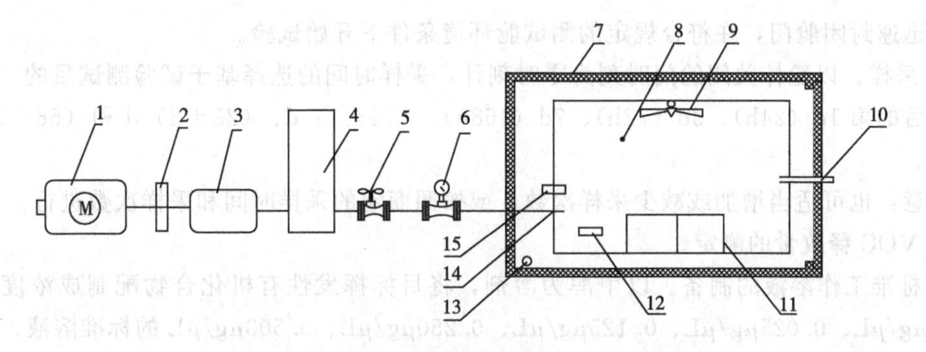

图 3-8 测试舱示意图

1—空气泵；2—空气过滤器；3—挥发性有机化合物（VOC）过滤器；4—湿度发生器；5—流量控制阀；
6—气体流量计；7—测试舱体；8—采样口；9—循环风机；10—排气口；11—试样支架；
12—监测装置；13—控温装置；14—进气口；15—温湿度记录仪

⑥ 恒流采样器。在采样过程中流量应稳定，流量范围应包含 0～500mL/min，流量波动性应不超过采样流量的±5%。

⑦ 流量计。用于校正恒流采样器，流量范围 100～1000mL/min，示值误差不超过±10%。

(3) 测试试剂和材料

①标记物。正己烷和正十六烷。

② 目标挥发性有机化合物。甲苯及其他目标挥发性有机化合物，纯度不小于 99%，或已知纯度。

③ 甲醇。纯度不应小于 99%。

④ 载气。氮气或氦气，纯度不小于 99.995%。

⑤ 燃气。氢气，纯度不小于 99.995%。

⑥ 助燃气。空气。

⑦ 试验基材。应选用符合 GB 11614 规定的无色透明平板玻璃或其他惰性材料，试板面积按材料/舱负荷比为 $1.0m^2/m^3$ 或商定的材料/舱负荷比计算。试验用基材应在试验前清洗干净并干燥。

(4) 测试方法

① 试样制备。将试样均匀涂刷在试验用基材上，同一试板涂刷时间不大于 10min，涂刷后立即将试件放入测试舱中。每个试样制备两个试件。

② 测试舱的准备。测试舱在试验前应进行清洁。首先用碱性清洗剂（pH≥7.5）清洗舱内壁，再用符合 GB/T 6682—2008 的三级水擦洗舱内壁，敞开舱门，开启风扇至舱体风干。

③ 舱本底浓度测定。将清洗后的测试舱舱门关闭，通入清洁空气并开启运行，以舱体关闭舱门时刻为零时刻计，试验时间为（24±1）h，测定封舱 24h 后舱内本底浓度。

采样前使用流量计对恒流采样器进行校正，并调节恒流采样器的采样流量小于测试舱进气量的 80%，且吸附管无穿透。选择合适的采样量以确保分析结果在标准曲线的浓度范围内。采样时记录采样时间、采样流量、温度和大气压力。

采样完毕后取下吸附管，密封吸附管的两端并做好标记，然后放入密封的金属或玻璃容器中，并在 7d 内分析。

④ 试件放置。将制备的试件直接放置在舱体的居中位置，使空气气流均匀地从试件表面

通过。迅速封闭舱门，在符合规定的测试舱环境条件下开始试验。

⑤ 采样。以舱体关闭舱门时刻为零时刻计，采样时间的选择基于试验测试目的，可在开始计时后的第1d（24h）、3d（72h）、7d（168h）、（14±1）d、（28±2）d和（56±2）d进行采样。

注意：也可适当增加或减少采样次数，或按照商定的采样时间和采样次数进行。

⑥ VOC释放量的测定。

a. 标准工作溶液的制备。以甲醇为溶剂，将目标挥发性有机化合物配制成浓度分别为0.0125μg/μL、0.025μg/μL、0.125μg/μL、0.250μg/μL、0.500μg/μL的标准溶液。

b. 标准样品吸附管系列的制备。使用微量注射器分别抽取4μL标准工作溶液，在有100mL/min的氮气通过吸附管情况下，分别注入Tenax-TA吸附管，3min后将吸附管取下并密封，完成标准样品吸附管系列的制备。

c. 标准曲线的绘制。将标准样品吸附管分别置于热解吸装置中，经280～300℃的温度充分解吸后，使解吸气体由进样阀快速进入气相色谱仪进行分析，以保留时间和/或质谱图定性，以峰面积定量。以各组分的含量（μg）为横坐标，峰面积为纵坐标，分别绘制标准曲线，并计算回归方程。

注意：质谱定量时采用总离子流色谱图（TIC）的峰面积。

d. 样品分析。试验样品分析时，每支样品吸附管应按热解吸-气相色谱分析方法进行分析，以保留时间和/或质谱图定性，以峰面积定量。

测定目标挥发性有机化合物释放量时，根据其对应的峰面积，以甲苯的响应因子来定量计算。

测定总挥发性有机化合物（TVOC）释放量时，根据总峰面积，以甲苯的响应因子来定量计算。

（5）结果表示

① 线性回归方程。根据标准样品吸附管中各组分（和/或目标挥发性有机化合物）的质量及相应色谱峰的面积，通过最小二乘法拟合得到线性回归方程［式（3-10）］，其线性相关系数r应大于0.995。

$$A_i = K_i m_i + b_i \tag{3-10}$$

式中，A_i为样品吸附管中组分i的色谱峰面积；K_i为组分i的线性回归方程的斜率；m_i为样品吸附管中组分i的质量，μg；b_i为组分i的线性回归方程在y轴上的截距。

② 所采空气样品中各组分（和/或目标挥发性有机化合物）的释放量按式（3-11）计算：

$$C_i = \frac{m_i - m_0}{V} \tag{3-11}$$

式中，C_i为所采空气样品中i组分的释放量，mg/m³；m_i为样品吸附管中组分i的质量，μg；m_0为空白采样管中组分i的质量，μg；V为空气采样体积，L。

③ 所采空气样品中各组分（和/或目标挥发性有机化合物）的释放量按式（3-12）换算成标准状态下的释放量：

$$C_c = C_i \times \frac{101.3}{p} \times \frac{t + 273}{273} \tag{3-12}$$

式中，C_c为标准状态下所采空气样品中i组分的释放量，mg/m³；p为采样时采样点的大气压力，kPa；t为采样时采样点的温度，℃；101.3为标准大气压，kPa；273为摄氏温度与热力学温度的换算值。

④ 标准状态下所采空气样品中总挥发性有机化合物（TVOC）的释放量按式（3-13）计算：

$$C_{TVOC}=\sum_{i=1}^{i=n} C_c \tag{3-13}$$

式中，C_{TVOC}为标准状态下所采空气样品中总挥发性有机化合物（TVOC）释放量，mg/m^3。C_{TVOC}取两次测试结果的平均值，其相对偏差小于15%，否则应重新进行试验。当平均值小于$1mg/m^3$时，结果表示到小数点后两位；当平均值大于等于$1mg/m^3$时，结果表示到小数点后一位。

（6）参考标准

GB/T 37884—2019《涂料中挥发性有机化合物（VOC）释放量的测定》。

3.9 甲醛含量和释放量

甲醛化学性质活泼，广泛用于化学工业生产中，是生产脲醛树脂、三聚氰胺树脂、酚醛树脂等的重要原料。以上树脂都是生产涂料的基体树脂，其所含有的甲醛会在涂装时放出，亦会残留在涂层中缓慢释放出，因此，甲醛释放成为室内空气污染的重要来源。甲醛在我国有毒化学品优先控制名单上高居第二位，因此，研究涂料中甲醛的测定方法对减少室内污染有重要意义。

现有微量甲醛的测定方法较多，常用的有分光光度法和色谱法两种。其中，可见光分光光度法具有仪器价格便宜、操作简单等特点而得到广泛应用。

3.9.1 分光光度法

（1）范围及说明

本方法适用于每千克乳胶漆或乳液中游离甲醛含量在0.005～0.5g范围内的测定，若超过0.5g，则适量稀释后按此方法测定。

（2）测试原理

采用蒸馏的方法将样品中的游离甲醛蒸出，在pH＝6的乙酸-乙酸铵缓冲溶液中，馏分中的甲醛与乙酰丙酮在加热的条件下反应生成稳定的黄色络合物，冷却后在波长412 nm处进行吸光度测试。根据工作曲线，计算试样中游离甲醛的含量。

（3）测试仪器和材料

蒸馏装置，500mL蒸馏瓶、蛇形冷凝管、馏分接收器皿；容量瓶；移液管；水浴锅；吸收池；分光光度计。

乙酸铵，分析纯；冰醋酸，分析纯；乙酰丙酮试剂，需蒸馏精制；甲醛，浓度为37%，分析纯；蒸馏水，符合GB/T 6682—2008二级水。

（4）测试方法

① 标准工作曲线的绘制。

a. 用分光光度计测吸光度。分别取甲醛浓度为0.1μg/mL、0.5μg/mL、1μg/mL、1.5μg/mL、2.0μg/mL、2.5μg/mL的溶液5mL，各加1mL乙酰丙酮溶液，在100℃的沸水

浴中加热 3min，冷却至室温后即用 10mm 比色皿（以水作参比）在分光光度计 412nm 波长处测定吸光度。

b. 以 5mL 甲醛标准溶液中的甲醛含量为横坐标、吸光度为纵坐标，绘制标准工作曲线。计算回归线的斜率，以斜率的倒数作为样品测定的计算因子 B_s。

② 试样的处理。称取搅拌均匀的试样 2g，置于预先已加入 50mL 水的蒸馏瓶中，轻轻摇匀，再加 200mL 水，在馏分接收器皿中预先加入适量的水，浸没馏分出口，馏分接收器皿的外部加冰冷却。加热蒸馏，收集馏分 200mL，取下馏分接收器皿，把馏分放入 250mL 容量瓶中加水至刻度，蒸馏出的馏分应在 6h 内测其吸光度。

③ 甲醛含量的测定。从已定容的 250mL 容量瓶中取出 5mL 馏分，加入 1mL 乙酰丙酮溶液，按绘制标准曲线的条件测其吸光度。

（5）结果表示

按式（3-14）计算甲醛含量：

$$W=0.05B_s(A-A_0)/m \tag{3-14}$$

式中，W 为游离甲醛含量，g/kg；A 为试样溶液的吸光度；A_0 为空白溶液的吸光度；B_s为计算因子；m 为样品质量，g；0.05 为换算系数。

（6）参考标准

GB/T 18582—2020《建筑用墙面涂料中有害物质限量》。

注意：该标准主要适用于水性内墙涂料，因为水性涂料在水中易于分散，其中甲醛用蒸馏法易于提取；而油性涂料在水中分散性差，甲醛易被包裹在涂料内，采用加水蒸馏法不易提取，故而对油性涂料不太适用。

3.9.2 高效液相色谱法

（1）测试原理

以乙腈作为萃取溶剂，用超声提取和离心分离相结合的方法萃取试样中甲醛，萃取液与 2，4-二硝基苯肼在酸性条件下衍生化形成 2，4-二硝基苯腙，采用高效液相色谱法能满足精度要求的现行有效的方法（如液相色谱-质谱法、液相色谱-串联质谱法等）进行检测。根据标准工作曲线，计算试样溶液中甲醛的含量，并根据采集气体的体积计算试件的甲醛释放量。

（2）测试仪器

高效液相色谱仪：配有紫外检测器（UVD）或二极管阵列检测器（DAD）。

恒流采样器：在采样过程中流量应稳定，流量范围应包含 0～500mL/min，流量波动性应不超过采样流量的±5%。

流量计：用于校正恒流采样器，流量范围 100～1000mL/min，示值误差不超过±10%。

有机相微孔滤膜：孔径 0.22μm。

大型气泡吸收管：10mL。

具塞比色管：10mL。

（3）试剂

水：符合 GB/T 6682—2008 要求的一级水。

乙腈：HPLC（高效液相色谱）级。

磷酸：含量大于等于 85%（质量分数）。

衍生化试剂：称取约1 g（以干物质计）2，4-二硝基苯肼置于100mL棕色容量瓶中，用磷酸稀释至刻度，摇匀。此溶液不稳定，应现配现用。

甲醛溶液：含量约37%（质量分数）。

甲醛标准储备溶液（甲醛含量约1g/L）：用分度吸量管移取2.8mL甲醛溶液，置于1000mL容量瓶中，用水稀释至刻度，混合均匀。按GB/T 23993—2009中规定的方法标定其准确浓度。甲醛标准储备溶液在4℃以下避光保存，有效期3个月。

甲醛标准溶液（甲醛含量约10mg/L）：用单标线吸量管移取1.0mL甲醛标准储备溶液，置于100mL容量瓶中，用乙腈稀释至刻度，混合均匀。此溶液不稳定，应现配现用。

（4）测试方法

① 样品前处理。

a. 萃取。称取约2.5g试样于25mL容量瓶中，记录试样质量 m，用乙腈稀释至刻度，充分振荡使试样得到最大程度分散，制成试样溶液，记录定容体积 V。用超声波提取仪超声提取10min后，用分度吸量管移取上述溶液7mL于离心管中（也可根据实际情况调整进行离心的溶液体积），在离心机腔体温度不超过40℃的条件下离心20～30min，至上层出现清液A。

注意：如离心效果不佳，不能有效分层，可适当增大转速或增加离心时间。

b. 衍生化。用分度吸量管分别移取4mL清液A、4mL水、0.4mL衍生化试剂于10mL离心管中混合均匀（清液A、水、衍生化试剂的用量以及衍生化使用的容器可根据实际情况进行调整，但参与衍生化反应的清液A、水、衍生化试剂的体积比须保持1∶1∶0.1），密闭管盖，在（25±5）℃环境中避光放置24 h进行衍生化。用0.22μm有机相微孔滤膜过滤，滤液用于高效液相色谱分析。

② 空白试验。不加试样，重复步骤①，进行高效液相色谱分析，每批样品（少于20个）或20个样品应做一个空白试验。

③ 标准曲线的绘制。

a. 标准工作溶液衍生化。用分度吸量管分别移取4.0mL甲醛标准工作溶液、4.0mL水、0.4mL衍生化试剂，于10mL具塞比色管中混合均匀，密闭管盖，在（25±5）℃环境中避光放置24h进行衍生化。用0.22μm有机相微孔滤膜过滤，滤液用于高效液相色谱分析。

b. 绘制工作曲线。用高效液相色谱测定滤液，重复进样两次，两次测量的峰面积相对偏差应≤5%，取两次测量的峰面积的平均值。以甲醛标准工作溶液浓度为横坐标，2,4-二硝基苯腙的峰面积（扣除不加标准工作溶液中2,4-二硝基苯腙的峰面积）为纵坐标，绘制标准工作曲线。

④ 样品测定。测定微孔滤膜过滤后的滤液，由保留时间定性，以2,4-二硝基苯腙的峰面积（扣除不加标准工作溶液中2,4-二硝基苯腙的峰面积）定量，通过标准工作曲线得出甲醛浓度 c。

（5）结果表示

试样中甲醛的含量以甲醛的质量分数 X 计，单位为mg/kg，按式（3-15）计算：

$$X=\frac{cV}{m} \tag{3-15}$$

式中，c 为由标准工作曲线得出的试样溶液中甲醛的浓度，mg/L；V 为试样溶液的定容体积，mL；m 为试样质量，g。

计算两次平行试验测试结果的平均值，以平均值报出结果。本测试方法的检出限为1.5mg/kg。

（6）参考标准

GB/T 34683—2017《水性涂料中甲醛含量的测定　高效液相色谱法》。

3.9.3 涂料甲醛释放量的测定

与前面讨论VOC的含量与释放量类似，涂料中甲醛含量与释放量并不能等同，两者的意义不同。前面所介绍的各种甲醛测试方法仅适用于罐内VOC含量的测试，无法真正对涂装环节甲醛的释放进行测定。

（1）测试原理

涂料中甲醛释放量的测定参照3.8.5中VOC释放量测定所用的环境测试舱法。以水作为吸收液吸收所采空气中的甲醛，试样溶液与2，4-二硝基苯肼在酸性条件下衍生化形成2，4-二硝基苯腙，采用高效液相色谱法或能满足精度要求的现行有效的方法（如液相色谱-质谱法、液相色谱-串联质谱法等）进行检测。根据标准工作曲线，计算试样溶液中甲醛的含量，并根据采集气体的体积计算试件的甲醛的释放量。

（2）测试方法

试样的制备以及测试舱的准备参照3.8.5。

① 采样。采样前使用流量计对恒流采样器进行校正，并调节恒流采样器的采样流量小于测试舱进气量的80%。将5mL水装入气泡吸收管中，选择合适的采样量以确保分析结果在标准曲线的浓度范围内。采样时记录采样时间、采样流量、温度和大气压力。

② 标准工作溶液衍生化。用分度吸量管分别移取4.0mL甲醛标准工作溶液、4.0mL水、0.4mL衍生化试剂，于10mL具塞比色管中混合均匀，密闭管盖，在(25±5)℃环境中避光放置24h进行衍生化。用0.22μm有机相微孔滤膜过滤，滤液用高效液相色谱分析。

③ 标准曲线的绘制。用高效液相色谱测定滤液，重复进样两次，两次测量的峰面积相对偏差应≤5%，取两次测量的峰面积的平均值。以甲醛标准工作溶液浓度为横坐标，2，4-二硝基苯腙的峰面积（扣除不加标准工作溶液中2，4-二硝基苯腙的峰面积）为纵坐标，绘制标准工作曲线。

④ 试样溶液分析。试样溶液按照步骤③的方法进行衍生化。衍生化完毕之后用0.22μm有机相微孔滤膜过滤，滤液用于高效液相色谱分析。

用高效液相色谱测定滤液，重复进样两次，两次测量的峰面积相对偏差应≤5%，取两次测量的峰面积的平均值，并将该值代入步骤④所得到的标准曲线中计算试样溶液的浓度。

（3）结果表示

空气中甲醛的含量以X（质量分数）计，单位为毫克每升（mg/L），按式（3-16）计算：

$$X=\frac{(c-c_0)V_1}{V_2} \tag{3-16}$$

式中，c为由标准工作曲线得出的试样溶液中甲醛浓度，mg/L；c_0为由标准工作曲线得出的空白溶液中甲醛浓度，mg/L；V_1为试样溶液的定容体积，mL；V_2为采样体积，mL。

(4) 参考标准

GB/T 37884—2019《涂料中挥发性有机化合物(VOC)释放量的测定》附录C 甲醛释放量的测定。

参考文献

[1] 虞亨．涂料与涂膜物性的最新评价方法(Ⅰ)[J]．现代涂料与涂装，1999(9)：94-97.

[2] 温绍国，刘宏波，周树学．涂料及原材料质量评价[M]．北京：化学工业出版社，2013.

[3] 虞莹莹．涂料工业用检验方法与仪器大全[M]．北京：化学工业出版社，2007.

[4] 陈燕舞．涂料分析与检测[M]．北京：化学工业出版社，2009.

第4章

涂料施工性能

4.1 基材处理方法

基材（底材）处理是涂料施工的第一道工序，直接关系到整个涂装体系的防腐蚀性能和涂膜保护寿命。通过长期的实践证明：许多涂膜体系提早失效，其原因70%以上是基材处理不到位。而英国钢铁研究协会的一项研究表明：基材处理的质量对涂膜保护寿命的影响达到49.0%，因此基材表面处理对整个涂料涂装系统而言至关重要。

基材处理有三大作用：

① 提高涂层对基材表面的附着力。涂料对基材表面浸润越充分，所形成的涂膜附着力越强。通常清洁的钢铁表面的表面张力比任何涂层的表面张力都要高，因而可以被涂料较好地润湿。而当基材上附着一些油污、油脂时，这些污染物会使表面张力变得非常低，从而使涂层不能充分润湿基材，导致附着不好，造成涂膜整片脱落或产生各种外观缺陷，所以涂装前必须将基材表面的污染物彻底清除干净。

② 提高涂膜对金属基材的防腐蚀保护能力。钢铁锈蚀产物中含有很不稳定的铁酸，它在涂层下仍会使锈蚀扩展和蔓延，导致涂膜迅速破坏而丧失保护功能。而经过彻底除锈处理后再进行涂刷，那么涂层保护性能会大幅度提高。近年来虽然出现了一些不需对基材除锈的带锈涂料，但到目前为止，带锈涂料的长期可靠性仍然存在缺陷。

③ 提高基体表面的平整度。铸件表面的型砂、焊渣及铁锈等都会严重影响涂层的外观，必须通过喷砂、打磨等方法除去；粗糙表面涂漆后，涂层的光泽会受到表面凹凸不平的影响而变得暗淡无光，所以对装饰性要求很高的被涂物，必须首先通过表面处理的方法使表面变得平整才能得到较理想的涂膜装饰效果。

为使涂层坚牢地黏附于被涂基材的表面，必须在涂漆前对基材进行表面处理，处理的方法依基材性质而异。通常，铸铁或厚钢材常用喷砂或喷丸打磨；薄钢铁基材要经过除油、除锈、磷化（浸入以磷酸二氢锌、磷酸锰铁或钙盐为基液的溶液中，使表面附着上一层磷酸盐膜）、钝化（浸入由可溶性六价铬和不溶性三价铬所组成的钝化液中，使表面上形成一层附着良好并能填孔的防腐薄膜）；木材表面要经过打磨、漂白、清除油脂和封闭处理（不使涂料向深层渗入）；新混凝土表面因含有碱析出物，需要用氯化锌溶液处理；旧混凝土表面则应清除表面疏松物和霉斑。

钢板、马口铁板、镀锌板、铝板、玻璃板、纤维补强水泥板为目前试验常用的基材，除了这六种还有硬质纤维板、纸面石膏板。

(1) 钢板

材质要求：采用符合 GB/T 700—2006 规定的 Q195 或 Q215 冷轧钢板。

标准中列出了五种处理方法，分别为溶剂清洗法、水性清洗剂清洗法、打磨法、磷化处理法、喷射清理法（适用于热轧钢板）。

常用的方法为打磨法，分为手工打磨、圆形机械打磨、直线形打磨三种。

手工打磨处理步骤：一般情况下，用 400 号水砂纸干磨去掉表面层（标准中规定去掉的表面层厚度应不少于 0.7μm，即全部去掉镀层），用溶剂洗净，擦干，置于干燥器中。

手工打磨程序：

① 顺试板一边平行方向平直均匀地打磨。

② 与第一次方向垂直的方向平直均匀来回打磨，直至表面层磨去。

③ 以直径约 80～100mm 圆周运动打磨，直至表面形成的圆周重叠为止。

(2) 马口铁板

标准中列出了三种处理方法，分别为溶剂清洗法、水性清洗剂清洗法和打磨法。

常用的方法为打磨法，处理步骤如下：一般情况下，用 500 号水砂纸干磨打磨，打磨程序同 (1)，但要求不能破坏其表面的镀锡层，打磨后用溶剂清洗，擦干，置于干燥器中。

(3) 镀锌板（或镀锌合金板）

材质要求：镀了锌或锌合金的冷轧碳钢板。

标准中列出了三种处理方法，分别为溶剂清洗法、水性清洗剂清洗法、化学处理法。

常用的方法为溶剂清洗法。

(4) 铝板

标准中列出了四种处理方法，分别为溶剂清洗法、水性清洗剂清洗法、打磨（磨光）法、铬酸盐转化膜法。

常用的方法为溶剂清洗法及打磨法。

用打磨法处理试板时，一般随时处理随时使用，用软布垫或其他合适的材料蘸上磨料依打磨程序［见 (1)］打磨直至去除表面痕迹，用溶剂洗净，擦干，置于干燥器中。

(5) 玻璃板

材质要求：平板玻璃或抛光的浮法玻璃。

常用的方法为溶剂清洗法及清洗剂清洗法。

(6) 硬质纤维板

材质要求：密度大于 0.80 g/cm^3，符合 GB/T 12626.2—2009 要求。

处理步骤如下：擦去试板上的灰尘，晾于恒温恒湿条件下三周以上。水分含量应在 (6±2)%范围内。

(7) 纸面石膏板

处理步骤如下：用胶带将板的边缘封闭，擦去试板上的灰尘，晾于恒温恒湿条件下三周以上。

(8) 纤维补强水泥板

处理步骤如下：擦去试板上的灰尘，浸入水中使试板 pH<10，清除表面泥浆，用 200 号水砂纸打磨表面使之平整，用水冲洗干净，晾于恒温恒湿条件下一周以上。

（9）参考标准

GB/T 9271—2008《色漆和清漆　标准试板》。

4.2　施工黏度

黏度是液体和胶态体系的主要物理化学特性。液体的黏度是指液体在外力（压力、重力、剪切力）作用下，其分子间相互作用而产生阻碍其分子间相互运动的能力，即液体流动的阻力，其数学意义是剪切应力与剪切速率的比值。

黏度是涂料产品的重要指标之一，对于涂料施工来说，涂料黏度过高会使施工困难，刷涂拉不开刷子，喷涂时堵塞喷嘴，涂膜流平性差；黏度过低则施工时造成流挂，形成上薄下厚不均匀的涂膜，涂膜薄处耐久性不好，容易早期破坏失去对基材的保护作用，涂膜厚处往往容易发生涂膜起皱等弊病。生产出的涂料成品装桶后都保持一定的原始黏度，但由于贮存、运输、气候条件等因素的影响，到达施工现场后黏度会有一定变化。因此如何在施工现场对涂料的黏度进行调节和控制，是保证产品质量的重要一环。此外，为了适应不同的施工方法（刷涂、喷涂、浸涂等），现场的施工人员也需对涂料进行黏度测定及调整。所以从涂料施工角度来看，对涂料黏度的测试和控制是非常必要的。

黏度的表示方法主要有四种：

① 绝对黏度。绝对黏度也叫动力黏度，它是液体以 1cm/s 的流速流动时，在每平方厘米液面上所需切向力的大小，用符号 η 表示，单位为“Pa·s”。

绝对黏度的单位换算：$1Pa\cdot s=10dyn\cdot s/cm^2=10g/(cm\cdot s)=10P$（泊）$=1000cP$（厘泊），即 $1P=100cP$，$1cP=1mPa\cdot s$。

旋转黏度计、毛细管黏度计、偏心式落球黏度计等都可以直接测得或测试后经换算得出液体的绝对黏度。

② 运动黏度。也属于绝对黏度的一种。它是在同一温度条件下，绝对黏度与液体密度的比值。即

$$运动黏度=绝对黏度/液体密度$$

运动黏度的单位为斯，即 m^2/s，用小写字母 ν 表示。实际测定常用单位为厘斯，即 mm^2/s。使用毛细管黏度计可以直接测出液体的运动黏度。

③ 相对黏度。也称比黏度。在同一温度时被测液体的黏度与其他标准液体（如水或其他较纯溶剂）黏度的比值即为相对黏度。

采用恩氏黏度计，用被测样与水的比值以恩哥拉度（E^o）来表示的黏度，即为该样的相对黏度。

④ 条件黏度。在一定温度时，一定体积的液体从规定的容器中通过规定直径的小孔流出所需时间即为条件黏度。其单位为秒（s）。

采用涂-1黏度计、涂-4黏度计或恩氏黏度计测量的不与标准液体相比，只用液体流出的时间（s）表示的黏度都属于条件黏度。

4.2.1　流出杯法

在检测黏度的诸多仪器中，最经济实用且操作方便的，当推目前涂料界使用最为广泛的

流出型黏度计——流出杯（或称黏度杯）。其设计原理是在毛细管黏度计基础上进行改制及放大，各国型号繁多且互不统一。如美国的福特杯（Ford Cup）、赛波特（Say Bolt）黏度计；德国的 DIN 杯、恩格拉（Engler）黏度计；法国的 Afnor 杯、巴贝（Barbey）黏度计；英国的 BS 杯、雷德伍德（Redwood）黏度计，以及蔡恩杯（Zahn Cup）、歇尔杯（Shell Cup）等均属此类。我国标准则是涂-1 杯和涂-4 杯，国际标准化组织推荐的是 ISO 流出杯。目前国内一般使用的是便携式涂- 4 黏度计法，而国外更多是采用美国 ASTM 标准，使用蔡恩黏度计法。

4.2.1.1　涂-1 黏度计法

（1）测试原理

涂-1 黏度计测定的黏度是条件黏度，即为一定量的试样在一定的温度下从规定直径的孔所流出的时间，以秒（s）表示。其适用于测定流出时间不低于 20s 的涂料产品。

（2）测试仪器

涂-1 黏度计的上部为圆柱形，下部为圆锥形的金属容器。内壁上有一刻度线，锥底部有漏嘴。容器的盖上有两个孔，一孔为插塞棒用，另一孔为插温度计用。

温度计：温度范围 0～50℃，分度为 0.1℃、0.5℃。

秒表：分度为 0.2s。

（3）测试方法

① 测定前后均需用纱布、溶剂将黏度计擦拭干净，并干燥。对光检查，确保涂-1 黏度计漏嘴等关键部分清洁。

② 将试样搅拌均匀，将温度调整到（23±1）℃或（25±1）℃。

③ 将涂-1 黏度计置于水浴套内，插入塞棒。将试样导入黏度计内，调节水平螺钉确保液面与刻线刚好重合。盖上盖子并插入温度计，静置片刻使试样中的气泡溢出。在黏度计漏嘴下放置一个 50mL 的量杯。

④ 当试样温度达到第②步描述的温度时，迅速提起塞棒，同时启动秒表。当量杯内试样量达到 50mL 刻度线时，立即停止计时。试样流入量杯内 50mL 所需时间就是试样的流出时间（s）。

⑤ 取 2 次测定的平均值为测定结果。切记两次测定值的差距不能大于平均值的 3%。

（4）结果表示

用式（4-1）将试样的流出时间换算成运动黏度值（mm²/s）：

$$t = 0.053\nu + 1.0 \tag{4-1}$$

式中，t 为流出时间，s；ν 为运动黏度，mm²/s。

4.2.1.2　涂-4 黏度计法

（1）测试原理

涂-4 黏度计测定的黏度也是条件黏度。其测试原理同涂-1 黏度计法。其适用于测定流出时间在 150s 以下的涂料产品。

（2）测试仪器

图 4-1　涂-4 黏度计

涂-4 黏度计（图 4-1）为上部圆柱形，下部圆锥形的容器，容量为 100mL，锥底部有一标准孔为 4 mm 的不锈钢漏嘴，所以习称 4 号杯。在容器上部有一圈凹槽，作为多余试样溢出用。其材质有塑料与金属两种。具体尺寸见图 4-2。

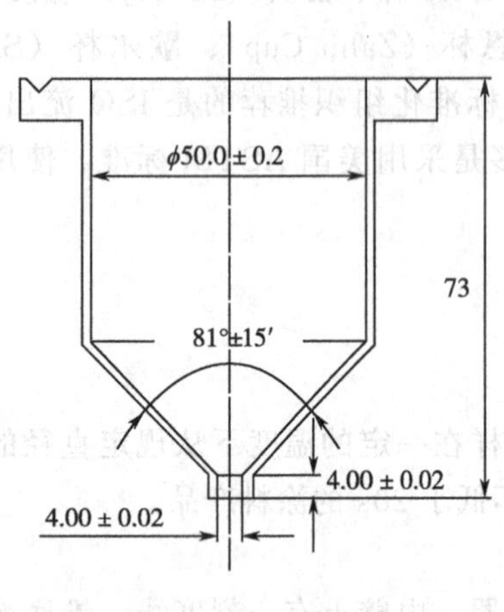

图 4-2　涂-4 黏度计

温度计：温度范围 0～50℃，分度为 0.1℃、0.5℃。

秒表：分度为 0.2 s。

承受杯：150mL 搪瓷杯。

（3）测试方法

① 测试前后均需用纱布蘸溶剂将黏度计擦拭干净，并干燥或用冷风吹干。对光检查，黏度计漏嘴等应保持洁净。

② 将试样搅拌均匀，调整试样温度至（23±1）℃或（25±1）℃。

③ 调节黏度计置于水平状态，在黏度计漏嘴下放置 150mL 搪瓷杯。

④ 用手指堵住漏嘴，将试样倒满黏度计，用玻璃棒或玻璃板将气泡和多余的试样刮入涂-4 杯的凹槽中。迅速移开手指，同时启动秒表，待试样流丝刚中断时立即停止计时。秒表读数即为试样的流出时间（s）。

（4）结果表示

取两次测定的平均值为测定结果。两次测定值之差不应大于平均值的 3%。用下列公式可将涂-4 黏度计试样的流出时间（s）换算成运动黏度值（mm^2/s）。

$$t=0.154\nu+1.1\ (t<23s) \tag{4-2}$$

$$t=0.223\nu t+6.0\ (23s\leqslant t<150s) \tag{4-3}$$

式中，t 为流出时间，s；ν 为运动黏度，mm^2/s。

（5）涂-4 杯的校正

① 运动黏度法。此法是按照 GB/T 265—1988，采用毛细管黏度计测得各种标准油的运动黏度。然后在规定的温度条件下［如（23.0±0.2）℃或（25.0±0.2）℃］，使用各种已知运动黏度的标准油，按照涂-4 杯的测定方法测出被校黏度计的流出时间，根据标准油的运动黏度，通过公式求出涂-4 杯的标准流出时间 T。

$$T=0.223\nu+6\ (23s\leqslant T<150s) \tag{4-4}$$

$$T=0.154\nu+11\ (T<23s) \tag{4-5}$$

式中，T 为标准流出时间，s；ν 为运动黏度，mm^2/s。

在相同的条件下，被校黏度计的标准流出时间 T 与测定的流出时间 t 之比即为该黏度计的修正系数 K。公式为：

$$K=T/t$$

式中，K 为黏度计修正系数；T 为标准流出时间，s；t 为测定的流出时间，s。

按上述公式求得一系列的修正系数 K_1、K_2、K_3 等，取其算术平均值，即为该黏度计的修正系数 K。若 K 在 0.95～1.05 的范围内，则该黏度计合格，仍可使用，但测试数据应与修正系数 K 相乘，才是真正的实测黏度。

② 标准黏度计法。对于没有精确温度控制和毛细管黏度计的用户来说，采用标准黏度计法更为实用。标准黏度计习称 K 值计，平时不使用，只作为计量标准，定期用它

对所使用的涂-4 杯进行校验。校验时，需配制至少五种不同黏度的航空润滑油和航空润滑油与变压器油的混合油，在规定的温度条件下，分别测出它们在标准黏度计和被检黏度计中的流出时间，并求出一系列的时间比值 $K_1 \sim K_5$，取平均值即为该黏度计的修正系数 K。

（6）注意事项

涂-4 黏度计使用简便，但在具体操作过程中的一些细节问题，仍会影响黏度测试的准确性和重现性。

① 流出杯（黏度杯）的选择。相比之下铜质杯使用时间长，测试数据稳定，但金属杯的标准孔大多是可卸式的，若螺纹旋不到顶，实际上增大了流出杯的容积，也使衔接处成棱角，影响流动稳定性。由于流出时间与标准孔内径的四次方成正比，清洗时孔径有损伤，就会极大地影响测试数据准确性。

② 操作手法应统一。温度是影响试样黏度的重要因素，因此最好在恒温室内进行黏度测定。若条件不许可，试样需升温或冷却。在测试过程中，应使用统一工具沿杯口刮去多余试样，由于工具表面张力的缘故，不同工具效果并不相同。

③ 液体的牛顿流动性。牛顿型或近似牛顿型液体，其流动性稳定，流出时间是可重复的，故涂-4 杯适用于此种低黏度清漆和色漆，而不适用于测定非牛顿型流动的涂料，特别是具有触变结构的高稠度、高颜料分涂料。虽然标准规定涂-4 杯可测定流出时间在 150s 以下的涂料产品，但其最佳测定范围应在 20～100s，适宜测定运动黏度为 60～360mm²/s，因此涂-4 杯只有在所适用的黏度范围内使用，才能获得满意的重现性。

（7）参考标准

GB/T 1723—1993《涂料粘度测定法》。

4.2.1.3　ISO 流出杯法

世界各国的流出杯由于容积及流出孔的尺寸各不相同，导致所测得的黏度值也不一样，极大影响了国际间的技术交流。为了使流出杯设计标准化并提高流动稳定性，同时也为了统一各国流出杯的尺寸，便于互相比较，国际标准化组织提出了改进的 ISO 流出杯。

ISO 流出杯（图 4-3）也是上部为圆柱形、下部为圆锥形的容器，锥底是一加长的小圆柱形漏嘴，外部有一个保护套，使流出杯突出的嘴子不致受到意外的损坏。ISO 流出杯的合理性与先进性首先在于圆锥角度为 120°，比涂-4 杯大（涂-4 杯仅为 81°），这样则更有效地克服了液体进入流出孔时造成的湍流。ISO 流出杯的流出孔长度为 20mm，长度与孔径之比即 L/D 为 5，而涂-4 杯 L/D 仅为 1，L/D 的值越大，则流出孔的毛细管作用越明显，液体流动也越稳定。此外，ISO 流出杯黏度测试范围较宽，不同孔径的流出杯测试样品的运动黏度范围也不同：3 号杯测试范围为 7～42mm²/s，4 号杯 34～135mm²/s，5 号杯 91～326mm²/s，6 号杯 188～684mm²/s。其系列化不仅扩大了测试范围，也提高了测试精度。

图 4-3　ISO 流出杯

ISO流出杯虽然比各国现有的标准流出杯设计先进，但其适用范围仍限于具有牛顿型或近似牛顿型流体涂料的产品。测试前应注意对流出杯孔径的选择，即被测试样在该流出杯的流出时间最好在30～100s之间，若超过100s，由于延迟效应，断流点会难以判定，且重复性差。

（1）测试原理

ISO流出杯测定的黏度也是条件黏度。其测试原理同涂-1黏度计法。

（2）测试仪器

温度计：精确至0.2℃，分度为0.2℃或更小。

支架：用于托住流出杯，并装有调节水平的螺钉。

秒表：分度为0.2s或更小，当测试时间在60min以内时，精度应在0.1%之内。

平玻璃板或直边刮板。

（3）测试方法

① 选择规定的某一标号的流出杯，使其对于受试样品要能得出20～100s的流出时间，最好在30～100s之间。

② 将过滤后的试样和流出杯的温度调节至（23.0±0.5）℃或另一商定的温度。

③ 将流出杯放在支架上，置于无气流处，用酒精水平仪和调节支架的水平螺钉，确定流出杯的上边缘处于水平位置。

④ 用一手指堵住流出杯的孔，将无泡试样慢慢灌入杯中。若有气泡形成，则使其浮至表面，然后除去。

用直边刮刀沿流出杯上边缘平刮，或者用边缘圆滑的平板玻璃板滑过整个边缘来除去所形成的半月面。水平地将玻璃板拉过流出杯的边缘，使试样的水平面与流出杯的上边缘处于同一水平位置，即可进行测定。

⑤ 将一适宜的容器放在流出杯下方，与流出孔距离绝不能小于100mm。迅速移开手指，同时启动计时器。待流出孔的流束首次中断时立即停止计时器，记录流出时间，精确至0.5s。

如果不在控温箱中进行测试，可把温度计插进试样流束中，但不能干扰流束中断的观察。调节的温度差不应大于0.5℃。

⑥ 重复上述测试，并仔细检查试验温度是否在规定范围内。记录流出时间，精确至0.5s。计算两次测定的平均值。

（4）参考标准

GB/T 6753.4—1998《色漆和清漆　用流出杯测定流出时间》、ISO 2431—2019《色漆和清漆　用流出杯测定流出时间》。

4.2.1.4 蔡恩黏度计法

蔡恩黏度计（又叫蔡氏杯或柴氏杯）是一种子弹头形状的不锈钢杯（图4-4），杯底开有一精确的小孔，杯口上装有较长提手（长度约300 mm），提手的顶部有一小环。用手指勾住小环，将杯子从测试液体中提起时，可使杯子保持垂直状态。蔡恩黏度计的特点是可将其浸入测试液中，不论该液体是热的还是冷的，因此它可用于测定热炼过程中的清漆黏度，在涂料施工现场或车间也有广泛的用途。

(1) 测试仪器

一套蔡恩黏度计由5个不同孔径的杯子（体积均为44mL）所组成，可测量不同黏度的产品。流出孔径、黏度测量范围及其适用于测试的流体材料参见表4-1。此套黏度计是设计用于牛顿型和近似牛顿型液体的测试，不适用于非牛顿型液体。

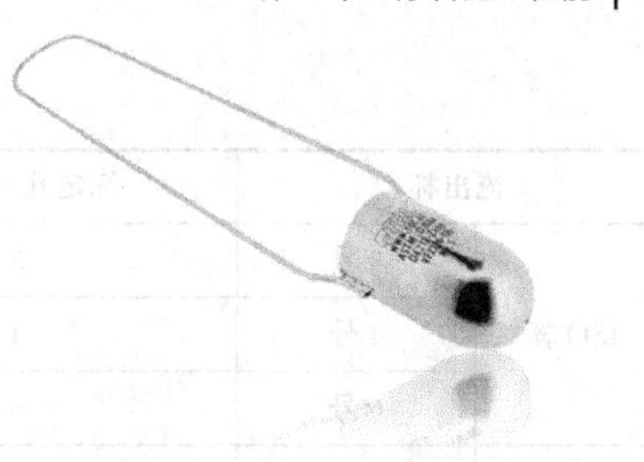

图4-4　蔡恩黏度计

表4-1　蔡恩黏度计流出孔径、黏度测量范围及其适用于测试的流体材料

蔡恩杯号	流出孔径/mm	黏度测量范围/（mm^2/s）	适用于测试的流体材料
1	2.0	5～60	黏度小的油或其他液体材料
2	2.7	20～250	油、清漆、喷漆、磁漆等
3	3.8	100～800	中等黏度的色漆、油墨
4	4.3	200～1200	黏稠的色漆、油墨
5	5.3	400～1800	极黏稠混合物、丝网印刷油墨

(2) 测试方法

① 用手指勾住黏度计提手上的小环，将黏度计浸入没有外来杂质和气泡的液体中，使液面没过杯口，停留1～5min，以达到热平衡。

② 将黏度计从液体中垂直拉起，当黏度计的上边缘出液面时，立即计时。在液体流出的过程中，黏度计离液面距离不要超过150 mm。

③ 当从杯底小孔流出的稳定流丝突然中断时，停止计时（读数精确到0.2s）。

(3) 结果表示

从取出杯子的瞬间到从杯子中流出的流丝中断的时间就是该液体的黏度，以秒（s）表示，也就是一定体积（44mL）的液体从金属杯底部的小孔流出所需要的时间。

4.2.1.5　几种流出杯的孔径和适用范围

几种流出杯的孔径和适用范围见表4-2。

表4-2　几种流出杯的孔径和适用范围

<table>
<tr><th colspan="2">流出杯</th><th>标定孔径/mm</th><th>适用流出时间/s</th><th>标准测试方法</th></tr>
<tr><td colspan="2">涂-1杯</td><td>5.6</td><td>≥20</td><td rowspan="2">GB/T 1723</td></tr>
<tr><td colspan="2">涂-4杯</td><td>4</td><td><150</td></tr>
<tr><td rowspan="3">福特杯</td><td>2号</td><td>2.5</td><td>40～100</td><td rowspan="3">ASTM D1200</td></tr>
<tr><td>3号</td><td>3.4</td><td>20～100</td></tr>
<tr><td>4号</td><td>4.1</td><td>20～100</td></tr>
</table>

续表

流出杯		标定孔径/mm	适用流出时间/s	标准测试方法
ISO 杯	3 号	3		ISO 2431
	4 号	4		
	6 号	6		
蔡恩杯	1 号	2.0	20～80	ASTM 4212
	2 号	2.7	20～80	
	3 号	3.8		
	4 号	4.3		
	5 号	5.3		

4.2.2 落球测定法

落球测定法是基于 Hoeppler 测量原理，对透明牛顿型流体进行简单而精确的动态黏度测量，其测定的黏度也是条件黏度。核心理念就是测量落球在重力作用下，经倾斜成一个工作角度的样品填充管下落一段距离 S 所需时间 t，再通过一个转换公式将时间读数换算成最终的黏度值。落球式黏度计是实验室常用的测量溶液黏度的仪器，其结构简单，适用于测定黏度较高的透明液体产品。根据小球下落的方式的不同可分为垂直式落球法和偏心式落球法。

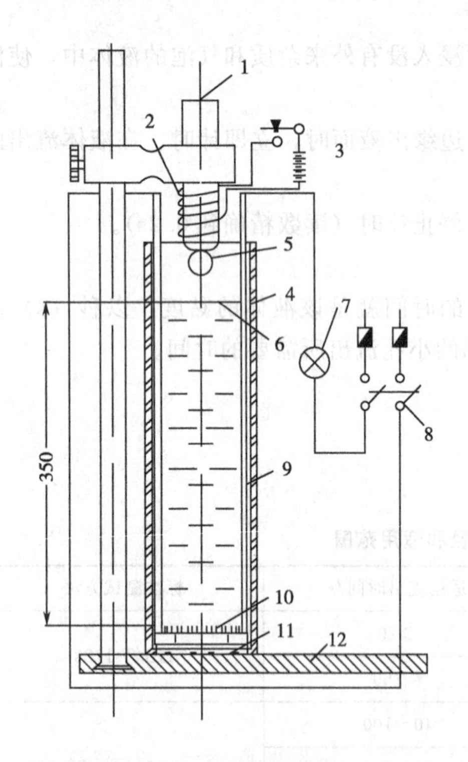

图 4-5　落球黏度计

1—电磁铁心；2—电磁铁绕组；3—电池组；4—试验液体用器具；5—钢球；6—液体水平面；7—信号灯；8—120V 电压端钮；9—铜柱；10—铜接触销；11—接触板；12—仪器基台

4.2.2.1 垂直式落球法

（1）测试原理

本方法适用于测定黏度较高的透明的涂料产品，即在一定温度下，一定规格的钢球垂直下落，通过盛有试样的玻璃管上、下两刻度线所需的时间，以秒（s）表示。

（2）测试仪器和材料

① 落球黏度计。如图 4-5 所示，黏度计由两部分组成：玻璃管与钢球。玻璃管长 350mm，内径为（25.00 ± 0.25）mm，距两端管口边 50mm 处各有刻度线，两线间距为 250mm。在管口上、下端有软木塞子，上端软木塞中间有一铁钉。玻璃管被垂直固定在架子上（以铅锤测定）。钢球直径为（8.00±0.03）mm，其规格应符合 GB/T 308.1—2013 标准中的规定。

② 秒表。分度 0.2s。

③ 永久磁铁。

（3）测试方法

① 将透明试样倒入玻璃管中，使试样高于上端刻度线40mm。放入钢球，塞上带铁钉的软木塞。将永久磁铁放置在带铁钉的软木塞上。

② 将管子颠倒使铁钉吸住钢球，再翻转过来，固定在架上。使用铅锤，调节玻璃管使其垂直。将永久磁铁拿走，使钢球自由下落，当钢球刚落到刻度线时，立即启动秒表。至钢球落到下刻度线时停止计时。以钢球通过两刻度线的时间（s）表示试样黏度的大小。

（4）结果表示

取两次测定的平均值为测定结果，两次测定值之差不应大于平均值的3%。

（5）参考标准

GB/T 1723—1993《涂料粘度测定法》。

4.2.2.2 偏心式落球法

（1）测试原理

偏心式落球黏度计即赫伯勒（Hoeppler）黏度计，也称滚动落球黏度计，结构如图4-6所示。其特点是管子呈一定角度的倾斜，小球沿管壁滚动下滑，可避免小球在垂直降落过程中因偏离垂线而引起的测量误差；另外，小球沿管壁下滑时，在管壁上能映出银灰点，故也可以测定不透明液体的黏度。

（2）测试仪器和材料

偏心式落球黏度计试料管内径为16mm，上刻有两个环形测定线 m_1 和 m_2，上刻线 m_1 与下刻线 m_2 之间的距离为（50±1）mm［或（100±1）mm］，m_1 离试料管的顶端约60mm，m_2 离底面的距离约40mm，黏度计配备一台循环供水的超级恒温槽以控制测试温度。

（3）测试方法

① 黏度计试料管、测定球等先用无水乙醇或其他有机溶剂洗涤数次，直至清洁为止，然后用电吹风机吹干。

② 将试样沿管的内壁注入，使液面低于管顶端约15mm。用夹子将测定球小心地放入试料管中，加上排气塞，将密封盖旋紧，待测定液中气泡消失后，方可测定。

③ 用橡皮管将玻璃外筒与超级恒温槽相连并循环供水，使玻璃外筒的温度控制在±0.10℃保持恒温时间不少于20min。

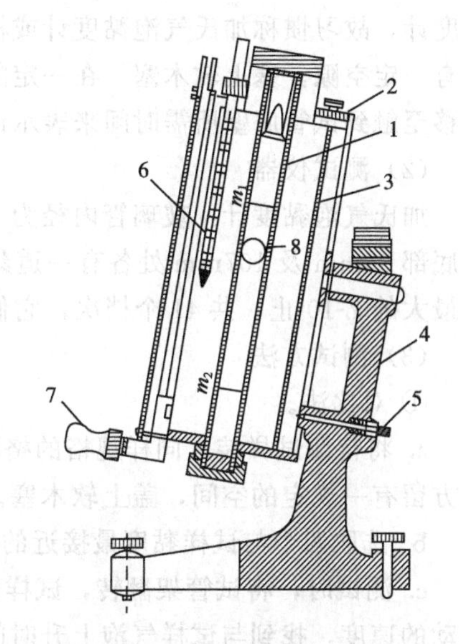

图4-6 偏心式落球黏度计的构造图

1—有刻度的玻璃管（试料管）；2—支架；3—玻璃外筒；4—钢铁架；5—定位销钉；6—温度计；7—进水管接头；8—球

④ 将测定球在试料管中来回降落2～3次后直至降落到试料管的顶端，然后将玻璃外筒旋转180°用定位销钉锁紧黏度计准备测定。

⑤ 当测定球下降到刻线 m_1 时开始计时，到刻线 m_2 时停止计时，启动和停止秒表的瞬间应是测定球的下缘与刻线相切的瞬间。测定球下降通过两刻度线所需的时间（s）即为该液体的黏度。

(4) 结果表示

平行测定两次，取两次测定值的算术平均值，两次测定值之差不应大于平均值的3%。测定的时间（s）可用下列公式换算成绝对黏度：

$$\eta = t(\rho_b - \rho_f)B \tag{4-6}$$

式中，η为黏度，mPa·s；t为下降时间，s；ρ_b为测定球的密度，g/cm³；ρ_f为液体的密度，g/cm³；B为测定球常数，mPa·s·cm³/(g·s)。

其中，测定球常数B和测定球的密度ρ_b是已知的，均由仪器供应商提供。

4.2.3 气泡法

气泡法适用于漆料、树脂溶液和清漆等透明液体的黏度测定。气泡黏度计是由一组同种规格的玻璃管内封入不同黏度、无色透明的矿物油［预先测知管内气泡上升的时间（s）和运动黏度（cm²/s）的值，按黏度递增次序排列的标准液］所组成。其特点是能在短时间内给出精确的黏度数据，因此多用于涂料生产过程的中间控制。由于气泡黏度计的规格不同，有格氏管法和ASTM管法，下面主要介绍格氏管法。

(1) 范围及说明

此仪器最初是由美国Gardner实验室提供，称为加德纳-霍尔德（Gardner-Holdt）气泡黏度计，故习惯称加氏气泡黏度计或格氏管。将测试样品装在试管中，在规定刻线的液面上留有一定空隙，塞上软木塞，在一定的温度下翻转试管，试管中气泡开始上升，用气泡开始上移至触到试管底壁所需时间来表示试样的黏度。

(2) 测试仪器

加氏气泡黏度计：玻璃管内径为（10.750±0.025）mm，总长度为（114±1）mm，距管底部99mm及107mm处各有一道刻线，以英文字母进行编号，黏度范围从最小的A-5起至最大的Z-10止，共41个档次，它们的已知黏度范围为0.005～1066cm²/s。

(3) 测试方法

① 对比法。

a. 将待测试样装入同样规格的格氏管内，用恒温水浴调节温度至（25.0±0.5）℃。试样上方留有一规定的空间，盖上软木塞。

b. 选取四个与试样黏度最接近的标准管，与格氏管一起插入试管架中。

c. 测试时，将试管架翻转，试样由于自身重力下流，气泡上升直到管底，比较管中气泡移动的速度，找到与试样气泡上升时间最接近的标准管。

② 计时法。将待测试样装入格氏管内，盖上软木塞，于恒温水浴中调整温度至（25.0±0.5）℃，取出后迅速将格氏管垂直翻转，同时启动秒表，记录气泡上升的时间。

(4) 结果表示

① 对比法结果以相同或最近似的标准管的字母编号来表示。

② 计时法气泡上升的时间即为该试样的黏度，以秒（s）表示。

4.2.4 旋转黏度计法

旋转黏度计是一种比较精密的仪器，使用简单，测量快速，数据准确，还可以连续测量，通过调节转速就能测量出不同剪切速率下的流体黏度。而且它适用于所有的流体，包括牛顿型流体和非牛顿型流体。

（1）测试原理

圆柱形或圆盘形的转子在待测样品中以恒定速率旋转，由于待测样品具有黏度，对转子运行产生阻力，导致产生黏性力矩，使弹性元件产生偏转扭矩，当黏性力矩与偏转扭矩平衡时，通过测量弹性元件的偏转角计算待测样品的黏度。

一般高黏度的液体和黏稠的色漆和乳胶漆等都具有非牛顿型流动性质，非牛顿型液体的黏度（即剪切应力和剪切速率的比）是变量，随剪切速率变化而变化。通常用圆筒、圆盘或桨叶在涂料试样中旋转使其产生回转流动，测定使其达到固定剪切速率时需要的应力，从而换算成黏度。

（2）测试仪器

随流变学的研究发展，旋转黏度计种类很多。从结构上主要可以分为以下两种：单圆筒旋转黏度计（图4-7、图4-8）和双圆筒旋转黏度计（图4-9、图4-10）。

① 单圆筒旋转黏度计。单圆筒旋转黏度计结构简单，只有一个圆筒，由一台微型同步电动机带动上、下两个圆盘和圆筒一起旋转。单圆筒旋转黏度计便于安装，同时其测量精度较高，响应速度较快，生产成本较低，是一种比较理想的在线黏度计，便于在生产过程中对产品黏度进行监测及控制。

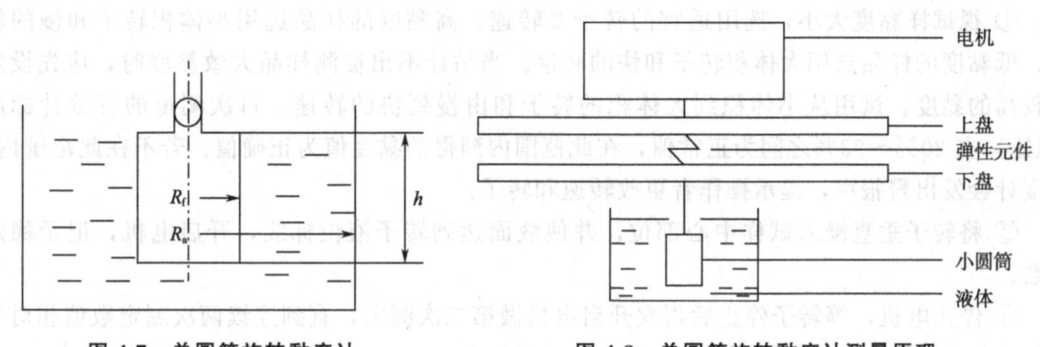

图4-7　单圆筒旋转黏度计　　**图4-8　单圆筒旋转黏度计测量原理**

② 双圆筒旋转黏度计。双圆筒旋转黏度计有两个圆筒，根据圆筒的旋转模式又可以分为内筒旋转黏度计（图4-9）和外筒旋转黏度计（图4-10）两种。

内筒旋转黏度计一般用于流体黏度的离线式测量，如图4-9所示，其外圆筒是用来盛被测液体的容器，固定不动，内圆筒是浸入被测流体中进行旋转的空心圆筒，与外圆筒同轴。微型同步电动机通过转轴带动内圆筒以一定的速率旋转，内圆筒在被测流体中旋转时受到了黏滞阻力的作用，产生反作用迫使电机壳体偏转。电机壳体和两根一正一反安装的金属游丝相连，当壳体偏转时，使游丝产生扭转，当游丝的扭矩与黏滞阻力力矩达到平衡时，与电动机壳体相连接的指针便在刻度盘上指出某一数值。此数值与转筒所受的黏滞阻力成正比。

而外筒旋转黏度计却是将内、外圆筒都浸入被测流体中，如图4-10所示，由电动机带动外圆筒以一定的速率进行旋转，内圆筒由于受到两圆筒之间被测流体的黏滞力作用而发生偏转，与内圆筒相连的张丝扭转所产生的恢复力矩与黏滞力矩的方向相反，当张丝的恢复力矩和黏滞力矩达到平衡时，内圆筒的偏转角大小与引起黏滞力矩的黏度成正比，可通过测量内圆筒的偏转角来计算出黏度值。

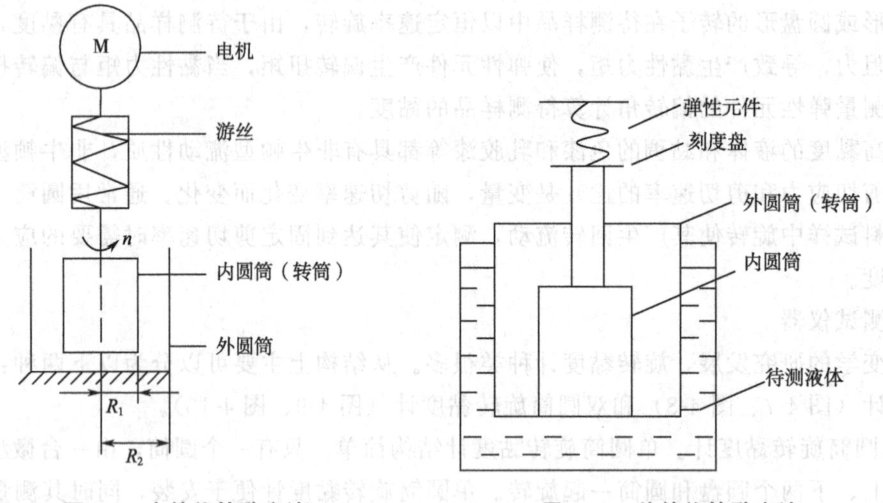

图 4-9　内筒旋转黏度计　　**图 4-10　外筒旋转黏度计**

（3）测试方法

① 视试样黏度大小，选用适宜的转子及转速。高黏度的样品选用小体积转子和慢的转速，低黏度的样品选用大体积转子和快的转速。当估计不出被测样品大致黏度时，应先设定为较高的黏度。试用从小体积到大体积的转子和由慢到快的转速。每次测量的百分计标度（扭矩）在 20%～90%之间为正常值，在此范围内测得的黏度值为正确值。若不在此范围内，黏度计会发出警报声，提示操作者更改转速和转子。

② 将转子垂直浸入试样中心部位，并使液面达到转子液位标线，开启电机，记录稳定读数。

③ 停止电机，等转子停止后再次开启电机做第二次测定，直到连续两次测定数值相对平均值的偏差不小于 3%，结果取两次测定值的平均数。

④ 测定完毕，将转子从仪器上拆下，用合适的溶剂小心清洗干净。

（4）结果表示

结果以 Pa・s 表示，取三位有效数字。

（5）注意事项

① 装卸转子时应小心操作，不要用力过大，以免转子弯曲。装上转子后不得将仪器侧放或倒放。

② 连接螺杆和转子连接端面及螺纹处应保持清洁，每次使用完毕应及时清洗转子，并妥善安放于转子架中。

③ 黏度计升降时应用手托住，防止黏度计因自重下落。

④ 调换转子后及时输入新的转子号。每次使用后对换下来的转子应及时清洁（擦干净）并放回到转子架中（注：不要把转子留在一起进行清洁）。

⑤ 当调换被测液体时及时清洁转子和转子保护框架，避免由于被测液体相混淆而引起的测量误差。

⑥ 仪器与转子为一对一匹配，不能把数台仪器及转子相混淆。

⑦ 装上转子后，不要在无液体的情况下长期旋转，以免损坏轴尖。

⑧ 对于悬浊液、乳浊液、高聚物这些非牛顿型液体，其黏度值会随切变速度和时间等条件的变化而变化，故在不同转子、转速和时间下所测的结果会出现不一致的情况。因此，对非牛顿型液体的测定一般应规定转子、转速和时间。

(6) 参考标准

GB/T 2794—2013《胶黏剂黏度的测定　单圆筒旋转黏度计法》。

4.2.5 斯托默黏度计法

(1) 测试原理

使用斯托默黏度计测试产生 200r/min 转速所需要的负荷，以该负荷（以 g 表示）或该负荷的一种对数函数克雷布斯（Krebs）单位（KU）值表示涂料的黏度。

(2) 测试仪器

斯托默黏度计：带有桨叶型转子。图 4-11 为 REF-407 型旋转桨式黏度计外型图，其为有频闪计时器的斯托默黏度计。REF-407 型旋转桨式黏度计以负载的机械操作，通过频闪观测器控制旋转桨叶的转速，来测定非牛顿型液体（包括大多数涂料）的黏度。

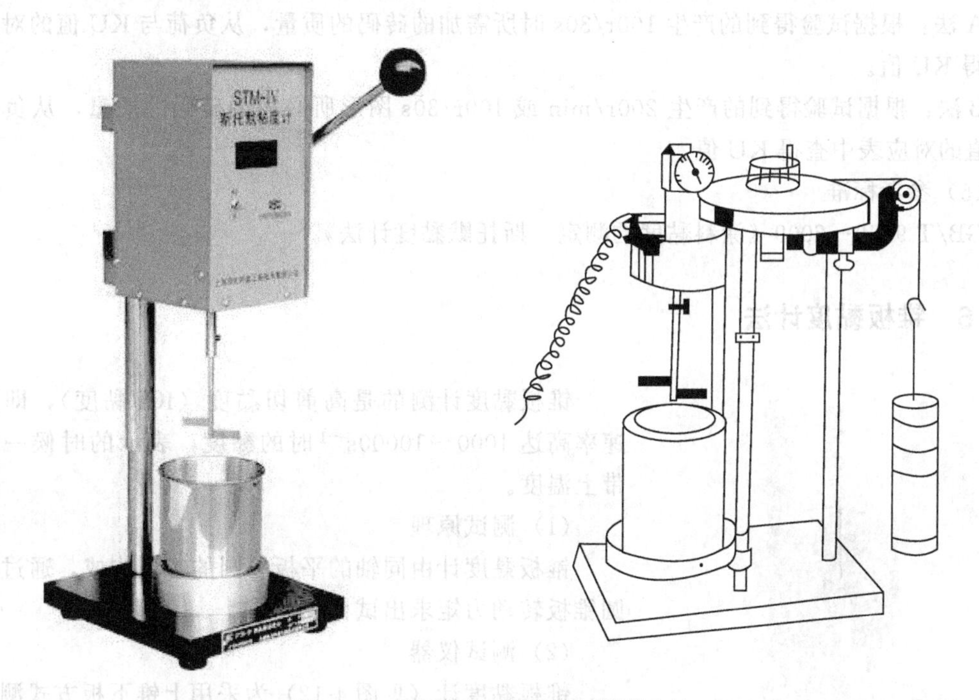

图 4-11　有频闪计时器的斯托默黏度计

温度计：量程为 0～50℃，分度为 0.1℃。

秒表：分度为 0.2s。

容器：容量为 500mL，直径为 85mm。

(3) 测试方法

A 法（无频闪计时器）：

将充分搅匀的试样移入500mL的容器中，使液面离容器顶部距离在20mm之内。将试样温度恒定在（23.0±0.5）℃。将容器放置在黏度计底部的平台上，将转子浸入试样中，使试样液面刚好达到转子轴的刻度线。将砝码置于黏度计的挂钩上，并测定25～35s内产生100r的负荷。利用得出的数据，选取两个负荷，这两个负荷在27～33 s内给出两个不同的时间读数（用秒表记下100 r时的时间）。试验时，转子至少转到10r后再开始用秒表计时。

重复上述操作，直至每个负荷得出的两次时间读数相差不超过0.5s为止。

B法（有频闪计时器）：

将充分搅匀的试样移入500mL的容器中，使液面离容器顶部距离在20mm之内。将试样温度恒定在（23.0±0.5）℃。将容器放置在黏度计底部的平台上，将转子浸入试样中，使试样液面刚好达到转子轴的刻度线。接上电源，将砝码置于黏度计的挂钩上，并测定25～35s内产生100r的负荷。利用得出的数据，选取在频闪计时器上显示200r/min的图形的砝码质量（精确至5g）。线条沿桨叶转动方向移动，表示转速大于200r/min，应减少砝码；线条逆桨叶转动方向移动，表示转速小于200r/min，应添加砝码。转速不是200r/min时，频闪计时器会呈现其他图形。

重复测定，直至得到一致的负荷值。

（4）结果表示

试验结果以克（g）或KU值表示。

A法：根据试验得到的产生100r/30s时所需加的砝码的质量，从负荷与KU值的对应表中查得KU值。

B法：根据试验得到的产生200r/min或100r/30s图形所必需的砝码的质量，从负荷与KU值的对应表中查得KU值。

（5）参考标准

GB/T 9269—2009《涂料黏度的测定　斯托默黏度计法》。

4.2.6 锥板黏度计法

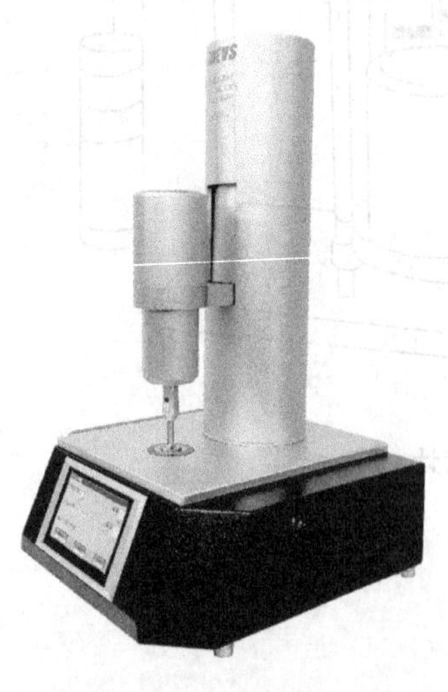

图4-12　锥板黏度计

锥板黏度计测的是高剪切黏度（ICI黏度），即剪切速率高达1000～10000s^{-1}时的黏度，表示的时候一定要带上温度。

（1）测试原理

锥板黏度计由同轴的平板和圆的锥板构成，通过测量圆锥板转动力矩求出试样黏度。

（2）测试仪器

锥板黏度计（见图4-12）为采用上锥下板方式测量样品黏度的仪器。锥板不同于传统的同轴圆筒系统，其具备样品用量更少、清洁更方便等优点。

（3）测试方法

将黏度计的固定部分（定子或盘）的温度调到适宜温度，取适量的受试产品至黏度计的适当部位，启动转子，当指针达到稳定时，记下读数。

(4) 结果表示

结果以Pa·s表示，若仪器读数不直接表示黏度，则应用适当的换算系数或使用适当的校正曲线求得该黏度。平行测定两次，两次测定结果之间的相对误差不应大于5%。

(5) 参考标准

GB/T 9751.1—2008《色漆和清漆 用旋转黏度计测定黏度 第1部分：以高剪切速率操作的锥板黏度计》。

4.2.7 毛细管黏度计法

毛细管黏度计是测定液体黏滞性及高聚物分子量的重要仪器，其测量范围广，优点是使用方便。毛细管黏度计按结构、形状可分为乌氏、芬氏、平氏、逆流四种。它们测定的样品黏度是运动黏度。

(1) 测试原理

毛细管黏度计测黏度的原理是基于流体在毛细管中流过时，体积流量与流体黏度之间的关系。样品容器（包括流出毛细管）内充满待测样品，处于恒温浴内。打开旋塞，样品开始流向受液器，同时开始计算时间，直到样品液面达到刻度线。样品黏度越大，这段时间越长。因此，这段时间直接反映出样品的黏度。

(2) 测试仪器

常用的毛细管黏度计有两种：乌氏黏度计和奥氏黏度计（图4-13）。乌氏黏度计比奥氏黏度计多了一支管。由于乌氏黏度计有一支管1，测定时管3中的液体在毛细管下端出口处与管2中的液体断开，形成了气承悬液柱。这样液体下流时所受压力差ρgh与管2中液面高度无关，即与所加的待测液的体积无关，故可以在黏度计中稀释液体。而用奥氏黏度计测定时，因为液体下流时所受的压力差ρgh与管2中液面高度有关，标准液和待测液的体积必须相同。故乌氏黏度计精度更高。

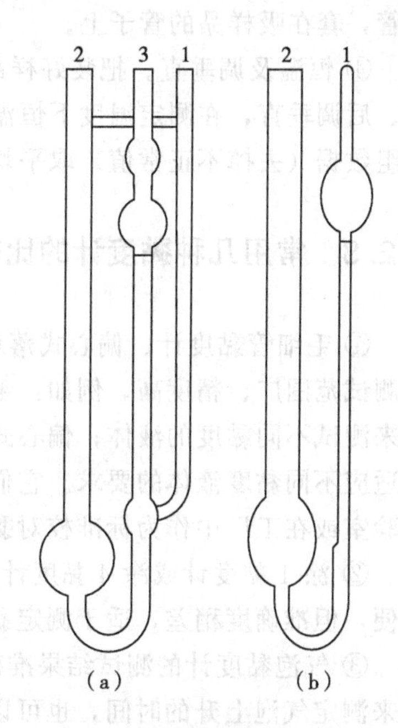

图4-13 乌氏黏度计(a)和奥氏黏度计(b)

(3) 测试方法

① 黏度计的选择。根据表4-3，预估待测试样的大致黏度来选择合适的毛细管黏度计。

表4-3 几种毛细管黏度计的孔径和运动黏度范围

孔径/mm	运动黏度范围/(mm^2/s)	孔径/mm	运动黏度范围/(mm^2/s)
0.4	0.6~0.7	1.2	28~140
0.6	1.7~8.5	1.5	70~305
0.8	5.4~2.7	2.0	200~1000
1.0	13~65	2.5	520~2600

续表

孔径/mm	运动黏度范围/(mm^2/s)	孔径/mm	运动黏度范围/(mm^2/s)
3.0	1060～5300	5.0	5000～20000
3.5	1980～9900	6.0	8000～30000
4.0	3400～17000		

② 洗涤及烘干。使用前必须将黏度计洗净，一般先用能溶解黏度计内残留物的溶剂反复洗涤，再用乙醇或汽油洗，然后用发烟硫酸洗液或重铬酸钾洗液浸 2～3h，最后用自来水冲洗，蒸馏水冲一下，放入烘箱，升温至 150℃左右即可，或在自然温度下倒置数天，蒸干为止。

③ 装油。用带有小嘴的橡皮球（洗耳球）或注射器连接粗管子（管 2）上的小玻璃管，用食指堵住粗管子口，将黏度计倒过来，把有毛细管的长玻璃管伸入样品内，拉动注射器，把样品吸到第二个圈线（使液面与圈线相切），然后竖起来即可。逆流装好后，用夹子夹紧胶管，套在吸样品的管子上。

④ 恒温及调垂直。把装好样品的黏度计放到恒温槽架子上（夹子上），把毛细管左、右、前、后调垂直，在测定温度下恒温 10min，开始测定，记下到第二圈线间流出时间，一般选三组数据（去掉不正常值）取平均数。

4.2.8 常用几种黏度计的比较

① 毛细管黏度计、偏心式落球黏度计等都可以用于测量液体的绝对黏度值。它们的特点是测试范围广、精度高。例如：毛细管黏度计一套为 11 支，使用时可选用不同内径的毛细管来测试不同黏度的液体；偏心式落球黏度计可以采用不同直径和不同质量的玻璃球或钢球以适应不同黏度液体的要求。它们的缺点是仪器构造较复杂，操作较麻烦，所以比较适宜在实验室或在工厂中作为标准校对黏度计使用。

② 涂-1 黏度计或涂-4 黏度计测定的是涂料的条件黏度。这两种黏度计构型简单，操作方便，但准确度稍差，适于测定黏度范围较广的产品，比较适合工业生产。

③ 气泡黏度计的测试结果准确度较高，结构也简单，操作很方便。在使用时可直接用秒表来测定气泡上升的时间，也可以将已知不同黏度的液体分别装在同一规格的试管中用气泡比较法来测定出试样的黏度值。相比起来，气泡法在工厂里更为实用。该方法的缺点是对玻璃试管本身的精度要求较高。

4.3 干燥时间

干燥也称固化，系指涂料由液态涂膜变成固态涂膜的全部转变过程。了解涂料的干燥时间，便于施工单位控制施工周期。对于施工单位来讲，涂膜的干燥时间愈短愈好，而对涂料生产厂家来说，由于受材料的限制，并兼顾其他性能，往往均要求一定的干燥时间，才能保证成膜后涂膜的质量，所以干燥时间的测定是十分重要的。

干燥的转变过程习惯上可分为表面干燥（表干）、实际干燥（实干）和完全干燥三个阶段。由于涂料的完全干燥所需时间较长，故对涂料一般只测定表面干燥时间和实际干燥时间两项。

表面干燥时间指在规定的干燥条件下，液体层表层成膜的时间。

实际干燥时间指在规定的干燥条件下，液体层全部形成固体涂膜的时间。

4.3.1　表干测定法

（1）测试仪器和材料

脱脂棉球，1cm³疏松棉球；小玻璃球，直径125～250μm；软毛刷；计时器：秒表或时钟。

（2）测试方法

① 吹棉球法。在涂膜表面上轻轻放一脱脂棉球，用嘴距棉球10～15cm沿水平方向轻吹棉球，如能吹走且膜面不留有棉丝，即认为表面干燥。

② 指触法。以手指轻触涂膜表面，如感到有些发黏，但无漆沾在手指上，即认为表面干燥。

③ 小玻璃球法。将样板放平，从50～150mm高度上将重约0.5g、直径为125～250μm的小玻璃球倒落到涂膜表面上，然后样板倾斜20°，用软毛刷能轻轻刷离涂膜上的小玻璃球而不损伤涂膜表面时，即认为表面已经干燥。小玻璃球法仅适用于自干型涂层。

（3）结果表示

记录达到表面干燥所需的最长时间，以h或min表示。按规定的表干时间判定通过或者未通过。

（4）参考标准

GB/T 1728—2020《漆膜、腻子膜干燥时间测定法》、GB/T 6753.2—1986《涂料表面干燥试验　小玻璃球法》。

4.3.2　实干测定法

（1）测试仪器和材料

定性滤纸，标重75g/m²，15cm×15cm；秒表，分度为0.2s；干燥试验器，质量200g，底面积1cm²；脱脂棉球，1cm³疏松棉球；保险刀片；铝片盒，45mm×45mm×20mm（铝片厚度0.05～0.1mm）；电热鼓风干燥箱；聚酰胺丝网，由单丝织成的正方形丝网，尺寸为25mm×25mm（丝网的单丝线径为0.12mm，孔径约为0.2mm）；橡皮圆板，直径22mm，厚度5mm；圆柱形砝码，质量为200g、500g、1000g，直径不小于22mm。

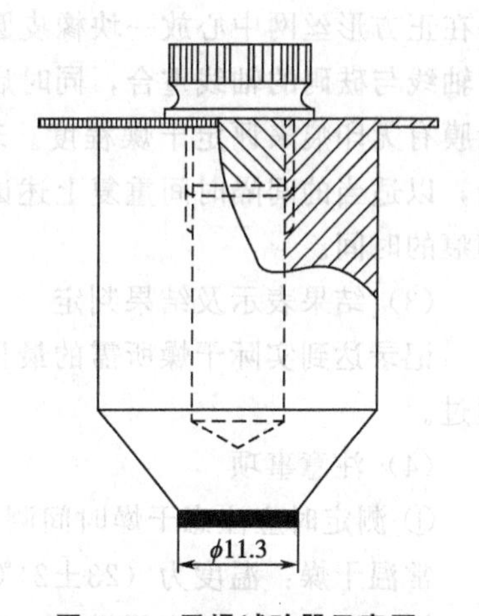

图4-14　干燥试验器示意图

（2）测试方法

① 压滤纸法。在涂膜上放一片定性滤纸，使光滑面接触涂膜，在滤纸上轻轻放置干燥试验器（图4-14），同时启动秒表，30s后移去干燥试验器，将样板翻转，使涂

膜向下，滤纸应能自由落下，如滤纸不能自由落下，在背面用握板之手食指轻敲几下，滤纸能自由落下而滤纸纤维不被粘在涂膜上，即认为涂膜实际干燥。

对于产品标准中规定涂膜允许稍有黏性的漆，如样板翻转经食指轻敲后，滤纸仍不能自由落下时，将样板放在玻璃板上，用夹子夹住预先折起的滤纸一角，沿水平方向轻拉滤纸，当样板不动，滤纸已被拉下，即使涂膜上粘有滤纸纤维亦认为涂膜实际干燥，但应标明涂膜稍有黏性。

② 压棉球法。在涂膜上用干燥试验器压上一脱脂棉球，经 30s 后移去试验器及棉球，放置 5min，观察涂膜无棉球痕迹及失光现象，即认为实际干燥。涂膜上若留有 1～2 根棉丝，用棉球能轻轻掸掉，也认为涂膜实际干燥。

③ 刀片法。用医用手术刀片在样板上切刮涂膜或腻子膜，观察其底层及膜内有无黏着现象。腻子膜还需用适用的水砂纸打磨表面。如涂膜或腻子膜的底层及膜内无黏着现象，腻子膜能形成均匀平滑表面，不粘砂纸，则认为涂膜或腻子膜实际干燥。

④ 厚层干燥法。该方法适用于绝缘涂层实际干燥时间的测定。

用无水乙醇将铝片盒擦净、干燥。根据样品的不挥发物含量，称取适量的样品，保证干燥后的样品质量约 10g（如样品的不挥发物含量为 50%时，称取量约 20g），静置至试样内无气泡（不消失的气泡用针挑出）。将装有样品的铝片盒水平放入加热至规定温度的电热鼓风箱内。按产品规定的升温速度和时间进行干燥。然后取出冷却，小心撕开铝片盒将试块完整地剥出。检查试块的表面、内部和底层是否符合产品标准规定，当试块从中间被剪成两份，应没有黏液状物，剪开的截面合拢再拉开，亦无拉丝现象，则认为厚层实际干燥。平行试验三次，如两个结果符合要求，即认为厚层干燥。

⑤ 无印痕法。无印痕法是评价涂层抵抗尼龙丝网在规定的施加力和时间内造成印痕能力的方法，通过测定在规定干燥时间后，涂层是否达到无印痕状态，来确定是否通过试验；或以适当的时间间隔重复无印痕试验，直到获得涂层无印痕时间为止。

在干燥后的涂膜表面放置一块规定的尼龙丝网及一定质量的重物，经一定时间后，涂膜表面不留有丝网的印痕。从涂料涂覆于试板上开始，至按本法测定涂膜刚好无印痕为止，所用的时间为无印痕时间。

测定时将试样水平放置于实验台上，在试样表面上放一块 25mm×25mm 的聚酰胺丝网，并在正方形丝网中心放一块橡皮圆板，然后在橡皮圆板上小心放上所需重量的砝码，使圆板的轴线与砝码的轴线重合，同时启动秒表。经过 10min 后移去砝码、橡皮圆板及丝网，观察涂膜有无印痕来评定干燥程度。若测定无印痕的时间，则在预计达到无印痕时间前不久开始，以适当的间隔时间重复上述试验步骤，直至试验显示涂层无印痕为止，记录涂层刚好无印痕的时间。

（3）结果表示及结果判定

记录达到实际干燥所需的最长时间，以 h 或 min 表示。按规定的实干时间判定通过或未通过。

（4）注意事项

① 测定时应注意干燥时间测定的环境条件：

常温干燥：温度为 (23±2)℃，相对湿度为 (50±5)%；

烘干漆：规定温度下烘烤，烘烤样板时应开启鼓风。

② 测定用样板的膜厚应控制在标准规定的范围内。

③ 测定时应注意基材的选用，结果应注明相应的基材。

④ 测定时油基漆的样板不能与硝基漆的样板同时放在一个烘箱里烘烤。

（5）参考标准

GB/T 1728—2020《漆膜、腻子膜干燥时间测定法》、GB/T 9273—1988《漆膜无印痕试验》。

4.3.3 仪器测试法

涂膜的干燥是一个缓慢而连续的从液态到固态的过程，该过程包含了由流体到黏弹性、最后成固体的几个阶段。上述测试涂膜干燥性能的方法只能判断涂膜在某一阶段内达到何种干燥状态，不能反映整个干燥过程中的变化，而自动干燥测试仪可以观察到这个变化的过程。自动干燥测试仪主要有齿轮、落砂和划针等形式。近来的发展趋势都采用划针式，划针式又可分为直线划针式和圆周划针式两种。

4.3.3.1 直线划针式

（1）测试原理

利用电动机带动齿轮以 30mm/h 的缓慢速度在涂膜上直线移动。随着涂膜的干燥，齿轮压痕逐渐由深至浅，直到全部消失。

（2）测试仪器

直线式干燥时间测定仪一般由 1 个或多个电机组成，以不同速度同时测量 6 个样品。通过直线划针在涂层上的匀速移动，在涂膜表面做出轨迹用于评定涂膜的干燥时间。

（3）测试方法

① 使用仪器配套的涂膜器及支架在玻璃片上制备涂膜，然后把涂有涂膜的玻璃片放入干燥测定仪内。

② 将仪器杆放在起始位置上，把划针放在玻璃片上接触涂膜。

③ 根据产品干燥情况，调节旋钮选择合适的速度。接通电源，划针开始在涂膜上做匀速移动，并做出直线轨迹。

④ 在测试结束时仪器会自动停止。整个干燥性能测试应在温度（25±1)℃、相对湿度(65±5)%进行。

（4）结果表示

如图 4-15 所示，当试验进行 2h 时，涂膜开始表干（即轨迹③开始时），到 5h 涂膜已经实干（在⑤开始时，轨迹已消失）。

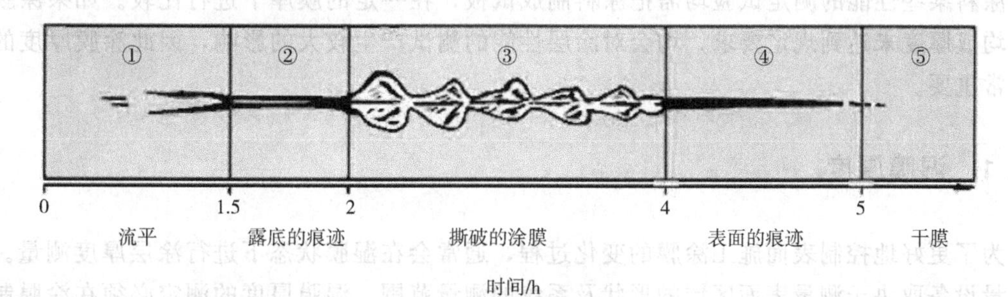

图 4-15　划针所做的轨迹

4.3.3.2 圆周划针式

以描绘圆形轨迹的形式自动连续展现干燥过程各个阶段的状态。

(1) 测试原理

将仪器放置在制备好的涂膜的试板上，接通电源、同步电机，通过连接轴带动装有划针的转臂（转臂为自由垂落状态），以一周/6h、一周/12h、一周/24h 的速度匀速转动，划针即在涂膜上划出直径为 100mm 的圆形轨迹。由于涂膜随时间延长而逐渐干燥，因而划针在涂膜上的犁痕由宽变窄，由深变浅，以致最后划不出痕迹，从而显示出干燥情况的全过程。

(2) 测试仪器

试板：玻璃板、平滑马口铁板或商定的试板材料。

圆周划针式自动干燥测试仪：由开关、外罩、电机（在罩内）、支脚、连接轴、转臂、划针、试板、时间刻度盘组成。

(3) 测试方法

① 在试板上制备涂膜。

② 依涂膜的干燥特性选用划针，快干漆选用细划针。

③ 将仪器整体置于试板上。放置之前，须用手指将转臂逆时针（俯视）拔紧，以消除机械间隙。

④ 在试板与划针接触部位划一个记号，接通电源，按下开关，指示灯同时亮，电机运转。

⑤ 试验结束，关闭电源，取下试板，将时间刻度盘同心地放在试板上，并使盘上 0 点对准试板上的试验开始点，即可判断整个干燥过程的各个阶段所用时间。

(4) 结果表示

流平阶段——划针划过后，涂膜表面恢复原有状态。

开始干燥——划针划过后，涂膜表面未恢复原有状态，有波纹出现。

表面干燥——划针划过后，涂膜表面有拉伤痕迹。

基本干燥——划针划过后，涂膜表面可见轻微划伤。

完全干燥——划针划过后，涂膜表面无划痕。

4.4 涂膜厚度

涂料某些性能的测定试验均需把涂料制成试板，在一定的膜厚下进行比较。如果涂膜厚薄不均或厚度未达到规定要求，均会对涂层性能的测试产生较大的影响，因此涂膜厚度的测量非常重要。

4.4.1 湿膜厚度

为了更好地控制表面施工涂膜的变化过程，通常会在湿膜状态下进行涂层厚度测量。湿膜测量设备取决于测量表面区域的形状及系统的测量范围。湿膜厚度的测定必须在涂膜制备后立即进行，否则会由于溶剂挥发及水分蒸发而使膜层发生固化收缩。

目前常用的湿膜厚度计有轮规、梳规两种。国标 GB/T 13452.2—2008 中讲到一种方法是利用湿膜厚度规（梳规）或者湿膜轮（轮规）。

4.4.1.1　轮规

（1）测试仪器和材料

轮规由一个轮子构成，该轮子由耐腐蚀的淬火钢制成，轮子上有三个凸起的轮缘（图 4-16）。其中，两个轮缘具有相同直径且与轮子的轴呈同轴心安装，第三个轮缘直径较小且是偏心安装的。外面的一个轮缘上有刻度，从该刻度能读出相对于偏心轮缘凸起的各个距离。当该仪器在湿膜上滚动时，能从中间轮边缘刚刚触及湿膜表面的位置，对应于外轮上的刻度读出湿膜的厚度。

市场上能够买到的轮规能测得的最大厚度一般为 1500μm，最小增量一般为 2μm。

图 4-16　轮规

（2）测试方法

① 用拇指和食指夹住轮轴来握住轮规，将刻度表上读数最大处与表面接触而将同心轮缘按在表面上。

② 沿一个方向滚动轮规，然后将轮规从表面上拿起，读取偏心轮缘仍能被涂料润湿的最大刻度读数。清洗轮规，从另一个方向重复这一步骤。

（3）结果表示

在不同部位以相同方式至少再取两个读数，以得到涂漆范围内的代表性结果，以 μm 表示。

（4）注意事项

① 轮规在涂层表面滚动时，最好由间隙最大处开始，湿膜不受推动挤压，所测值比较准确。

② 厚度测量结果与测量时间有关，因此应在涂料涂覆后尽快测量厚度。

（5）参考标准

GB/T 13452.2—2008《色漆和清漆　漆膜厚度的测定》。

4.4.1.2 梳规

（1）测试仪器和材料

梳规为一种可随身携带的金属或塑料片，形状为正方形或矩形，边缘由带不同读数的梳齿组成，如图 4-17 所示。两端的外齿处于同一水平面，形成一条基线，沿着该基线排列的内齿与外齿间形成了一个累进的间隙系列，每一个内齿用给定的间隙深度值标示出来。

市场上能够买到的梳规能测得的最大厚度一般为 2000μm，最小增量一般为 5μm。

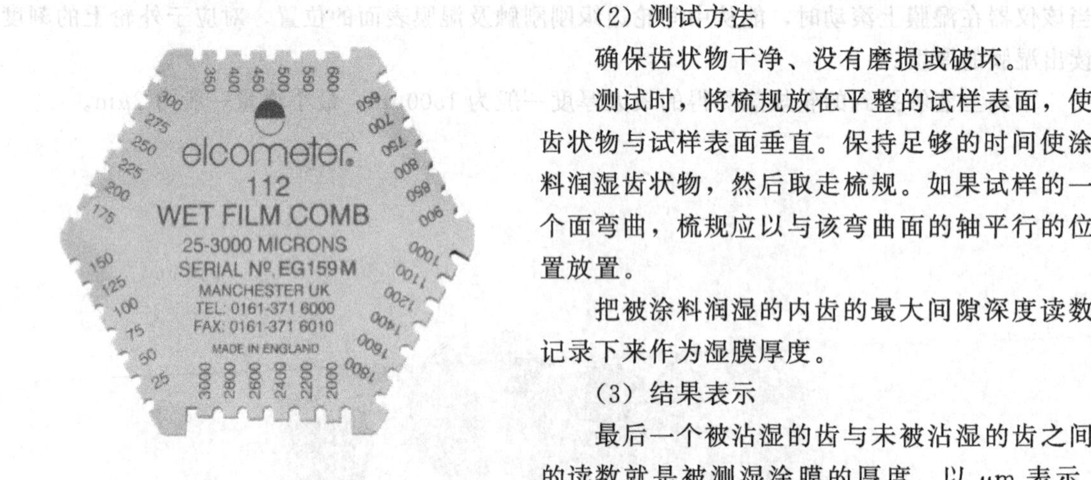

图 4-17　梳规

（2）测试方法

确保齿状物干净、没有磨损或破坏。

测试时，将梳规放在平整的试样表面，使齿状物与试样表面垂直。保持足够的时间使涂料润湿齿状物，然后取走梳规。如果试样的一个面弯曲，梳规应以与该弯曲面的轴平行的位置放置。

把被涂料润湿的内齿的最大间隙深度读数记录下来作为湿膜厚度。

（3）结果表示

最后一个被沾湿的齿与未被沾湿的齿之间的读数就是被测湿涂膜的厚度，以 μm 表示。以同一方式至少在不同部位再取两次读数，以得到涂覆范围内的代表性结果。

（4）参考标准

GB/T 13452.2—2008《色漆和清漆 漆膜厚度的测定》。

从实际应用来看，以上两种膜厚度计以轮规较为理想，既能在实验室使用，也能在现场进行测定，使用简便，读数准确。梳规成本低廉，携带方便，但误差较大，只能用于施工现场对湿膜厚度做粗略测定。

4.4.2 干膜厚度

在实际工作中大量遇到的是干膜厚度的测量，因为涂料的某些物化性能的测定及耐候性等专用性能的试验均需把涂料制成试板，在一定的膜厚下进行测试。干膜厚度的测量方法较多，按工作原理来分，基本上分为机械法、显微镜法和磁性法等。

4.4.2.1 机械法

机械法中常用杠杆千分尺或千分表（图 4-18）测量涂膜厚度，适用范围比较广，对所有涂膜-基材组合均适用，并且不受基材性质的限制和涂膜中导电或导磁颜料的影响，测量精度较高。但基材和涂膜应有足够的硬度，以免测量触点会产生压痕而导致读数误差。且只能对较小面积的样板进行测量，另外手续烦琐，不如磁性测厚仪用起来方便。千分尺法适用于实验室使用的小尺寸金属板或类似材料的平整表面，也可用于圆棒涂层的测量。

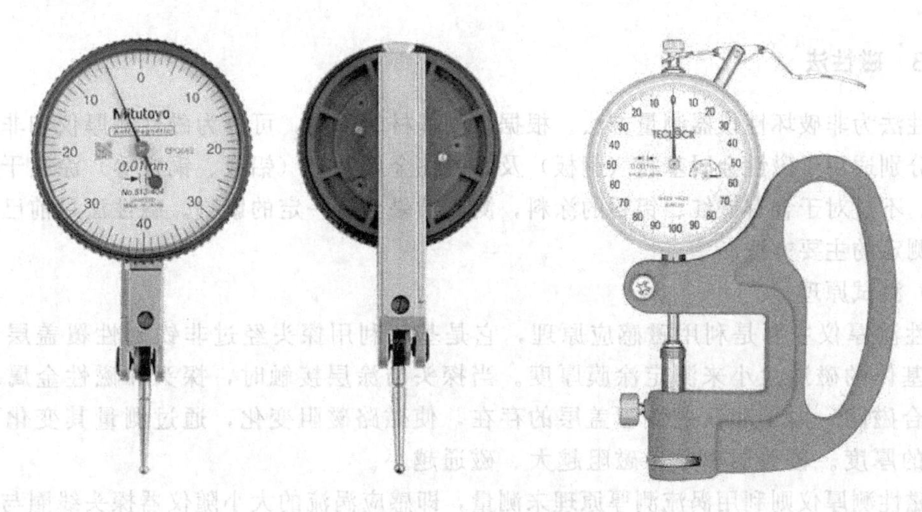

图 4-18　千分表示例图

（1）测试原理

千分表法又称指示表法，适用于测定平整的涂覆涂料试板。测试原理为利用千分表的触针测量涂膜与基材的高度差即可得到涂膜厚度。

（2）测试方法

有两种方法：①在除去涂层前后测量（破坏性方法），即先测量规定区域的总厚度，然后除去测量区域的涂层后再测量基材的厚度；②在涂覆涂料前后测量（非破坏性方法），即先测量基材厚度，在涂覆涂料后再测定相同测量区域的总厚度，计算两个读数的差值得到涂膜厚度。

4.4.2.2 显微镜法

显微镜法有 A 和 B 两种方法，分别用来测定不同基材上的干膜厚度。

A 法是测量切自试板或涂覆涂料物体断面上干膜厚度的一般方法。在测量由于基材不平整造成涂膜厚度发生变化时，特别有用。其测试原理为试块切断后置于显微镜下，用目镜上的标尺直接标量，读取涂膜厚度。

B 法不涉及试块的切割，直接在显微镜下测定，其测试原理是将涂层切割出一个直至基材的 V 形缺口，用带有标尺的显微镜测量 a'、b' 的宽度，标尺的分度已通过校正系数换算成相应的尺寸（μm），因此可从显微镜中直接读出涂膜的实际厚度 a（见图 4-19）。此法除能测定总涂膜厚度外，还能测定多层涂料系统中每层涂料的涂膜厚度，同时该方法对基材没有限制，适合于任何基材。不过此法也有不足，就是操作过程中会使涂膜的局部遭受破坏。

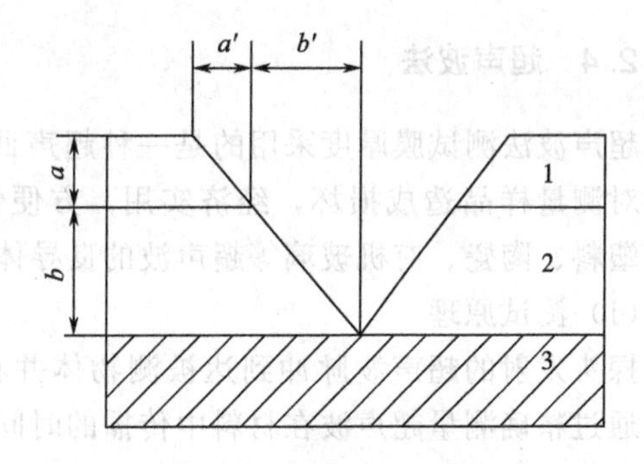

图 4-19　显微镜测试法

1—面漆；2—底漆；3—基材

4.4.2.3 磁性法

磁性法为非破坏性仪器测量方法。根据被测基材的不同，可分为磁性测厚仪和非磁性测厚仪，分别适用于磁性金属基材（钢板）及非磁性金属基材（铝板、铜板等）涂膜干膜厚度的测定。不过对于含有铁红、铝粉的涂料，测试结果会有一定的影响。磁性法目前已成为干膜厚度测定的主要方法。

（1）测试原理

磁性测厚仪主要是利用磁感应原理，它是基于利用探头经过非铁磁性覆盖层，进入铁磁性基体的磁通大小来测定涂膜厚度。当探头与涂层接触时，探头和磁性金属基体构成一闭合磁路，由于非铁磁性覆盖层的存在，使磁路磁阻变化，通过测量其变化可计算覆盖层的厚度。覆盖层越厚，磁阻越大、磁通越小。

非磁性测厚仪则利用涡流测厚原理来测量，即感应涡流的大小随仪器探头线圈与金属基材间涂膜厚度的大小而变化，通过感应涡流的变化测量不导磁底板上（诸如铝板、铜板等）涂层的厚度。

（2）测试仪器和材料

测厚仪：精确度为 2μm，有台式和便携式，可以单手操作。规格有刻度盘式和数字显示式，现在的测厚仪主要是数字显示式，直接读出数据，适合各种形状、表面厚度的测量。

（3）测试方法

① 刻度盘式测厚仪。手动式将测头置于被测涂膜上，用手指把仪器刻度盘缓慢向前推，听到“嗒”一声响，停止推动，指针所指读数即为该样板的涂膜厚度。自动式将刻度盘向前推至最大量程，按动按钮，仪器自动进行测定。

② 数字显示式测厚仪。在性质相似于受试基材的参照表面上，小心地调至零位，然后用仪器附带的标准片校准。测量时将探头放在样板上，取距边缘不少于 1cm 的上、中、下三个位置进行测量，读取涂膜厚度值。

（4）结果表示

取各点厚度的算术平均值为涂膜的平均厚度值。

（5）参考标准

GB/T 13452.2—2008《色漆和清漆　漆膜厚度的测定》。

4.4.2.4 超声波法

超声波法测试膜厚度采用的是一种超声回波脉冲技术，该方法属于一种无损测量方法，不会对测量样品造成损坏，经济实用，方便快捷，适合测量所有导声材料，如钢、铁、金属、塑料、陶瓷、有机玻璃等超声波的良导体。

（1）测试原理

探头发射的超声波脉冲到达被测物体并在物体中传播，到达材料分界面时被反射回探头，通过精确测量超声波在材料中传播的时间来确定被测材料的厚度。

当使用超声波测量膜厚时，使用纵波，因为纵波容易产生且几乎可以与每种液体耦合到一起。如图 4-20 所示，超声波传感器由压电盘和“延迟块”组成，压电盘用于产生和接收声波。传感器中产生的超声波脉冲首先通过延迟块，然后穿过第 1～3 层，直达基材甚至更远。到达每个界面的超声波一部分被反射成一个新的超声波脉冲，另一部分通过。超声波脉冲照射在第 1 层时，超声波传感器会接收到第 1 个反射。

超声波脉冲被超声波传感器接收后就被记录下来。在 3 个单独的层中，超声波脉冲之间的时长对应声路径传播时间 T_i（i=1，2，3）。每个界面上反射的超声波脉冲的振幅或回波高度取决于各自的反射系数。如果已知在每一层中的声速，可以用传播时间计算各自的膜厚。对于每一层，按下式计算：

$$v=\frac{t_\mathrm{d}}{T/2} \tag{4-7}$$

式中，v 为声速；t_d为干膜厚度；T 为该层中的声音路径传播时间（来回）。

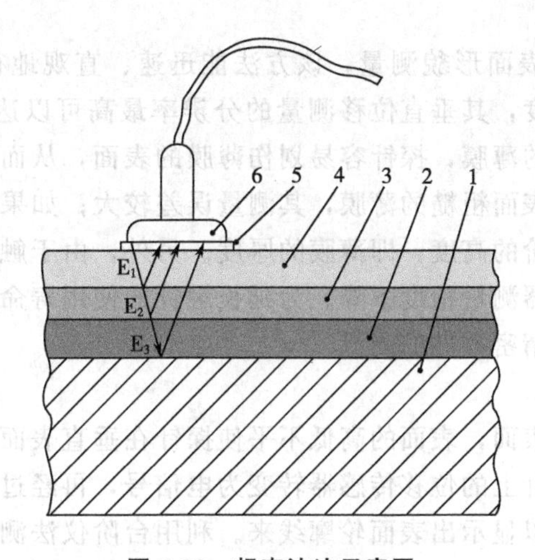

图 4-20 超声波法示意图

1—基材；2—第 3 层；3—第 2 层；4—第 1 层；5—耦合剂（液体）；

6—超声波传感器（发送器和接收器；E_1～E_3—回波层 1～3

（2）测试仪器和材料

超声波膜厚测量装置带有超声波传感器及测量组件。超声波传感器用于发送和接收超声波脉冲，测量组件用于根据传播时间测定对应的膜厚。

耦合剂：使探头和试样之间声学接触充分耦合，通常采用液体（例如水或油）或凝胶偶联剂。

（3）测试方法

在涂层上涂一些耦合剂并测量其厚度。将传感器垂直放置在涂层上并按压，使得耦合剂的膜变得尽可能薄。将探头平稳地保持在测量位置，直到显示稳定的测量值。

（4）参考标准

GB/T 37361—2019《漆膜厚度的测定 超声波测厚仪法》。

4.4.3 纳米膜厚度

前面的几种测试膜厚的方法都只能测量厚度在微米级的涂层，随着科技的不断发展，一些功能涂层厚度在纳米级别（如透明导电膜），就需要精度在纳米级的仪器来测试其厚度。测量纳米级膜厚的方法主要有探针法、超声波法、光学显微镜法、扫描电子显微镜（SEM）

法、光谱法、椭圆偏振法等。现在比较常用的是探针法、光谱法和SEM法。

探针法是通过一个高精度的机械触针在物体表面运动来感知表面轮廓的变化。这种技术不仅可以用来测量物体的表面轮廓，也可以用于薄膜厚度的测量。台阶仪和原子力显微镜就是这种方法的应用实例。

利用光学原理测量薄膜厚度和光学参数的方法有很多，主要有棱镜耦合导模法、光谱法、椭圆偏振法等。其中，光谱法、椭圆偏振法应用最为广泛，能同时测量薄膜的厚度和光学常数。

4.4.3.1 台阶仪法

台阶仪法属于接触式表面形貌测量，该方法能迅速、直观地得到薄膜的厚度和表面形貌，并且具有相当高的精度，其垂直位移测量的分辨率最高可以达到1 nm左右。但是也有一些缺点：对于材质较软的薄膜，探针容易划伤薄膜的表面，从而引起测量的误差，甚至将无法测量薄膜厚度；对于表面粗糙的薄膜，其测量误差较大；如果待测薄膜样品的台阶制备得不陡峭，将无法测量台阶的高度，即薄膜的厚度。另外，由于触针需要与测件相接触，会发生变形与磨损，导致仪器测量精度下降。为延长触针的使用寿命，其硬度一般都很高，因此不适用于软质表面以及精密零件的测量。

（1）测试原理

利用细探针扫描样品表面，表面的高低不平使探针在垂直表面的方向上做上下运动，这种运动可以通过连接于探针上的位移传感器转变为电信号，再经过放大增幅处理后，利用计算机进行数据采集和作图以显示出表面轮廓线来。利用台阶仪法测量膜厚，当探针扫过台阶时，就能显示出台阶两侧的高度差，从而得到厚度值。

（2）测试仪器

一台典型的台阶仪（图4-21），包括台阶仪本体、隔振台、电脑等。台阶仪触针可通过程序控制接触力及垂直范围；具有双光学视场，侧景（45°）可观测针的图像，顶视（90°）可观察样品表面图像；彩色CCD原位采集设计可以直接观察到触针工作时的状态，能够更方便准确地定位测试区域。

（3）有台阶的薄膜制备方法

通常制备有台阶的薄膜方法有两种：一种为掩膜镀膜法，即将基片的一部分用掩膜遮盖后镀膜，去掉掩膜后形成台阶，但是由于掩膜与基片之间的缝隙导致该方法所形成的台阶不是很清晰，相对误差也比较大，不过可以通过多次测量来减小误差；另一种方法为光刻浮胶法，即在基片上光刻出一定的图形，镀膜后用丙酮洗掉光刻胶，形成台阶，这种方法制备的台阶界面清晰，测量结果比较准确。

图4-21　台阶仪

（4）测试方法

按照仪器操作程序进行测试。

（5）结果表示

根据导出的数据进行绘图、计算膜厚、计算粗糙度等操作。

4.4.3.2　椭圆偏振法

椭圆偏振法（简称椭偏法）同台阶仪法一样，也是一种非接触测量方法。该方法利用偏振光束在界面和薄膜上反射或透射时出现的偏振态的变化，利用检偏器的方位的不同，测量反射光强度随角度的变化，并计算出薄膜折射率和厚度值。椭圆偏振仪（简称椭偏仪）的光路和结构如图 4-22 所示。

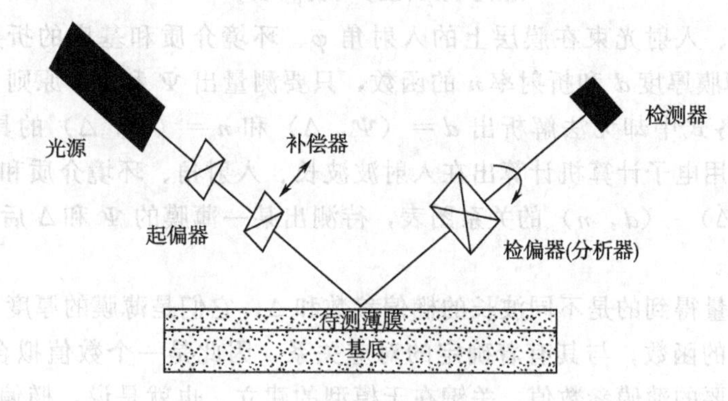

图 4-22　椭圆偏振仪的光路和结构

椭圆偏振法是一种精度很高的测试方法，其分辨率能达到 0.01nm，能对超薄薄膜进行测量（$d<10\text{nm}$）。一般椭偏仪主要应用于测量质量较好的光学薄膜，且其测量过程中与样品无接触，对样品没有破坏且不需要真空条件，这些优势使得椭偏仪成为一种极具吸引力的测量仪器。相对于台阶仪的直接测膜厚法，椭偏仪测膜厚是间接法，需要对数据进行拟合，对于能够较好拟合的薄膜，其膜厚与台阶仪测试结果一致。

但是影响测量准确度因素很多，如样品表面粗糙度、环境噪声等都会影响测量的准确度。特别是当薄膜厚度较小，薄膜折射率与基底折射率相接近时（如玻璃基底表面镀 SiO_2 膜），用椭偏仪同时测得的膜厚与实际情况有较大的偏差。另外，计算膜厚和光学常数的模型、薄膜结果的多样性和对实验数据的处理计算导致整个过程烦琐冗长。而椭偏仪需要昂贵的偏振器件，因此使用成本较高。

（1）测试原理

椭圆偏振法测量膜厚的基本思路是：起偏器产生的线偏振光经 1/4 玻片（补偿器）后成为特殊的椭圆偏振光，把它投射到待测样品表面时，只要起偏器取适当的透光方向，由待测样品表面反射出来的将是线偏振光。根据偏振光在反射前后的偏振状态变化（包括振幅和相位的变化），便可以确定样品表面的许多光学特性。

设待测样品是均匀涂镀在基底上的厚度为 d、折射率为 n 的透明各向同性的膜层。光的电矢量分解为两个分量，即在入射面内的 p 分量及垂直于入射面的 s 分量。入射光在薄膜两个界面上会有多次反射和折射，总反射光束将是许多反射光束干涉的结果。利用多光束干涉的理论，得 p 分量和 s 分量的总反射系数

$$R_{\mathrm{p}}=\frac{r_{1\mathrm{p}}+r_{2\mathrm{p}}\exp(-2i\delta)}{1+r_{1\mathrm{p}}r_{2\mathrm{p}}\exp(-2i\delta)},\ R_{\mathrm{s}}=\frac{r_{1\mathrm{s}}+r_{2\mathrm{s}}\exp(-2i\delta)}{1+r_{1\mathrm{s}}\,r_{2\mathrm{s}}\exp(-2i\delta)} \tag{4-8}$$

其中

$$2\delta=\frac{4\pi}{\lambda}dn\cos\varphi' \tag{4-9}$$

式中，r_{1p}、r_{1s}和r_{2p}、r_{2s}分别为p分量、s分量在第一界面和第二界面上的复振幅反射率；φ'为入射光束在薄膜中的折射角；δ为相邻两反射光束之间的相位差；λ为光在真空中的波长。光束在反射前后的偏振状态的变化可以用总反射系数比R_p/R_s来表征。在椭圆偏振法中，用椭偏参量Ψ和Δ来描述总反射系数比，其定义为：

$$\tan\Psi\exp(i\Delta)=R_p/R_s \tag{4-10}$$

在入射光波长、入射光束在膜层上的入射角φ、环境介质和基底的折射率确定的条件下，Ψ和Δ只是薄膜厚度d和折射率n的函数，只要测量出Ψ和Δ，原则上应能解出d和n。然而，从上述各式中却无法解析出$d=(\Psi,\Delta)$和$n=(\Psi,\Delta)$的具体形式。因此，只能先按以上各式用电子计算机计算出在入射波波长、入射角、环境介质和基底的折射率一定的条件下（Ψ，Δ）-（d，n）的关系图表，待测出某一薄膜的Ψ和Δ后再从图表上查出相应的d和n的值。

椭偏仪直接测量得到的是不同波长的椭偏参数和Δ，它们是薄膜的厚度、折射率n（λ）、消光系数K（X）的函数，与其有着确定的对应关系，因此是一个数值拟合与反演的问题。于是，要获得所需要的薄膜参数值，关键在于模型的建立。也就是说，椭偏分析强烈地依赖于拟合模型的选取。

（2）测试仪器

TPY-1型椭圆偏振仪主要由光源机构、起偏机构、检偏机构、接收机构、主机机构和装卡机构共六部分组成。

（3）测试方法

① 缓慢转动检偏器手轮，使电压表表头指针下降，当表头指针下降到零附近时，适当调高电压，再次转动检偏器手轮，使表头指针下降，反复上述过程，找到表头指针偏转最小值。记下此时检偏器刻度盘的数值，即检偏角A。

② 适当调高电压使表头指针偏转到满量程的2/3，缓慢转动起偏器手轮，使电压表表头指针下降，当表头指针下降到零附近时，适当调高电压，再次转动起偏器手轮，使表头指针下降。反复上述过程，找到表头指针偏转最小值，记下此时起偏器刻度盘的数值即起偏角P。

③ 重复上述步骤5次，将5次测量值（P，A）分别取平均后，代入式（4-11）计算（Ψ，Δ）。

$$\begin{cases}\tan\Phi=\tan A\\ \Delta=-2P+\dfrac{\pi}{2}\text{或}\Delta=-2P+\dfrac{3\pi}{2}\end{cases} \tag{4-11}$$

④ 为了计算薄膜的真实厚度，由理论分析可知，样品的一组（Ψ，Δ）只能求得一个膜厚周期内的厚度值，要测量膜厚超过一个周期的真实厚度，常采用改变入射角或波长的方法得到多组（Ψ_i，Δ_i），再借助已算好的总反射系数比与（d，n）的关系图表，即可查出待测薄膜的厚度和折射率。真实膜厚d可由下式解得：

$d=m_1D_1+d_1=m_2D_2+d_2=\cdots=m_iD_i+d_i$（$m_1$，$m_2$，$m_3$，…为正整数）

式中，D_1，D_2，D_3，…为膜厚周期；d_1，d_2，d_3…为不同测量条件时，所对应一个周期内的厚度值。

此时，将测得的（P_1，A_1）和（P_2，A_2）加上测量时对应的入射角φ，分别代入公式，就能求出真实的薄膜厚度。

(4) 结果表示

椭圆偏振法测试结果记录表见表4-4。

表4-4 椭圆偏振法测试结果记录表

入射角φ_i	测量次数	1	2	3	4	5	平均
φ_1=	P_1						
	A_1						
φ_2=	P_2						
	A_2						

4.4.3.3 扫描电子显微镜法

扫描电子显微镜（SEM）法也是一种直接测量膜厚的方法。把薄膜和基底从断面切开，用扫描电子显微镜在一定的放大倍率下观察薄膜的断面结构和形貌，通过给定的长度标尺就可以直接从薄膜的断面电子显微镜的照片上测量出薄膜的厚度，这也是一种精确测量薄膜厚度的方法。电子显微镜法有很高的分辨率和较高的放大倍数，还有很大的景深，视野大，成像富有立体感，可直接观察各种试样凹凸不平表面的细微结构。

但是这种方法也存在着一些弊端。在对非导体薄膜进行测量时，需要在薄膜上喷一层导电的金属膜，引入了测量误差。另外，和光学显微镜一样，SEM测量膜厚也需要先切开薄膜，再对薄膜截断面进行观察，因而对薄膜具有破坏性。

4.4.4 涂膜厚度测量方法的比较

目前，对涂膜厚度的测量有各种方法和仪器，选用时应考虑测定涂膜的使用场合（实验室或现场）、基材种类（金属、木材、玻璃）、基材的表面状况（平整、粗糙、曲面）和涂膜状态（干、湿）等因素，这样才能合理使用检测仪器和提高测试精确度。表4-5将现有涂膜厚度的测量方法、应用领域、优点与缺点进行了总结。

表4-5 涂膜厚度的测量方法

编号及说明	应用领域	备注
方法1： 以干膜质量对应于干膜厚度的干膜厚度测量方法	适用于过软或不能用仪器测量的涂膜。例如气干漆处于固化早期的试板	测量精确度差，但可用于核定规定限度之间的平均涂膜厚度；测试中涂膜无损
方法2： 以千分尺法测量干膜厚度	试板或实质上平整的膜面	涂膜必须硬到足以经受住千分尺卡头紧密接触时而无压痕；精确度为±2μm

续表

编号及说明	应用领域	备注
方法 3：以显微镜法测量厚膜厚度	A 法涂膜厚度测量精确度为±25μm 或更精确 B 法涂膜厚度测量精确度为 1μm	切下试板或涂装物体的一部分，并使之埋在树脂中。此法推荐作为仲裁方法及用于多变外形基材如喷丸金属上的涂膜测量。使用专用的显微镜观察测量从基材上取下的一小部分涂膜纵断面的厚度
方法 4：磁性法——非破坏性仪器测量法	适用于磁性或非磁性金属基材；主要用于移动中涂膜，如卷材涂料涂膜的连续测定	仪器运转根据电磁场磁阻原理或涡流原理；测试中涂膜无损；干膜厚度的主要测试方法
方法 5：台阶仪法	分辨率可达 1nm，测试结果直观；不适于精密零件及软质表面的测量	接触式测量原理；需要制备出有台阶的样品
方法 6：椭偏法	精确度高，分辨率可达 0.01nm，适用于超薄膜	间接法，需要对数据拟合，影响结果的因素多；对样品没有破坏；使用成本高
方法 7：湿膜厚度的测量	轮规：适用于实验室试板或新涂表面的湿膜厚度测量； 梳规：适用于现场涂装操作时的湿膜厚度测量	测量精确度差，但能估计膜干时的大致厚度；测量值可粗略指明湿膜厚度

4.5 打磨性

打磨性指涂膜或腻子膜经受砂纸或砂布等材料打磨的难易程度。样板制备过程中或在实物涂装过程中经常遇到要对涂膜表面进行打磨，使涂膜表面的颗粒、碎屑等被打磨掉，形成平滑无光的表面，来提高上层涂膜表面的平整度，达到满意的施工质量，同时也利于提高涂膜的层间附着力，可更有效地阻止水汽及其他腐蚀介质的渗透，提高涂膜的保护性。它对施工质量和效率有影响，特别是对底漆和腻子是一项重要性能指标。

（1）测试原理

利用仪器打磨涂膜或腻子膜表面，通过观察打磨前后涂膜或腻子膜表面的变化现象、涂膜或腻子膜的失重或磨料（砂纸或砂布）上黏附磨出物的程度来评定涂膜或腻子膜的打磨性。

（2）测试仪器和材料

打磨性测定仪是用于评价底漆、腻子膜打磨性优劣的装置，打磨次数可由计数器直接读取，通过对试样的来回打磨，对涂膜的表面现象进行评定。

水砂纸或砂布。

马口铁或钢板：通常尺寸 200mm×80mm。

（3）测试方法

① 在打磨性测定仪的磨头上装上规定型号的水砂纸或砂布，加上一定的负荷，待磨样板置于仪器吸盘上。

② 启动仪器，磨头经一定往复次数打磨后，取下样板观察。

注意：如需湿打磨，接通进、出水管，调节水的流量刚好可连续滴加到磨头上。

采用手工方式打磨时，用水砂纸在样板上均匀地摩擦，可以干磨也可以湿磨。手工打磨时，应注意用力及打磨速度的均匀。

（4）结果表示

以三块样板中两块现象相似的样板来评定结果。可评定表面是否平滑、有无颗粒或杂质，也可依据打磨前后涂膜或腻子膜的失重或磨料（水砂纸或砂布）上黏附磨出物的程度来评定。

（5）参考标准

GB/T 1770—2008《涂膜、腻子膜打磨性测定法》。

4.6 流平性

流平性是指涂料在施工后，其涂膜由不规则、不平整的表面流展成平坦而光滑表面的能力，也就是湿的涂膜在外界作用后能够流动而消除涂痕的性能。涂料流平是重力、表面张力和剪切力的综合效果。本方法适用于涂料流平性的测定，分为刷涂法、喷涂法和刮涂法。

（1）测试原理

将涂料刷涂、喷涂或刮涂于表面平整的底板上，测定刷纹消失和形成平滑涂膜表面所需时间。

（2）测试仪器和材料

马口铁板：表面平整，50mm×120mm×（0.2～0.3）mm；

黑白各半测试纸。

涂料刷：宽25～35mm。

喷枪。

流平测试器：见图4-23，是一个耐腐蚀、不锈钢结构的刮涂器，其上切口有一组间隔相等的五对凹槽，槽深分别为100μm、200μm、300μm、500μm和1000μm。

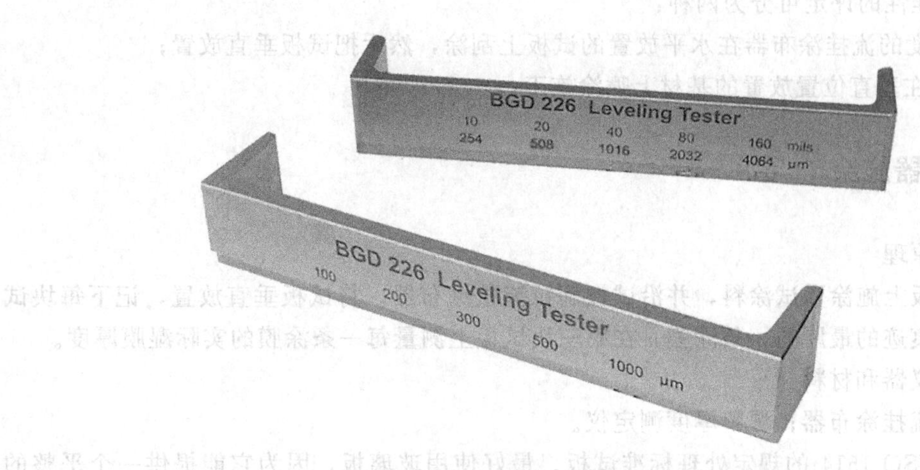

图4-23 流平测试器

（3）测试方法

① 刷涂法。在恒温恒湿的条件下，将涂料刷在马口铁板上制备涂膜。刷涂时，应迅速先纵向后横向地涂刷，涂刷时间不多于 2～3min。然后在样板中部纵向地由一边到另一边涂刷一道（有刷痕而不露底）。自刷子离开样板的同时，启动秒表，测定刷子划过的刷痕消失和形成完全平滑涂膜表面所需的时间。

② 喷涂法。通过喷涂法在马口铁板表面上制备涂膜，将样板置于恒温恒湿的条件下，观察涂膜表面达到均匀、光滑、无皱（无橘皮或鹅皮）状态所需的时间。

③ 刮涂法。在恒温恒湿条件下，用流平测试器将试样刮涂于测试纸上，产生五对各种涂膜厚度的条纹。保持测试纸的水平位置，观察其中哪一对条纹并拢在一起，并记录并拢的时间。

（4）结果表示

通过秒表测得纹路消失和形成平滑涂膜表面所需时间（min）。

4.7 流挂性

液体涂料涂刷在垂直表面上，受重力的影响，在湿膜未干燥以前，部分湿膜的表面容易有向下流坠，形成上部变薄、下部变厚，严重的形成球形、波纹形状的现象，这种现象说明这种涂料易流挂，或其抗流挂性不好，是涂料应该避免的性能。涂料产生流挂的原因主要是涂料的流动特性不适宜，或者是涂层过厚超过涂料可能达到的限度，涂装环境和施工条件不合适也会造成流挂现象。流挂性与流平性差不多，只不过流挂是垂直时测试，流平则是水平状态下测试。一般而言，流变性好的，流挂性和流平性也较好。

涂料的流挂速度与涂料黏度成反比，与涂层的厚度的二次方成正比。涂料的流挂性能不好，膜干后就难得到平整、厚薄均匀的涂膜，不仅影响装饰外观，还会影响各项保护性能。因此涂料流挂性能是涂料施工前的一项重要测试指标，对指导涂料正确配套和施工有着重要的意义。

涂料抗流挂性的评定可分为两种：

a. 用带刻度的流挂涂布器在水平放置的试板上刮涂，然后把试板垂直放置；

b. 用喷枪在垂直位置放置的基材上喷涂施工。

4.7.1 涂布器施涂

（1）测试原理

在两块试板上施涂受试涂料，并沿试板刮拉流挂涂布器。将试板垂直放置，记下每块试板上没有流挂痕迹的最厚的一条涂膜，在第三块试板上测量每一条涂膜的实际湿膜厚度。

（2）测试仪器和材料

带刻度的流挂涂布器；湿膜厚度测定仪。

试板：按 ISO 1514 的规定处理标准试板。最好使用玻璃板，因为它能提供一个平整的平面，在其上面用该涂布器刮涂能得到厚度均匀的条状涂层。在弯曲的基材上，涂布器刮涂操作就会前后不一致。

（3）测试方法

① 水平放置试板，并使之固定在置于牢固表面的一张纸上。将带刻度的流挂涂布器放在水平试板的一端，其间隙缺口向下。

② 进行商定的预剪切程序（当用刷涂或其他实际施工方法施涂触变性漆时会发生结构变化，为重现这一过程，在用刮涂法进行流挂试验时，必须有一个预剪切过程。因此程序应包括施涂之前涂料的预剪切过程。旋转速度与搅拌时间应由有关方商定），立即将足够的涂料对着刮涂器靠近各间隙缺口的边缘处倒下，避免形成气泡，确保有足够的涂料可使刮涂器刮拉至少 100mm 长距离而形成合适的涂膜条带，将过量的涂料刮到试板的底端和下面的纸上。

③ 必要时使用导向板，立即以恒定的速度和稳定的向下压力使刮涂器刮拉过湿涂料，以清楚地形成互相分开的湿漆条带。如果湿漆条不直或没有形成清晰明确的边缘，弃去该试板，并用新试板重复施涂。

④ 立即把试板垂直放置，漆条呈水平，并且使最小涂膜厚度的条带在最上面。

⑤ 在第二块试板上重复施涂程序。

⑥ 用第三块试板重复施涂程序，保持刮涂用力和速度恒定，并使试板仍然处于水平放置，立即按照 ISO 2808 中规定测量每个漆条中心的湿膜厚度。

注意：对于烘烤型磁漆来说，应按制造商说明书的规定让涂层于干燥箱中闪干，然后在商定的温度下烘烤。在整个干燥过程中，试板都应该垂直放置。

（4）结果表示

报告未观察到流挂的最高间隙深度，用微米表示，以及相应于该间隙深度的实际测得的湿膜厚度，也以微米表示。如果两块试板得到的结果不同，则报告两结果中较小值作为抗流挂性的结果。

如果两块试板得到的结果之差大于流挂涂布器上的一个间隙深度时，则应重新进行测试。

（5）参考标准

GB/T 9264—2012《色漆和清漆　抗流挂性评定》。

4.7.2 喷枪施涂

（1）测试原理

垂直放置一块试板，并喷涂厚度均匀的受试涂料。在试板上画一条横线，在一定时间后，记录任何流挂的痕迹。重复试验，增加或减少涂膜厚度，直至得到没有流挂痕迹的最大厚度的涂膜为止。

注意：在喷涂施工时，得到的无流挂涂膜的厚度取决于施工方法（例如，高压压缩空气喷涂、有空气支持或无空气支持的无气喷涂）和标准的施工黏度。查阅制造商的说明书来确定喷涂受试涂料采用的合适喷嘴和喷束扇面的大小。

（2）测试仪器和材料

喷涂装置：根据涂料施涂需要，可选用无气喷涂装置或有气喷涂装置。

湿膜厚度测定仪。

试板：按 ISO 1514 的规定处理标准试板。

（3）测试方法

① 垂直放置试板，并仔细将涂料均匀地喷涂于试板上，得到要求湿膜厚度的涂层。

② 按 ISO 2808 验证湿膜厚度的均匀性。任何显示有涂膜厚度不均匀迹象的试板都不得用于评定。读取湿膜厚度测量值后立即横跨试板画一根水平细线，距离顶端约 150 mm，但要避开湿膜厚度测量流挂的痕迹，划透湿膜并显露出基材。在试验报告中列入划线的标称宽度。

③ 立即校核水平划线上方处的湿膜厚度并记录测量值。

④ 从喷涂区立即取出试板，使涂膜于垂直位置闪干。

⑤ 划水平线后立即检查试板的流挂痕迹，经过适宜的闪干时间后也检查试板的流挂痕迹。如果膜厚超过涂料抗流挂的厚度，则水平划线将开始被填满，移动或完全消失，即发生了流挂。评定整块试板区域的诸如泪珠状、流淌状和流挂状等缺陷情况，包括划线标记处的情况。用一块新的试板重新喷涂和测定，如果在第一块试板上观察到有流挂迹象时，喷涂较低的湿膜厚度，或者如果没有观察到流挂痕迹时，喷涂较高的湿膜厚度。按需要进行重复测定，直至测得无流挂痕迹的最高湿膜厚度为止。

注意：a. 由于用喷枪获得均匀的涂膜厚度更为困难，建议选用对操作此设备具有足够经验的喷涂人员。

b. 在试板反面记录膜厚测量值是方便的，这样做可减少发生混淆的可能性。

c. 根据涂料流变性的不同，流挂几乎可以在施涂后立即观察到，或需要几分钟时间才可观察到。涂料一旦表干，就可以重新检查所有的试板。

（4）结果表示

报告未观察到流挂的湿膜厚度，以微米表示。

（5）参考标准

GB/T 9264—2012《色漆和清漆　抗流挂性评定》。

4.8 闪点

闪点，又称闪燃点。在规定的实验条件下，用规定的方法测试，利用火焰使实验样品的蒸气瞬间点燃，且火焰蔓延到整个液体表面上，并被校正至 101.3 kPa 大气压力的实验样品的最低温度即闪点。涂料类可燃液体的闪点取决于涂料中所用溶剂的闪点。

闪点是表征涂料火灾危险性的一项重要安全指标，在涂料贮存、运输和涂装使用中有着重要意义。涂料的闪点越低，其在生产和使用过程中的危险性就越大。涂料闪点可用来确定涂料生产、贮存厂房和库房的耐火等级、层数、占地面积、安全疏散、防火间距、防爆设施等。此外，闪点还是选择灭火剂和确定灭火强度的依据。因此，对涂料闪点进行准确检测有着重要的意义，是涂料产品正确分类、包装和运输的前提。我国相关涂料以及涂料用催干剂的闪点限值基本在－10～32℃，其中 HG/T 2245—2012《硝基铅笔漆》规定的闪点限值为－10℃；HG/T 2276—1996《涂料用催干剂》规定的闪点限值相对较高，为32℃。值得注意的是，GB/T 25251—2010《醇酸树脂涂料》、GB/T 25249—2010《氨基醇酸树脂涂料》等标准均以“闪点的高低只与涂料的存储和运输安全性相关，而非与涂料质量性能直接相关的指标”为由，未设置“闪点”这一指标。目前，欧盟、美国和日本等尚没有直接针对涂料产品的闪点限值要求的标准和法规，但各国都将涂料及类似产品列为危险物品，对涂料的标签、包装和储运做了相应的要求。

涂料闪点的测定方法可大致分为闭口杯法和开口杯法两种。

（1）测试原理

闭口杯法：将待测涂料置于安放在加热池里的闭口杯中，升高加热池的温度，在加热过程中，不断进行点燃测试，着火时的最低温度即为闪点。

开口杯法：将待测涂料装入试验杯中，使液面恰好到达刻度线，对其进行加热，在加热过程中点燃试验火焰，开始扫划。当试样液面上任一点出现闪火时，立刻记录温度计上的温度读数，作为闪点。

（2）测试仪器和材料

原来标准中规定的测试仪器都需要手动控制，受人为因素的影响较大，随着精密仪器的日趋完善，现在涂料闪点的测定已经可以完全由仪器来自动进行，精密度高，重现性好，可靠性更高。

闪点测定器分为闭口式闪点自动测试仪和开口式闪点自动测试仪两类，如图 4-24 所示，仪器主要由试验杯、试验杯盖、加热装置、冷却装置和计时装置组成。

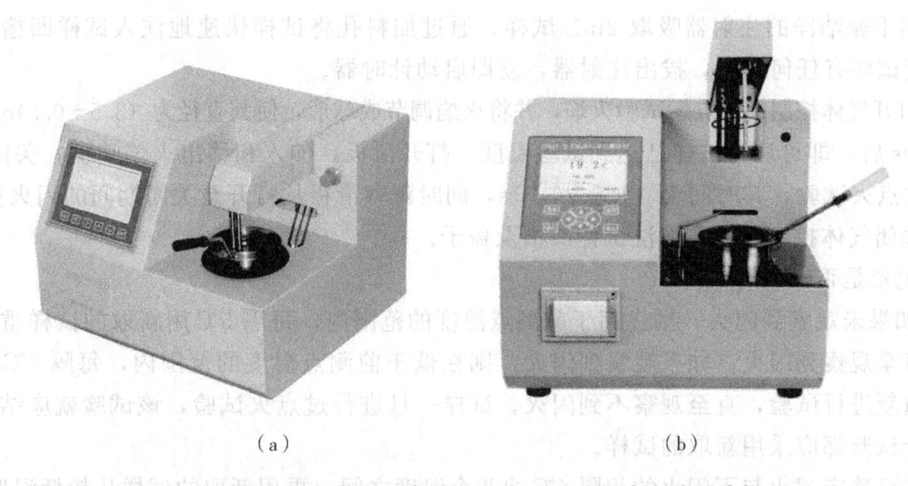

（a）　　（b）

图 4-24　闭口式闪点自动测试仪（a）与开口式闪点自动测试仪（b）

（3）测试方法

根据待测样品的闪点范围可大致分为两种测试方法：

① 对于预计闪点为室温～110℃的样品，采用闭口杯法（对于预计闪点接近于室温的样品，推荐采用开口杯法）。

a. 将样品及盛样容器冷却至低于预计闪点 10℃。

b. 保证试样凹槽、盖及滑板干燥洁净，盖上盖子，关闭滑板。

c. 开启加热装置，当温度达到低于待测试样预计闪点 3℃时，缓慢调节加热装置的控制器，直至试样凹槽达到预计闪点温度并保持稳定。

d. 用干燥洁净的注射器吸取 2mL 冷却的试样，通过加料孔将试样快速地注入试样凹槽内。拔出注射器，立即启动计时器。

e. 打开气体控制阀，点燃试验火焰，并将火焰调节成球形，使其直径为（3.5±0.5）mm。

f. 60 s后，即可认为已达到试验温度。打开滑板，伸入和移出火焰喷嘴，关闭滑板，完成一次点火试验，同时观察滑板从打开至关闭期间的闪火情况。

g. 记录是否发生闪火。

h. 如果未观察到闪火，则在高于前测点温度的范围内，每隔5℃用新取的试样重新进行试验，直至观察到闪火。如果观察到闪火，则在低于前测点温度的范围内，每隔5℃用新取的试样重新进行试验，直至观察不到闪火。试样一旦进行过点火试验，该试验就应结束，随后的每个试验都应采用新取的试样。

i. 在已确定闪火与不闪火的相隔5℃的两个温度之间，再用新取的试样从较低温度开始，每隔1℃按上述的步骤进行试验，直至观察到闪火。闪火时，温度计读数要精确至0.5℃，并记录此结果。此值作为该试样试验时的大气压力下的闪点，同时记录以kPa、mbar或mmHg表示的大气压力。

j. 重复测定并计算修正了的闪点的算术平均值，精确至0.5℃。

② 对于预计闪点在室温以下的样品，采用开口杯法。

a. 将样品及盛样容器冷却至低于预计闪点3～5℃。试验时，仪器应先通冷却水。

b. 冷却试样凹槽，缓慢调节到预计闪点温度，并保持稳定。试样凹槽应干燥洁净并关闭滑板。

c. 用干燥洁净的注射器吸取2mL试样，通过加料孔将试样快速地注入试样凹槽内，注意不要使试样有任何损失，拔出注射器，立即启动计时器。

d. 打开气体控制阀，点燃试验火焰，并将火焰调节成球形，使其直径为(3.5±0.5)mm。

e. 60s后，即可认为试样已达到试验温度。打开滑板，伸入和移出火焰喷嘴，关闭滑板，完成一次点火试验，其时间为(1.5±0.5)s，同时观察滑板从打开至关闭期间的闪火情况。

f. 关闭气体控制阀，并清洗试样凹槽及盖子。

g. 记录是否发生闪火。

h. 如果未观察到闪火，则在高于前测点温度的范围内，每隔5℃用新取的试样重新进行试验，直至观察到闪火。如果观察到闪火，则在低于前测点温度的范围内，每隔5℃用新取的试样重新进行试验，直至观察不到闪火。试样一旦进行过点火试验，该试验就应结束。随后的每个试验都应采用新取的试样。

i. 在已确定闪火与不闪火的相隔5℃的两个温度之间，再用新取的试样从较低温度开始，每隔1℃按上述步骤进行试验，直至观察到闪火。闪火发生时，温度计读数要精确至0.5℃，并记录此结果。此值作为该试样在试验时的大气压力下的闪点，同时也记录以kPa、mbar或mmHg表示的大气压力。

j. 重复测定并计算修正了闪点的算术平均值，精确至0.5℃。

(4) 注意事项

① 试验前，样品应放置在密闭的容器中，容器中的空余体积应超过整个容器量的10%，样品不应贮存在塑料（如聚乙烯、聚丙烯等）瓶内。取出试样以后，应立即盖严盛样容器，以保证容器中挥发组分的损失降到最低限度。否则，该样品不宜再作试验用。

② 如待测试样的黏度大，难以通过加料孔注入时，可以打开盖子，改用勺匙取2～3mL试样加入试样凹槽内，加样完毕后应盖严盛样容器，并放回低于预计闪点10℃处。

③ 为了保证某些传热性差或者属于高稠性的涂料产品在接近平衡的条件下进行试验，需要一个缓慢的加热速度。

④ 为了保证在每个点火试验以后，试样上方空间恢复到蒸气饱和浓度，需要一个不小于 1.5min 的最小时间间隔。

⑤ 当试验时的试样蒸气的混合气体接近闪点时，点火会产生一个光环，但是只有出现相当大的蓝色火焰并蔓延到整个液面时，才能认为该试样已经闪火。

⑥ 当打开滑板点火时，若在洞孔处观察到持续明亮的火焰，这说明闪点低于试验时的温度。

⑦ 每次完成点火试验后，必须关闭气体控制阀，立即清洗试样凹槽及盖子。

⑧ 在有争议的情况下，应在（25±1）℃、相对湿度 60%～70%的条件下进行试验。

（5）参考标准

GB/T 5208—2008《闪点的测定　快速平衡闭杯法》。

4.9　涂布率

涂布率是指在一定的施工条件下，按规定的方法施涂一道涂层，在单位面积获得一定厚度的涂膜所需的涂料量，以“g/m^2”来表示。也可以单位体积的涂料所能覆盖规定基材的平均面积，即以“m^2/L”来表示涂布率。涂布率的测定主要是便于计算涂料的使用量和核算施工成本。其测定方法可分为刷涂法、喷涂法、刮涂法（略）和体积固体含量法。

4.9.1　刷涂法

刷涂法简便易行，使用普遍，在涂刷操作正确熟练的前提下，准确度的关键在于使用的样板和涂膜厚度的测量。

（1）测试仪器和材料

天平，感量为 0.1g、0.01g、0.001g；涂料刷，宽 25～35mm；湿膜测厚仪（轮规），0～100μm；磁性测厚仪，0～300μm；杠杆千分尺，精度 2μm；钢板。

（2）测试方法与结果表示

① 在未经打磨的平整钢板上刷涂一定厚度、一定面积的涂膜后，立即用减量法在感量为 0.1g 的天平上称出刷涂量，按式（4-12）计算单位面积钢板涂料的使用量（g/m^2）：

$$X=(m_1-m_2)\times 10^4/S \tag{4-12}$$

式中，m_1 为刷涂前涂料刷及盛有涂料的容器质量，g；m_2 为刷涂后涂料刷及盛有涂料的容器质量，g；S 为刷涂面积，cm^2。

这样仍是质量表示法，为了换算成涂布率（m^2/L），还需测出液体涂料的密度，再计算出涂布率。

② 根据液体涂料的密度，由式（4-13）计算出涂布率：

$$R=\frac{1}{X\rho^{-1}}\times 10^3 \tag{4-13}$$

式中，R 为涂布率，m^2/L；ρ 为液体涂料的密度，g/mL。

③ 待样板实干后，用磁性测厚仪测出样板上涂膜的平均厚度，按下式计算出在要求的干

膜厚度下的理论涂布率：

理论涂布率＝涂布率×平均干膜厚度/干膜厚度

④ 平行测定三次，取其中两次接近结果的算术平均值。

(3) 注意事项

① 因为样板的面积越大，平整度越好，则结果的准确度越高。一般采用200mm×250mm 的样板，且要求板面光滑平整，不用打磨。

② 涂膜厚度经实测，发现至少测定10点以上再取其平均值，其数据较为可靠。通过对一系列样品的检测，本方法由于操作过程中各种因素的影响，同一样品在同一实验室做重复试验所得结果的相对误差约为10%。

4.9.2 喷涂法

有些产品在施工现场主要是喷涂施工，且必须补加部分稀释剂才能达到满意的施工黏度，因此根据稀释比首先测出涂料的使用量，然后换算成以“m^2/L”表示的涂布率。

(1) 测试仪器和材料

天平，感量为0.1g、0.01g、0.001g；喷枪；湿膜测厚仪（轮规），0～100μm；磁性测厚仪，0～300μm；杠杆千分尺，精度2μm；钢板。

(2) 测试方法与结果表示

① 先在感量为0.01 g的天平上称出钢板质量，然后将已稀释好的试样喷涂制板，按产品标准规定的条件干燥后，再称质量，按式（4-14）计算涂料的使用量：

$$X=\frac{M_B-M_A}{SD}\times 100\times 10^4 \tag{4-14}$$

式中，M_A为喷涂前钢板质量，g；M_B为喷涂后钢板质量，g；S为喷涂面积，cm^2；D为该试样的固体含量，%。

② 然后按4.9.1中同样的换算步骤计算出在要求的干膜厚度下的理论涂布率。试验也平行测定三次，取其中两次接近结果的算术平均值。

4.9.3 体积固体含量法

(1) 测试原理

首先测定未刷涂圆片的质量和体积，再测刷涂圆片在干燥一定时间后的质量和体积，计算出圆片上干膜的体积和形成干膜的液态涂料的体积，这两个体积之比就是该涂料的不挥发分容量，俗称体积固体含量。

(2) 测试仪器和材料

天平，感量为0.1g、0.01g、0.001g；喷枪；湿膜测厚仪（轮规），0～100μm；磁性测厚仪，0～300μm；杠杆千分尺，精度2μm；钢板。

(3) 测试方法与结果表示

① 取一块面积约为0.5～1.0m^2的平整钢板，将试样平均喷涂其上，立即用湿膜厚度仪（轮规）在上、中、下三个部位测出湿膜厚度，取其平均值。待实干后再用磁性测厚仪测出干膜厚度，至少10点以上，取其平均值，按式（4-15）计算体积固体含量（涂料固体

分 SV，%）：

$$SV=\frac{\text{干膜厚度}}{\text{湿膜厚度}}\times 100\% \tag{4-15}$$

② 再按式（4-16）计算出在要求的干膜厚度下的理论涂布率：

$$\text{理论涂布率}\ (m^2/L) = (SV\times 10)\ /\text{干膜厚度} \tag{4-16}$$

此方法更为简单实用，但厚度测定是个关键，尤其是湿膜厚度的测定。

参考文献

[1] 虞莹莹．涂料粘度的测定——流出杯法 [J]．化工标准・计量・质量，2005，2：25-27.

[2] 虞莹莹．涂料粘度测定——蔡恩粘度计法 [J]．涂料工业，1999，7：41-42.

[3] 童刚，陈丽君．旋转式粘度计综述 [J]．自动化博览，2007，02：68-70.

[4] 孙淑兰．涂料粘度的测定 [J]．涂料工业，1975 (01)：10-15.

[5] 邓少卿，孙恩毅．浅谈漆膜厚度的测试方法 [J]．涂料技术与文摘，2004，25 (3)：28-30.

[6] 陈燕平，余飞鸿．薄膜厚度和光学常数的主要测试方法 [J]．光学仪器，2006，28 (6)：84-88.

[7] 倪经．Fe/Si 多层膜的层间耦合与界面扩散 [D]．成都：四川大学，2004.

[8] 熊丹．基于 AFM 与干涉光谱的薄膜厚度测量系统 [D]．杭州：浙江大学，2007.

[9] 石丽芬，单传丽，陈琼．薄膜厚度测试方法的比较 [J]．中国玻璃，2011，6：3-6.

[10] 王芳宁．提高椭偏测量中薄膜参数精度的研究 [D]．成都：四川大学，2004.

[11] 王芳宁，王植恒，刘细成，等．正确使用多次测量法提高椭偏测量精度 [J]．激光杂志，2004 (01)：32.

[12] 虞亨．漆膜厚度的测定（上）[J]．涂料工业，1978 (02)：40-41，50.

[13] 张士胜，陶学明．国内外涂料闪点安全限量标准的研究 [J]．中国涂料，2011，26 (8)：6-10.

[14] 成文，王德智，于清章，等．自动快速平衡法微量闪点仪测定涂料产品闭杯闪点的不确定度评估 [J]．中国涂料，2016，31 (4)：72-74.

[15] 毛蕾蕾，钱叶苗．涂料闪点的测定 [J]．上海涂料，2008，46 (8)：43-45.

[16] 陈益，蒋旭东．涂料理论涂布率的测定 [J]．涂料技术与文摘，2004，25 (1)：38-39.

[17] 温绍国，刘宏波，周树学．涂料及原材料质量评价 [M]．北京：化学工业出版社，2013.

[18] 虞莹莹．涂料工业用检验方法与仪器大全 [M]．北京：化学工业出版社，2007.

第5章

涂膜的常规性能测试

——外观及光学性能

5.1 涂膜外观

① 范围及说明。用于检测涂膜的表面状态。

② 测定方法。采用目测的方法，通常是在自然日光下用眼睛对涂膜外观进行观察，检查涂膜有无如刷痕、颗粒、起泡、起皱、缩孔等缺陷。一般是与标准样板比较，观察涂膜表面有无缺陷。

③ 结果表示。如果涂膜颜色均匀，表面平整，无明显差别，则评为“正常”。

5.2 孔隙率

涂料在施涂到物件上后，由于层间配套、溶剂挥发和涂膜厚度等各种因素，涂膜会或多或少地存在着少量孔隙或针孔，这样环境中的湿气和各种介质就会通过针孔渗入涂膜内部，从而产生腐蚀现象。采用针孔检测方法就能对涂装部位是否有足够膜厚、配套合理性及施工质量做出判断。

5.2.1 电火花针孔检测法

该方法是采用高压探测仪对金属基体上涂层表面是否存在孔隙或针孔进行测定。当涂层出现针孔、气泡、砂眼或裂纹时，仪器将发出明亮的电火花，同时声光报警。

(1) 测试原理

金属表面绝缘防腐层针孔、漏铁及漏电微孔处的电阻值和气隙密度都很小，当有高压经过时形成气隙击穿而产生火花放电，给报警电路和计数电路各产生一个脉冲信号，报警器发出声光报警，计数器记录一次，根据这一原理达到防腐层检测目的并对防腐层缺陷进行计数。

(2) 测试仪器和材料

电火花针孔检测仪：测头为柱状的细钢丝刷，适用于检测较厚的涂层。该仪器由主机、高压探头、探极三大部分组成，见图5-1。

① 主机部分。内装集成控制电器、声光报警装置等。

② 高压枪部分。内装高压发生器、高压输出按钮开关和引出线等。

③ 探极部分。毛刷探极。

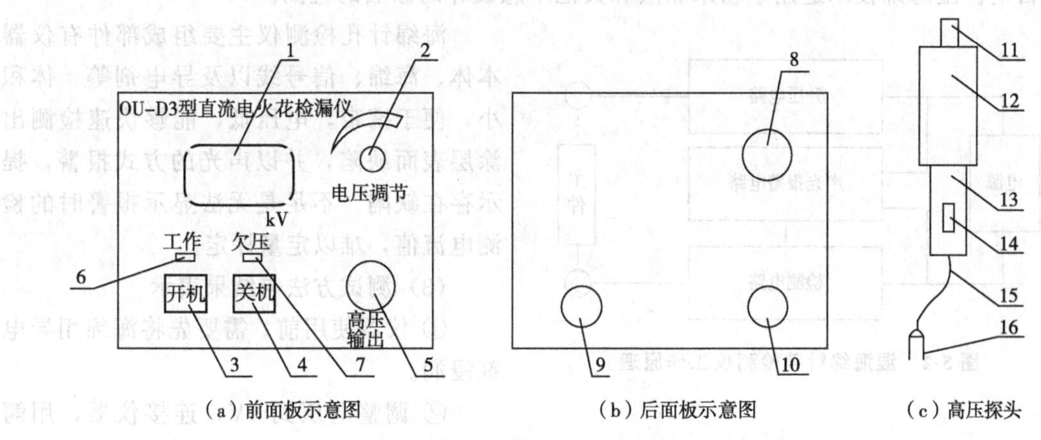

图5-1 电火花针孔检测仪

1—高压液晶显示；2—电压调节旋钮；3—开机键；4—关机键；5—高压枪连接插座；6—工作指示灯；7—欠压指示灯；8—保险座；9—接地座；10—充电插座；11—探极连接端子；12—高压枪；13—手柄；14—高压开关；15—连接电缆；16—多芯插头

(3) 测试方法与结果表示

① 首先测量涂膜厚度，根据干膜厚度通过调节高压输出按钮来调整电压。

② 用柱状刷慢慢地刷过被测涂膜表面，探测到针孔或孔隙时，仪器会发出声音信号和可见信号。

③ 检测时因不同的膜材料和厚度，选择合适的每分钟测试的前进速度，来保证更好的检测质量。

④ 检测完毕后，电压调节钮回归到零，探极应再与接地长线直接短路放电，以防高压电容存电而电击。

(4) 注意事项

① 检测过程中，探棒严禁对仪器面板直接打火。检测人员最后戴上高压绝缘手套。任何人不得直接接触探极和被探物，以防麻电。

② 被测涂层表面应保持干燥，若沾有尘土或清水，则不易确定漏蚀点的精确位置。

5.2.2 湿海绵试验法

(1) 测试原理

湿润的海绵探头在涂层上移动，当海绵遇到缺陷时，液体会渗入基体，形成一个完整的电路回流，引起报警。

（2）测试仪器和材料

湿海绵针孔检测仪测头为海绵，直流电压为5V，适用于检测干膜厚度小于500μm的涂层。其工作原理与电火花针孔检测仪的工作原理类似，不同的是湿海绵针孔检测仪产生的检测电压较低，操作使用较安全。如图5-2所示，湿海绵针孔检测仪主要由电源、升压电路、检测电路、声光报警电路构成。仪器经过升压电路，产生较高直流电压。检测到缺陷时，高压经缺陷点放电，放电电流通过信号线，进入检测电路。当检测电路检测到某一设定阈值的检漏电流时，会产生一个脉冲信号，促使声光报警电路发出持续的声光报警，以达到检测缺陷的目的。湿海绵技术适用于粉末涂层和其他不想破坏的涂层的检测。

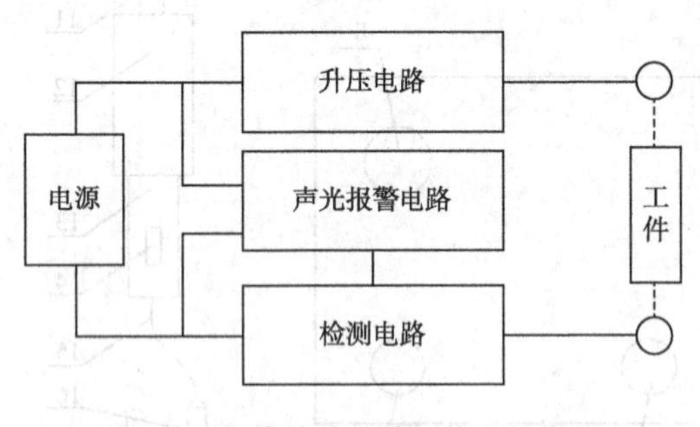

图5-2　湿海绵针孔检测仪工作原理

海绵针孔检测仪主要组成部件有仪器本体、海绵、信号线以及导电剂等，体积小，便于携带，电压低，能够快速检测出涂层表面缺陷，并以声光的方式报警，提示存在缺陷。不足是无法显示报警时的检测电流值，难以定量评定。

（3）测试方法与结果表示

① 仪器使用前，需要先将海绵用导电剂浸润。

② 调整电压到5V，连接仪器，用鳄嘴夹将接地端和被测表面未涂漆的部分相连。

③ 将湿润海绵探头平平地刷过被测涂膜表面，如果听到鸣叫声，则说明该部位存在针孔。

5.3 涂膜颜色

涂膜的颜色是当光照射到涂膜上时，经过吸收、反射、折射等作用后，其表面反射或投射出来，进入人眼的颜色。决定涂膜颜色的是照射光源、涂膜本身性质和人眼。一般都是采用目视法来对颜色进行测定，因为该方法最为简单方便，不需要用到仪器。此外还有用测色色差计直接测定涂膜样板的方法，以三刺激值 XYZ、Lab 值或与标准色卡的色差值等来表示结果，用数字来表示结果，更加客观准确。

5.3.1 目视法

（1）测试原理

用目视法在一定光源（自然日光或人造光）和观察条件下比较试样样板与标样样板（或标准色卡）之间的颜色差异。可以用数字等级来描述色差的分量（色调、彩度和明度的差异）。也可考虑条件配色的评定。

（2）测试仪器和材料

基材：马口铁板、硬铝板、光滑纸板、钢板或玻璃板，平整，尺寸通常为150mm×100mm。

试样和标样样板（或标准色卡）。

比色箱。

(3) 测试方法

① 试样样板和标样样板的准备。按规定将试样与标准样同时制板，在相同的条件下施工、干燥。

② 比色程序。将试样样板和标样样板（或标准色卡）并排放置，使相应的边互相接触或重叠。在自然日光或人造光下比色，观察颜色差异，比色时眼睛至样板的距离约为 500mm。

对于光泽差别很大的涂膜，按如下原则进行比色：

a. 在自然日光下进行观察：以接近于直角方向进行观察，来限制由于光泽差别对比色的影响。

b. 在比色箱中进行观察：照射光以 0°角入射，人眼以 45°角观察。

仲裁检验时比色应在符合 CIE 标准光源 D65 的人造光下进行。

③ 条件配色的评定。条件配色：如果试样和标样含有不同的颜料组成，它们可能在某一标准光源下是等色的，而在另一光源下就不是等色的现象。

将试板分别置于 CIE 标准光源 D65 及 A（钨丝灯）下进行观察是否等色。

(4) 结果表示

以数字等级和相应符号来表示色差（色调差、彩度差和明度差）。

色差各分量的评级方法参照表 5-1。

表 5-1　色差各分量的评级方法

等级	差异程度	等级	差异程度
0	没有可见的差别	3	中等差别
1	很轻微，就是刚可见差别	4	相当大的差别
2	轻微，有清晰可见的差别	5	非常大的差别

色调差：以 DH 表示。评价方法：0～5 级；更黄（ye，y），更绿（gr，g），更红（re，r），更蓝（bl，b）。例如："DH：5ye" 表示"试样与标样色调差为 5 级且更黄"。

彩度差：以 DC 表示。评价方法：0～5 级；大于（+）或小于（−）。例如："DC：−2" 表示"试样与标样彩度差为小于 2 级"。

明度差：以 DL 表示。评价方法：0～5 级；更亮（+）或更暗（−）。例如："DL：−2" 表示"试样与标样明度差为 2 级且更暗"。

(5) 参考标准

GB/T 9761—2008《色漆和清漆　色漆的目视比色》。

5.3.2 色差计法

色差计是一种简单的颜色偏差测试仪器，又称为便携式色度仪、色彩分析仪、色彩色差计。即制作一块模拟与人眼感色灵敏度相当的分光特性的滤光片，用它对样板进行测光，关键是设计这种感光器的分光灵敏度特性，并能在某种光源下通过电脑软件测定并显示出色差。

(1) 测试原理

红、绿、蓝色通常被看作光的三原色，这是因为人眼具有3种视网膜椎状细胞（色敏感器），它们对红、绿、蓝的波长很敏感。色差计在测量时就是取代了光源和人的作用，用和人眼感知颜色的同样方法"接收"颜色：将从某物体反射的光的主波长收集、滤光。

(2) 测试仪器和材料

基材：马口铁板、硬铝板、光滑纸板、钢板或玻璃板，平整，尺寸通常为150mm×100mm。

色差仪：可分为手持式色差仪、便携式色差仪、台式色差仪三种。

① 手持式色差仪又称色彩色差计，能直接读取数据，不可以与电脑连接，使用方便，价格便宜。但精度较低，一般只适合检测产品间的色差变化。

② 便携式色差仪又称便携式分光测色仪，除能直接读取数据外，还可以与电脑连接，带软件。体积较小，便于携带，精度较高，价格适中。

③ 台式色差仪又称台式分光测色配色仪，可测量涂层的每个颜色点的反射率曲线、透射率曲线。有读数窗口，连电脑时使用测色、配色软件，具有高精度的测色和配色功能，体积较大，性能稳定，价格较高，只用于对色差要求极高的场合。

(3) 测试方法

以日本柯尼卡美能达 CR-10 Plus 小型色差计（图 5-3）为例：

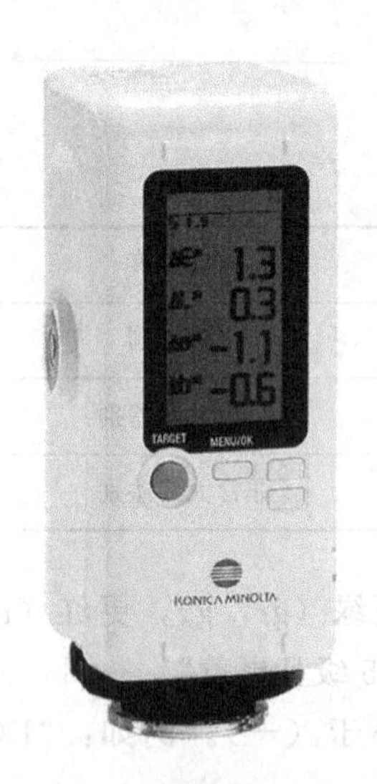

图 5-3 日本柯尼卡美能达 CR-10 Plus 小型色差计

① 按规定将试样与标准样同时制板，在相同的条件下施工、干燥。

② 先启动色差计，将"POWER"键调整到Ⅰ位。显示屏便会出现目标颜色测量画面。

③ 选择所需的色彩系统，Lab 或 LCH 坐标。如按下 Lab 键则表示采用 L* a* b 色坐标；如按下 LCH 键则表示采用 L* C* H 色坐标。

④ 将色差计轻放在目标颜色上并按下测量键，听到"哗"一声后即表示目标测量完成，并同时显示出色彩值。

如果在测量目标颜色时有错误，可以按"TARGET"键回到目标颜色测量显示屏，再重复以上步骤②。

⑤ 将色差计的测量口轻放在样品上后，按测量键，听到"哗"一声后即表示测量完成，测量结果便会显示与原来目标的色差。

色坐标可随时改变，选择显示 Lab 色坐标可按 Lab（L* a* b 色坐标）（图 5-4）；显示 LCH 色坐标可按 LCH（L* C* H 色坐标）。

⑥ 在显示屏上的数值 Dh（ΔH*），即选择 L* C* H 色坐标显示，Dh 值末端的字母代表样品较目标颜色的色彩偏向：R 红色；B 蓝色；Y 黄色；P 紫色；G 绿色。

倘若目标颜色和样品色彩本身比较暗淡，字母便不会显示。

如以同一目标色彩作为标准进行另外样品的测量，重复步骤④。

如要进行不同目标颜色测量，按"TARGET"键设定新目标颜色并从步骤②开始重复以上程序。

⑦ 当色差计连接打印机时，目标颜色数据及测量数据可在测量时打印出来。

当色差计与打印机连接或断开时，确定电源已关闭。

每次使用时，请先开启色差计，然后开启打印机。

(4) 结果表示

根据色差计测色后显示的数据结果，进行如下分析。

ΔE 总色差的大小：

$$\Delta E = [(\Delta L)^2 + (\Delta a)^2 + (\Delta b)^2]^{1/2}$$

其中　$\Delta L = L_{样品} - L_{标准}$（明度差异）

$\Delta a = a_{样品} - a_{标准}$（红/绿差异）

$\Delta b = b_{样品} - b_{标准}$（黄/蓝差异）

式中，ΔL＋表示偏白；ΔL－表示偏黑；Δa＋表示偏红；Δa－表示偏绿；Δb＋表示偏黄；Δb－表示偏蓝。

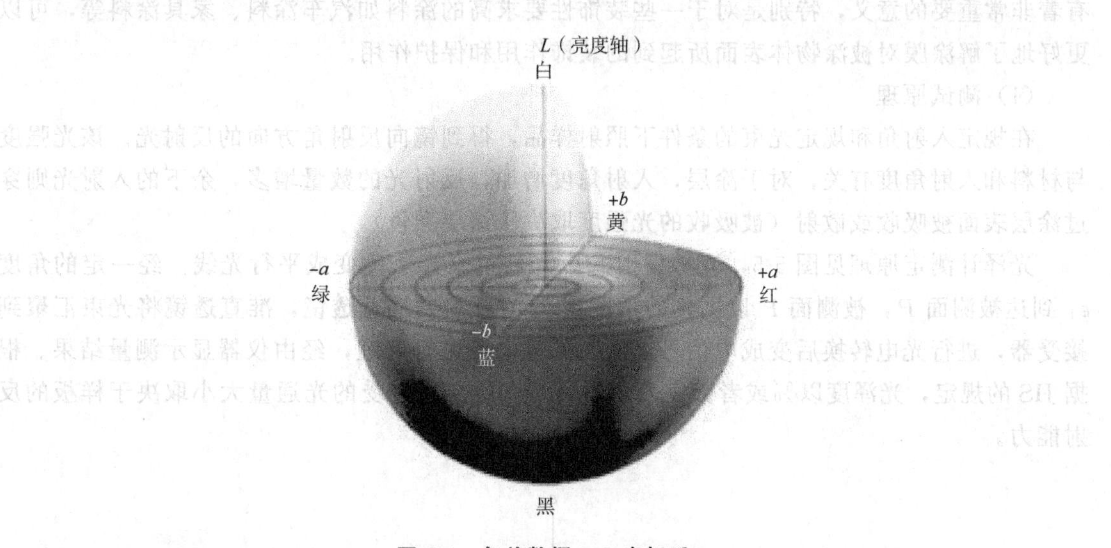

图 5-4　色差数据 Lab 坐标系

(5) 参考标准

GB 11186.2—1989《漆膜颜色的测量方法　第二部分：颜色测量》及 GB 11186.3—1989《漆膜颜色的测量方法　第三部分：色差计算》。

5.4 涂膜光泽

光泽作为物体的表面特性，取决于表面对光的镜面反射能力，所谓镜面反射是指反射角与入射角相等的反射现象。光泽度是在一组几何规定条件下对材料表面反射光的能力进行评价的物理量。因此，它表述的是具有方向选择的反射性质。

反射光量越大，则光泽越高。因此涂层的光泽以其反射光的能力来表示，通常以试样在镜面（正反射）方向的相对于标准表面的反射率乘以 100 来表示。涂膜的光泽可分为有光、半光和无光。有光涂料一般指光泽在 40 以上的，半光涂料指光泽在 20～40 之间的，无光涂料指光泽在 10 以下的，这是按涂料在实际应用中对光泽的不同要求划分的。

由于照明入射角对光泽的测量结果影响较大，因此为了清楚地区分从高光泽到低光泽的整个测量范围，国际标准化组织定义了 3 个不同的光路角度，即 3 个不同的范围，如表 5-2 所示。

表 5-2　光路角度范围

光泽范围	60°值	测量光路
高光泽	＞70	20°光路
中光泽	10～70	60°光路
低光泽	＜10	85°光路

涂膜的光泽是衡量涂料外观性能的一个重要指标。测定涂膜的光泽对于了解涂膜的质量有着非常重要的意义，特别是对于一些装饰性要求高的涂料如汽车涂料、家具涂料等，可以更好地了解涂膜对被涂物体表面所起到的装饰作用和保护作用。

（1）测试原理

在规定入射角和规定光束的条件下照射样品，得到镜向反射角方向的反射光。该光强度与材料和入射角度有关，对于涂层，入射角度增加，反射光的数量增多，余下的入射光则穿过涂层表面被吸收或散射（被吸收的光强度取决于涂层颜色）。

光泽计测定原理见图 5-5，光源发射一束光经过聚光透镜变成平行光线，经一定的角度 ε_1 到达被测面 P，被测面 P 以同样的角度 ε_2 将光反射到准直透镜，准直透镜将光束汇聚到接受器，进行光电转换后变成电信号，送往处理电路进行处理，经由仪器显示测量结果。根据 JIS 的规定，光泽度以％或者数字表示即可。光电池所接受的光通量大小取决于样板的反射能力。

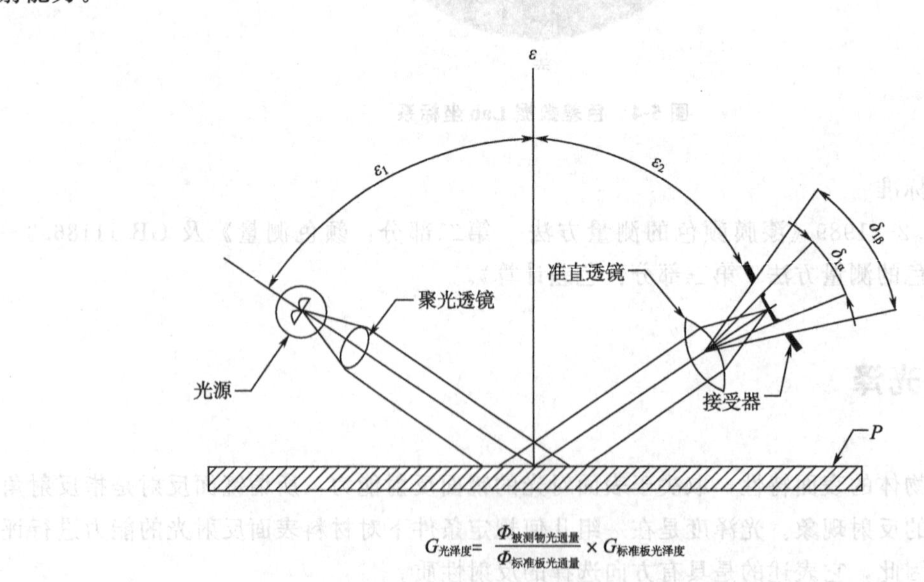

$$G_{光泽度}=\frac{\Phi_{被测物光通量}}{\Phi_{标准板光通量}}\times G_{标准板光泽度}$$

图 5-5　光泽计测定原理

（2）测试仪器和材料

标准板：通常包括高光泽和低光泽两种标准板。高光泽板采用高度抛光的黑玻璃板或采用背面和边缘磨砂并涂以黑漆的透明玻璃板，中光泽板和低光泽板由涂釉陶瓷或黑色光学玻璃磨砂制成。

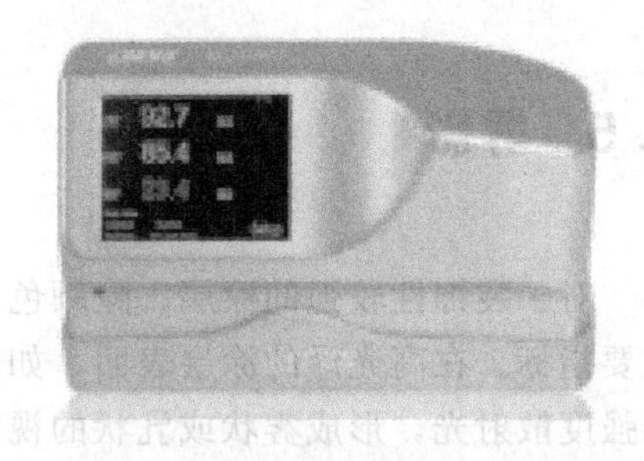

图 5-6　便携式智能光泽仪（BEVS 1503 型）

光泽度仪：又称光泽仪，由发射器和接受器组成。发射器由白炽光源和一组透镜组成，它产生一定要求的入射光束。接受器由透镜和光敏元件组成，用于接受从样品表面反射回来的锥体光束。光源所发射的光线经透镜变成平行光线或稍微汇聚的光束以一定角度射向试板涂膜表面，被测表面以同样的角度反射的光线经接收部分透镜汇聚，经视场光阑被光电池所吸收，产生的光电流借助于检流计就可得到光泽的读数。光电池所接受的光通量大小取决于样板的反射能力。目前主要使用的标准角度有 20°、60°和 85°三种。85°为低光泽仪，20°为高光泽仪。依此类推，使用最多的是 60°中光泽仪。

光泽仪有台式和便携式，台式光泽仪由测头和主机组成，多用于实验室。便携式既可用于实验室又可在施工现场使用，目前使用得较为广泛。根据测试角度（光路）的不同，又可分为多角度（或三角度）光泽仪和单角度光泽仪。图 5-6 所示为广州盛华所开发的便携式智能光泽仪，适合于测量低光到高光泽的涂层，可单角度或两个、三个角度同时测量。

（3）测试方法

① 试板的准备。一般情况下，用规格为 150μm 的湿膜制备器将色漆涂布在洁净的标准板上，在规定的条件下干燥，制得一平整的涂膜。对于透明清漆，基材应使用黑玻璃或背面及四周是粗糙的并涂覆黑漆的透明玻璃。

② 光泽测定。玻璃标准板上涂膜光泽的测定：调整好光泽仪并校准后，在试验涂膜的平行于涂布方向的不同位置测得三个读数，再用高光泽工作标准板校准仪器以确保读数没有偏差。若结果误差小于 5 个单位时，记录其平均值作为镜面光泽值。否则再进行三次测定，记录全部六个值的平均值及极限值。

非玻璃基材上涂膜光泽的测定：调整好光泽计并校准后，在样板表面上以两个成直角的方向各测定三次，记录其平均值及极限值。

对已涂漆试板表面进行光泽测定：调整好仪器并校准后，在涂漆表面上不同部位或不同方向测定六次，记录其平均值及极限值。若六次测定结果误差大于 10 个单位或大于平均值的 20%，则废弃该试板。

（4）结果表示

以一定角度下的光泽单位值表示。

（5）注意事项

① 测定清漆光泽时，应用黑玻璃或涂上无光黑漆的边缘毛糙的玻璃板作基材。

② 涂膜的制备方法会影响光泽的测定，应注意产品的检验要求（尤其是喷涂的情况下）。

③ 本方法适用于对色漆的测定，不适用于测定含金属颜料色漆的光泽。

（6）参考标准

GB/T 9754—2007《色漆和清漆　不含金属颜料的色漆漆膜的 20°、60°和 85°镜面光泽的测定》。

5.5 雾影

对于装饰性较强的涂层，除颜色、光泽、鲜映性之外，雾影也是用于评价其涂层质量的重要指标。在高光泽的涂层表面，如果涂料中颜料分散得不均匀，形成微小纹理结构，产生低强度散射光，形成雾状或乳状的视觉外观，这种效果称为雾影。雾影是高光泽漆表面的特有现象。

两块高光泽的涂装件，用20°光泽仪测量的数值非常接近，但凭眼睛观察时，则有明显不同的外观。若一个景物投射到这两个涂装件的表面上，在一个表面上反映出清晰的影像，而另一个表面上反映出的是清晰但有晕轮包围的影像。这是因为光泽仪只能测得反射光，而肉眼能观察到反射光，还能观察到反射的散射光。雾影就是由这些散射光造成的。

雾影的产生与颜料的种类和分散程度、颗粒的大小和形状、树脂和添加剂种类、涂装工艺因素有关。此外，气候风化和抛光痕迹也可以产生雾影。总之，只要控制好涂层表面在入射光形成镜面反射的同时，尽量少产生光的散射和漫射，形成的雾影就小。

（1）测试原理

产生雾影的光学原理见图5-7。

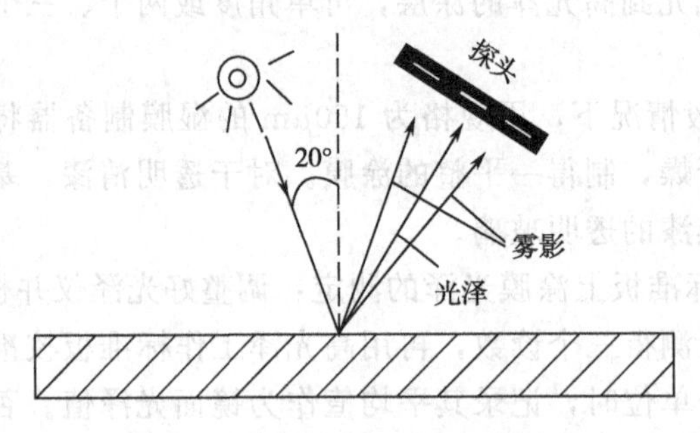

图 5-7　产生雾影光学原理示意图

采用20°角光路，在光泽仪探头旁边附加两个探头用来测量涂膜表面接近20°反射光两侧（±0.9°）处接受的散射光，以测出涂膜的反射雾影。这样，镜面反射光和漫射光被同时测量。

（2）测试仪器和材料

基材：商定，可以为玻璃板，150mm×100mm，厚度至少为3mm。

雾影仪：常见的有 No.4600 雾影仪（德国 BYK-Gardner 公司），如图5-8所示。

（3）测试方法

① 玻璃基材上涂膜雾影的测定。调整好仪器并校准后，在试验涂膜的平行于涂布方向的不同位置测得三个读数。若结果误差小于0.5个单位时，记录其平均值作为线性雾影值。否则再进行三次测定，记录全部六个值的平均值及极限值。

② 非玻璃基材上涂膜雾影的测定。调整好仪器并校准后，在样板表面上不同区域或不同方向测定六次（涂层表面有纹理方向如刷痕等除外），记录其平均值。

（4）结果表示

以平均线性雾影值表示或经过商定以雾影的对数平均值表示。雾影值越低则表面质量越

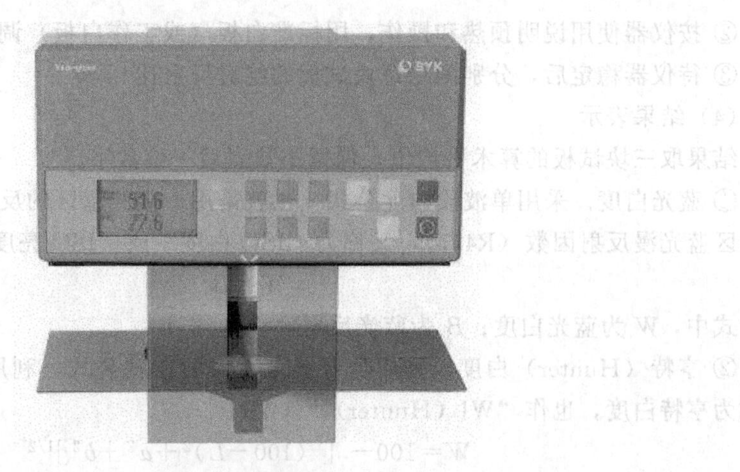

图 5-8　雾影仪

好。一般涂料产品的雾影值应控制在 20 以下，如果涂层雾影值很大，将严重影响高光泽涂膜的外观，对于浅色涂料的影响更为显著。

（5）参考标准

ISO 13803—2000《色漆和清漆——色漆漆膜 20°反射；雾影的测定》。

5.6　白度

白度是一个颜色属性，是白色涂膜接近纯白的程度。白度是白色涂料的一项质量指标，指其涂膜表面的白色程度。由于建筑内墙涂料以白色为主以及白度在其中的意义，所以有关的内墙涂料专业标准中都规定了白度这一技术指标。《水溶性内墙涂料》（JC/T 423—1991）规定，白色内墙涂料的白度大于 80%。

（1）测试原理

本方法是以仪器的标准白板（或工作白板）对特定波长的单色光的绝对反射比为基准，以相应波长测定试样表面的绝对反射比来得到试样的蓝光白度或完全白度等，以百分数表示。

（2）测试仪器

白度仪，蓝光白度峰值 457nm，仪器见图 5-9。

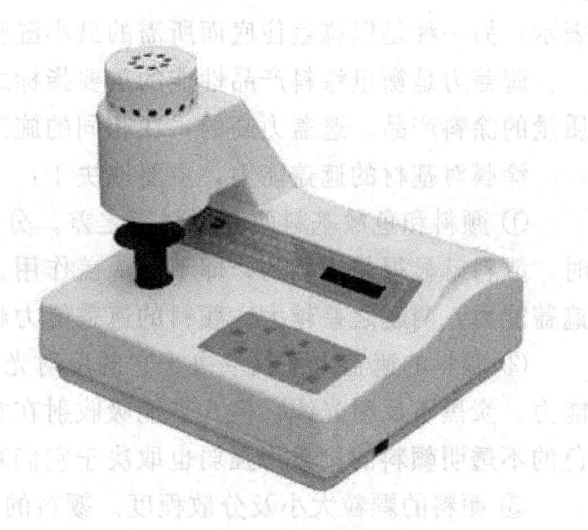

图 5-9　白度仪

测色色差仪，光源，几何条件垂直/漫射（0/d）或漫射/垂直（d/0）。

（3）测试方法

① 用于白度测定的试板，测量区域的颜色应均一，表面平整并经标准条件处置。同一样品需制备三块试板。

② 按仪器使用说明预热和操作，用标准白板（或工作白板）调校仪器至规定的量值。

③ 待仪器稳定后，分别测定每块试板的绝对反射比。

（4）结果表示

结果取三块试板的算术平均值，保留小数点后一位数字。

① 蓝光白度。采用单波段白度公式，也就是用一个光谱区的反射比来表示白度。测定短波段区蓝光漫反射因数（R457），又称为“ISO 白度”或“ISO 亮度”。

$$W=B \tag{5-1}$$

式中，W 为蓝光白度；B 为蓝光反射率。

② 亨特（Hunter）白度。采用色差概念有关的白度公式，利用亨特 Lab 颜色空间，因此称为亨特白度，也作“WI（Hunter）”（W）。

$$W=100-[(100-L)^2+a^2+b^2]^{1/2} \tag{5-2}$$

式中，W 为亨特白度；L 为亨特明度指数；a 为色度，表示红或绿的值；b 为色度，表示黄或蓝的值。

③ 甘茨白度。采用 CIE 白度公式，色度学家甘茨提出了测量白度时需要加入加权因子，因此称为甘茨白度，也作“CIE 白度”，即 WI（CIE）。

$$\mathrm{WI}=4B-3G \tag{5-3}$$

式中，WI 为白度指数；B 为蓝光反射率；G 为绿光反射率（$G=Y$）。

（5）参考标准

JC/T 423—1991《水溶性内墙涂料》。

5.7 涂层遮盖力

以色漆均匀地涂刷在物体表面上，使其底色不再呈现的能力称为遮盖力（hiding power），一般用两种方式来表示：一种是以测定遮盖单位面积所需的最小用漆量，以 g/m^2 表示；另一种是以遮盖住底面所需的最小湿膜厚度，以 μm 表示。

遮盖力是衡量涂料产品性能的重要指标之一，优良的涂料应该具有较好的遮盖力。同样质量的涂料产品，遮盖力高的，在相同的施工条件下可比遮盖力低的产品涂装更多的面积。

涂膜对基材的遮盖能力，主要取决于：

① 颜料和色漆基料两者折射率之差。分散在色漆基料中的颜料折射率和基料折射率相等时，颜料就显得是透明的，即不起遮盖作用。颜料折射率大于基料折射率时，颜料即呈现出遮盖能力，两者之差越大，颜料的遮盖能力越强。

② 颜料的遮盖力不仅取决于它的反射光的光量，而且也取决于对射在它上面的光的吸收能力。炭黑不反射光线，但几乎能吸收射在它上面的全部光线，因而，它的遮盖力很强。彩色的不透明颜料的遮盖力强弱也取决于它们对光的选择性吸收的能力。

③ 颜料的颗粒大小及分散程度。颜料的颗粒细及在漆料中分散得好，则反射光的面积增加，因而遮盖力提高。但这个关系有一定的限度，即当颜料颗粒的大小等于光的波长的一半时，由于光将穿透颗粒而不被折射，颜料将显得是透明的而不具备遮盖作用。

④ 颜料的晶体形状。有些颜料的遮盖力随着它们的晶体结构不同而有差异，如斜方晶形的铅铬黄的遮盖力就比单斜晶形的要弱。

我国目前测试涂料产品遮盖力的方法主要有两种：一是采用单位面积质量法——黑白格法；二是采用光学仪器法对涂膜进行反射率的测定。

5.7.1　黑白格法

采用黑白格法测试涂料产品的遮盖力由于终点不易观察，因此有一定的误差，且涂料流平性和刷痕对测试结果也有一定的影响，但由于操作简单，经济实用，所以得到了广泛的应用。

（1）测试原理

采用一块黑白间隔的玻璃板，用涂料刷将涂料均匀、快速地涂刷其上，至看不见黑白格为止，将所用涂料量称重，即可得出遮盖力（g/m^2，以湿膜或干膜计）。

（2）测试仪器和材料

涂料刷：宽 25～35mm。

刷涂法黑白格玻璃板：100mm×250mm×（1.2～2）mm，如图 5-10 所示。

喷涂法黑白格玻璃板：100mm×100mm×（1.2～2）mm。

喷涂法黑白格木板：如图 5-11 所示。

木制暗箱：600mm×500mm×400mm（暗箱内用 3mm 厚的磨砂玻璃将箱分成上下两部分，磨砂玻璃的磨面向下，使光源均匀。暗箱上部均匀地平行装设 15W 日光灯 2 支，前面安一挡光板，下部正面敞开用于检验，内壁涂上无光黑漆）。

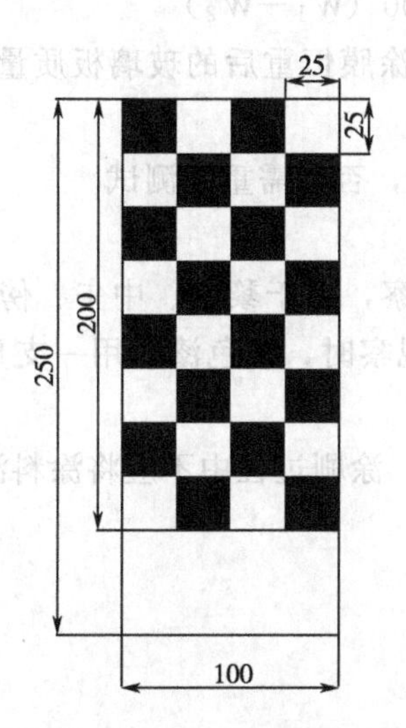

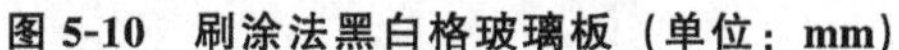

图 5-10　刷涂法黑白格玻璃板（单位：mm）

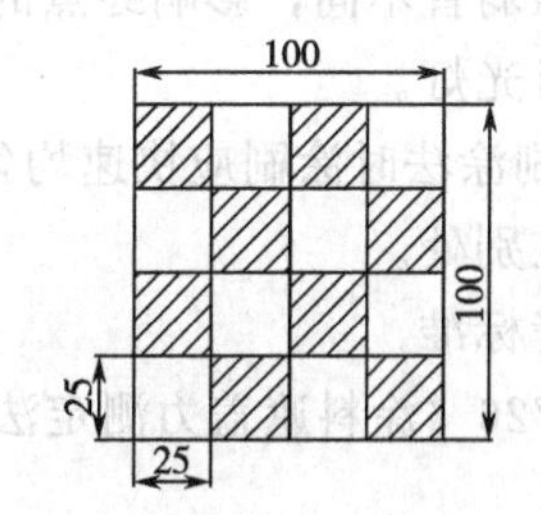

图 5-11　喷涂法黑白格木板（单位：mm）

（3）测试方法

① 刷涂法。

a. 根据产品标准规定的黏度，在感量为 0.01g 天平上称出盛有涂料的杯子和涂料刷的总质量。

b. 用涂料刷将涂料均匀地涂刷在黑白格玻璃板上，放在木制暗箱内，距离磨砂玻璃15～20cm，有黑白格的一端与平面倾斜成 30°～45°角，分别在 1 支和 2 支日光灯下观察，以都刚看不见黑白格为终点。

c. 将盛有剩余涂料的杯子和涂料刷一起称重，求出黑白格玻璃板上的涂料质量。

注意：如黏度太大无法涂刷时，则将试样调至涂刷的黏度，但稀释剂用量在计算遮盖力时应扣除。

② 喷涂法。

a. 将试样调到适于喷涂的黏度，在感量 0.001g 的天平上分别称出两块 100mm×100mm 的玻璃板质量，用喷枪薄薄地分层喷涂。

b. 每次喷涂后放在黑白格木板上，置于暗箱内采用与刷涂法一样的方法观察，以都刚看不见黑白格为终点。

c. 把玻璃板背面和边缘的涂料擦净。各种喷涂涂料种类按固体含量中规定的焙烘温度烘至恒重。

注意：在暗箱中观察时，浅色涂料宜用 1 支日光灯，深色涂料宜用 2 支日光灯。

(4) 结果表示

① 刷涂法按下式计算遮盖力（X，以湿膜计），以 g/m^2 表示：

$$X=(W_1-W_2)\times10^4/S=50(W_1-W_2) \tag{5-4}$$

式中，W_1为未涂刷前盛有涂料的杯子及涂料刷的总质量，g；W_2 为涂刷后盛有剩余涂料的杯子和涂料刷的总质量，g；S 为黑白格板刷涂的面积，cm^2。

平行测定两次，结果之差不大于平均值的 5%，则取其平均值，否则需重新测试。

② 喷涂法按下式计算遮盖力（X，以干膜计），以 g/m^2 表示：

$$X=(W_1-W_2)\times10^4/S=100(W_1-W_2) \tag{5-5}$$

式中，W_1为喷涂前玻璃板的质量，g；W_2 为喷涂涂膜恒重后的玻璃板质量，g；S 为玻璃板喷涂的面积，cm^2。

两次结果之差不大于平均值的 5%，则取其平均值，否则需重新测试。

(5) 注意事项

① 必须在暗箱中观察终点。如在天然散射光下观察，由于黎明、中午、傍晚以及晴天、阴雨天光线强弱皆不同，影响终点的判断。在暗箱中观察时，浅色漆宜用一支日光灯，深色漆宜用两支日光灯。

② 采用刷涂法时涂刷应快速均匀，减少溶剂挥发，涂刷过程中不应将涂料涂刷在玻璃板边缘上或落在别处。

(6) 参考标准

GB/T 1726《涂料遮盖力测定法》。

5.7.2 光学仪器法

对于涂料产品的遮盖力，还可采用光学仪器对其进行较为客观的评价，相比于目测黑白格板测遮盖力的方法，光学仪器测定涂料产品的遮盖力终点判断比较准确，操作也不复杂。但因最终需采用涂膜厚度来计算遮盖力，而膜厚的测定亦有一定的误差，故光学仪器法也不是十分完美。

(1) 测试原理

将试样涂布于无色透明聚酯薄膜上，或者涂布于底色黑白各半的卡片纸上，用反射率仪测定涂膜在黑白底面上的反射率，其在黑色和白色底面上的反射率之比即为对比率。国际标准推荐采用反射率仪对遮盖力进行测试，其精确性高，但这种方法主要适用于白色和浅色涂料。

（2）测试仪器和材料

线棒涂布器：100μm。

间隙式涂膜制备器：100μm。

聚酯薄膜：无色透明，厚度为30～50μm。

反射率仪：一种能给出指示读数与受试表面反射光度成正比的光电仪器，其精度在0.3%以内，其光谱灵敏度近似等于CIE光源C或D65的相对光谱能量分布和CIE标准观察者的颜色匹配函数 $y(\lambda)$ 的乘积。仪器由探头、主机、黑白标准板（各一块）、陶瓷工作板（黑白各两块）等组成。探头采用0°照射、漫反射接收的原理。当试样的反射光作用于硒光电池表面时产生电信号输入直流放大器进行放大，并予以读数显示。用反射率仪测量时，白标准板反射率应为（80±2）%，黑标准板反射率应不大于1%。该仪器可用于涂膜遮盖力的测定和反射率的测量。

（3）测试方法

① 用线棒或间隙式涂膜制备器在聚酯薄膜或黑白各半的卡片纸上均匀地涂布被测涂料，在温度（23±2）℃、相对湿度（50±5）%的恒温恒湿条件下放置24h后测试。

② 如用聚酯薄膜为基材制备涂膜，则在仪器所附的黑白工作板上滴几滴200号溶剂汽油（或其他适合的溶剂），将涂布涂料的聚酯膜铺展在上面，并保证聚酯膜与黑白陶瓷工作板之间无气隙，然后用反射率仪在至少四个位置进行反射率的测试，并分别计算平均反射率 R_B（黑板上）和 R_W（白板上）。

③ 如用黑白各半的卡片纸制备涂膜，则直接在黑白底色涂膜上各至少四个位置测量反射率，并分别计算平均反射率 R_B（黑板上）和 R_W（白板上）。

（4）结果表示

按下式计算对比率

$$对比率=R_B/R_W \tag{5-6}$$

平行测定两次，如两次测定结果之差不大于0.02，则取两次测定结果的平均值，否则重新测试。

（5）注意事项

① 涂膜制备时，刮涂速度不宜太快，用力要均匀。

② 聚酯膜应与黑板、白板保持光学接触，不能有气泡。

（6）参考标准

GB/T 9755—2014《合成树脂乳液外墙涂料》、GB/T 9756—2018《合成树脂乳液内墙涂料》、GB/T 9757—2001《溶剂型外墙涂料》。

参考文献

[1] 刘鑫，孙汉宝，吕金旗．湿海绵针孔检漏仪的应用、原理及校准方法［J］．工程与试验，2014，54（4）：77-79.

[2] 温绍国，刘宏波，周树学．涂料及原材料质量评价［M］．北京：化学工业出版社，2013.

[3] 虞莹莹．涂料工业用检验方法与仪器大全［M］．北京：化学工业出版社，2007.

第6章

涂膜的常规性能测试

——力学性能

6.1 硬度

涂膜硬度是表示涂膜机械强度的重要性能之一，其物理意义可理解为涂膜表面对作用在上面的另一个硬度较大的物体所表现的阻力。可以通过测定涂膜在比较小的接触面积上承受一定质量负荷时所表现出来的抵抗变形的能力来加以确定，包括由于碰撞、压陷或者擦划等而造成的变形的能力。

比较常规的涂膜硬度测试方法主要有铅笔法、摆杆阻尼实验、压痕法和划痕法，所测得的硬度分别表示为铅笔硬度、摆杆硬度、压痕硬度等。

6.1.1 铅笔硬度

(1) 测试原理

采用已知硬度标号的铅笔刮划涂膜，以未引起涂膜破坏的最硬铅笔标号表示涂膜表面的相对硬度，只适合较平滑表面的硬度测试。

(2) 测试仪器和材料

铅笔硬度测试仪器如图 6-1 所示，可分为手动型和电动型，如图 6-2 所示。电动铅笔硬度计通过电机驱动铅笔施予固定的力均匀持续划过涂层表面，有效避免了手动推小车过程中速度不均匀和力不固定的弊端，使测试结果更准确有效。

木制绘图铅笔：

9H、8H、7H、6H、5H、4H、3H、2H、H、F、HB、B、2B、3B、4B、5B、6B

较硬　　　　　　　　　　　　　　　　　　　　　　　　　　　　　较软

砂纸砂粒：粒度为 400 号。

基材：应尽可能选择与实际使用时相同类型的材料。

(3) 测试方法

① 先将铅笔的一端削去大约 5～6mm 的木杆部分，留下完整的圆柱形铅笔笔芯（约

3mm)。然后使铅芯垂直在砂纸上画圆圈慢慢研磨，直至铅尖磨成平面、边缘锐利为止，注意铅尖边缘不得有破碎或缺口。每次使用铅笔前都要重复这个步骤。

② 将样板涂膜面向上水平放在试验机的放置台上。固定涂膜样板，将铅笔插入仪器中，并用夹子将其固定，使仪器保持水平，铅笔的尖端放在涂膜表面上。

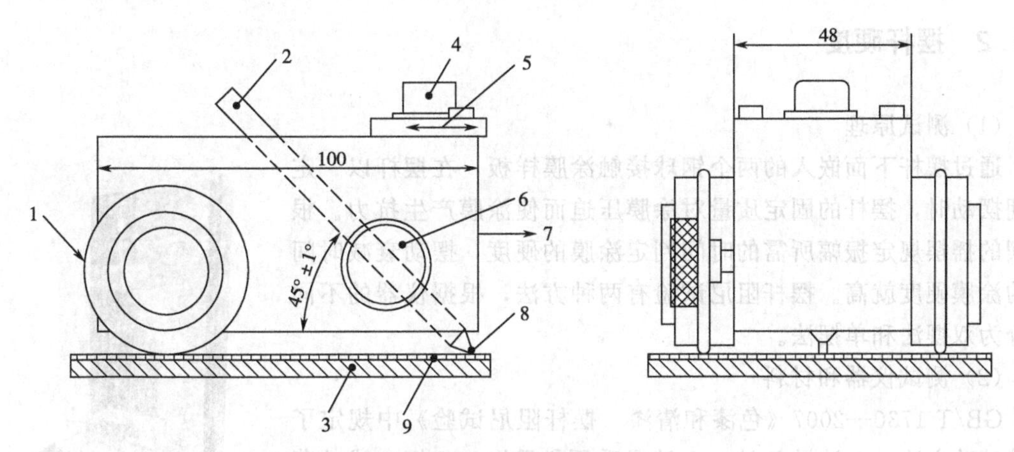

图 6-1　铅笔硬度测试仪器示意图（单位：mm）

1—橡胶 O 形圈；2—铅笔；3—基材；4—水平仪；5—小的、可拆卸的磁码；
6—夹子；7—仪器移动的方向；8—铅笔芯；9—涂膜

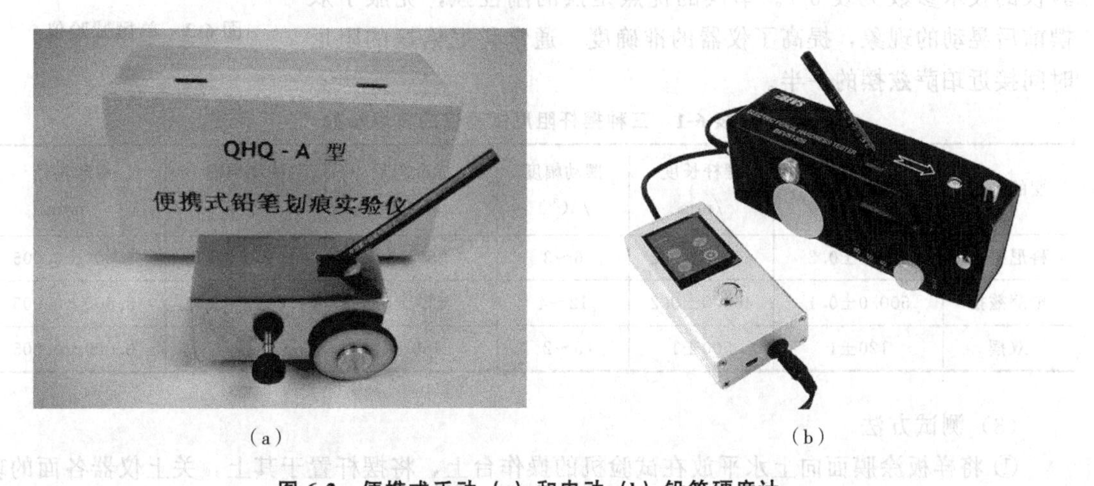

(a)　　(b)

图 6-2　便携式手动 (a) 和电动 (b) 铅笔硬度计

③ 当铅笔的尖端刚接触到涂层后立即推动试板，以 0.5～1mm/s 的速度朝离开操作者的方向推动至少 7 mm 的距离。

④ 30 s 后检查涂层表面，看是否出现缺陷。

(4) 结果表示

如果未出现划痕，在未进行过试验的区域重复试验。更换较高硬度的铅笔直到出现至少 3mm 长的划痕为止。如果已经出现超过 3mm 的划痕，则降低铅笔的硬度重复试验，直到超过 3mm 的划痕不再出现为止。以没有使涂层出现 3mm 及以上划痕的最硬的铅笔硬度表示涂层的铅笔硬度。平行测定两次，如果两次测定结果不一致，应重新试验。

在观察过程中可用软布、脱脂棉擦和惰性溶剂一起擦拭涂层表面，或者用橡皮擦拭，当擦净涂层表面上铅笔芯的所有碎屑后，更容易评定涂膜的破坏。

（5）参考标准

GB/T 6739—2006《色漆和清漆　铅笔法测定漆膜硬度》。

6.1.2 摆杆硬度

（1）测试原理

通过摆杆下面嵌入的两个钢球接触涂膜样板，在摆杆以一定周期摆动时，摆杆的固定质量对涂膜压迫而使涂膜产生抗力。根据摆的摇摆规定振幅所需的时间判定涂膜的硬度，摆动衰减时间长的涂膜硬度就高。摆杆阻尼试验有两种方法，根据仪器的不同可分为双摆法和单摆法。

（2）测试仪器和材料

GB/T 1730—2007《色漆和清漆　摆杆阻尼试验》中规定了两种试验方法：A法及B法。A法是采用科尼格（K摆）或珀萨兹（P摆）两种摆杆阻尼试验仪，俗称单摆试验仪，如图6-3所示；B法是采用涂膜摆式硬度计，俗称双摆试验仪。三种摆杆试验仪的技术参数见表6-1。单摆的优点是摆的刚性强，克服了双摆前后晃动的现象，提高了仪器的准确度。通常科尼格摆的阻尼时间接近珀萨兹摆的一半。

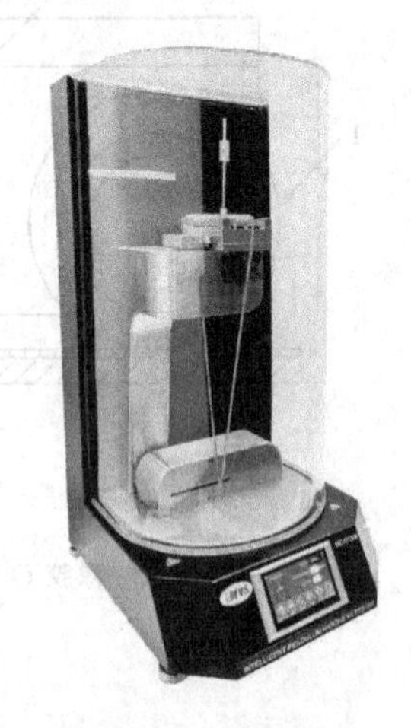

图 6-3　单摆试验仪

表 6-1　三种摆杆阻尼试验仪的技术参数

摆的名称	摆杆质量/g	摆杆长度/mm	摆动幅度/(°)	标准阻尼时间/s	摆动周期 T/s	钢球直径/mm
科尼格摆	200.0±0.2	400.0±0.2	6～3	250±10	1.40±0.02	5.000±0.005
珀萨兹摆	500.0±0.1	400.0±0.2	12～4	430±10	1.000±0.001	8.000±0.005
双摆	120±1	500±1	5～2	440±6	—	8.000±0.005

（3）测试方法

① 将样板涂膜面向上水平放在试验机的操作台上，将摆杆置于其上，关上仪器各面的玻璃门。

② 慢慢将摆移至规定的角度上，松手使摆做自由摆动，同时开始计时。

③ 当摆杆摆至规定角度立刻停止计时，此时所记录下的时间即为样板涂膜的阻尼时间。

（4）结果表示

① 单摆。以摆杆置于被测涂膜表面上，在规定振幅中摆动衰减的时间表示该被测涂膜的硬度：

$$t=TN \tag{6-1}$$

式中，t 为被测涂膜硬度值，s；T 为摆杆摆动周期，s；N 为规定振幅范围内摆杆摆动的次数。

涂膜硬度（阻尼时间）以同一块试板上三次测定值的平均值表示。

② 双摆。以摆杆置于被测涂膜表面上，在规定振幅（5°～2°）中摆动衰减的时间与在标准玻璃板上振幅摆动衰减的时间（即标准阻尼时间）的比值表示该被测涂膜的硬度：

$$X=t/t_0 \tag{6-2}$$

式中，X 为被测涂膜硬度值；t 为涂膜从 5°～2°摆动的时间，s；t_0 为标准阻尼时间，s。

涂膜硬度应以同一块试板上两次测定的平均值表示。两次测定值之差应不大于平均值的 5%。

（5）注意事项

① 标准玻璃板使用前应用酒精擦净；

② 定期检查钢球，发现表面有磨损和锈蚀时，可稍转动钢球，测定前应清洁钢球；

③ 操作过程必须细致，特别是拨动摆杆时，更应注意摆杆如稍有一点移动都将对结果造成影响；

④ 空气流动时会造成摆杆的晃动，操作时应关闭仪器的玻璃罩。

（6）影响因素

① 涂膜厚度的影响。涂膜厚度越大，其硬度值将越低。这是因为涂膜越厚，摩擦阻力越大，导致摆杆的摆动时间减少。

② 温、湿度的影响。温度高会使涂膜发软，湿度大会使涂膜发涩，这些都会造成涂膜表面的摩擦阻力增大，导致摆杆的摆动时间减少。

③ 钢球、玻璃板、样板外观的影响。当钢球出现锈斑、磨损；玻璃板有气泡、划痕；样板表面有灰尘、颗粒、皱纹、橘皮等现象时，均会使摆杆的摩擦阻力增大，从而使摆动时间减少。

（7）参考标准

GB/T 1730—2007《色漆和清漆　摆杆阻尼试验》。

6.1.3 压痕硬度

（1）测试原理

采用一定质量的压头对涂层压入，从压痕的长度或面积来测定涂膜的硬度。

（2）测试仪器和材料

① 巴克霍尔兹压痕仪，如图 6-4 所示。

② 基材：平整的玻璃板或金属板。

（3）测试方法

① 将试板涂膜朝上，放在稳固的试验台平面上。

② 将压痕器轻轻地放在试板的涂膜面上，放置时先使装置的脚与试板接触，然后小心地放下压痕器。用秒表计数至（30±1）s 后，拿走仪器即可得压痕。抬起装置离开试板，应先抬压痕器，再抬装置的脚。

③ 移去压痕器后（35±5）s 内，用显微镜测定压痕产生的影像长度，作为压痕长度，以 mm 表示（精确至 0.1mm），记录结果。

图 6-4　巴克霍尔兹压痕仪

④ 在同一试板上的不同部位进行 5 次试验，计算其

算术平均值。

(4) 结果表示

计算 5 次测量的算术平均值，以 mm 表示，结果保留一位小数。以形成的压痕长度表现涂层对压头压入的抵抗能力，结果以压痕长度倒数的函数表示抗压痕性试验结果：

$$H=100/L \tag{6-3}$$

式中，H 为抗压痕性；L 为压痕长度，mm。

(5) 参考标准

GB/T 9275—2008《色漆和清漆　巴克霍尔兹压痕试验》。

6.1.4 纳米压痕技术

传统的硬度测试是将一特定形状的压头用一个垂直的压力压入试样，根据卸载后的压痕照片获得材料表面留下的压痕半径或对角线长度计算出压痕面积。随着现代微电子材料科学的发展，试样规格越来越小型化，传统的压痕测量方法逐渐暴露出它的局限性。这种方法仅仅能够得到材料的塑性性质，另外这种测量方法只适用于较大尺寸的试样。

新兴纳米压痕技术的产生很好地解决了传统测量的缺陷。纳米压痕技术也称深度敏感压痕技术，它通过计算机程序控制载荷发生连续变化，实时测量压痕深度，由于施加的力道是超低载荷，监测传感器具有优于 1nm 的位移分辨率，所以，可以达到小到纳米级（0.1～100nm）的压深，特别适用于测量薄膜、涂层等超薄层材料力学性能。

纳米压痕仪主要用于微纳米尺度薄膜材料的硬度与弹性模量测试，测试结果通过力与压入深度的曲线计算得出，无须通过显微镜观察压痕面积。

(1) 测试原理

通过探针上高精度的载荷和压入深度进行测量，进而得到载荷-压深曲线，再通过解析模型确定材料的力学性质，如硬度和弹性模量等。纳米压痕技术常用的计算原理是 Oliver-Pharr 方法，也即通过硬度来研究材料表面结构和特性。

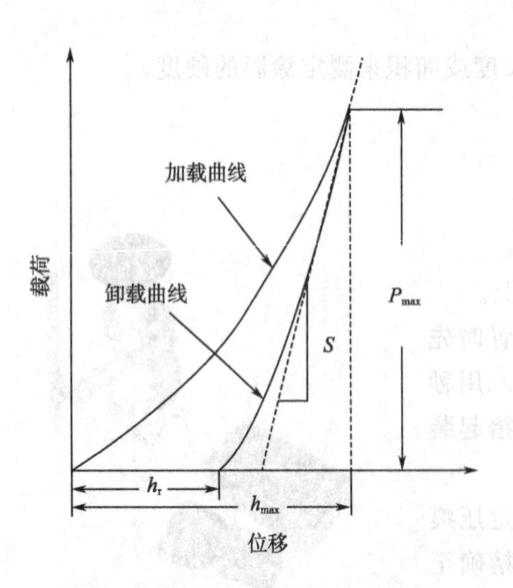

图 6-5　纳米压痕仪载荷-位移曲线

一个完整的压痕过程包括两个步骤，即所谓的加载过程与卸载过程。在加载过程中，给压头施加外载荷，使之压入样品表面，随着载荷的增大，压头压入样品的深度也随之增加，当载荷达到最大值时，移除外载，样品表面会存在残留的压痕痕迹。图 6-5 为典型的载荷-位移曲线。从图中可以清楚地看出，随着实验载荷的不断增大，位移不断增加，当载荷达到最大值时，位移亦达到最大值即最大压痕深度 h_{max}；随后卸载，位移最终回到一固定值，此时的深度叫残留压痕深度 h_r，也就是压头在样品上留下的永久塑性变形。

纳米硬度的计算仍采用传统的硬度公式

$$H=\frac{P}{A} \tag{6-4}$$

式中，H 为硬度；P 为最大载荷即 P_{max}；A 为压痕面积的投影，它是接触深度 h 的函数，不同形状压头 A 的表达式不同。

（2）测试仪器

纳米压痕仪：瑞士 CSM 公司生产的 OPX/CPX 纳米压痕仪、英国 MML 公司生产的 Nano Test TM 纳米压痕仪和美国安捷伦公司生产的 NANO Indenter G200 型纳米压痕仪（图 6-6）。

图 6-6 安捷伦公司生产的 NANO Indenter G200 型纳米压痕仪

（3）测试方法

① 打开仪器，进行校准。

② 搁置样品，设定参数，进行实验，要求完成压深不同的多组实验，主要获得 P-h 曲线。

③ 分析数据，计算被测涂层的弹性模量与硬度。

6.2 附着力

附着力一词主要是衡量涂层与基材表面结合在一起的坚牢程度，是涂膜与基材相互结合的黏结力，可以通过从基材表面除掉涂膜所需要的力来判断附着力的大小。只有当涂层具有了一定的附着力才能牢固地附着在基材表面，从而发挥出涂料的装饰性和保护作用，因此附着力是考核涂层性能好坏的重要指标之一。

涂层的附着力，应该包括两个方面，首先是有机涂层与基底金属表面的黏附力（adhesion），其次是有机涂层本身的内聚力（cohesion）。这两者对于涂层的防护作用来说缺一不可。有机涂层在金属基底表面的附着力强度越大越好；涂层本身坚韧致密的涂膜能起到良好的阻挡外界腐蚀因子的作用。如果涂层不能牢固地黏附于基底表面，再完好的涂层也起不到作用；如果涂层本身凝聚力差，则容易开裂而失去保护作用。对于涂层来说，须同时具有良好的黏附力和凝聚力，这两个方面共同决定了涂层的附着力。

涂层附着力的测试方法有多种，主要有：划格法、划圈法、拉开法及美国 ASTM 中的划×法等数种，其中应用最简便的是划圈法，现场最为常用的是划格法，而最直接的方法为拉开法。

6.2.1 划圈法

（1）测试原理

将样板固定在一个前后可移动的平台上，在平台移动的同时，做圆圈运动的唱针划透涂膜，并能划出重叠圆滚线的纹路，按圆滚线划痕范围内的涂膜完整程度评级，以级表示。

（2）测试仪器和材料

附着力测定仪：QFZ 型涂膜附着力测定仪如图 6-7 所示，该仪器试验台丝杠螺距为 1.5mm，转针采用三五牌唱针，空载压力为 200g，负荷砝码重 100g、200g、500g、1000g，转针回转半径可调，标准回转半径为 5.25mm。

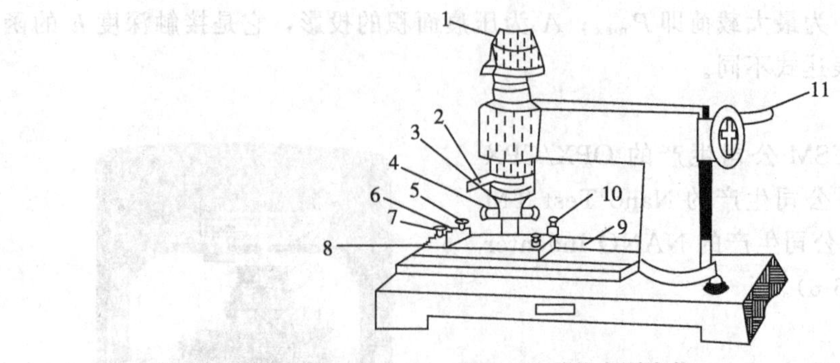

图 6-7 附着力测定仪

1—荷重盘；2—升降棒；3—卡针盘；4—回转半径调整螺栓；5—固定样板调整螺栓；
6—试验台；7—半截螺母；8—固定样板调整螺栓；9—试验台丝杠；10—调整螺栓；11—摇柄

马口铁板：120mm×50mm×（0.2～0.3）mm。

（3）测试方法

① 测试前先检查唱针针头是否锐利，如不锐利应予更换。提起半截螺母，抽出试验台，即可换针。

② 检查划痕与标准回转半径是否相符，不符时，应及时加以调整。调整方法是松开卡针盘后面的螺栓——回转半径调整螺栓，适当移动卡针盘后，依次紧固上述螺栓，将划痕与标准圆滚线图比较，一直调整到与标准回转半径 5.25mm 的圆滚线相同为止。

③ 测定时，将样板涂层面朝上固定在试验台上，拧紧固定样板调整螺栓，向后移动升降棒，使唱针尖端接触到涂膜。

④ 按顺时针方向均匀摇动摇柄，转速以 80～100r/min 为宜。划痕标准图长（7.5±0.5）cm。

⑤ 划完后，向前移动升降棒，使卡针盘提起，松开固定样板的有关螺栓，取出样板，除去划痕上的涂料屑。如划痕未露底板，应酌情加砝码。

（4）结果表示

用 4 倍放大镜或目视观察划痕的上侧，依次标出 1～7 共 7 个部位，相应分为 7 个等级，如图 6-8 所示。按顺序检查各部位涂膜的完整程度，如某一部位的格子有 70%以上完好，则定为该部位是完好的，否则应认为坏损。以涂膜完好的最低等级表示涂膜的附着力，结果以至少两块样板的级别一致为准，1 级最好，7 级最差。

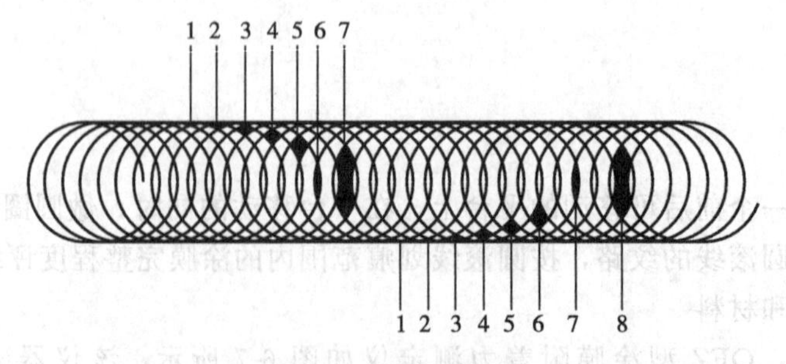

图 6-8 划痕圆滚线

（5）参考标准

GB/T 1720—2020《漆膜划圈试验》。

6.2.2 划格法

（1）测试原理

用刀在涂膜表面进行间距不同的格阵图形切割，使其恰好穿透至基材，用胶带贴在形成的格子中心，然后平稳扯离，观察涂膜脱落的现象，并通过计算划格中格子的状态对应标准进行判定。

（2）测试仪器和材料

划格板：图 6-9 所示为多功能划格板。

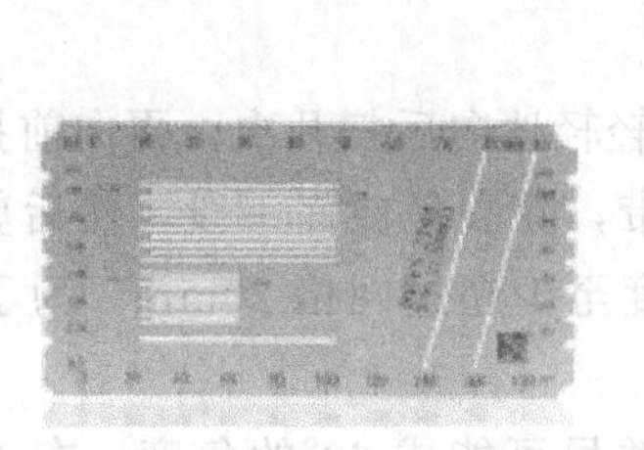

图 6-9　划格板

刀具：刀具可分为多刃和单刃两种，在所有情况下，单刃切割刀具是优先选用的，其适用于硬质或软基材上的各种涂层。而多刃刀具不适用于厚涂层（>120μm），也不适用于坚硬涂层和施涂在软基材上的涂层。为了避免人为误差，发展有电动划格法附着力测试仪，该仪器可以自动划格，刀具压力还可以预先调校。有些仪器公司，如广州盛华仪器公司生产的 BEVS2211 型自动划格测量仪（图 6-10），可以进行单行、多行等多种规格的试验，可兼容单刃/多刃划格，而且划格间距可调，划格格数可调，划格角度任意可选。

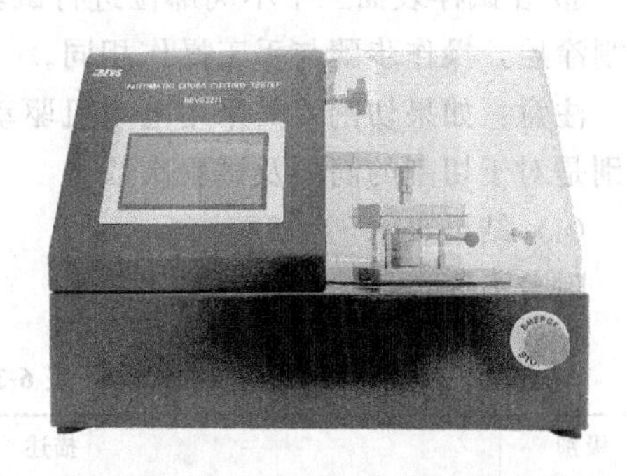

图 6-10　自动划格测量仪

软毛刷。

目视放大镜：手把式的，放大倍数为 2 倍或 3 倍。

透明压敏胶带：宽 25mm，黏着力（10±1）N/25mm 或商定。

基材：平整且没有变形，尺寸能允许试验在三个不同位置进行，三个位置的相互间距和与试板边缘间距均不小于 5mm。当基材是由较软的材料（如木材）制成时，其厚度应大于 10mm。当基材由硬的材料（如钢板）制成时，其厚度应大于 0.25mm。

（3）测试方法

① 首先根据基材及涂膜厚度选择不同划格间距。不同的涂膜决定了不同的划格间距，基材的软硬程度也对其有影响（见表 6-2）。

表 6-2 不同涂膜厚度与基材相对应的划格间距

涂膜厚度	间距	基材情况	划格方式
0～60μm	1mm	硬质基材	单刃或多刃
0～60μm	2mm	软质基材	单刃
60～120μm	2mm	硬质基材 软质基材	多刃 单刃
121～250μm	3mm	硬质或软质基材	单刃

② 将样板涂层面朝上放置在坚硬、平直的物面上，以防在试验过程中样板的任何变形。握住切割刀具，使刀垂直于样板表面，均匀施力，用均匀的切割速率在涂层上形成规定的切割线。重复上述操作，再做相同数量的平行切割线，与原先的切割线成 90°角相交，以形成网格图形。所有切割均需穿透到基材的表面。

③ 用软毛刷沿着网格图形的每一条对角线，轻轻地向后扫几次，再向前扫几次。只有硬基材才另外施加胶黏带，按均匀速度拉出一段胶带，除去最前面一段，然后剪下长约 75mm 的胶带，将其中心点放在网格上方压平，胶带长度至少超过网格 20mm。为了确保胶带与涂层接触良好，用手指尖用力蹭胶带。

④ 在贴上胶带 5min 内，拿住悬空的一端，并尽可能成 60°的角度，在 0.5～1.0s 内平稳地将胶带撕离。保留胶带作为参考，检查切割部位的状态。

⑤ 在试样表面三个不同部位进行试验，记录划格试验等级。如果采用电动机驱动的刀具切割涂层，操作步骤与手工操作相同。

注意：如果切割刀具采用电动机驱动的装置，务必遵守在手工操作步骤中规定的操作，特别是对于切割的间隔及试验次数。

(4) 结果表示

附着力等级描述见表 6-3。

表 6-3 附着力等级描述

级别	描述	
0	切口边缘完全光滑，格子边缘没有任何剥落	—
1	切口交叉处有少许涂层脱落，但交叉切割面积受影响不超过 5%	
2	切口交叉处和/或边缘有涂层脱落，受影响的交叉切割面积为 5%～15%	

续表

级别	描述	
3	涂层沿切割边缘部分或全部以大碎片脱落，和/或在格子不同部位上部分或全部剥落，受影响的交叉切割面积在15%～35%	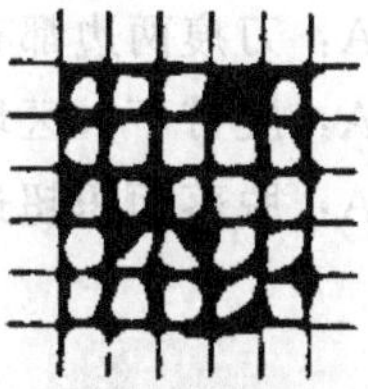
4	涂层沿切口边缘大碎片剥落，和/或一些方格部分或全部出现剥落，受影响剥落的交叉切割面积在35%～65%	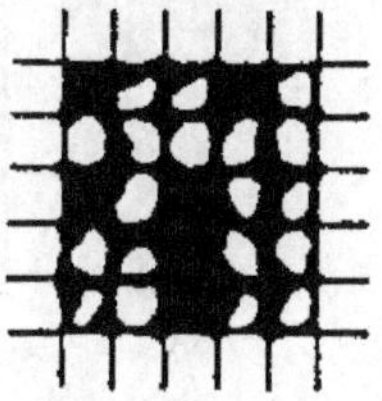
5	剥落的程度超过4级	

（5）参考标准

GB/T 9286—2021《色漆和清漆　划格试验》、ASTM D3359—2002《胶带法测定附着力》、ISO 2409—2007《色漆和清漆——划格试验》。

6.2.3 划×法

美国材料试验协会制定的 ASTM D3359 是目前有关划×法（交叉切痕法）的标准，它适用于干膜厚度高于 125μm 的情况，对最高涂膜厚度没有做出限制。而前面所讲的划格法通常适用于 250μm 以下的干膜厚度。

（1）测试原理

用刀在涂膜表面划×，使其恰好穿透至基材，用胶带贴在形成的格子中心，然后平稳扯离，观察涂膜脱落的现象，并通过计算划格中格子中的状态对应标准进行判定。

（2）测试仪器和材料

锋利的刀片，比如美工刀、解剖刀；25mm 的半透明压敏胶带；照明灯源，比如手电等。

（3）测试方法

① 将样板涂膜面朝上放置在坚硬、平直的物面上，握住切割刀具，沿直线稳定地切割涂膜至基材，夹角为 30°～45°，划线长 40mm，交叉点在线长的中间。

② 用灯光照明查看基材的反射，确定划痕是否到基材；否则在另一位置重新切割。

③ 除去压敏胶带上面的两圈，然后以稳定的速率拉开胶带，割下长 75mm 的胶带。

④ 把胶带中间处放在切割处的交叉点上，用手指抹平，再用橡皮擦磨平胶带，来确保胶带与涂层接触良好。

⑤ 在（90±30）s 内，以 180°从涂膜表面撕开胶带，观察涂层拉开后的状态。

（4）结果表示

标准中定义了五种状态供参考（图 6-11），其中 5A～3A 为附着力可接受状态。

5A：没有脱落或脱皮；

4A：沿刀痕有脱皮或脱落的痕迹；

3A：刀痕两边都有缺口状脱落达 1.6mm；

2A：刀痕两边都有缺口状脱落达 3.2mm；

1A：胶带下×区域内大部分脱落；

0A：脱落面积超过了×区域。

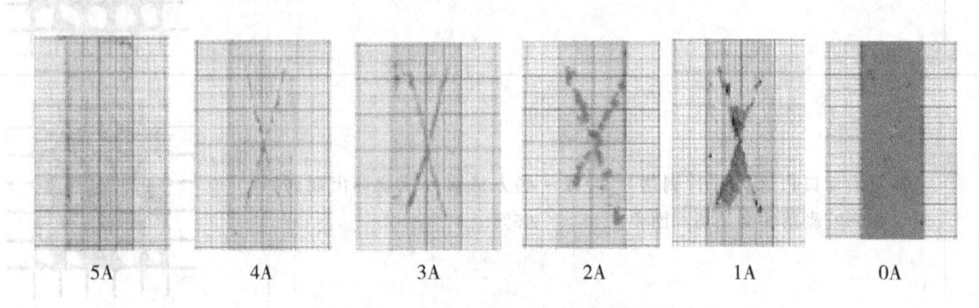

图 6-11　附着力划×法的涂层状态

（5）参考标准

ASTM D3359《方法 A　划×法胶带测试》。

6.2.4　拉开法

拉开法可以科学和直观地反映出涂层与基材、底涂层与中间层或面漆层之间的附着力状况，在涂料附着力测试中应用越来越多。拉开后可能出现以下情况：①底涂层与基材拉开，说明它们之间附着不良；②基材内聚开裂（塑料、木材等内聚力强度低）而涂料与基材附着良好；③涂层之间拉开，说明层附着不良；④涂层内聚拉开，说明涂料与基材的附着强度大于涂层内聚强度。

（1）测试原理

在规定的速度下，在试样的胶结面上施加垂直、均匀的拉力，以涂层间或涂层与基材拉开时单位面积上所需的力表示该涂层的附着力。

（2）测试仪器和材料

拉力试验机：能施加均匀的且增加不超过 1MPa/s 的应力，使破坏过程在 90s 内完成，主要有机械式和液压/气压驱动两种类型。典型的测试仪器有 Elcometer 106 型（机械式）、Elcometer 108 型（液压型）以及 PAT M01（液压型）。挪威国家技术局分别在 1992 年、1994 年和 1995 年进行了三个项目的测试工作，针对不同的涂料类型、黏结剂类型、测试仪器以及圆柱规格和圆柱周边是否切割等因素，研究判断附着力测试结果差异的成因。1994 年研究结果发现手工操作的不稳定性直接影响了测试结果的准确性，这导致了在挪威石油工业标准 NORSOK M501 规定不再使用类似于 Elcometer 106 型的手动机械拉开法测试仪。图 6-12 所示为一款国产的 BEVS2201

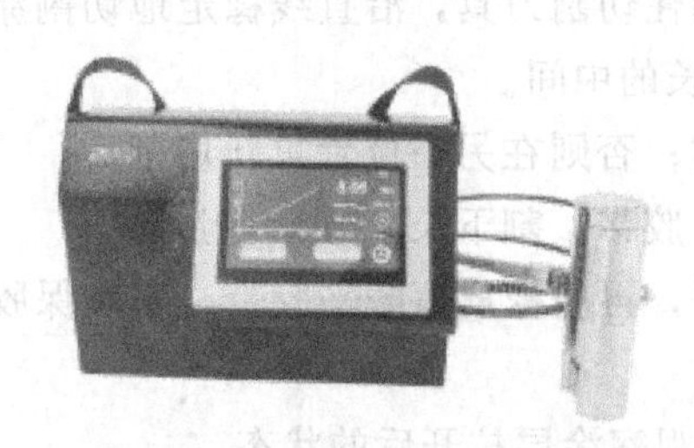

图 6-12　自动拉脱法附着力测试仪

自动拉脱法附着力测试仪，其设计精巧，数字显示测量力的大小，实时显示测量曲线，有效提高了测试结果的可靠性。

试柱（锭子）：用钢或镀铝圆柱组成，直径为20mm，并且要有足够的厚度来确保在试验过程中不变形。每个试柱有一端是黏结胶黏剂/涂层的坚硬平整表面，另一端是连接拉力试验机的装置。

胶黏剂：注意选用合适的胶黏剂。为了使涂层破坏，胶黏剂的内聚力和黏结性要大于受试涂层的内聚力和黏结性。在多数情况下，氰基丙烯酸酯、双组分无溶剂环氧化物以及过氧化物催化的聚酯胶黏剂都适用。在湿度较高的试验条件下，胶黏剂的固化时间要尽可能短，最好使用双组分快干环氧胶黏剂。

切割刀具：使用一把锐利的刀子，沿试柱的周线，切透固化了的涂层与胶黏剂，直至基材。如果干膜厚度低于150μm时，不进行切割操作是允许的。

附着力拉开法测试的结构示意图见图6-13。

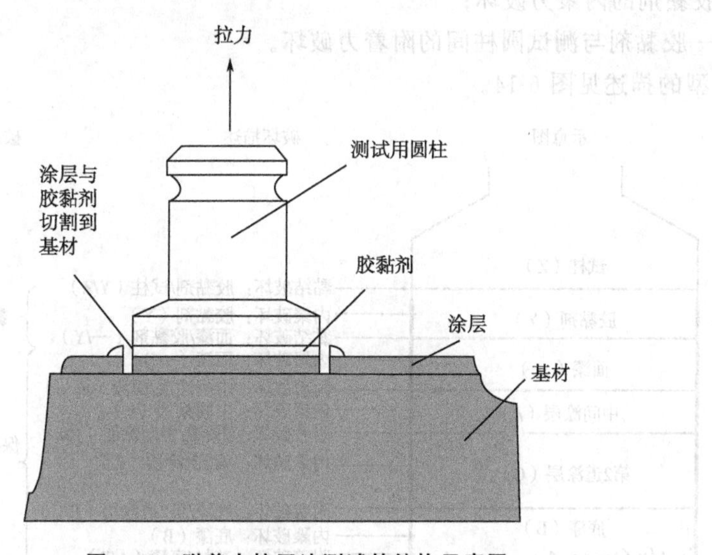

图6-13 附着力拉开法测试的结构示意图

（3）测试方法

① 将胶黏剂均匀地涂在刚清理干净的试柱的表面上，将试柱压在测试涂层表面。

② 胶黏剂固化后，使用切割装置沿试柱的周线切透至基材。

③ 立即把试验组合置于拉力试验机下，小心地定中心放置试柱，使拉力能均匀地作用于试验面积上面没有任何扭曲动作。在与涂层基材平面垂直方向上施加拉伸应力，该应力以不超过1MPa/s的速度稳步增加，试验组合的破坏应从施加应力起90s内完成。

④ 记录破坏试验组合的拉力以及破坏状态。用百分比表示出涂层与基材、涂层与涂层、涂层与胶水以及胶水与圆柱间的附着力强度及状态。

⑤ 在准备的每个试验组合上重复进行拉力试验，至少进行6次测量，即至少使用6个试验组合。

（4）结果表示

以破坏强度和破坏性质的组合表示结果。

破坏强度：

$$F=G/S \tag{6-5}$$

式中，F 为破坏强度，MPa；G 为破坏力，N；S 为试柱面积，mm^2。

计算所有 6 次测定的平均值，精确到整数，用平均值和范围表示。

破坏性质：对每种破坏类型，估计破坏面积的百分数，精确至10%。至少在 6 个试验组合上重复进行系列试验。以平均破坏面积百分数及破坏类型来表示。为了便利起见，ISO 4624 中规定了一系列符号来描述其状态：

A——基材的内聚力破坏；

A/B——基材与第 1 道漆间的附着力破坏；

B——第 1 道漆的内聚力破坏；

B/C——第 1 道涂层与第 2 道涂层间的附着力破坏；

n——多道涂层系统中第 n 道涂层的内聚力破坏；

n/m——多道涂层系统中第 n 道涂层与第 m 道涂层系统的附着力破坏；

—/Y——最后 1 道涂层与胶黏剂间的附着力破坏；

Y——胶黏剂的内聚力破坏；

Y/Z——胶黏剂与测试圆柱间的附着力破坏。

破坏类型的描述见图 6-14。

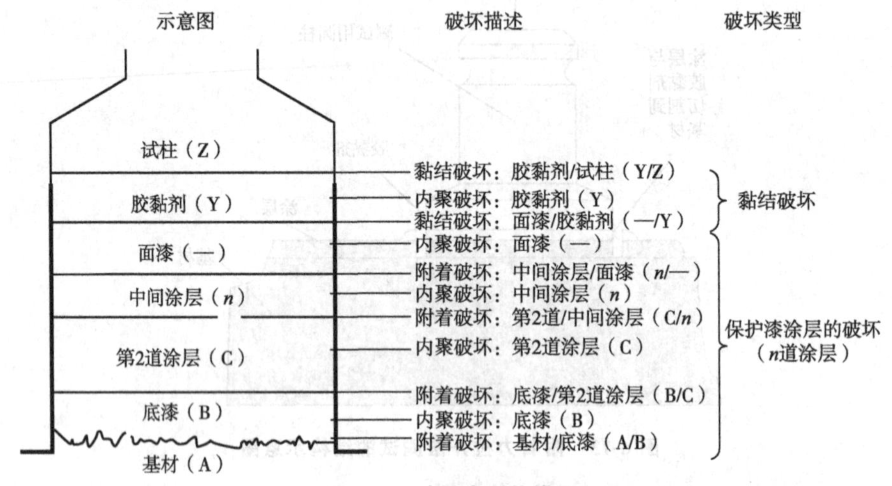

图 6-14 破坏类型的描述

附着力的强度以 N/mm^2（MPa）来表示，在常用的 Elcometer 108 型上面显示的是 MPa。比如一个涂层系统的拉开应力为20MPa，在圆柱上面和第 1 道涂层上有 30%的涂层内聚力破坏，第 1 道涂层与第 2 道涂层的附着力破坏达到 70%的圆柱面积，则可以表述为：20MPa，30%B，70%B/C。

（5）注意事项

① 胶黏剂固化期间试柱应保持始终不动。

② 应沿试柱周线切透固化的胶黏剂和涂膜直达基材，以保证单位面积受力。

（6）参考标准

GB/T 5210—2006《色漆和清漆　拉开法附着力试验》。

6.2.5　各方法比较

涂膜附着力测定的方法是各自独立的，无换算关系，它们各有优缺点。划圈法适用于测定各种涂膜的附着力，不过对涂膜的破坏作用除垂直压力外，还有唱针做旋转运动所产生的扭力。划格法比较简单，不需特殊的仪器设备，适合在施工现场使用。以上两种方法测出的附着力不是单纯的附着力，还含有涂膜变形和破坏时的抵抗力等。拉开法等同国际标准 ISO 4624《色漆和清漆　拉开法附着力试验》，该方法属剥离试验法，能定量表示涂膜附着力，但需要用到专门的仪器，且测试过程较复杂，且必须等胶黏剂完全固化后才能试验，耗时长，不如划格法和划圈法快速简便。

6.3　柔韧性

涂层柔韧性是指涂膜受到外力作用而发生弯曲时所表现出的弹性、塑性和附着力等综合性能。涂料的柔韧性与所用的树脂种类、分子量、油度、颜基比等有关，也与涂层变形的时间和速度有关。涂膜柔韧性是衡量涂料性能的重要指标之一，涂层必须有足够的柔韧性以避免基材由于使用条件或气候的变化引起涂层运动或收缩时发生破裂。另外，涂料的不同应用领域也对涂层柔韧性的要求不一样，如涂在刚性的重铸铁上和涂在弹性基材表面（如涂在汽车挡泥板上），两者对涂层柔韧性的要求差别很大。

柔韧性的测定主要通过涂膜与基材共同受力弯曲，检查其破裂情况，常用的测试方法有三种：轴棒测定器法、圆柱轴弯曲试验仪法和圆锥轴弯曲试验仪法，其中轴棒测定器法最为常见。

6.3.1　轴棒测定器法

（1）测试原理

采用柔韧性测试仪将涂膜与基材一起受力变形，检查涂膜的破裂伸长情况。

（2）测试仪器和材料

柔韧性测试仪：如图 6-15 所示，由粗细不同的 6 根钢制轴棒组成，固定于底座上，底座可用螺钉固定在试验台边上，每个轴棒长度 35mm，曲率半径分别为 0.5mm、1mm、1.5mm、2mm、2.5mm、5mm、7.5mm。

马口铁板：120 mm×25 mm×（0.2～0.3）mm。

（3）测试方法

① 用双手将试板涂膜朝上，紧压于规定直径的轴棒上；

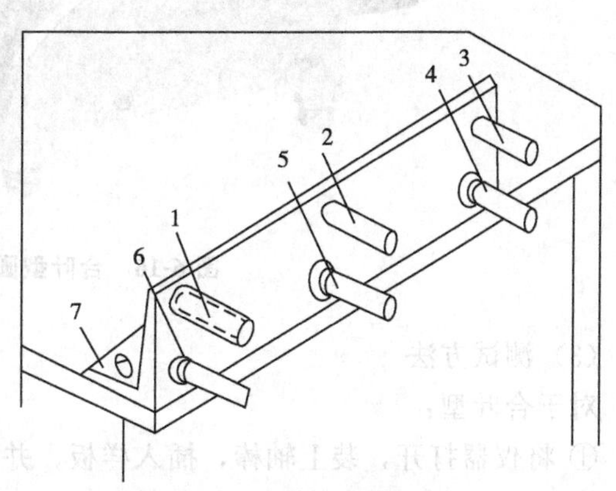

图 6-15　柔韧性测试仪

1～6—轴棒；7—底座

② 利用两大拇指的力量，在2～3s内绕轴棒弯曲试板，弯曲后两个大拇指应对称于轴棒中心线。

（4）结果表示

用目视或4倍放大镜观察涂膜有无网纹、裂纹及剥落等破坏现象，以样板在不同直径的轴棒上弯曲而不引起涂膜破坏的最小轴棒直径（mm）表示该涂膜的柔韧性。

（5）参考标准

GB/T 1731—2020《漆膜、腻子膜柔韧性测定法》。

6.3.2 圆柱轴弯曲试验仪法

（1）测试原理

同6.3.1。圆柱轴弯曲试验仪法适用于色漆、清漆的单涂层和多涂层系统在标准条件下绕圆柱轴弯曲时抗开裂或从金属底板上剥离性能的评价。

（2）测试仪器和材料

圆柱轴弯曲试验仪：可分为两种，一种是合叶型，该仪器有一个固定的铰链，彼此连接圆柱的轴，轴的直径分别为2mm、3mm、4mm、5mm、6mm、8mm、10mm、12mm、16mm、20mm、25 mm和32mm，共12根轴棒（图6-16）。轴面和铰链座板之间的缝隙为(0.55±0.05) mm。轴在轴座里能自由转动。仪器配有一个挡条，以保证当试板弯曲时，其两部分是平行的。该仪器适用于0.3mm厚度以下的试板。

另一种是杠杆式，与合叶型相似，其轴棒直径也是从2～32mm，共12根轴，适用于厚度不大于1mm的试板。测试时，推动手柄以使试板弯曲180°。

基材：钢板、马口铁板、软铝板，可以使用塑料基材。对于合叶型试验仪，试板厚度应不大于0.3mm；对于杠杆式试验仪，试板厚度应不大于1.0mm。如使用塑料基材，其厚度最厚可达4.0mm。

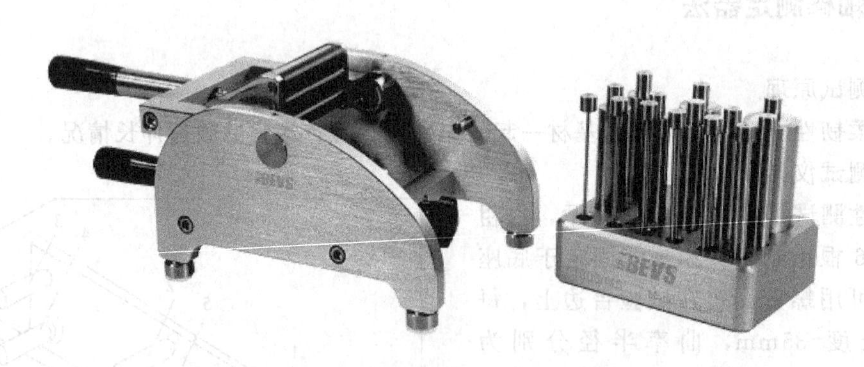

图6-16 合叶型圆柱轴弯曲试验仪

（3）测试方法

对于合叶型：

① 将仪器打开，装上轴棒，插入样板，并使涂膜面朝座板。

② 在1～2s内以平稳的速度合上仪器，使试板绕轴弯曲180°。

对于杠杆式：

① 将仪器放稳，在弯曲部件和轴棒之间以及止推轴承和夹紧颚之间，从上面插入试板，使待测涂层背朝轴棒。

② 拉动调节螺栓以移动止推轴承，使试板处于垂直位置，并与轴接触。通过旋转调节螺栓用夹紧颚将试板固定。

③ 转动螺旋手柄使弯曲部件与涂层接触，以恒定的速度在 1～2s 内抬起螺旋手柄使其转过 180°。

④ 转动螺栓手柄至初始位置，取出试板。然后用合适的操作部件（螺旋手柄、调节螺栓）松开弯曲部件和夹紧颚。

(4) 结果表示

用正常视力或 10 倍放大镜，检查涂层是否开裂或从基材上剥落，距试板边缘 10mm 内的涂层不考虑。找出使涂层开裂或剥落的最大直径的轴，用相同的轴在另一块待测试板上重复这一步骤，确认结果后记录该直径。如果用最小直径的轴涂层也未出现破坏，则记录该涂层在最小直径的轴上弯曲时亦无破坏。

(5) 参考标准

GB/T 6742—2007《色漆和清漆　弯曲试验（圆柱轴）》。

6.3.3　圆锥轴弯曲试验仪法

(1) 测试原理

同 6.3.1。

(2) 测试仪器和材料

圆锥轴弯曲试验仪：如图 6-17 所示，它的中心轴是个圆锥体，长 203 mm，直径从最大 38mm 延伸至最小 3.2 mm。

基材：钢板、马口铁板、软铝板，可以使用塑料基材。

(3) 测试方法

把试验样板插入固定后，转动上部手柄，使试板紧贴圆锥体表面挠曲。

(4) 结果表示

观察引起涂膜破坏的最小直径（mm），即代表该涂膜的柔韧性。这种仪器的特点也是可以采用整板试验，且避免了用一套常规轴棒结果的不连续性。

图 6-17　圆锥轴弯曲试验仪

(5) 参考标准

GB/T 11185—2009《色漆和清漆　弯曲试验（锥形轴）》。

6.3.4　各方法比较

涂膜柔韧性测定的这几种方法在测试原理上是相通的，但它们各有优缺点。轴棒测定器法（GB/T 1731—2020）操作简单方便，被国内大多数厂家所采用。圆柱轴弯曲试验仪法

(GB/T 6742—2007）是采用整板试验，且手掌不直接接触涂膜，消除了人体对试板温度升高的影响。圆锥轴弯曲试验仪法（GB/T 11185—2009）也采用整板试验，且避免了用一套常规轴棒进行试验带来的结果不连续性。

6.4 耐冲击性

由于涂层在实际应用中，往往因各种原因不可避免地要同其他物体撞击，如果涂层不耐冲击的话，就很容易从基材表面脱落下来，起不到应有的装饰和保护作用。耐冲击性是材料及其制品抗冲击作用的能力，实质是涂覆于基材上的涂膜在经受高速重力的作用下发生快速变形而不出现开裂或从金属基材上脱落的能力，它是涂层的柔韧性和对基材的附着力的综合表现。常用测定方法：以固定质量的重锤落于试板上而不引起涂膜破坏的最大高度（cm）表示涂膜的耐冲击性。

需注意的是，耐冲击性实际是一个冲击负荷造成的快速变形，应与涂膜经受静态负荷下的冲击性能区分开。静态负荷下的变形受到塑性和时间等因素的影响，而在冲击负荷的情况下就不存在这个问题。

（1）测试原理

以一定质量的重锤落于涂膜试板上，使涂膜经受伸长变形而不引起破坏的最大高度表示该涂膜的耐冲击性，通常以厘米（cm）表示。

（2）测试仪器和材料

涂膜冲击器：该仪器重锤质量（1000±1）g；冲头进入凹槽的深度为（2.0±0.1）mm；滑筒刻度为（50.0±0.1）cm，分度1cm。

马口铁板：50mm×120mm×0.3mm。

薄钢板：65mm×150mm×（0.45～0.55）mm（适用于腻子膜测定）。

（3）测试方法

将涂膜样板平放在仪器下部的铁钻上，涂膜面朝上，将重锤提升到所需的高度，然后使重锤自由落下冲击样板，用四倍放大镜观察，看被冲击处涂膜裂纹、皱皮及剥落等现象。

（4）结果表示

以不引起涂膜破坏的最大高度表示该涂膜的耐冲击性。

（5）注意事项

① 测定时，样板一定要紧贴于铁钻表面，以免冲击时样板跳动而影响测试结果。

② 样板受冲击部位距边缘应大于15mm，冲击点之间边缘距离也应大于15mm。

③ 冲击器钢球表面必须光滑，如有锈蚀、磨损现象必须进行更换。

（6）参考标准

GB/T 1732—2020《漆膜耐冲击测定法》。

6.5 耐磨性

涂膜的耐磨性是指涂膜对摩擦机械作用的抵抗能力，对于那些在使用过程中经常受到机械磨损的涂膜，耐磨性是其重要性能指标之一。耐磨性实际上是涂膜的硬度、附着力和内聚力综合效应的体现，与基材种类、表面处理、涂膜干燥过程中的温度和湿度有关。目前一般采用砂粒或砂轮等来测定涂膜的耐磨程度，常用的方法有落砂法和橡胶砂轮法。

6.5.1 落砂法

（1）测试原理

落砂法是让一定大小的砂粒通过导管从规定的高度落到试验样板上，磨到露出基材为止，称取将涂膜破坏所需要的砂量，以单位涂层厚度所用的标准砂量来评定该涂膜的耐磨性。

（2）测试仪器和材料

落砂耐磨试验装置：如图6-18所示，在导管顶端附近设置一个控制磨料开始流动的开关。它是由一个金属圆片插入带有覆盖导管狭缝套环的导管一侧的窄缝中构成的。在一个合适的容器上部，将导管稳固地保持在垂直位置上，设备上要有一个与垂直位置成45°角的放置涂漆样本的托座，使管子开口正对着要磨耗区域的上方。管子到涂膜表面的距离，在垂直方向测量时，其最近点是25.4mm。

磨料：采用石英砂作为磨料。砂的规格和来源不同，其磨耗性能也不同。一般情况下用作磨料的石英砂有两种：一种是标准砂，由天然石英海砂经筛洗等加工制成；另一种是天然石英砂。

（3）测试方法

① 在试板上划3个直径为25mm的圆形区域，在每个区域内至少测涂层厚度3次，取平均值作为涂层厚度。

② 将试板放在耐磨性试验仪器上，调整试样使板上的圆形区域之一的中心正好在导管的正下方，测试面与导管成45°角。

③ 倒入标准砂，让砂通过导管自由下落冲击试样。按产品标准要求控制落砂流量，不断加入标准砂，直到逐渐磨掉表面涂层露出直径为4mm圆点的基材为止。依次磨耗试样上剩下的两个区域。

（4）结果表示

耐磨性（A）按下式计算：

$$A=V/T \tag{6-6}$$

式中，A 为耐磨性，L/μm；V 为所消耗磨料的体积，L；T 为涂层厚度，μm。

试验结果以3个试样的9个耐磨性的平均值表示，精确到0.1L/μm。

（5）参照标准

GB/T 23988—2009《涂料耐磨性测定 落砂

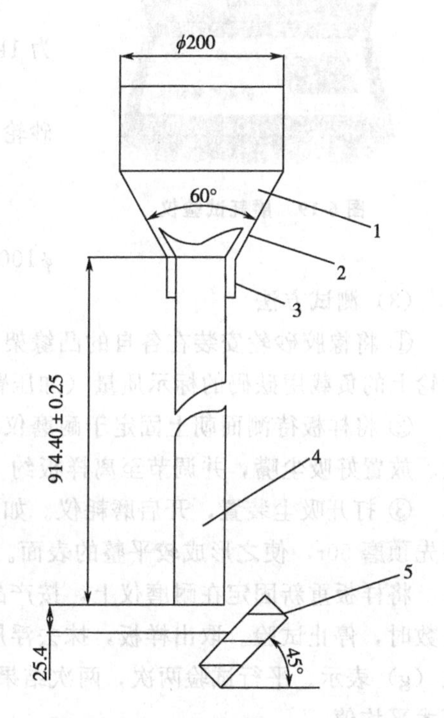

图6-18 落砂耐磨试验装置（单位：mm）

1—漏斗；2—漏斗的下端（是一个圆柱形的套环，与导管上端出口正好吻合）；3—导管的上端（在漏斗的最小直径处导管的两端切平并除掉全部毛刺）；4—内管壁光滑的金属导管［直径为（19.05±0.08）mm，外径为（22.22±0.25）mm］；5—样板

法》、ASTM D968—2005《用落沙磨蚀法测定有机覆层耐磨性的标准试验方法》。

6.5.2 橡胶砂轮法

（1）测试原理

用橡胶砂轮在一定负荷作用下对涂膜进行磨损，以涂膜经受规定转次磨损后的失重表示该涂膜的耐磨性，用克（g）表示，或以磨去该道涂层至下道涂层或基材所需的循环次数表示。

（2）测试仪器和材料

磨耗试验仪：见图 6-19。转台能以（60±2）r/min 的转速旋转。

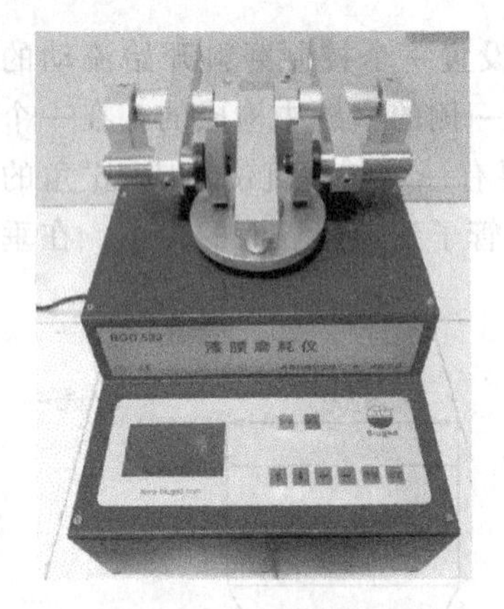

图 6-19 磨耗试验仪

橡胶砂轮：厚（12.7±0.1）mm。

吸尘装置：有两个吸尘嘴。一个吸尘嘴位于两个砂轮之间，另一个则位于沿直径方向与第一个吸尘嘴呈相反的位置。两个吸尘嘴轴线之间的距离为（75±2）mm，吸尘嘴与试板之间的距离为 1～2mm。吸尘嘴安装定位后，吸尘装置中的气压应比大气压低 1.5～1.6kPa。

砝码：能使每个橡胶砂轮上的负载逐渐增加，最大为 1kg。

整新介质：以摩擦圆片的形式存在，用于整新橡胶砂轮。

校准板：厚度为 0.8～1mm，用于仪器的校准。

基材：平整没有变形，尺寸为 100mm×100mm 或 ϕ100mm、中心开直径为 6.35mm 的孔。

（3）测试方法

① 将橡胶砂轮安装在各自的凸缘架上，调节橡胶砂轮上的负载至有关方商定的值。橡胶砂轮上的负载用砝码的标示质量（加压臂质量与砝码自身质量之和）来表示。

② 将样板待测面朝上固定于耐磨仪的工作转盘上，小心放下摩擦头使橡胶砂轮放在样板上。放置好吸尘嘴，并调节至离样板约 1mm。

③ 打开吸尘装置，开启磨耗仪。如果涂层表面因橘皮刷痕等原因而不规则时，在测试前要先预磨 50r，使之形成较平整的表面。将预磨后的样板擦净称重，准确至 0.1mg。

将样板重新固定在耐磨仪上，按产品标准规定调整计数器进行试验。当达到规定的耐磨转数时，停止试验。取出样板，抹去浮屑，再次称重。试验前后质量之差即为涂膜失重，以克（g）表示。平行试验两次，两次结果之差应不大于平均值的 7%，结果取两个平行试验的算术平均值。

（4）结果表示

计算三块试板的平均质量损耗，精确到 1mg。如果涂层被磨穿，则计算涂层或多涂层体系中的面涂层被磨穿所需的平均转数。

（5）注意事项

① 检查砂轮，如果已超过了砂轮上生产商标注的截止日期，或者对于没有给出截止日期的自购买之日起已超过一年的砂轮不能再使用。

② 砂轮的外径低于 44.4mm 就不能再使用。

③ 测量样板质量时，应将涂膜表面的涂料屑扫尽。

(6) 参考标准

GB/T 1768—2006《色漆和清漆　耐磨性的测定　旋转橡胶砂轮法》。

6.6 耐划痕性

在包装、运输和使用过程中，涂装好的产品难免会受到硬物的划擦，留下划痕，甚至被划破，这样既影响装饰效果又使涂膜丧失了保护作用。耐划伤性是指涂膜表面由于规定划针推过其表面的作用而造成的划痕或形成其他缺陷的性能。

目前测定涂膜耐划伤的方法有：GB/T 9279.1—2015《色漆和清漆　耐划痕性的测定　第 1 部分：负荷恒定法》（等同 ISO 1518-1：2011《涂料和清漆　耐擦伤性测定　第 1 部分：横载荷方法》），GB/T 9279.2—2015《色漆和清漆　耐划痕性的测定　第 2 部分：负荷改变法》（等同 ISO 1518-2：2011《涂料和清漆　耐擦伤性测定　第 2 部分：负荷改变法》）。

6.6.1 负荷恒定法

(1) 测试原理

以测定使涂膜划破所消耗的力或功为基础，以仪器的划针划透涂膜所需的最小负荷表示，也可以在划针上加一给定的负荷进行试验，判定涂膜是否被划针划透，以通过/不通过表示。

(2) 测试仪器和材料

① 划痕仪：图 6-20 和图 6-21 分别给出了两种类型的划痕仪。

可以得到作用到安装在负载横梁上的划针上的测试负荷，即将砝码放在划针上（图 6-20）或者将砝码沿着带刻度的负载横梁滑动（图 6-21）来产生；产生负荷的范围应该是从 1～20N，应以 0.5N 的增量调整并且精确至 0.2 N；通过由电动机驱动的线性驱动装置使固定在试板架上的试板做相对于划针的直线运动，划针运行速度应该是（35±5）mm/s 并且划痕的长度最少为 40mm，划痕长度将影响测试结果；在试板架刚开始运动时用带有斜面平台的下降装置使划针平滑地与涂层接触。平台斜面的角度应该是（12.5±2.5)°。

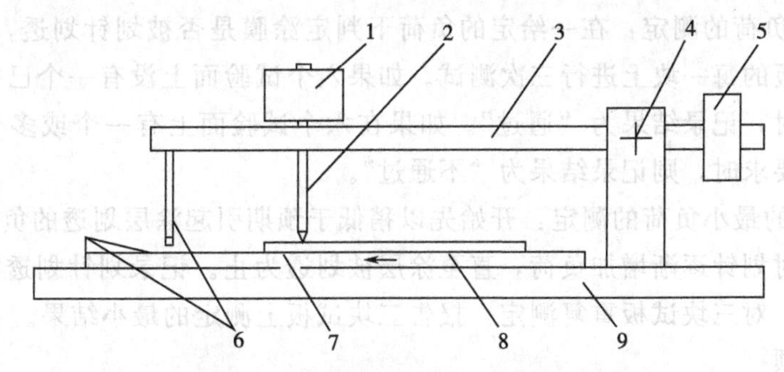

图 6-20　砝码放在划针上的划痕仪

1—砝码；2—划针；3—载荷梁；4—载荷梁枢轴轴承；5—砝码；6—下降装置（斜面和定位销）；7—试板；8—试板架（设计成由电动机驱动，以箭头方向移动）；9—基板

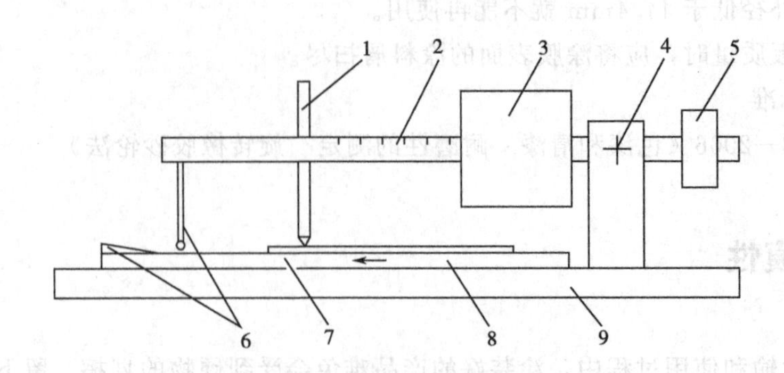

图 6-21　带有滑动砝码的划痕仪

1—划针；2—带有刻度的载荷梁；3—滑动的砝码；4—载荷梁枢轴轴承；5—砝码；6—下降装置（斜面和定位销）；7—试板；8—试板架（设计成由电动机驱动，以箭头方向移动）；9—基板

② 指示装置：根据划针和金属基材之间的电接触来显示涂膜已被划透。该指示器不适用于含有导电颜料的色漆，也不适用于非金属基材或者需要划透至中间不导电涂层的情况。

③ 放大镜：放大倍数至少是 4 倍。

④ 基材：应该为钢板，厚度为 0.7～1.0mm 并且符合 ISO 1514 的要求。基材应该有合适的尺寸，最好为 200mm×100mm。

（3）测试方法

① 将一块已经涂漆的试板夹在试板架上，测试面朝上。固定试板位置以确保划痕之间的距离至少 5mm，并且划痕距离试板边缘至少 10mm。

② 将划针固定在载荷梁上，这样当将其放在试板上后划针能划透至底板。

③ 当划针未加负荷时，通过调节皮重砝码来平衡载荷梁。

④ 根据使用的仪器类型，将砝码放在载荷梁上或者移动滑动砝码来调整负荷到所需要的值。

⑤ 打开指示装置（如果使用），并检查其是否能正常运作。

⑥ 启动划痕仪的电动机，在涂层上进行划痕。在试验期间观察指示装置，以确定划针与基材之间是否发生电接触。

⑦ 取下试板，借助放大镜，立即检查划痕，看是否被划透至规定的程度。

（4）结果表示

① 规定单一负荷的测定：在一给定的负荷下判定涂膜是否被划针划透，以通过/不通过表示。在两块试板的每一块上进行三次测试。如果六个试验面上没有一个已被划过涂层超出规定的性能要求时，记录结果为“通过”。如果在六个试验面上有一个或多个已被划过涂层超出规定的性能要求时，则记录结果为“不通过”。

② 划透涂层的最小负荷的测定：开始先以稍低于预期引起涂层划透的负荷进行试验。然后以适当的增量对划针逐渐增加负荷，直至涂层被划透为止。记录划针划透涂层至规定程度时的最小负荷值。对三块试板重复测定，报告三块试板上测定的最小结果。

（5）注意事项

① 选用的基材应平整。

② 因为利用导电性仪器设有涂层穿透指示器，因此被测样板背面不应涂有任何绝缘性

材料。

③ 试验时，应先用较小的负荷，然后逐渐增加负荷直至涂层刚好被划破为止。

（6）参考标准

GB/T 9279.1—2015《色漆和清漆　耐划痕性的测定　第 1 部分：负荷恒定法》。

6.6.2 负荷改变法

（1）测试原理

将受试产品以均匀厚度施涂于具有均匀表面纹理的平整试板上。干燥固化后，通过推动在尖顶划针下的试板来测定耐划伤性，划针被安装成以垂直方向向下压至试板表面上。连续增加压在试板上的负荷直至涂层被划伤为止。

（2）测试仪器

尖顶划针型耐划伤试验仪，其构造如图 6-22 所示。它主要由装置于一端的配衡梁和垂直固定的尖顶划针组成，试板置于滑动台上，滑动台由电动机驱动，在划针下以 600 mm/min 速度移动。当试板在划针下方通过时，装在梁上的连续变载砝码加在划针上的载荷是连续增加的。划针载荷范围可通过改变砝码给载范围（例如 0～50g，0～100g，0～200g）而改变。在划针上方安装了一个小秤盘，将砝码放于秤盘上可扩大划针载荷范围（例如，加 100g 砝码或将 0～200g 的载荷范围变为 100～300g）。划针最好用锥形蓝宝石或金刚钻镶尖，尖顶磨圆至半径为（0.030±0.005）mm（经过商定也可以采用其他尖顶尺寸的蓝宝石或金刚钻划针）。

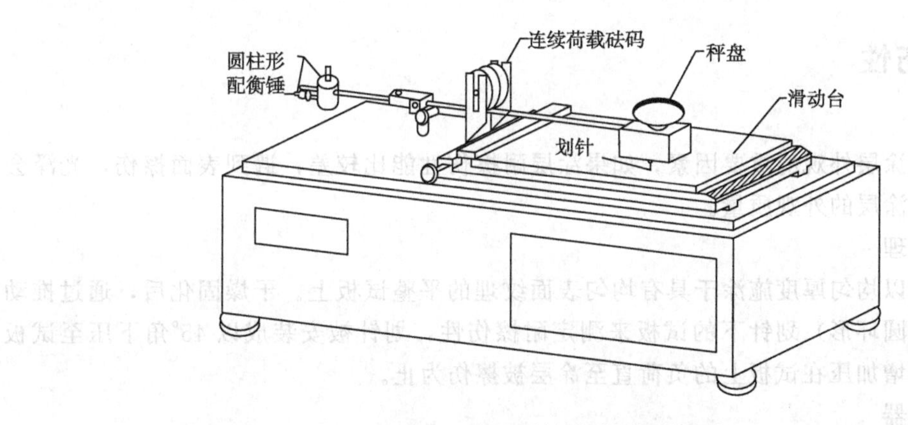

图 6-22　尖顶划针型耐划伤试验仪

（3）测试方法

① 将试板涂层面朝上固定在滑动台上，调节配衡锤以使当划针刚刚接触到试板表面时，划针的载荷为零。

② 选定载荷范围，如 0～50g，以 10mm/s 速度启动试验仪，当滑动台移动 100mm 时仪器会自动停止。检查涂层是否被划伤，如果未被划伤，则选用另外合适的载荷范围进行试验，直至发生划伤为止。

③ 在同一块试板上以发生划伤的载荷范围至少再重复测定两次（即总共至少测定三次）。对三次测定的每一次测量自最终载荷点（即划针停止移动的点）至刚发生划伤点之间的距离

d，以毫米（mm）计。

（4）结果表示

按式（6-7）计算刚发生划伤点外的载荷，即临界载荷，以 g 计。

$$临界载荷=(100-d)/100\ (F_f-F_i) \quad (6\text{-}7)$$

式中，d 为最终载荷点至刚发生划伤点的距离，mm；F_f为所选定的划针载荷范围的初始载荷，g；F_i为所选定的划针载荷范围的最终载荷，g。

结果以三次测定的平均临界载荷表示，得出结果准确至 1g。

两种测试方法的差异见表 6-4。

表 6-4　两种测试方法的差异

内容	负荷恒定法	负荷改变法
划针	材质：镀铬、镀镍钢棒或经过热处理的抛光钢棒；形状：环形或圆环形	材质：蓝宝石或金刚钻；形状：尖顶针状
加载方式	恒定载荷 方式：手动	在选定的载荷范围内，自动连续加载方式：自动
试验台运行	速度：3～6mm/s 行程：75mm	速度：10mm/s 行程：100mm
结果的表示	以 5 次测定中至少有 2 次引起涂膜划伤的最低载荷表示	以 3 次测定的平均临界载荷表示

6.7 耐擦伤性

擦伤是影响涂层外观的重要因素，如果涂层耐擦伤性能比较差，遇到表面擦伤，光泽会降低，严重影响涂层的外观质量。

（1）测试原理

将受试产品以均匀厚度施涂于具有均匀表面纹理的平整试板上。干燥固化后，通过推动在弧形（环形或圆环形）划针下的试板来测定耐擦伤性，划针被安装成以 45°角下压至试板表面上，以逐级增加压在试板上的负荷直至涂层被擦伤为止。

（2）测试仪器

一种带平衡梁的耐擦伤试验仪，其构造如图 6-23 所示。主要由带秤盘的配衡梁组成，秤盘上能放砝码使负荷施加于划针上。划针装置在梁向下以固定 45°延伸的杆的下端。将试板置于能在划针下推动的滑动台上。

试验仪应能承载划针负荷高达 5kg，并且能逐级增加或减少 0.5kg 负荷，或者需要更高准确度时，在接近划伤点时能逐级增加或减少 0.25kg 或 0.1kg 负荷来进行试验。

环形或圆环形划针可以由镀铬钢棒制成，钢棒直径为 1.6mm，弯成外圈半径为（3.25±0.05）mm 的“U”形。在任何情况下，划针都应淬硬至洛氏硬度 56～58HRC，并且表面光滑。

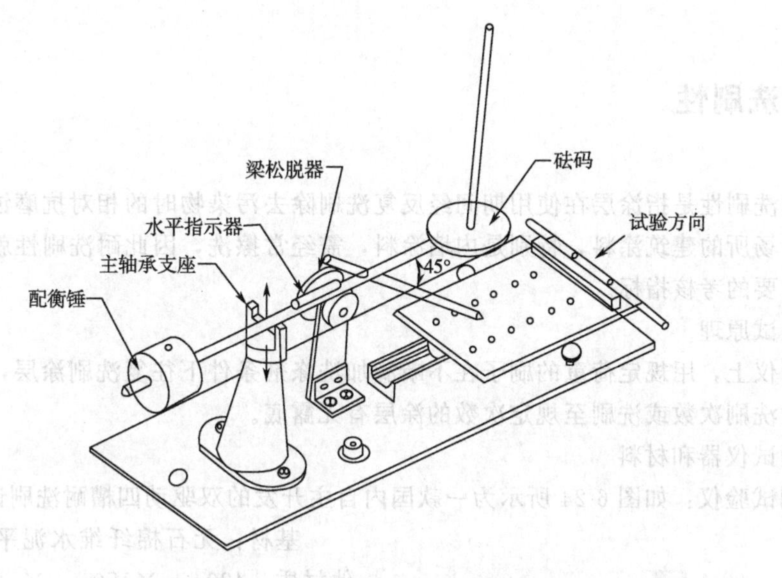

图 6-23　一种带平衡梁的耐擦伤试验仪

（3）测试方法

① 将试板涂层面朝上固定在活动工作台上。

② 将砝码放到秤盘上，松开平衡梁并小心放下，在划环已处于涂层上后，立即将移动滑台推向试验仪的远端，移动速度约 3～6mm /s，距离至少 75mm。

③ 在适当放大倍数下或用肉眼检查涂层是否擦伤。如果初始负荷未擦伤，依次用较大的负荷（0.5kg 增量）继续试验，直到涂层被擦伤为止。如果初始负荷被擦伤，依次用较小的负荷（0.5kg 减量）继续试验，直到涂层不再擦伤为止。

缺陷定义如下：

a. 塑性变形——永久性的表面压痕，有或无任何表面瑕疵或内聚的裂痕；

b. 表面瑕疵——由试验线和临近表面之间光的散射差异而造成的对外层表面外观的影响；

c. 表面划痕——划透表面的连续切割痕或擦伤痕；

d. 内聚裂痕——存在的可见表面开裂或裂缝；

e. 上述情况的结合。

注意：每一次擦伤试验都应在试验表面新的区域进行。

当临界负荷大致确定时，则以下列三个负荷：高于临界负荷 0.5kg、低于临界负荷 0.5kg 以及最初试验确定的临界负荷均重复试验 5 次。

（4）结果表示

对于临界负荷或上下临界负荷的每个负荷，记录涂层被划伤的次数，结果以 5 次测定中至少有 2 次引起涂层擦伤的最小载荷表示。

（5）参考标准

GB/T 31591—2015《色漆和清漆　耐擦伤性的测定》。

6.8 耐洗刷性

涂层耐洗刷性是指涂层在使用期间经反复洗刷除去污染物时的相对抗磨蚀性。对于用在工作和生活场所的建筑涂料，特别是内墙涂料，需经常擦洗，因此耐洗刷性就成为这些涂料的一项很重要的考核指标。

(1) 测试原理

在洗刷仪上，用规定荷重的刷子在不断滴加洗涤剂条件下往复洗刷涂层，观察涂层表面刚露底时的洗刷次数或洗刷至规定次数的涂层有无露底。

(2) 测试仪器和材料

耐洗刷试验仪：如图 6-24 所示为一款国内自主开发的双驱动四槽耐洗刷试验仪。

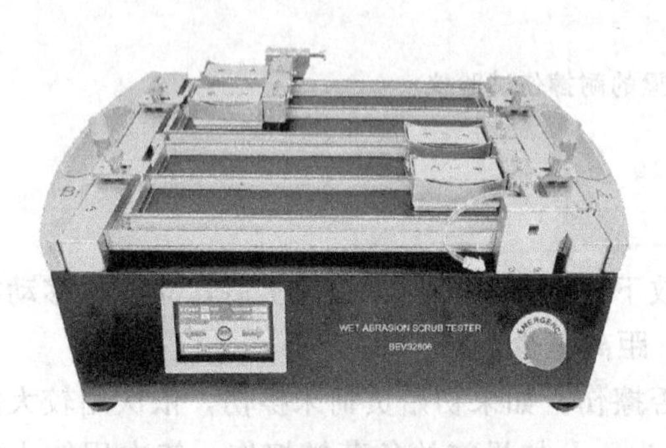

图 6-24　双驱动四槽耐洗刷试验仪

基材：无石棉纤维水泥平板或商定的其他材质［430mm×150mm×（3～6）mm］。

(3) 测试方法

① 将试验样板涂膜面向上，水平固定在耐洗刷试验仪的试验台板上。

② 将毛刷浸入 20℃左右水中 30min（毛刷浸入水面下长度保持在 12mm），取出用力甩净水，再将其浸入洗刷介质（0.5%的洗衣粉溶液，pH=9.5～10.0）中 20min，经此处理的刷子方可使用。

③ 将处理过的毛刷置于试验样板的涂膜面上，使刷子保持自然下垂，往复摩擦涂膜，同时滴加洗刷介质（速度约为 0.04g/s），使洗刷面保持湿润。

④ 视产品要求，洗刷至规定次数或洗刷至样板中间 100mm 区域露出基材。取下样板，用自来水洗净。

⑤ 在日光下检查试样板被洗刷过的中间 10cm 区域内的涂层，观察是否破损露出基材。

(4) 结果表示

洗刷到涂层刚好破损露出基材，以两块试板中洗刷次数多的结果报出，或洗刷至规定次数，两块试板中至少有一块试板的涂层无破损，则认为其耐洗刷性合格。

(5) 参考标准

GB/T 9266—2009《建筑涂料　涂层耐洗刷性的测定》。

参考文献

[1] 姬晓悦．大型仪器设备开放共享平台纳米压痕仪的开放使用与维护［J］．化工管理，2018，12：154-155.

[2] 黄勇力．用纳米压痕法表征薄膜的应力-应变关系［D］．湘潭：湘潭大学，2006.

[3] 虞莹莹．用轴棒法测定漆膜柔韧性的探讨［J］．中国石油和化工标准与质量，2006（04）：34-36.

[4] 冯世芳．耐划伤性测试方法［J］．涂料工业，2006，36（7）：56-58.

第7章

涂膜的常规性能测试
——防护性能

7.1 耐溶剂性

由于涂料使用的某些场合，如交通工具、机床、化工设备等经常会接触到各种有机溶剂（如汽油、机油、润滑油、变压器油），这些有机溶剂的存在会对涂膜造成一定的侵蚀作用，因此有可能使涂膜产生失光、起泡、变软、起皱等破坏现象，从而影响涂膜应有的保护作用。测试涂膜的耐溶剂性，就可以考察涂膜在有关的实用场合是否能起到应有的保护作用。

涂膜对溶剂的抵抗能力称为涂膜的耐溶剂性。测试方法大致可分为浸泡法和擦拭法两大类。

7.1.1 浸泡法

（1）测试原理

将涂膜样板浸入有机溶剂中，达到一定的时间后取出，观察涂膜表面的变化，并判断是否符合产品标准规定的要求，或者测定一直浸泡到涂层破坏失效至一定程度所能持续的时间。

（2）测试仪器和材料

试板：按产品标准规定涂覆。试板背面涂适当的保护涂料或受试涂料，试板的边应以适当的方法封住。

试验槽：搪瓷杯、玻璃槽等器皿。

（3）测试方法

① 将足够量的有机溶剂倒入试验槽或一适当容器中，将涂膜样板全部或2/3的部分浸入温度为（23±2）℃的有机溶剂中，可用适当的支架使试件以几近垂直位置浸入。

② 当达到规定的浸泡时间，将样板取出，用对涂层无损害的溶剂清洗试板，用吸湿纸或

洁净纱布轻轻擦拭表面，立刻检查试板涂层的变化现象，可与未浸泡试板对比，如果规定有恢复期，那么应在规定恢复期后，重复这种检查和对比，如果需要检查基材侵蚀现象，用规定方法除去涂层。

(4) 结果表示

观察涂膜是否有失光、变色、起泡、斑点、脱落等现象，以三个试板中两个结果一致为准。涂膜起泡、脱落现象的评价可参照GB/T 1766—2008《色漆和清漆 涂层老化的评级方法》中的规定进行评价。

(5) 注意事项

① 基材材质、基材处理及涂膜厚度应严格按产品标准规定。膜厚的均匀程度，涂膜干燥的好坏，以及涂膜表面有无缺陷（如刷痕大小、有无颗粒、缩孔）对其性能的测试结果都可能产生影响。

② 为减少试液的蒸发或溅洒损失，容器要加盖。

③ 每次试验所用的溶剂应重新更换，来保证测定结果的准确性。特别是对于油类物质，在挥发过程中，往往留下高沸点的组分，随着补加次数的增加，高沸点的组分将会越来越多，影响测定结果的准确性。

④ 浸泡样板时，最好一个试样用一个容器，浸入的样板应离槽内壁、槽底至少30mm，样板之间相互间隔也至少应为30mm，避免样板之间相互影响。

(6) 参考标准

GB/T 1766—2008《色漆和清漆 涂层老化的评级方法》。

7.1.2 擦拭法

(1) 测试原理

对于在固化过程中发生化学反应的涂料，如环氧树脂类、醇酸树脂类、聚氨酯树脂类涂料等，固化后涂膜将变得更加耐溶剂。用浸透溶剂的脱脂棉或商定其他材料进行擦拭可以确定涂膜的溶剂性能高低。在涂层表面用浸透溶剂的脱脂棉或商定其他材料进行一次来回完整的擦拭过程。根据擦拭的主体，可分为手工擦拭法和仪器擦拭法。

(2) 测试仪器和材料

耐溶剂擦拭仪：如图7-1所示。擦拭行程：(12.0±0.5) cm；接触面直径：(14.0±0.5) mm；对试板负荷：(1000±10) g；擦拭频率：(60±5) 次/min往复擦拭。

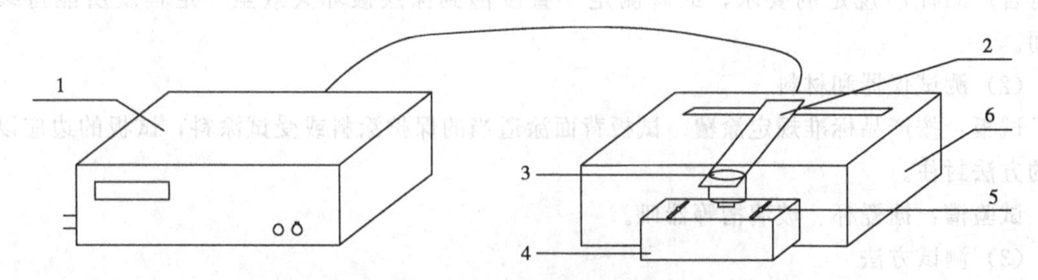

图7-1 耐溶剂擦拭仪示意图

1—控制器；2—滑动臂；3—擦拭头；4—试板台；5—样板夹；6—电机及机箱

脱脂棉或商定的其他材料。

甲乙酮（化学纯），二甲苯（化学纯），或商定的其他溶剂。

耐溶剂手套、吸管等安全装备。

（3）测试方法

① 手工擦拭法。

a. 在正式试验前，试验人员应练习用干脱脂棉包裹的食指往复擦拭，压力的大小控制在1～2kgf（1kgf=9.80665N）之间。应练习足够次数，使试验人员能在正式试验时正确应用这样的压力。

b. 在涂膜样板表面选取129mm长的擦拭区域，用自来水清洁涂层表面，除去表面疏松物质后晾干。

c. 测定选定区域干涂层的厚度，以μm表示。用铅笔或其他合适溶剂的记号笔，在干净、无损涂层表面画120mm×25mm的试验区域。

d. 脱脂棉用规定的溶剂浸至润湿状态（用手挤压应无液滴滴下），在进行下一个步骤前，挥发时间不能超过10s。

e. 将经过合适安全保护的食指，放在脱脂棉中心，然后用拇指和其余手指捏紧脱脂棉的其余部分，将食指与测试涂膜表面成45°角，用合适的压力擦拭长方形测试区域，先向前（离开试验者方向）擦，然后向后（靠近试验者方向）擦。向前和向后一次擦拭为一次往复擦拭，一次往复擦拭控制在1s左右。

f. 继续擦拭涂膜表面，共25次往复擦拭。擦拭应在长方形的试验区域内进行。如果要增加擦拭次数，需选择未使用的脱脂棉部分，然后按前面d～f进行重复，直至达到测定的次数。

② 仪器擦拭法。

a. 取适量脱脂棉用规定溶剂润湿后，挤至无溶剂滴下，包在擦拭头接触面上，然后取适量脱脂棉，放入擦拭头内腔及溶剂导孔，滴入适量溶剂，将擦拭头固定在滑动臂上。

b. 将样板固定在试验台上，调整前后位置，使擦拭头能落在样板中间。

c. 擦拭至规定次数后（以一次往复运动记一次）或试板长度的中间8cm的区域露底后，停止试验。试验过程中应保持脱脂棉湿润但不允许有溶剂滴下，否则应重新进行试验。

（4）结果表示

在散射阳光下目视检查试板长度中间8cm的区域的涂膜，观察其是否破损露出基材。同一试样制备两块样板进行平行试验，擦拭至规定次数时，以两块试板中有一块未露出基材即评为“通过”。

（5）参考标准

GB/T 23989—2009《涂料耐溶剂擦拭性测定法》。

7.2 耐水性

耐水性是指涂膜抵抗水破坏的能力。涂膜在实际使用中往往与潮湿的空气或水分直接接触，随着涂膜的膨胀与透水，就会发生起泡、变色、脱落、附着力下降等各种破坏现象，直接影响到产品的使用寿命，所以对涂膜耐水性能的检测是涂膜使用性能中一项很重要的内容。目前常用的耐水性测定方法有常温浸水法、浸沸水法、加速耐水法和水雾试验法等。

7.2.1 常温浸水法

本方法使用得较广，适用于醇酸、氨基涂料等绝大多数品种。

(1) 测试原理

将涂膜样板浸泡在常温水中，达到规定的时间后，通过观察涂膜表面现象来评定其耐水性能。

(2) 测试仪器和材料

玻璃水槽。

基材：马口铁板。用1∶1的石蜡和松香混合物进行2～3mm的封边。

蒸馏水或去离子水（符合三级水要求）。

三级水要求：pH值范围（25℃）5.0～7.5。

电导率（25℃）≤0.50mS/m。

(3) 测试方法

① 在玻璃水槽中加入蒸馏水或去离子水，调节水温为（23±2)℃，并在整个试验过程中保持该温度。

② 将三块试板放入其中，并使每块试板长度的2/3浸泡于水中。

③ 在产品标准规定的浸泡时间结束时，将试板从水槽中取出，用滤纸吸干，立即或按产品标准规定的时间状态调节后目视检查试板。

(4) 结果表示

检查涂层样板表面，记录是否有失光、变色、起泡、起皱、脱落、生锈等现象和恢复时间。

(5) 参考标准

GB/T 1733—1993《漆膜耐水性测定法》(甲法)。

该标准中用的水为纯净水或去离子水，为了更符合实际使用的环境，也有人开始对该标准进行了一些尝试性、探讨性的改动。如来自浙江吉利汽车有限公司的柯昌勇考虑到汽车车身及附件实际所处的环境，用自然雨水或人工模拟雨水代替了标准中规定的纯净水或蒸馏水，以求更能真实地反映出汽车涂膜的实际耐水性能，因为汽车涂膜实际所处的耐水环境为雨水。并且将基材从马口铁板拓展到汽车上常用到的几种材料，如SPCC板（低碳冷轧钢板）、PP板（聚丙烯板）、ABS板（丙烯腈/丁二烯/苯乙烯共聚物板），这是考虑到汽车制造过程和实际使用中多用到上述3种材料，这3种材料在汽车制造过程中具有代表性，分别使用于汽车车身的不同部位。

7.2.2 浸沸水法

本方法适用于经常盛有热水、热汤等器皿物件的涂膜。

(1) 测试原理

与常温浸水法类似，只是将常温水换成了沸水。将涂膜浸泡在沸腾的热水中，待达到规定的试验时间后，以涂膜表面变化现象表示其耐水性能。

(2) 测试仪器和材料

同7.2.1。

(3) 测试方法

① 在玻璃水槽中加入蒸馏水，并用加热装置调节水温至沸腾，并保持水处于沸腾状态，直到试验结束。

② 将三块涂膜试板放入其中，并使每块试板长度的2/3浸泡于沸水中。试验过程中，为保持同一液面，也需用正在沸腾的水进行补充。

③ 在产品标准规定的浸泡时间结束时，将试板从水槽中取出，用滤纸吸干，立即或按产品标准规定的时间状态调节后目视检查试板。

(4) 结果表示

检查试板表面，记录是否有失光、变色、起泡、起皱、脱落、生锈等现象和恢复时间。

(5) 参考标准

GB/T 1733—1993《漆膜耐水性测定法》(乙法)。

7.2.3 加速耐水试验

由于常温浸水法对某些涂料的测试时间较长，影响产品的周转，为了缩短检测时间，加快试验进程，可使涂膜存在于类似发生冷凝水的情况下加速破坏的试验方法。通过试验发现：(40±1)℃流动水所做的试验，与(23±2)℃常温浸水法比较，白色氨基涂料达到同样破坏的等级，其加速倍率将为6～9倍，这样原来3d时间的试验可缩短至当天就能得出结果，大大提高了测试效率。

(1) 测试原理

与7.2.1不同之处在于常温静态水换成了40℃的动态水。

(2) 测试仪器和材料

水槽：合适尺寸为700mm×400mm×400mm，配有盖子和恒温加热系统。

基材：冷轧普通低碳钢。底板的背面及边缘应使用不含铬酸锌或其他任何类似水溶性颜料的优质保护性涂料进行涂装，涂装后应对测试结果无任何影响。封边宽度为2～3mm。

(3) 测试方法

① 向耐水试验槽中加入足够量的去离子水，调节水温为(40±1)℃，并在整个试验过程中保持该温度，然后开始槽内水的循环或通气。取样检查槽中水的电导率，使其不大于2μS/cm。

② 将涂膜试板置于试板架上，试板的3/4浸泡于水中，保持试板之间相隔至少30mm，与槽底和槽壁至少相隔50mm。试验期间不断改变试板在槽中的位置，变动位置的时间间隔不超过3d。

③ 到达规定的试验周期后，将试板从槽中取出，用滤纸吸干水迹即可检查试板表面的破坏现象。记录起泡、起皱、锈污、失光、变色、脱落、附着力降低以及脱漆后基材的锈蚀情况。试板边缘8mm内的破坏现象不列入试验结果。

(4) 结果表示

检查试板表面，记录是否有失光、变色、起泡、起皱、附着力降低以及脱落等现象和恢复时间。用非腐蚀性脱漆剂仔细地在试板表面上脱去一条150mm×30mm涂膜，暴露出基材并检查暴露出来的金属腐蚀现象。

(5) 注意事项

① 当在试验过程中发现水变浑、变色、电导率超过 2mS/m 或含氧量低于 5mg/L 时，立即换水。

② 基材选用不合适，或者基材的处理不合理都会影响涂膜的耐水性。对于选用石棉水泥板作为基材的，尤其要注意基材的酸、碱性以及其致密程度等。

③ 由于制备过程的不合理而导致涂膜产生气泡、缩孔等病态，都影响涂膜的耐水性。涂膜厚度不均匀也会影响涂膜的耐水性。

④ 干燥过程：干燥条件不合适，干燥时间不充分，都会给涂膜的耐水性带来很大的影响。

(6) 参考标准

GB/T 5209—1985《色漆和清漆耐水性的测定　浸水法》、ISO 2812-2：2007《色漆和清漆　耐液体介质的测定　第 2 部分：浸水法》。

7.2.4 水雾试验

该方法使用类似盐雾箱的设备对涂层进行耐水性试验，可用于比较金属基材上不同有机涂层体系的抗气泡性及防腐性能。

试板放在箱内的支持架上，与垂直方向成 15°左右，试验表面应与水平雾流方向平行。试板的排列应避免互相接触，且最好放在箱内的同一水平面上，以避免液滴从某一试板落到其他试板上。试验箱内温度保持在 (38±1)℃，喷雾压力 70～170kPa，在整个试验周期内，连续进行喷雾。调节雾化空气装置，以保证每一个直径为 100mm 的收集器每 16h 运转水的收集量为 1.0～3.0mL/h。试验达到规定时间后，取出试板，擦干，对试板的颜色变化、起泡等进行评价。由于暴露在水雾中的效果在短时间内会改变，所以取出试板后应在 5～10min 之间进行评定。

检查涂膜是否有失光、变色、起泡、生锈及附着力降低等现象，也可进行 12～24h 的恢复期，评定水雾暴露的永久效果和暂时效果的差别。参照美国标准 ASTM D1735—2008 用水雾仪进行涂层耐水性试验。

7.2.5 耐盐水性试验

涂膜在盐水中不仅受到水的浸泡而发生溶胀，同时又受到溶液中氯离子的渗透而引起强烈的腐蚀破坏，所以可用耐盐水性试验来检测涂膜的防腐蚀性能。其检测原理、操作步骤以及结果表示同 7.2.1，只是将常温水换成质量分数为 3%的氯化钠溶液。

7.3 耐水汽渗透性

金属基材可以用涂料进行保护，但水汽仍可以透过涂膜到达金属基材而引起腐蚀，通过水汽透过率（WVT）的测定，可用来评定涂膜耐腐蚀性的优劣。水汽透过率（渗透速率）

越小，则说明该涂膜抵抗高温、高湿条件的水汽渗透性越好，也即其耐腐蚀性越好。

7.3.1 湿杯法

（1）测试原理

在一定的温度下，使试样的两侧形成一特定的湿度差，水蒸气透过透湿杯中的试样进入干燥的一侧，通过测定透湿杯质量随时间的变化量，从而求出试样的水蒸气透过率和透湿系数。

（2）测试仪器和材料

恒温箱；玻璃烧杯；分析天平；干燥器；干燥剂，无水氯化钙（或变色硅胶）。

（3）测试方法

① 游离膜的制备。在一平面玻璃上均匀刷一层水膜，干后在其上刷涂或喷涂一道所试涂料，待涂膜干燥固化后浸于水中，几小时后就能很容易地把膜揭下。经检查游离膜无颗粒、针孔等弊病就可投入试验。

② 将游离膜覆在内盛约2/3体积蒸馏水的宽边玻璃烧杯上，见图7-2，用蜂蜡封边固定，称重，准确至0.001g。

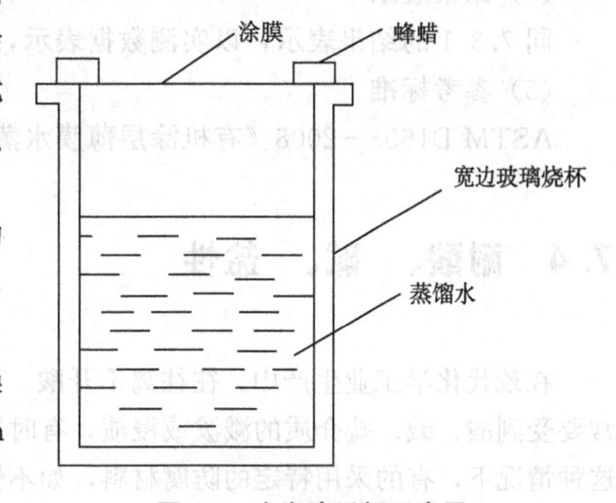

图7-2 水汽渗透杯示意图

③ 将该渗透杯置于内有无水氯化钙的干燥器中，一起放入（40±1）℃的恒温箱中。每24h对渗透杯称重一次，约进行一周试验。

（4）结果表示

由下式计算涂膜的水汽渗透速率：

$$Q=\frac{(W_0-W_1)l}{St} \tag{7-1}$$

式中，Q为涂膜水汽渗透速率，mg·μm/（cm^2·24h）；W_0为试验前带有水和涂膜的渗透杯质量，mg；W_1为试验后带有水和涂膜的渗透杯质量，mg；l为涂膜平均厚度，μm；S为涂膜试验面积，cm^2；t为水汽渗透时间，h。

以实测数据表示，最好做两个平行试验。

（5）参考标准

ASTM D1653—2008《有机涂层薄膜水蒸气渗透性标准试验方法》。

7.3.2 干杯法

除了在玻璃板上，也可在光滑的易剥离基材上，如氟化乙烯-丙烯塑料板、涂有卤硅烷的玻璃板以及聚四氟乙烯塑料片等基材上制备涂膜，干后将膜揭下用于试验。因为不需要像湿杯法那样专门预先涂上一层水膜，因此将该方法称为干杯法。

（1）测试原理

同7.3.1。

（2）测试仪器和材料

湿热箱；玻璃烧杯；分析天平；干燥器；干燥剂，无水氯化钙，使用前在200℃温度下干燥2h。

（3）测试方法

① 游离膜的制备。在氟化乙烯-丙烯塑料板或涂有卤硅烷的玻璃板以及聚四氟乙烯塑料片等基材上制备均匀涂膜，干后将膜揭下。经检查游离膜无颗粒、针孔等弊病就可投入试验。

② 将游离膜用蜡密封在内含干燥剂的玻璃烧杯上，称重，准确至0.001g。

③ 将该渗透杯放入湿热箱内，试验条件为温度38℃、相对湿度90%，水汽透过涂膜被杯内干燥剂吸收，渗透杯质量逐渐增加。

④ 每隔一定时间（如24h）称量一次，当质量增加值稳定时，再连续试验三个时间段，由此质量增加的平均值除以试样面积即为试样达到稳定态后的水汽透过率。

（4）结果表示

同7.3.1的结果表示，以实测数据表示，最好做三个平行试验。

（5）参考标准

ASTM D1653—2008《有机涂层薄膜水蒸气渗透性标准试验方法》。

7.4 耐酸、碱、盐性

在现代化学工业生产中，往往离不开酸、碱、盐的存在，尤其是设备、管道的内外壁，经常要受到酸、碱、盐介质的溅泼或浸渍，有时还需承受各种温度和压力，使腐蚀作用加剧，在这种情况下，有的采用特定的防腐材料，如不锈钢、塑料等，来达到防腐的目的。也有的采用涂料来对设备、管道进行防腐，达到对设备、管道的保护作用。而在现代生活中，人们对家具表面涂层耐酸、碱溶液的溅泼或浸渍的要求也越来越高。因此，对涂膜耐酸、碱性能的检测也是涂膜使用性能中一项重要的内容，它直接影响到被涂设备、家具等的使用寿命。

涂膜对酸、碱侵蚀的抵抗能力称为耐酸性、耐碱性。目前常用的耐酸、碱性测定方法有浸泡法、吸收性介质法和点滴法。

7.4.1 浸泡法

（1）测试原理

将试板浸泡在规定温度和时间的酸、碱溶液中，观察涂膜受侵蚀的情况。

（2）测试仪器和材料

试验槽或适当容器及支架。按产品标准规定的酸、碱溶液。

（3）测试方法

① 将足够量的酸、碱溶液倒入试验槽或一适当容器中，并调整测试温度为(23±2)℃。

② 将涂膜试板全部或部分（2/3）浸入在酸、碱溶液中，可用适当的支架使试件以几近垂直位置浸入。

③ 当达到规定的浸泡期终点时，用水彻底清洗试件，并以适宜的吸湿纸或布擦拭表面除去残留液体，立刻检查试件涂层变化现象，可与未浸泡试件对比，如果规定有恢复期，那么应在

规定恢复期后，重复这种检查和对比（如果需要检查基材侵蚀现象，用规定方法除去涂层）。

（4）结果表示

观察涂膜是否有失光、变色、起泡、斑点、脱落等现象，以三个试件中两个结果一致为准。

（5）注意事项

浸入的试件至少离槽内壁 30mm，如果数个试件浸入同一个槽中，互相间隔至少应为 30mm。为减少试液蒸发或溅洒损失，容器要加盖。

（6）参考标准

GB/T 9274—1988《色漆和清漆　耐液体介质的测定》（甲法）。

7.4.2　吸收性介质法

（1）测试原理

本方法是使用吸收性介质对涂膜的耐酸、碱性进行测定。

（2）测试仪器和材料

吸湿盘：本身应不受试液影响，一般情况可采用厚 1.25mm、直径 25mm 左右的层压纸板。

按产品标准规定的酸、碱液。

适当尺寸的表面皿。

（3）测试方法

① 使吸湿盘浸入适当数量的试液，让多余液体滴干。

② 将吸湿盘放至试板上，使吸湿盘均匀地分布，并且至少离试板边缘 12mm。

③ 用曲率接触不到吸湿盘的表面皿盖上圆盘，使试板在受试期（这种测试期不应超过 7d）妥善置于无风环境中，且测试应在（23±2)℃的温度下进行。

④ 到规定的试验期后移去吸湿盘，用水彻底清洗涂膜，并用适当的吸湿纸或布吸去残留液体，立即检查试板涂层变化现象。如规定有恢复期，达到恢复时间后，应重复检查和对比，如果需要检查基材侵蚀现象，用规定方法除去涂层。

（4）结果表示

观察与吸湿盘接触的涂膜是否有失光、变色、起泡、斑点、脱落等现象，以不少于两块试板符合产品标准规定为合格。

（5）参考标准

GB/T 9274—1988《色漆和清漆　耐液体介质的测定》（乙法）。

7.4.3　点滴法

（1）测试原理

在涂膜表面滴加酸、碱溶液，在规定的温度和时间内，观察涂膜的变化情况。

（2）测试方法

① 将试板置于水平位置，并在涂层上滴加数滴试液，每滴体积约 0.1mL，液滴中心至少间隔 20mm，并且至少离试板边缘 12mm。温度维持在（23±2)℃。在规定时间内，使试板不受干扰，充分接触空气。如有规定，则在测试部位以适当方法覆盖以防止过度蒸发。

② 达到规定的试验期后，用水彻底清洗试板，用吸湿纸或布擦拭表面，并立即检查涂层

的变化现象，如果需要检查基材的侵蚀现象，用规定的方法除去涂层。

(3) 结果表示

观察涂膜是否有失光、变色、起泡、斑点、脱落等现象，以不少于两块试板符合产品标准规定为合格。

(4) 参考标准

GB/T 9274—1988《色漆和清漆　耐液体介质的测定》(丙法)。

7.5 耐黄变性

涂膜在使用过程中经常会产生黄变，甚至有的白漆标准板在阴暗处存放过程中就会逐步地产生黄变现象，黄变会影响涂层的视觉美观效果，这在清漆、白色和轻度着色涂料中比较明显，比较容易觉察。为了预先防止和判断黄变的产生，就有必要对此项目进行检验。

在实际使用环境中，涂层黄变的主要原因是构成涂层的聚合物链的热降解、氧化降解和光氧化降解。涂料中所含的油类树脂的不饱和碳链很容易受到氧的攻击，双键氧化后生成过氧化物或环状过氧化物，产生发色基团，导致黄变。因此，含干性油（高不饱和度）醇酸树脂、古马隆树脂、含芳香环环氧树脂、TDI型聚氨酯、酚醛树脂等都有黄变的趋向。而对于聚氨酯，分子中的氨酯键吸收紫外光后会降解形成生色团，异氰酸酯中的亚甲基发生氧化，形成不稳定的氢过氧化物，进而生成发色团——酰亚胺结构，该结构也会导致涂层变黄。此外，聚氨酯链在紫外光照射下还会发生 photo-fries 重排，产生伯芳胺，进一步降解为黄变产物。另外，组分含有酯基、羰基或是醚基的存在也会导致涂料的黄变。如果配方中搭配带双键氨基的树脂或胺类增感剂经紫外光照射后也容易产生黄变。

值得一提的是，对于光固化树脂，除了树脂组分，光引发剂是光固化涂料黄变的另一个重要影响因素。因为光引发剂受光引发后，在体系中形成带有发色基团的较大共轭结构，冻结了苄基自由基基团，热分解速率下降，与其他自由基结合的概率增加，苄基易与苯甲酰自由基或甲酰自由基结合，形成取代“半苯环”结构，这些亚稳定结构一般都具有较深的颜色，正是涂层黄变的主要来源。另外，涂层中残留的光引发剂也会导致UV涂料在户外应用初期黄变度较大。

目前，黄变的测试方法主要采用色差值法。不过色差值法需要采用色差仪来测试，由于进口的色差仪价格昂贵，国产色差仪的测试结果偏差过大，导致国内色差仪的使用普及程度不高，只有少数大型生产型企业与外企使用进口色差仪。黄变度测试法和目视法也常常用于评价涂层的耐黄变性，相较于色差值法，这两种方法简单易行，满足现场需要和实际需求。

7.5.1 色差值法

(1) 测试原理

使用荧光紫外灯对涂层进行照射，用色差仪测量照射前后涂层的颜色变化（ΔE）。

(2) 测试仪器和材料

荧光紫外灯：涂层老化黄变的诱因主要为太阳光中 290～400nm 的紫外光，该光波范围光的光能比较强，对涂层的破坏作用最大，所以采用的光源为能较好模拟室内老化条件的 UVA-340 灯。

基材：该测试方法仅考察涂层的黄变，基材对涂层的影响未考虑。为了尽量减少基材对试验结果的影响，应选择变色程度最小的基材。试验用基材采用连续照射 168h 后 ΔE 不大于 0.5 的白色外用瓷质砖或其他材质的适用的白色基材。

试验箱：试验箱主要是由耐腐蚀材料制成。其内装有荧光紫外灯管、加热水槽或喷嘴和试板架、辐射计。

测色仪。

（3）测试方法

① 将试板固定于试验设备的试板架上，测试面朝向光源，按制造商说明排列，并将试验区的空间用被测试板或空白板填满。

② 将样板置于黑板温度为（60±3）℃、辐照度为 0.68W/m^2 的条件下，连续光照暴露 168h 或更长时间。

③ 将样板取出，用色差仪测量色差值。除另有商定外，在检查时试板不应洗涤或抛光。

试板的试验通常是不中断地进行的，设备的保养维修和试板检查时例外。

（4）结果表示

色差值以 ΔE 表示。GB/T 23983—2009《木器涂料耐黄变性测定法》对变色等级评定有以下规定：目测为“无变色”时，对应的色差值小于等于 1.5；目测为“很轻微变色”时，其对应的色差值范围为 1.6～3.0；目测为“轻微变色”时，其对应的色差值范围为 3.1～6.0；目测为“明显变色”时，其对应的色差值范围为 6.1～9.0。

确定色差值等级时建议参考以上规定，同时也应考虑实际使用情况。对应用于木质基材变色较明显的清漆（含透明色漆），木质基材变色可以掩盖部分涂层黄边，采用色差值范围为 3.1～6.0的产品，基本可以满足耐黄变要求。对于色漆和变色较浅的木质基材的清漆，如用色差值范围为 3.1～6.0 的产品，其黄变将会明显影响涂层的装饰性，所以建议采用色差值范围小于等于 3.0 的产品。

（5）参考标准

GB/T 23983—2009《木器涂料耐黄变性测定法》。

7.5.2 黄变度测试法

采用黄变指数来表征涂膜的黄变程度，在美国材料试验协会的测试方法中已有明确规定（ASTM D1925）。

（1）测试原理

黄变指数是指利用分光光度计测定涂覆有涂层的透明性载玻片在几个特定波长的透光率，通过计算用以表征试样在老化前后颜色变化倾向和程度的一项光学指标。

（2）测试仪器

载玻片；分光光度计。

（3）测试方法

将涂料涂布在载玻片上，在同样的固化条件下完全固化，用分光光度计测量其在 3 种可见光波（420nm、580nm、680nm）时的透光率。

（4）结果表示

通过式（7-2）计算黄变指数 Y。

$$Y=\frac{(T_{420}-T'_{420})-(T_{680}-T'_{680})}{T_{580}}\times 100\% \tag{7-2}$$

式中，T 为老化前的透光率，%；T'为老化后的透光率，%；Y 为黄变指数，%。

7.5.3 目视比色法

将不同配方的涂料涂布在白色对比板样板上，在同样的固化条件下完全固化，用氙灯照射一段时间后，将老化后的样板与未老化的样板进行比色评级，见表 7-1。

表 7-1 目视比色法的判定标准

等级	变色程度（目测）	色差值（NBS，仪器测）
0	无变色	≤1.5
1	很轻微变色	1.6～3.0
2	轻微变色	3.1～6.0
3	明显变色	6.1～9.0
4	较大变色	9.1～12.0
5	严重变色	>12.0

目视比色法靠人肉眼进行检测与评定，操作起来非常方便，不需要借助大型仪器，很适合工厂环境中使用。然而目视比色法是一种主观评价，受经验、人眼、心理、环境等因素的影响会有较大差异，且具有极大的不可控性。利用分光测色仪等颜色测量仪器进行数据测量与分析，其干扰因素可以最大限度得到控制，稳定性较强，结果相对可靠。但是由于颜色最终还是呈现到人眼中，所以主客观结合评价方式是目前的主流做法。

7.6 耐候性

涂层抵抗阳光、空气、水（酸雨）、微生物等环境破坏作用而保持原有性能的能力，称为涂层的耐候性。涂层与塑料等高分子材料一样，在使用过程中随着时间的推移，在内在因素及外部环境因素的影响下会不可避免地出现变色、失光、粉化、开裂、生锈、剥落、斑点、沾污等一些不可逆的破坏现象。因此，除了测试涂层的外观及物理、化学、力学性能，还应考察它的使用寿命，即涂层本身的耐久性。有必要对涂层进行耐候性试验及试验后的综合评定，来评估其真正使用价值。

涂层老化的内因一般与生产涂料用的树脂、固化剂、颜料、填料、助剂等原材料的类型及质量的优劣相关，还和涂料配方体系的配套性、合理性、成膜条件、涂装方式、基材的选择、处理方法等多种因素有着密不可分的关系。最常见的如：涂料用树脂往往会在聚合过程中残留一些微量杂质或聚合物本身含有一些特殊的化学结构，当涂料在使用时遇到紫外线的辐射作用时，假设该涂料树脂的分子结构中含有一些紫外线吸收基团，则该树脂的这一老化缺陷会很容易凸显，由此产生光化学反应后造成涂层表层降解也是不可避免的。再如：常见的金红石型钛白粉颜料的晶格稳定、光化学活性较小，其抵抗紫外线辐射能力明显优于锐钛型钛白粉颜料，说明了不同种颜料的光化学活性、色相、粒度、晶型是有差异的，而正是这诸多的差异会直接或间接影响涂层的耐光性及耐粉化等耐老化性能。

涂层老化的外因指户外环境造成的物理、化学、生物等多种破坏因素的组合。自然气候中，太阳光辐射被认为是涂层老化的主要原因，温度、湿度和氧气的含量也对涂膜的老化起着重要的影响。太阳光是造成户外使用的涂膜老化的一个最主要外因之一。太阳光的光谱主要可分为紫外线、可见光、红外线三个区域。紫外线区的光谱分布虽然很窄，辐照能量也仅占太阳总能量的 7%左右，但由于太阳光的光波能量随波长的不同而异，波长越短，能量越强，对许多高分子材料的破坏性也越大。涂层在能量较大的紫外线辐射后会产生光致氧化反应，直接导致高分子链状结构逐渐断裂而化学降解，从而出现变色（颜色变暗或褪色）、失光、粉化等老化现象。水和相对湿度则是涂层老化的另外一个主要因素。在户外环境中，水对于涂层的作用主要表现在降雨、潮湿、凝露等多种形式。涂层长期保持在高湿条件下，尤其是凝露时形成的水膜，水分很容易渗入涂膜内部。如果再加上阳光充分照射，将更容易促进涂层体系中某些水溶性物质、含亲水性基团的物质被水所溶解、吸收，从而改变涂膜的组成和比例，加速了涂层的水降解。当水分到达基材金属表面后，与金属基材会产生电极反应，造成涂层鼓出气泡及基材产生锈蚀等破坏。除了水分，还有空气中的氧。空气中的氧在与阳光的相互作用下，大大促进了涂层中聚合物的光致氧化反应和热氧化反应的速率，涂层由此会产生孔隙。微小的孔隙会造成涂层抗沾污性能的下降，产生斑点。严重时会导致涂层产生裂纹、剥落、变色、失光等破坏。另外，温度也对涂层老化具有重要的影响。在户外环境下，太阳光中的红外线为涂层所吸收后转变为热能，涂层表面的温度会随之升高。光化学反应总是随着温度的升高而加速的。故在紫外线的作用下，热能产生的热化学反应使涂层中聚合物分子链的断裂速率加快，造成涂层表层降解并形成自由基，使涂膜变硬、变脆或发软、发黏。较高的温度对涂层中颜料的破坏也较大，而当涂膜表面温度较高，遇到降雨时，又会造成一定的温差，这将引起各涂层之间及涂层与基材之间发生膨胀和收缩，产生交变内应力，很容易使涂层附着力下降后产生起泡、开裂、粉化、剥落等涂膜老化破坏现象。除了上述因素，还有其他因素，如臭氧、高能辐射、酸雨、霉菌等。同时出现多种破坏因素时，其破坏力是由各种破坏因素相互作用叠加而形成的合力，其威力会远远超过单个因素的总和，即 1+1>2 效应，通常称为综合破坏因素。

涂层老化测试方法主要可分为自然老化试验和人工气候老化试验两种。

7.6.1　自然老化试验

（1）测试原理

自然老化试验又称大气暴露试验，指在各种自然环境下研究大气各种因素对涂膜所起的老化破坏作用，通过对试验期间及试验结束后样板的外观检查以评定其耐久性，也可以在暴晒过程中或暴晒结束后进行涂膜的物理力学性能的测试。大气老化试验的大气种类可分为普通大气、工业大气和海洋性大气；气候特征可分为寒冷气候、寒温高原气候、亚湿热气候、亚湿热工业气候、湿热气候、干热气候等。而暴露方法又可分为朝南 45°、当地纬度、垂直纬度及水平暴露等。

（2）天然暴晒场的建立

天然暴晒场应建立在平坦、空旷的地方，周围无高大障碍物，使样板能充分受到该地区各种大气因素的作用，附近应无工厂烟囱和能散发大量腐蚀性气体的设施，以避免局部严重污染的影响。盐雾气候暴晒场应建在海边或海岛上。暴晒场应具有必需的气象观测设备和各种样板涂层检查仪器及照明设施。

(3) 测试方法与参考标准

以年和月作为暴露试验的时间单位来对样板进行检查，如无特殊规定，投试三个月内每半个月检查一次，三个月后至一年，每月检查一次，超过一年后，每三个月检查一次。由于涂料品种的要求不同以及暴晒地区破坏速度的不同，检查周期可根据情况适当变更。规定的检查项目包括失光、变色、裂纹、起泡、斑点、生锈、泛金、沾污、长霉和脱落等。

自然气候暴露试验的优点是可以真实反映某地区、某时间段环境对涂层的破坏程度，然而自然气候暴露的影响总是随暴露地点的自然环境（地域、国度、气象、季节）的差异而变化，这些不确定因素导致测试结果差距较大。另外，自然气候暴露试验的周期都较长（往往以年来计）。出于缩短测试周期、经济及竞争的需求，我国许多产品标准中均选用了人工气候老化试验来考察产品的耐候性能。

7.6.2 人工气候老化试验

人工气候老化试验又称人工加速老化试验，是在实验室内模拟自然气候作用进行各种类型气候的涂层老化试验，通过改变光源种类和调节光强，以及温度、湿度、氧气含量的变化等因素的控制，测试人造气候条件下涂层的老化程度，从而判断该涂层的耐老化能力。与自然气候暴露试验相比，人工气候老化试验、仅涉及了几个有限的因素（变量），这些因素易于控制及适度强化，从而可起到加速老化试验、缩短测试周期的作用，克服天然暴露试验所需时间太长的缺点。在试验时，可通过对试验期间及试验结束后样板的外观、物理、化学、力学等性能的检查以评定其耐久性。

(1) 测试原理

用辐射源对涂层进行人工气候老化或人工暴露辐射，其目的是使涂层在经受一定的暴露辐射能后，使选定的性能产生一定程度的变化，或者使涂层达到一定程度的老化所需要的暴露辐射能。

(2) 测试仪器

① 人工气候老化试验机。即人工老化机（图 7-3），一种可以在实验室内创造出所谓人工气候（模拟自然界中多种特征气候因素），并能达到加速老化试验效果的大型仪器。由试验箱、光源、温湿度调节系统、试板架等组成。

图 7-3 人工老化机

自然气候中，太阳光辐照被认为是涂层老化的主要原因，因此对于人工气候老化和人工暴露辐射而言，模拟太阳光辐射是至关重要的。人工老化试验所用的辐射源可分为两种：一是经滤光器滤过的氙弧灯光，二是荧光紫外灯。根据辐射源的不同，人工加速老化试验方法标准见表 7-2。

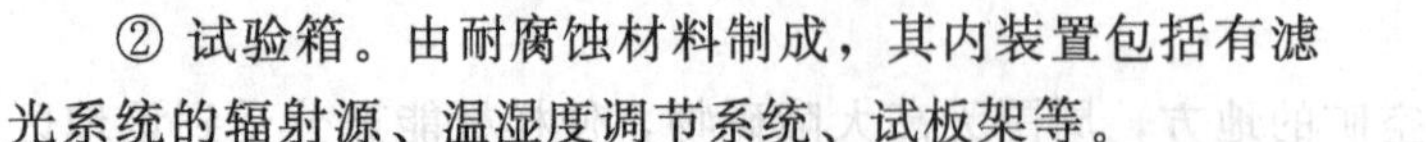

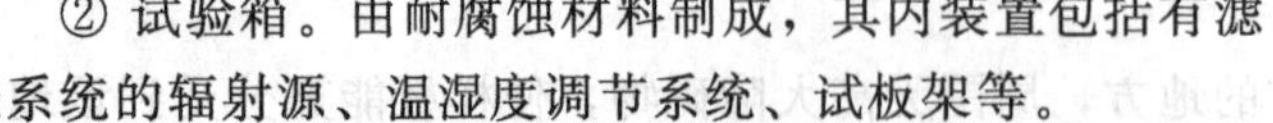

② 试验箱。由耐腐蚀材料制成，其内装置包括有滤光系统的辐射源、温湿度调节系统、试板架等。

③ 辐射源和滤光系统。辐射光应经滤光系统使辐照度在试板架平面的相对光谱能量分布

与太阳的紫外光和可见光辐射近似。常用的辐射源主要包括碳弧灯型、荧光紫外灯型、氙弧灯型及金属卤素灯型等类型。

a. 碳弧紫外灯型老化机应用的历史比较久远，最初常用于评价印染纺织品的耐光色牢度，后来经改进后用作涂料及其他材料的模拟户外光老化试验设备。然而，碳弧灯其光波谱图与户外太阳光的谱图相差都较大，加之仪器操作较烦琐，试验连续性较差等多种原因，目前仅在较早期的标准中还能见到该试验方法。

b. 荧光紫外灯是一种波长为254nm的低压汞灯，由于荧光紫外灯的能量分布取决于磷共存物产生的发射光谱和玻璃管的传扩，故在灯中加入磷共存物使其转换成较长的波长。荧光紫外灯设备可以通过控制亮/暗循环变化，温度、湿度和喷水的变化及灯管的改变来提供模拟白天/黑夜、不同的温度、户内、户外等各种外界环境条件。荧光紫外灯对太阳光紫外部分的模拟程度较碳弧灯好，但还是人为增加了紫外部分具有偏离性的光谱能量，却缺少了一部分紫外光谱能量及大部分的可见光谱、红外光谱的能量。因此，荧光紫外灯光源无法有效地模拟户外太阳光的全光谱能量的分布。虽然荧光紫外加速老化试验的“户外仿真性”较差，对一部分高分子材料的试验数据会造成程度不同的偏差，但由于该试验方法可以较快地考核、平行比较、筛选某些特殊材料的耐老化性能，如耐高能辐射试验、可降解塑料的鉴定等，因此目前仍被一些标准所采用。

c. 氙弧灯是一种内部充有高纯度氙气的弧光放电光源，当在灯管两端金属电极间施加适当的电压及电流时，即会产生一种更为接近太阳光的光谱，可以模拟各种条件下的自然光。氙灯的光谱与自然光的光谱在紫外部分和可见光部分很相似，可以很好地模拟自然光。另外，使用不同的氙灯内外滤光器组合，并通过改变试验箱内的温度、湿度、降雨周期及氙灯的辐照强度等参数，可以模拟不同产品的使用环境，如：涂料、塑料、汽车内外饰件、纺织品等。目前使用水冷式氙灯进行人工加速老化试验已成为一种通用、首选的耐候性试验方法。

d. 金属卤素灯也是一种气体放电灯，它是用金属卤化物通电后产生光波，其光谱能量分布与户外光的直射光和散射光非常相似，具有高效性的照射光源效果。金属卤素灯的光谱分布与地球表面接收到的太阳光光谱分布非常接近，尤其是红外线区域，更加如此。金属卤素灯试验装置规模较大，主要应用于汽车整车及其零部件和电工电子产品等大型设备的人工加速老化试验。

表7-2 人工加速老化试验方法标准

国际标准代号	国标代号	标准名称
ISO 11341	GB/T 1865—2009	《色漆和清漆 人工气候老化和人工辐射曝露 滤过的氙弧辐射》
ISO 11507	GB/T 23987—2009	《色漆和清漆 涂层的人工气候老化曝露 曝露于荧光紫外线和水》

④ 试验箱温湿度调节系统。试验箱中空气的温度和相对湿度采用防止直接辐射的温度和湿度传感器来监控，使试验箱保持规定的黑板标准温度、湿度。在试验箱中应流通无尘空气，应使用蒸馏水或软化水使相对湿度保持在规定的范围。

⑤ 润湿试板用的装置。润湿试板的目的是模拟户外环境的降雨和凝露作用。试板的受试表面可用水喷淋或试验箱由水溢流进行润湿。

注意：用于润湿的蒸馏水应符合GB/T 6682—2008实验室用水二级水的要求，电导率低于$2\mu S/cm$，而且蒸发残留物少于1×10^{-6}。

⑥ 试板架。由惰性材料制成。

⑦ 黑标准温度计。由70mm×40mm×0.5mm不锈钢板组成，此板朝辐射源的表面应涂

有能吸收波长 2500nm 内全部入射辐射光的 93%、有良好耐老化性能的平整黑涂层。温度通过装在背面的中央与板有良好热接触的电传感器测量。背面装有 5mm 厚的聚偏氟乙烯（PVDF）板，使传感器区域留有密闭的空气空间，传感器和 PVDF 板的凹槽之间的距离约为 1mm，PVDF 板的长度和宽度应保证黑标准温度计的金属板和试板之间没有金属对金属的热接触，离试板架的金属固定架四边至少为 4mm。除了黑标准温度计外，还推荐采用类似设计的白标准温度计，表面应涂有在 300～1000nm 波长范围至少 90%反射率、在 1000～2000nm 波长范围至少 60%反射率、具有良好耐老化性能的白色涂层。

⑧ 辐射量测定仪。试验箱中试板表面的辐照度 E 和暴露辐射能 H 应采用具有 2K 球面角视场和良好余弦对应曲线的光电接收器池的辐射量测定仪进行测量。

⑨ 蒸馏水。用于仪器内灯管冷却，模拟户外降雨、凝露及增湿作用的去离子水的水质应符合 GB/T 6682—2008 实验室用水二级水的要求，否则在灯管表面会形成蒸发残留物，影响灯管的辐射强度和使用寿命，试板表面的沉积物还会产生不可靠的试验结果。

⑩ 样板。人工气候老化试验样板基材的选择、处理、制备方法、养护时间一般在相关产品标准中有相应的要求，也可由委托试验方与试验机构商定。当试板的养护期结束后，除留出其中一块作为标准板外，其余 2～3 块投入试验机内进行试验。

（3）测试方法

① 将试板放在试板架上，保持空气流通。样板在试板架上的排列应随一定的时间间隔进行变更，如：上排与中排及下排的位置定期进行交换，以保证试板在各种条件下的均匀性。

② 把辐射量测定仪、黑标准温度计装在试验箱框架上。黑标准温度计通常的试验控制在 (65±2)℃。当选择颜色变化项目进行试验时，则使用 (55±2)℃。

③ 开启人工老化机，按试验条件进行试验。试验期间按规定的周期检查试板。试验进行至规定的时间（或循环周期）或规定的表面损坏程度后停止。试验时间可以参照相关产品标准中的规定进行，也可以与委托试验方商定，在试验进行到某些试验参数（变色、失光、粉化、起泡、生锈等）达到某一等级或综合评定级别时终止。还可以采用所谓“标准物质法”，将已知耐老化性能的样板（参照标准板）与被测试的样板一起投入试验，以判定在某试验阶段内被测试的样板与参照标准板之间的差异或用来判定试验终点。参照标准板的化学结构和老化状况应尽量与试验样板相类似。

（4）结果表示

在人工气候老化试验的过程中和试验结束时均应对样板涂膜进行检查及评级。样板检查时，可将试验样板由箱内取出后与标准板进行比较。主要检查项目有：变色、失光、粉化、起泡、生锈，开裂、剥落、斑点、泛金、沾污、长霉等。评定可参照相关产品标准的要求进行，也可以按 GB/T 1766—2008《色漆和清漆　涂层耐老化的评级方法》中的规定进行。

（5）注意事项

① 在人工气候老化试验机运行了一个阶段后，对试验机各试验参数的监控功能进行校验是十分重要的，试验参数主要有标准光源、相对湿度、黑标准温度、箱体温度、辐照度、辐照量、水质纯度等。否则试验结果的可重复性将降低。

② 加速性与相关性。加速性与相关性是一对矛盾，加速性好，则相关性差。没有任何一种实验室暴露试验能完全模拟户外实际条件下的暴露，氙灯暴露试验也不例外。虽然人们对氙灯暴露试验与户外暴露试验的相关性很感兴趣，并希望得到以下简单的对应关系：Xh（或 MJ）氙灯暴露试验=Y 月（或年）的户外暴露试验，从而获得一个加速因子，但这既不

现实，同时也是无效的。

(6) 参考标准

GB/T 1865—2009《色漆和清漆 人工气候老化和人工辐射曝露 滤过的氙弧辐射》。

7.7 耐热性

许多涂料产品被使用在温度较高的场合，若涂层不耐热，就会产生起泡、变色、开裂、脱落等现象，使涂层失去应有的保护作用。因此涂层耐热性是这些产品重要的技术指标之一。涂层耐热性是指涂层在一定温度下保持其力学性能和保护性能的能力。

(1) 测试原理

使样板在达到产品标准规定的温度和时间后，对涂层表面进行检查，以物理性能或涂层表面变化现象表示涂层的耐热性能，也可在耐热试验后继续进行其他性能测试，如冲击、弯曲、划痕试验等。

(2) 测试仪器和材料

钢板、马口铁板、铝板等：50mm×120mm×（0.45～0.55）mm；鼓风恒温烘箱；高温炉（马弗炉）。

(3) 测试方法

① 将烘箱或高温炉调节到产品标准规定的温度。

② 将三块样板放入规定温度的烘箱或高温炉内。如试验在烘箱中进行，则样板与烘箱每一面的距离不小于100mm，试板相互间隔不小于20mm；如在高温炉中进行，则尽量将样板放在高温炉的中间部位。

③ 待达到规定时间后，将样板从烘箱或高温炉中取出，冷却至室温，与在同样条件下制备的未经加热的样板进行比较。

(3) 结果表示

检查涂膜是否有起层、皱皮、鼓泡、开裂、变色等现象或按产品标准规定检查，以不少于两块样板均能符合产品标准规定为合格。

涂膜变色、起泡、开裂等现象的评价可参照GB/T 1766—2008《色漆和清漆 涂层老化的评级方法》中的规定进行。

(4) 注意事项

① 耐热的温度要调节准确，保持在允许偏差范围内。时间要按规定，不能过长也不能过短。

② 按方法标准规定，样板应在烘箱温度达到后放入，到时间后取出，即骤热骤冷。但有一些涂料产品标准要求随着烘箱升温降温，耐热时间应从到达规定温度时算起，到时间后降温。

(5) 参考标准

GB/T 1735—2009《色漆和清漆 耐热性的测定》。

7.8 耐化工气体性

涂层耐化工气体性系指涂层抵抗工业废气和酸雾等化工气体而不出现失光、丝纹、网纹和起皱等现象的能力。

随着工业的发展，许多城镇都处于工业大气的环境中，空气中含有大量的工业废气和酸雾等化工气体，尤其在化工厂及其邻近地区所使用的设备、构件、管道、建筑物等，危害更为严重，为此在这些地区所使用的涂料不仅要具有一定的耐候性，更要具有较高的抗腐蚀性。除了在现场挂片或实地涂装进行考核外，为了能快速得出试验结果，在实验室一般采用 SO_2 或 NH_3 对涂膜进行耐化工腐蚀试验。

(1) 测试原理

测定涂膜在不同干燥程度下，CO、CO_2、SO_2、NO_2 等化工气体引起涂层表面的变化情况。

(2) 测试仪器和材料

玻璃罩、铁丝架、煤油灯、马口铁板、抗污气试验器。

(3) 测试方法

将样品实测的表干时间分为五个阶段，并将三块马口铁板各分为四格，在每1/5间隔时间内，依次将被测样品均匀涂刷一格，平放于恒温恒湿的条件下，直至第四格涂刷完，再放置1/5间隔时间后，将样板移至铁丝架各层上。将煤油灯点着校正火焰2cm高的大小，并将玻璃罩罩上，底边磨口垫好橡皮垫，使其不漏气，罩内火焰应在4min内自行熄灭，样板在罩内保持30min，取出样板观察涂膜变化情况。

试验也可在一气密箱中进行，SO_2 可由气体钢瓶或气体发生设备供给，并配有合适的调节及测量设备。当试验涂层不超过 40μm 时，一般推荐使用 SO_2。由于干燥 SO_2 腐蚀性不大，因此试验必须在一定的温度和湿度下进行。

另外，每次试验周期通入的 SO_2 是同一体积，所以在箱内试验的总面积是一个重要条件，因为不同类型的涂膜吸收 SO_2 的速率和程度是不同的，因此试验条件会受到箱内试板类型的影响。

为了使试验更接近实际情况，也有把 SO_2（或 NH_3）试验与人工加速老化试验结合起来，以模拟化工厂的室外环境条件，使测试结果与实际应用更为一致。

(4) 结果表示

涂膜表面光滑者为合格，任何一格或局部显现丝纹、皱纹、网纹、失光、起雾等现象者为不合格。

参考文献

[1] 柯昌勇．关于《漆膜耐水性测定法》部分试验条件改动的探讨［J］．现代涂料与涂装，2009，12（6）：44-45.
[2] 韩旭东．紫外光固化涂料黄变影响因素及黄变度简易测试方法初探［J］．中国涂料，2019，34（6）：35-42.
[3] 唐瑛，季小沛，季军宏．室内用木器涂料耐黄变性及其测试方法［J］．涂料工业，2006，36（11）：54-56.
[4] 杨建文，曾兆华，陈用烈．光固化涂料及应用［M］．北京：化学工业出版社，2004：352-394.
[5] 化工部合成材料研究院，金海化工有限公司．聚合物防老化实用手册［M］．北京：化学工业出版社，1999.
[6] 鄂忠敏．关于人工加速老化试验与自然暴露试验［J］．涂层与防护，2019，40（05）：58-60.
[7] 张志勇．非金属材料的氙灯曝露试验概述［J］．环境技术，2006，24（1）：14-18.
[8] 温绍国，刘宏波，周树学．涂料及原材料质量评价［M］．北京：化学工业出版社，2013.
[9] 虞莹莹．涂料工业用检验方法与仪器大全［M］．北京：化学工业出版社，2007.

第8章

涂膜的功能性测试

8.1 防火性能

防火涂料是能降低被涂材料表面的可燃性、阻滞火灾的迅速蔓延，用于提高被涂材料耐火极限的一种特种涂料，又称为阻燃涂料。防火涂料质量的好坏主要由防火涂料的防火性能和理化性能所决定。防火性能包括耐燃时间、火焰传播比值、失重及炭化体积等四个指标，可以分别根据国家标准进行大板燃烧法、隧道燃烧法、小室燃烧法试验得出。

根据用途和使用对象的不同，防火涂料可分为饰面防火涂料、木材防火涂料、钢结构防火涂料、混凝土结构防火涂料、隧道防火涂料、电缆防火涂料等。国内针对防火涂料制定了一系列标准，如 GB 14907—2018《钢结构防火涂料》、GB/T 12441—2018《饰面型防火涂料》、GB 28374—2012《电缆防火涂料》。

上述防火涂料标准往往用于工程验收，所采用的试验方法成本高，浪费了大量的钢材、燃气和检验费用，且只能对既有涂料产品本身的防火性能做出评价，无法对其热降解过程的机理进行表征与推断。目前实验室对于防火涂料常用的表征技术主要包括氧指数（LOI）试验、垂直燃烧试验、水平燃烧试验、锥形量热仪（CONE）试验等，这些技术的发展对全面准确地分析评价涂层的防火性能，深入研究涂层的热降解过程和机理，指导防火涂料新产品的开发具有十分重要的意义。

8.1.1 小室燃烧法

（1）测试设备

① 小室燃烧箱。小室燃烧箱为一镶有玻璃门窗的金属板箱（见图 8-1）。

箱体的内部尺寸为长 337mm、宽 229mm、高 794mm（包括伸出的烟囱和顶部回风罩）。回风罩与烟囱之间的间隙可上下调节，用于排走燃烧产生的烟气。

② 试件支撑架。试件支撑架由间隔 130mm 的两块平行扁铁构成，扁铁尺寸为 480mm×25mm×3mm。扁铁两端由搭接件固定。

支撑架上有一个可调节的横条，用以固定试件的位置。

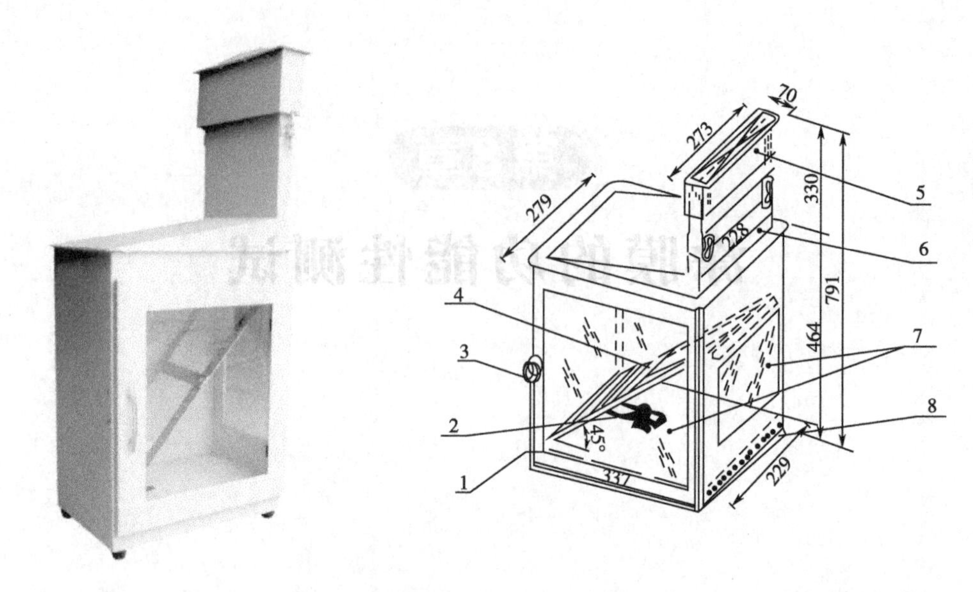

图 8-1 燃烧试验小室（小室燃烧箱）

1—箱体；2—燃料杯；3—门销；4—试件主架；5—回风罩；6—烟囱；7—玻璃窗；8—进气孔

支撑架倾斜置于小室内，使其与箱底成 45°角，其底边与箱底距离为 50mm。支撑架底部固定一平行于箱底的金属基座，基座上贴一块木条，用于放置燃料杯。

③ 燃料杯。燃料杯由黄铜制成，外径 24mm、壁厚 1mm、高 17mm，容积约为 6mL。

（2）试件制备

① 基材的选择及尺寸。试验基材选用一级三层胶合板。其尺寸为 300mm×150mm×(5.0±0.2) mm；试板表面应平整光滑，无节疤拼缝或其他缺陷。

② 涂覆比值。试件的湿涂覆比值为 $250g/m^2$（不包括封边），先将防火涂料涂覆于试板四周封边，24h 后再将防火涂料均匀地涂覆于试板的一表面。若需分次涂覆时，两次涂覆的时间间隔不得小于 24h。

③ 状态调节。试板在涂覆防火涂料后应在温度（23±2)℃，相对湿度（50±5)％ 的条件下状态调节至质量恒定（相隔 24h 前后两次称量的质量变化不大于 0.5％）。

（3）测试方法

① 将经过状态调节的试件置于（50±2)℃的烘箱中处理 40h，取出冷却至室温，准确称量至 0.1g。

② 将称量后的试件放在试件支撑架上，使其涂覆面向下。

③ 用移液管或滴定管取 5mL 化学纯级无水乙醇注入燃料杯中，将燃料杯放在基座上，使杯沿到试件受火面的最近垂直距离为 25mm。点火、关门，试验持续到火焰自熄为止。试验过程中不应有强制通风。

④ 每组试验应重复做 5 个试件。

（4）结果表示

① 质量损失。将燃烧过的试件取出冷却至室温，准确称量至 0.1g。燃烧前后的平均质量损失取其小数点后一位数即为防火涂料试件的质量损失。

② 炭化体积。用锯子将烧过的试件沿着火焰延燃的最大长度、最大宽度线锯成 4 块。量出纵向、横向切口涂膜下面基材炭化（明显变黑）的长度、宽度，再量出最大的炭化深度，

取其平均炭化体积的整数值即为防火涂料试件的炭化体积（cm^3）。炭化体积按式（8-1）计算：

$$V=\frac{\sum_{i=1}^{n}(a_i b_i h_i)}{n} \tag{8-1}$$

式中，V 为炭化体积，cm^3；a_i 为炭化长度，cm；b_i 为炭化宽度，cm；h_i 为炭化深度，cm；n 为试件个数。

（5）参考标准

GB/T 12441—2018《饰面型防火涂料》附录B 小室燃烧法。

8.1.2 大板燃烧法

（1）测试设备

① 试验装置。试验装置由试件架、燃烧器、喷射吸气器等组成，如图8-2所示。

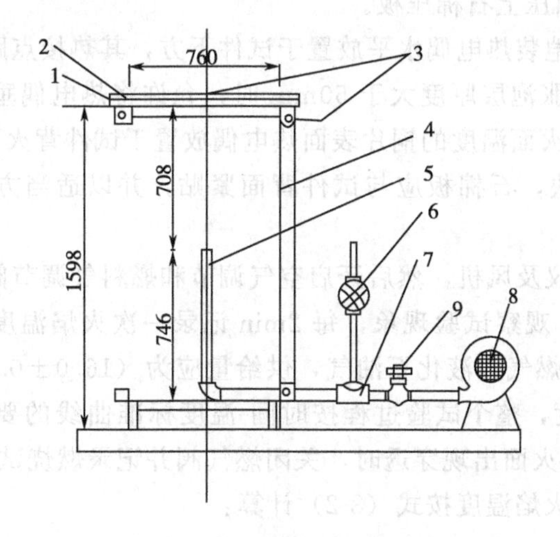

图 8-2 大板燃烧法试验装置

1—试件；2—石棉压板；3—热电偶；4—试件架；5—燃烧器；6—燃料气调节阀；7—喷射吸气器；8—鼓风机；9—空气调节阀

试件架为30mm×30mm角钢构成的框架，其内部尺寸为760mm×760mm×1400mm。框架下端脚高100mm，上端用以放置试件。

石棉压板由900mm×900mm×20mm石棉板制成，中心有一直径为500mm的圆孔。

燃烧器由内径42mm、壁厚3mm、高42mm以及内径28mm、壁厚3mm、高25mm的两个铜套管组合而成，安装在公称直径为40mm×32mm变径直通管接头上。燃烧器口到试件的距离为（730±6）mm。

鼓风机风量为1～5m^3/min。

② 调控装置。

热电偶：温度监测均采用精度为H级，K分度的热电偶。

温度记录仪和温度数字显示仪。

③ 试验室。试验室分为燃烧室和控制室两部分，二室间设有观察窗。燃烧室的长、宽、高限定在 3～4.5m，试件架到墙的任何部位的距离不得小于 900mm。试验时，不应有外界气流干扰。

(2) 试件制备

① 试验基材的选择和尺寸。试验基材为一级五层胶合板，基材厚度应控制在 (5.0±0.2) mm，试板尺寸为 900mm×900mm，表面应平整光滑，并保证试板的一面 250mm 平面内不得有拼缝和节疤。

② 涂覆比值。试件的湿涂覆比值为 500g/m²，涂覆误差为规定值的±2%。若需分次涂覆，两次涂覆的间隔时间不得小于 24h，涂覆应均匀。

③ 状态调节。试件在涂覆防火涂料后应在温度 (23±2)℃，相对湿度 (50±5)% 的条件下调节至质量恒定（相隔 24h 前后两次称量的质量变化不得大于 0.5%）。

(3) 测试方法

① 检查热电偶及各仪表工作是否正常。

② 将状态调节至恒定后的试件水平放置于试验架上，使涂有防火涂料的一面向下，试件中心正对燃烧器，其背面压上石棉压板。

③ 将测火焰温度的铠装热电偶水平放置于试件下方，其热接点距试件受火面中心 50mm (试验中，若由于涂料膨胀泡层厚度大于 50mm 时，允许将热电偶垂直向下移动直至热接点露出发泡层)。再将测背火面温度的铜片表面热电偶放置于试件背火面，铜片上覆盖30mm×30mm×2mm 石棉板一块，石棉板应与试件背面紧贴，并以适当方式固定，不允许压其他物体。

④ 先开启温度记录仪及风机，然后开启空气调节和燃料气调节阀，点火。在点燃燃料气的同时按动计时器按钮。观察试验现象，每 2min 记录一次火焰温度和试件背火面温度。当试验进行至 5min 时，若燃气为液化石油气，供给量应为 (16.0±0.4) L/min。然后调节空气供给量来控制火焰温度，整个试验过程按时间-温度标准曲线的要求升温，当试件背火面温度达到 220℃或试件背火面出现穿透时，关闭燃气阀并记录燃烧试验时间 (min)。

⑤ 整个试验过程的火焰温度按式 (8-2) 计算：

$$T-T_0=345\lg(8t+1) \tag{8-2}$$

式中，T 为 t 时的火焰温度,℃；T_0 为试验开始时的环境温度,℃；t 为试验经历的时间，min。

上式的函数曲线即时间-温度标准曲线。

⑥ 每做完一次试验，应在温度降至 40℃以下时，方可进行下次试验。

⑦ 重复试验 3 个试件，以 3 个试件燃烧时间的平均值，取其整数作为该防火涂料的耐燃时间 (min)。

(4) 参考标准

GB/T 12441—2018《饰面型防火涂料》附录 A 大板燃烧法。

8.1.3 锥形量热仪法

锥形量热仪 (CONE) 是以氧消耗原理为基础的新一代高分子材料燃烧性能测定仪，其名称来源于锥形加热器的形状，被认为是近几年燃烧试验测试仪器方面最大的进展，是由美国国家标准与技术研究院［NIST，前身为美国标准局（NBS）］为解决当时已有小型热释放测试的不足而研发出来的。由 CONE 获得的可燃材料在火灾中的燃烧参数有多种，包括热释放速率（HRR）、总释放热（THR）、有效燃烧热（EHC）、点燃时间（TTI）、烟及毒性参数和热失重速率（MLR）等。锥形量热仪法由于具有参数测定值受外界因素影响小，与大型实验结果相关性好等优点被应用于很多领域的研究。锥形量热仪是当前能够表征材料燃烧性能的最为理想的试验仪器，它的试验环境同火灾材料的真实燃烧环境接近，所得试验数据能够评价材料在火灾中的燃烧行为。

（1）测试原理

锥形量热仪的主要工作原理是耗氧原理，当样品件在锥形电加热器的热辐射下燃烧时，火焰就会消耗掉空气中一定浓度的氧气，并释放出一定的燃烧热值。根据材料在燃烧时消耗氧的量计算、测量在燃烧过程中的热释放速率、质量损失速率等参数，就可以分析材料的燃烧性能。

（2）测试装置

锥形量热仪；5000W/K 辐射锥形加热器；顺磁氧分析仪；红外线（一氧化碳、二氧化碳）分析仪（选装）；烟雾密度测试仪。

（3）应用领域

① 评价材料的燃烧性能。综合 HRR、pkHRR（热释放速率峰值）和 TTI，可以定量地判断出材料的燃烧危害性。HRR、pkHRR 越大，TTI 越小，材料潜在的火灾危害性就越大；反之，材料的危害性就小。

徐晓楠等利用锥形量热仪评价了传统的膨胀型防火涂料和膨胀型石墨防火涂料的阻燃性能，研究表明，用该方法可快速获得热失重速率（MLR）、热释放速率（HRR）、有效燃烧热（EHC）和点燃时间（TTI）等数据，可有效评价防火涂料防火性能。

② 评价阻燃机理。由有效燃烧热（EHC）、热释放速率（HRR）和比消光面积（SEA）等性能参数可讨论材料的气相阻燃、凝聚相阻燃情况。若 HRR 下降，表明阻燃性提高，这也可由 EHC 降低和 SEA 增加得到；若气相燃烧不完全，说明阻燃剂在气相中起作用，属于气相阻燃机理。若 EHC 无大的变化，而平均 HRR 下降，说明 MLR 亦下降，这属于凝聚相阻燃机理。

③ 进行火灾模型化研究。发明锥形量热仪的初衷就是为了进行火灾模型设计，通过锥形量热仪可测定出火灾中最能表征危害性的性能参数——热释放速率（HRR），从而进行火灾模型设计。

8.1.4 热分析法

热分析法是在程序控制温度下，测量物质的物理性质与温度关系的一种技术，其种类多种多样，其中热重分析（TGA）、差热分析（DTA）和差示扫描量热（DSC）法在研究材料的燃烧性能和阻燃性能评价中广泛应用。由于防火涂料的受热期间是处于不断变化的动态体系中，因此可利用热分析技术研究防火涂料的质量及热效应随温度的变化而变化的情况，与其他测试技术联合可以分析阻燃体系的微观阻燃机理，为评价防火涂料的阻燃性能提供有效的手段，并为选择合理配方提供重要的依据。

薄型和超薄型钢结构防火涂料用到的多数是膨胀型阻燃体系，其阻燃机理大多是基于脱水剂脱水成酸等物质、炭化剂脱水成炭和发泡剂分解产生气体这三步，只有这三个步骤匹配良好，才能达到最好的阻燃效果。杜建科、肖新颜等采用热分析法对典型膨胀体系（聚磷酸铵、三聚氰胺、季戊四醇）的各组分及其作用过程进行了研究，探讨了不同组分之间热效应的叠加现象和相互作用，从热效应角度分析了膨胀反应，并且对膨胀阻燃体系匹配过程、基材树脂与膨胀阻燃体系匹配过程、防火涂料降解及阻火过程进行了系统研究，为研究防火涂料的阻火、隔热过程提供了科学的依据。

8.2 防污性能

随着航运事业的发展和海洋资源开发步伐的加快，海洋生物附着污损带来的问题也日益突出。海洋生物的附着会带来一系列的危害，如增加船舶航行阻力、加速船体腐蚀、堵塞冷却管道等。为了防止海洋生物的附着污损，使用防污涂料防污被认为是目前最有效的防污方法。传统防污涂料是由防污剂、基料、溶剂以及各种助剂等组成，通过控制防污剂的释放率，以达到杀死或驱避海洋污损生物的防污目的。

目前涂料防污性能评价主要可分为静态法和动态法两大类。静态法包括防污剂渗出率法和浅海挂板法。静态法在静态的水体系中进行，但由于水流冲击小，毒料流失比较慢，所以同种涂料防污效果要比实际使用情况好。考虑到船舶航行时防污涂料处于湍流中，此时涂料老化和活性物质流失最严重，所以防污涂料的动态试验方法必不可少。动态法可分为实船涂装方法和实验室常用的动态模拟试验评价方法。

8.2.1 防污剂渗出率法

该方法是通过测定防污涂层在一定时期内的防污剂渗出率来间接反映防污性能。其原理是防污剂的渗出会在涂层表面形成一层保护膜，来阻止污损生物的附着或者杀死附着的海洋生物。

渗出率是指 $1cm^2$ 面积的船底防污漆每天向周围海水中渗出来的毒料质量（μg，$10^{-6}g$），以 $\mu g/(cm^2 \cdot d)$ 计。我国制定最早的关于防污剂渗出状况的标准是《船底防污漆铜离子实海渗出测定法》（GB 6824—1986）和《船底防污漆有机锡实海渗出测定法》（GB 6825—1986），前者在 2008 年进行了修订，但后者由于有机锡的禁用，不再使用。

（1）测试原理

以原子吸收光谱法测定以氧化亚铜为防污剂的防污漆在人造海水中铜离子的渗出率，以 $\mu g/(cm^2 \cdot d)$ 表示，测定范围为 0～200$\mu L/L$。

（2）测试装置

① 测试筒：聚甲基丙烯酸酯或聚碳酸酯圆筒，外直径（65±5）mm，高 70～100mm，测试筒两头需用耐水材料密封，并在一端黏结一根连接杆，使之有足够的长度与旋转装置连接。

② 贮存槽：使用惰性材料（聚碳酸酯）制造，容积要求至少可浸入 4 个测试筒。贮存槽内的人造海水应循环通过一个泵和过滤装置，以使人造海水中铜离子的含量低于规定水平。循环水的出口与入口应设置在适当的位置，使水槽中的人造海水能以平稳、一致的流速流过测

试筒。控制水温在（25±2）℃，pH 值在 7.8～8.2 之间，盐度为 3.0%～3.5%。贮存槽见图 8-3。

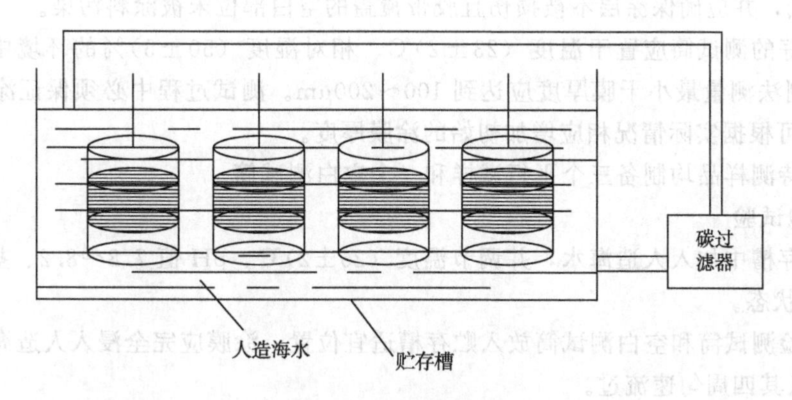

图 8-3　贮存槽示意图

③ 渗出率测试装置：聚甲基丙烯酸酯或聚碳酸酯圆筒，直径为 120～150mm，高 170～210mm，恒温（23±2）℃，用丙酮或二氯甲烷将 3 根直径 4～8mm 的聚甲基丙烯酸酯或聚碳酸酯圆棒均匀黏附于圆桶内壁，并高出水面 10mm，作为缓冲装置，以防止测试筒旋转时海水产生旋涡。渗出率测试装置如图 8-4 所示。

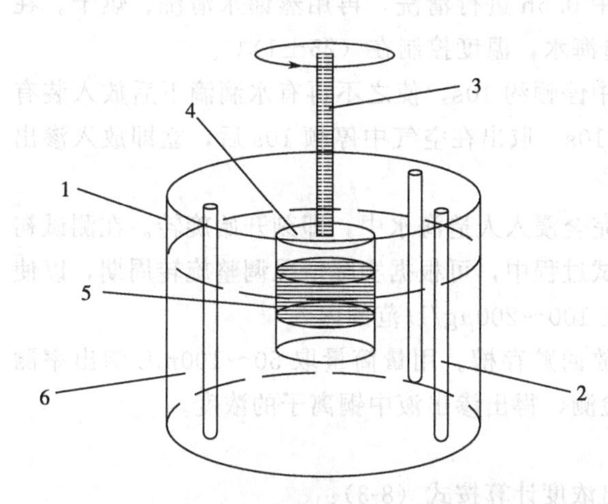

图 8-4　渗出率测试装置示意图

1—圆筒容器；2—缓冲棒；3—转轴；
4—测试筒；5—涂装区；6—人造海水

④ 旋转装置在渗出率测试容器正上方位置，用于旋转测试筒，转速为（65±5）r/min [（0.20±0.02）m/s]。旋转装置不能接触到人造海水。

⑤ 恒温水浴箱：控制温度为（23±2）℃，可放入一个或多个渗出率测试容器。

⑥ 石墨炉原子吸收光谱仪（GF-AAS）。

⑦ 取样分配器自动化取样。

（3）试剂配制

① 标准铜溶液：准确称取 1.34g $CuCl_2 \cdot 2H_2O$（分析纯）置于 250mL 容量瓶中，并加入 2.5mL 浓硝酸酸化，用二次蒸馏水稀释至刻度，得到稳定的铜离子标准储备液。标准储备液铜离子浓度为 2mg/mL。

② 人造海水：以无水态计算的工业级盐类氯化钠、硫酸钠和碳酸钠各 10g 溶于自来水中，并稀释到总量为 1L；或用 23g 氯化钠（NaCl）、8.9g 十水硫酸钠（$Na_2SO_4 \cdot 10H_2O$）、9.8g 六水氯化镁（$MgCl_2 \cdot 6H_2O$）和 1.2g 无水氯化钙（$CaCl_2$）溶于自来水中，并稀释到总量为 1L。

（4）试样制备

① 将未涂装的测试筒浸于浓盐酸（密度约 1.189g/mL）中 0.5h 或任意一种酸溶液中 6h 进行清洗，以除去测试筒表面的污染物，再用二次蒸馏水进行清洗。将待涂装试验区的表面用 200 目砂纸轻轻打磨以提高附着力。涂装前应将打磨面上的灰尘清除干净。

② 将测试筒外表面底部及上端 1～2cm 处用胶带纸覆盖，并在测试筒中部准确预留一个面积为 $100cm^2$ 的环形试验区，涂装待测涂料样品至规定厚度。涂装完毕后，应在涂膜干透前揭去胶带纸，并应确保涂层不被损伤且胶带覆盖的空白部位未被涂料污染。

③ 涂装好的测试筒应置于温度（23±2)℃、相对湿度（50±5)%的环境中不少于 7d。用非破坏检测法测量最小干膜厚度应达到 100～200μm。测试过程中必须保证涂膜厚度大于 50μm，否则可根据实际情况相应增加初始的涂膜厚度。

④ 每个待测样品均制备三个平行试样和一个空白测试筒。

(5) 浸泡试验

① 向贮存槽中加入人造海水，并调节温度（25±2)℃、pH 值 7.8～8.2、盐度 3.0%～3.5%的稳定状态。

② 将试验测试筒和空白测试筒放入贮存槽适宜位置，涂膜应完全浸入人造海水中，并使人造海水能从其四周匀速流过。

③ 每隔 1d 检测一次人造海水的温度和 pH 值，根据需要可使用 0.1mol/L 的 HCl 溶液或 0.1mol/L 的 NaOH 溶液调节 pH 值。每 7d 检测一次盐度并进行调控。

④ 在浸泡至第 1d、3d、7d、10d、14d、21d、24d、28d、31d、35d、38d、42d 和 45d 取样日时，取出测试筒放入渗出率测试容器中进行铜离子浓度测试试验。

(6) 铜离子浓度测试试验

① 试验前，所有试验用品需浸于浓盐酸中 0.5h 进行清洗，再用蒸馏水清洗、烘干。在每个渗出率测试容器中装入 1500mL 新鲜人造海水，温度控制在（25±1)℃。

② 从贮存槽中取出测试筒，将其在空气中停顿约 10s，使之不再有水滴滴下后放入装有至少 500mL 人造海水的干净斜口烧瓶中清洗 10s，取出在空气中停顿 10s 后，立即放入渗出率测试容器中。

③ 将测试筒连接到旋转装置上，涂膜应完全浸入人造海水中，即刻开始旋转。在测试初期阶段，旋转周期可设置为 1h。在随后的测试过程中，可根据实际情况调整旋转周期，以使渗出率测试容器中渗出液铜离子的浓度保持在 100～200μg/L 范围内。

④ 到达预定旋转周期后，将测试筒取出放回贮存槽。用量筒量取 50～100mL 渗出率测试容器中的渗出液，以原子吸收光谱仪进行检测，得出渗出液中铜离子的浓度。

(7) 结果计算

渗出率测试容器中试验溶液的铜离子渗出浓度计算按式 (8-3)：

$$\rho(\mathrm{Cu}) = \rho_\tau F - \rho_B \tag{8-3}$$

式中，$\rho(\mathrm{Cu})$ 为铜离子渗出浓度，μg/L；ρ_τ 为渗出液中铜离子的质量浓度，μg/L；ρ_B 为人造海水空白溶液中铜离子的质量浓度，μg/L；F 为渗出液样品的校正因子，$F=1.01$。

渗出率计算按式 (8-4)；

$$R = \rho(\mathrm{Cu}) V \times 24/(tA) \tag{8-4}$$

式中，R 为铜离子渗出率，$\mu g/(cm^2 \cdot d)$；V 为渗出率测试容器中人造海水的体积，L；t 为测试筒浸渍于渗出率测试容器中旋转的时间，h；A 为涂膜表面积，cm^2。

(8) 参考标准

GB/T 6824—2008《船底防污漆铜离子渗出率测定法》。

8.2.2　浅海挂板试验

浅海挂板试验是在港口、码头等建立试验基地，通常是在钢制或木质结构的浮筏上进行，具体是将涂有防污涂料的样板通过浮筏浸泡在浅海中，定期观察样板上污损生物的附着品种、附着量及繁殖程度，同时与空白样板进行对比，根据观察情况评定防污涂料的性能。《防污漆样板浅海浸泡试验方法》(GB/T 5370—2007) 详细介绍了此方法。该方法比较直观地评价防污性能，但试验周期长，受外界环境影响大。

(1) 测试装置

① 浮筏。浸泡试验可在海水流通的钢质、木质、钢筋混凝土等结构的浮筏上进行。

浮筏泊放地点应在海湾内海生物生长旺盛、海水潮流小于 2 m/s 的海域中，不应放在河口或工业污水严重的海域。

② 框架。框架材料应采用截面尺寸不小于 25mm×25mm×3 mm 角钢或其他适用的材料。将角钢焊接成 3 档框架，如图 8-5 所示。角钢表面经除锈后，应涂装防锈漆和防污漆。

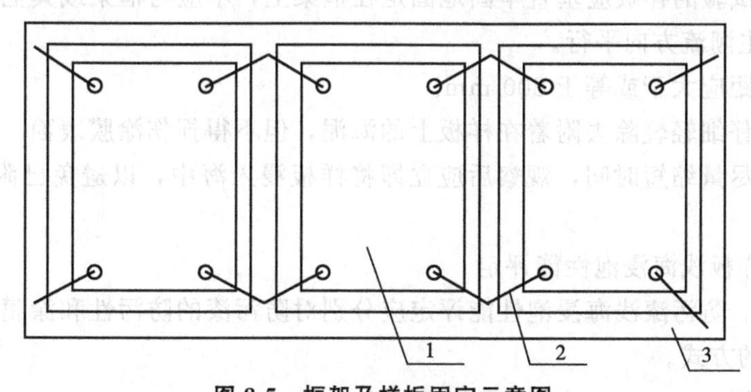

图 8-5　框架及样板固定示意图

1—样板；2—绝缘线；3—框架

(2) 试样制备

① 空白样板。空白样板采用 4～6mm 厚的深色硬聚氯乙烯板，其表面应采用喷砂或 3 号金刚砂纸打毛。

空白样板的尺寸应与试验样板的尺寸相同。

② 试验样板。试验样板的基材应采用 3mm 厚的低碳钢板。样板长度应为 300～350mm，宽度应为150～250mm；样板推荐尺寸为 350mm×250mm。钻孔位置如图 8-6 所示。

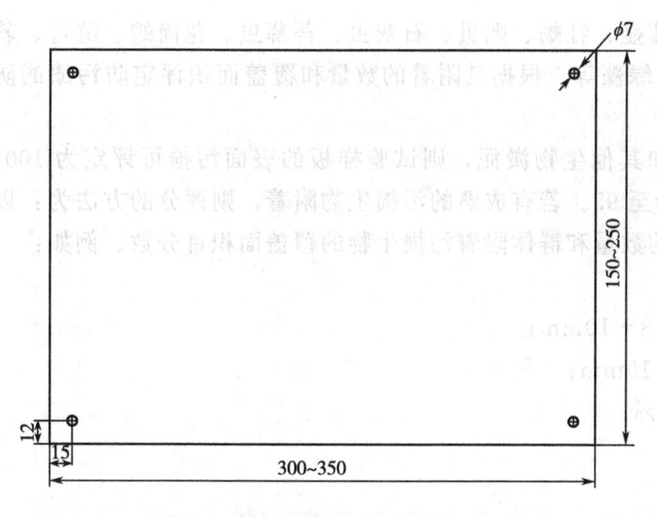

图 8-6　试验样板尺寸 (单位：mm)

样板的基材表面应进行喷砂

或喷丸处理，除去钢板表面的锈蚀和氧化层。钢板表面处理后应符合 GB 8923 中规定的 Sa2.5 级的要求。涂装前，钢板表面除去砂尘。

空白样板、试验样板应各制备 3 块，同种样板应固定在同一框架上（上、中、下 3 档）。

(3) 测试方法

① 样板在浅海浸泡试验前应做好标记，记录原始状态，并拍照。

② 将样板浸泡在浅海中，样板浸泡深度在 0.2～2 m 之间。

③ 样板浸海后，前 3 个月每月观察 1 次，之后每季度观察一次，1 年以后每半年观察 1 次（海生物生长旺季每季度观察 1 次）。每次观察应对样板表面拍照。记录样板上海洋污损生物的附着数量及其生长状况。记录样板上涂膜表面状态，如锈蚀、裂纹、起泡、剥落、粉化等。

(4) 注意事项

① 防污漆样板浅海浸泡试验应至少在试验所在海域海生物生长旺季前 1 个月开始。

② 样板刷上最后一道防污涂料后应在试验涂料产品要求的下水时间内将样板下海浸泡。

③ 试验样板、空白样板必须同时浅海浸泡。

④ 浅海浸泡试验的样板应垂直牢固地固定在框架上，不应与框架或其他金属接触，样板表面应与海水的主潮流方向平行。

⑤ 框架的间距应大于或等于 200 mm。

⑥ 观察时应仔细轻轻除去附着在样板上的海泥，但不得损伤涂膜表面。

⑦ 观察时应尽量缩短时间，观察后应立即将样板浸入海中，以避免已附着生物的死亡，影响试验结果。

(5) 防污漆样板浅海浸泡性能评定

① 评定原则。防污漆浅海浸泡性能评定应分别对防污漆的防污性和涂膜的物理状态进行评定，采用评分的方式。

② 防污性评定

a. 当空白样板表面生物污损严重，试验样板表面生物污损显著低于空白样板时，防污性评定结果有效。

b. 主要海洋污损生物的品种有藤壶、牡蛎、贻贝、石灰虫、苔藓虫、花筒螅、浒苔、软体动物、水螅、海鞘、海葵、褐藻、绿藻等。根据其附着的数量和覆盖面积评定防污漆的防污性能。

c. 若样板表面只附着藻类胚芽和其他生物淤泥，则试验样板的表面污损可评定为 100。若仅仅有一些初期污损生物附着则降至 95。若有成熟的污损生物附着，则评分的方法为：以 95 为总数扣除个体附着的污损生物的数量和群体附着污损生物的覆盖面积百分数。例如：

试验样板上附着的海生物包括：

藤壶　　3 个，直径 3～10mm；

软体动物　　2 个，直径 15mm；

绿藻　　附着面积 3%；

其他污损生物　　无。

评分：95－（3＋2＋3）＝87。

d. 使用与样板评级面积相同的百分格度板测量群体附着污损生物的覆盖面积百分数。

8.2.3　实船涂装方法

实船涂装试验是评价防污涂层性能最有效、最可靠的方法，任何一种船舶防污涂料在投入市场前都必须进行实船涂装试验。通过实船试验，可以检验防污涂层的施工性能、与防锈涂料的配套性、附着力、耐干湿交替性和防污性等综合指标。给船舶涂上防污涂料后，经过预定的航行时间，对船舶防污涂层进行检验，根据涂膜的状态和船舶所附着海生物的种类、数量、附着面积等，来判断防污涂层的性能。根据 ASTM D3623《在浅浸状态下防污板的标准试验方法》，对涂层吸附的物质进行分类标记：①涂层表面吸附的有机物、无机物以及细小的碎石被记为泥沙类；②涂层表面吸附的低等藻类以及硅藻类物质被记为黏土；③涂层表面有污损生物的幼体被记为初始污损；④涂层表面有大型污损物如藤壶、贻贝和牡蛎等主要考察其附着面积。抗污损性能（fouling resistance，FR）$=1-A-B$。其中，A 为被藤壶、贻贝和牡蛎等大型污损生物附着面积与所考察面积的比值。考察区域内污损生物幼体若出现 B 为 0.05，否则为 0。显然，FR 值越大，防污效果越好。

实船涂装试验的优点是其测试条件与船舶航行的实际工况相一致，因此试验结果真实可靠。但是，由于这些试验在海港进行，试验周期长且耗费巨大，所以不利于新型防污涂料的开发和配方筛选。需要更加简便、快速的试验评价方法，以利于防污涂料的开发研究。

8.2.4　动态模拟试验

如前面提到，实船涂装难以满足防污涂层开发初期大量配方的筛选择优，如果能进行动态模拟试验，经过初级筛选后再来进行实船涂装测试，将会大大缩短防污涂料新品种的开发时间，降低费用，从而加快防污涂料的开发和筛选。为了使试验过程更接近船舶的实际运行状况，人们研究并建立了动态模拟方法。目前使用的大部分动态模拟试验方法都是利用建立在海港的试验站模拟船舶的实际服役状况，来评价防污涂料的性能。

我国制定了《船舶防污漆防污性能动态试验方法》（GB/T 7789—2007），该方法将样板安装在转子试验装置中，模拟船舶运行状况，在天然海水中按周期运行，结合海洋污损生物生长旺季时样板浸泡试验，来进行综合评价，这样可以在短时间内评价各种防污涂料的性能。

（1）试验场所

动态试验必须在天然海水中进行，可在下列场所安装动态试验装置：a. 实海中的试验浮筏上；b. 大型天然海水池；c. 具有流动天然海水的海水槽。

（2）动态试验装置

① 动态试验装置包括动力、传动、样板固定架三部分，试验装置和样板固定架如图 8-7 和图 8-8 所示。要求样板运动的线速度达到（18±2）kn（1kn＝0.514444m/s），样板运行时必须在液面 20cm 以下，且不可脱离海水。

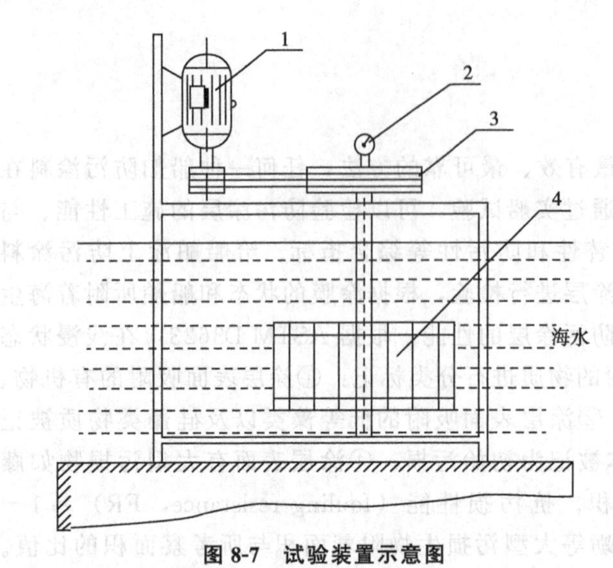

图 8-7 试验装置示意图

1—电机；2—转速计；3—传动装置；4—试验样板

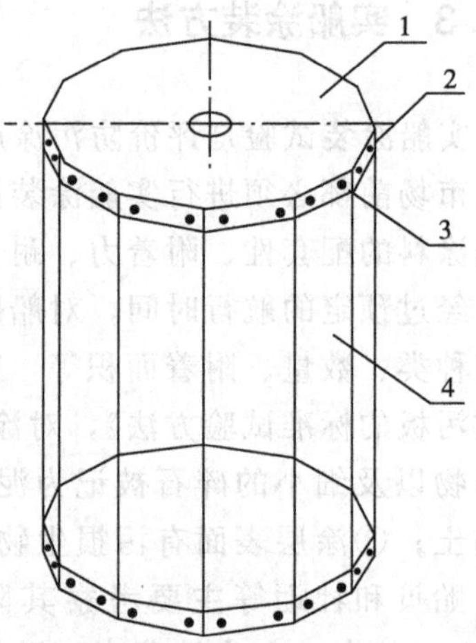

图 8-8 样板固定架示意图

1—上下夹板；2—塑料压条；3—螺钉；4—试验样板

② 动态试验样板停泊时的实海浸泡试验按照 GB/T 5370—2007 所规定的试验方法进行。

③ 动态试验时机：动态试验的初始试验时间，应根据防污漆预计的防污期效和试验地点的海洋污损生物生长旺季来选择。通常应在海洋污损生物生长旺季前 1～2 个月开始试验，使得动态试验的全部周期仍处于污损生物生长旺季内。

(3) 样板的制备

a. 样板基底材质（基材）。动态试验样板基材采用 3mm 厚的低碳钢板。

b. 样板尺寸。动态试验样板的外形尺寸为 260mm×100mm×3mm，样板的 4 个角开有 4 个 ϕ7mm 的固定孔，如图 8-9 所示。每种防污漆的动态试验样板为 3 块。

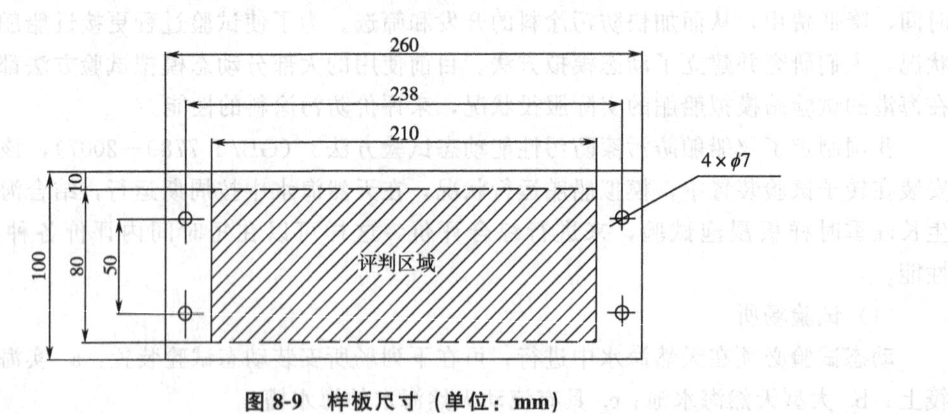

图 8-9 样板尺寸（单位：mm）

c. 样板涂膜制备。样板表面应全部涂装，涂料配套体系、涂层厚度及涂装工艺按试验防污漆的技术要求进行。

(4) 测试方法

a. 样板涂装最后一道防污漆后应在试验防污漆产品要求的下水时间进行试验。

b. 将制备好的动态试验样板安装到样板固定架上，浸入海水中。每天记录一次海水温度和样板浸入海水的深度。

c. 启动装置电源开关，调整到试验所需的线速度（18±2）kn。并记录初始时间、转速、累积转动时间及运转里程。

d. 在保证样板线速度基本不变的条件下，样板连续运转相当于航行（4000±50）nm 后，停机，并检查样板，记录涂膜表面状态，如是否脱落、起泡、开裂等现象出现。若样板涂膜完好，将样板移入试验浮筏进行防污漆浅海浸泡试验 1 个月。以此作为动态试验的一个周期。

（5）观察和记录

a. 每个试验周期后需对样板表面进行观察、记录、拍照。

b. 观察时应小心除去附在样板上的海泥，但不得去掉污损生物，不得损伤涂膜表面。观察时应扣除沿样板边缘上下各 10mm 和左右各 25mm 的区域，实际评判面积为 210mm×80mm（见图 8-9），以消除边缘效应。

c. 主要观察的海洋污损生物品种有藤壶、牡蛎、贻贝、石灰虫、苔藓虫、花筒螅、软体动物、水螅、海鞘、海葵、褐藻、绿藻等，使用与样板观察面积相同的百分格度板分别测量试验样板评判区域污损生物覆盖面积，记录附着的数量和覆盖样板表面的面积。

美国材料与试验协会制定的《船舶防污涂料在天然海水中受水流剪切力作用实验方法》（ASTM D4939-89）提供了一种模拟船舶在动态和静态时涂料受水流作用的动态模拟方法，其装置如图 8-10 所示。

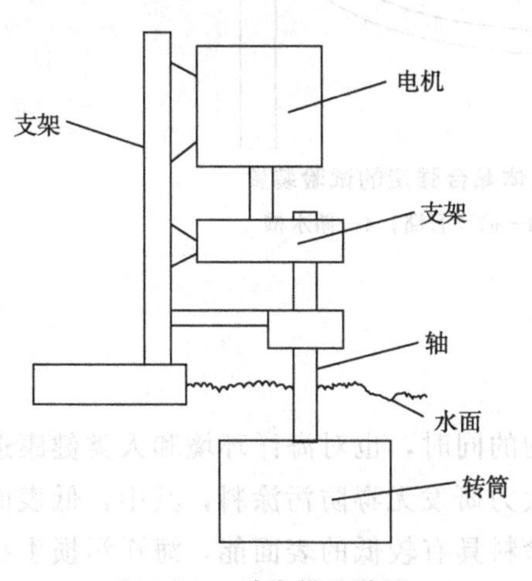

图 8-10　动态模拟装置

（6）参考标准

GB/T 7789—2007《船舶防污漆防污性能动态试验方法》。

8.2.5　实验室法

动态模拟试验需要在真实的海港中进行，限制颇多。除了海港，研究者们开发了数种在实验室就能操作的方法来对防污涂料的防污性能进行评价。

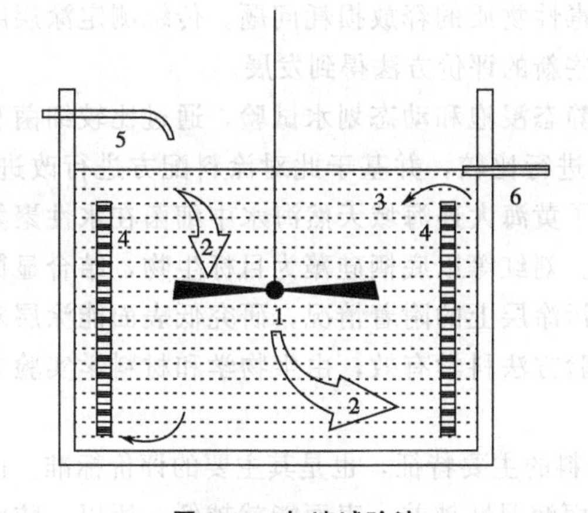

图 8-11　加速试验池

1—搅动叶轮；2—下降水流；3—上升水流；4—试样；5—进水管；6—溢水管

T. Ilva 等设计了一种加速试验池，对不同种类涂层的防污性能进行了试验。如图 8-11 所示，加速试验池装置由水池、搅动叶轮、进水管和溢水管组成，搅动叶轮被固定在水池中间，将试样放入水池中，开动搅动叶轮，叶轮旋转搅动水流冲刷带有防污涂层的试样，通过定期检测涂层表面污损生物附着来初步判断涂层的防污性能。与海上挂板试验相比，该试验大大缩短了防污涂层的筛选周期。不过，该装置不易控制冲刷水流的大小和方向，冲刷力大小与涂层厚度变化之间的量化关系也无法测试。

M. P. Schultz 等设计了一种测定防污涂层

表面污浊有机体黏合强度的试验装置，由海水泵、多隔板稳流室、矩形水流通道、试样固定装置和循环水管路等组成，如图 8-12 所示。试样固定在矩形水流通道上下挡板上，矩形水流通道内高速流动的水流冲刷试样表面的污浊物，通过安装在上挡板的数字压力表测得水流的压力，通过流量表测定水流的流量。试验考察了矩形水流通道内水流流量与剪应力的关系、污损生物去除率与冲刷时间以及水流流速之间的关系。该试验装置的优点是能够对水流流速、流量及压力进行控制和测量，进而计算出各个物理量之间的量化关系。缺点是通道内的水流易生成湍流，影响冲刷测试效果。

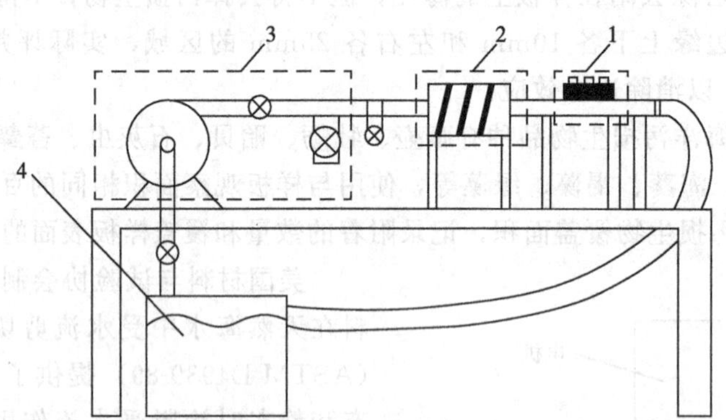

图 8-12　测定防污涂层表面污浊有机体黏合强度的试验装置

1—矩形水流通道；2—多隔板稳流室；3—循环管路；4—储水槽

8.2.6　低表面能防污涂料评价方法

传统的防污涂料通过渗出有毒物质毒杀附着生物的同时，也对海洋环境和人类健康造成了不良影响。近几年随着环保意识的增强，各国都大力研发无毒防污涂料，其中，低表面能防污涂料得到广泛重视。低表面能防污涂料是基于涂料具有较低的表面能，海洋污损生物难以在涂层表面附着，即使附着也不牢固，在水流、自重或其他外力作用下很容易脱落，因此是凭借自身的物理性质而达到防污目的，不存在毒性物质的释放损耗问题。传统测定涂层磨蚀率和防污剂渗出率等评价标准不适用，因此一些新的评价方法得到发展。

① 生物附着试验。Casse 等对防污涂料进行静态浸泡和动态划水试验，通过比较细菌和硅藻在防污涂料上附着数量的多少对涂料的防污进行比较，并基于此对涂料配方进行改进。黄晓东等利用平板计数法和扫描电镜等方法研究了黄海大连海域天然海水中细菌在水性聚氨酯防污涂层上的附着及其细菌生物膜的成膜状态。刘红等以底栖硅藻为目标生物，结合显微镜和图像处理技术评价了底栖硅藻在低表面能防污涂层上的附着情况，研究低表面能涂层对底栖硅藻附着的影响。研究结果证明，该评价实验方法科学有效，由生物学和材料学实验方法所得到的结果相互吻合很好。

② 接触角试验。表面能低是低表面能防污涂料的主要特征，也是其主要的评价标准。由 Young 方程可知，接触角越大，表明该液体对表面润湿性越差，表面能就越低，所以，防污涂层对水接触角越大，表面能就越低，因此，可以通过测试接触角的大小来评价低表面能防污涂层的防污性能。一般来说，临界表面张力为 25～30 mN/m（接触角大于 98°）的涂层可以称为低表面能涂层。

③ 藤壶附着力试验。藤壶是海洋中常见的污损海生物，在实验室条件下也能饲养，所以常把藤壶用于附着力的测定。根据藤壶剪切黏结强度的试验方法（ASTM D5618）直接测出藤壶的附着力，通过扫描器得到附着面积，用除去藤壶所需的张力或剪切力除以藤壶底盘的表面积得到附着强度。Swain 等分别用张力装置和剪切力装置来测定大/小藤壶在不同基材表面的黏结强度，发现两种方法在所有表面（除有机玻璃）上测得的附着强度趋势相似。

8.3 防雾性能

涂层防雾性能指涂层在温度处于或低于周围空气的露点温度时抵抗结雾的能力。

在涂层使用过程中，由于经常暴露在具有温差的环境中，当湿度达到后就会开始结雾。雾气的存在改变了光的传播路径，增加了光的散射，从而导致器件透光率下降，严重影响了使用性能。

（1）测试原理

将涂层置于具有温差的高湿度环境中，对其表面结雾情况进行测定，从而评定防雾能力。

（2）测试仪器

低温恒温箱或冷藏柜：恒温范围为 0～10℃，控温精度不低于 1℃；

恒温水槽：恒温范围为室温～80℃，控温精度不低于 1℃。

（3）测试方法

① 冷雾法。往平口烧杯中注入（200±10）mL、(23±2)℃蒸馏水。将涂层置于烧杯上，使其防雾性试验面对扣于烧杯口，试验部位应平整。将此平口烧杯放入温度为（3±2)℃的低温恒温箱或冷藏柜中，开始计时。5min 时取出放有涂层的烧杯，放置在具有明显图案的纸张上，在自然光或 40W 日光灯下，垂直于烧杯底从上往下观察涂层表面，5s 内观察完毕。

② 急速热雾法。将平口烧杯放置具有明显图案的纸张上，注入（200±10）mL、(85±2)℃蒸馏水。迅速将涂层防雾性能试验面对扣于烧杯口，试验部位应平整。此时开始计时，试验时间 60 s。随后在自然光或 40W 日光灯下，垂直于烧杯底部从上往下观察涂层表面，5s 内观察完毕。

③ 水浴热雾法。往水槽中加入自来水，将具有明显图案的纸张防水处理后固定水浴槽底板上，在水中清晰度与自然状态下一致。往平口烧杯中注入（200±10）mL、(23±2)℃蒸馏水。将涂层防雾性能试验面对扣于烧杯口，试验部位应平整。将放有涂层的平口烧杯放置在（60±2)℃的恒温水槽中，使杯底没入水浴（50±5）mm，开始计时。15min 时，在自然光或 40 W 日光灯下，垂直于烧杯底从上往下观察涂层表面，5 s 内观察完毕。

（4）结果表示

判定标准见表 8-1。

表 8-1　防雾等级与外观效果

等级	防雾外观效果
1	完全透明，无水滴。图案清晰程度与试验前完全一致
2	透明性较好，有少量不均匀大水滴。50%面积以上图案清晰程度与试验前完全一致

续表

等级	防雾外观效果
3	基本透明，有较多水滴。图案部分发生形变
4	半透明，有很多小水珠。图案少量可见
5	完全不透明。图案完全看不清

8.4 抗菌性能

随着人们生活水平的提高，健康已成为提高生活质量的主要方面。SARS（严重急性呼吸综合征）、禽流感、新型冠状病毒等传染性疾病的流行给人类敲响了警钟，控制和消除病菌的传播成为各个领域的研究热点。抗菌涂料是具有抑菌和杀菌作用的涂料。市面上的抗菌涂料大致可分为抗霉菌涂料和抗细菌涂料。截至目前，我国已经制定并颁布实施了三项抗菌涂料标准，包含了两项国家标准和一项行业标准。两项国家标准是《抗菌涂料（漆膜）抗菌性测定法和抗菌效果》（GB/T 21866—2008）和《漆膜耐霉菌性测定法》（GB/T 1741—2020），一项行业标准是《抗菌涂料》（HG/T 3950—2007）。

8.4.1 抗霉菌性能

微生物广泛存在于自然界，通常霉菌源适宜繁殖生长的自然条件为温度 23～38℃，相对湿度 85％～100％，因此在温湿地区的建筑物内外墙面以及其他地区恒温、恒湿区域适合霉菌的生长，它们繁衍迅速，并由此生出各种酶、酸和毒素的代谢产物，从而影响物品的外观与质量，污染环境，危害动植物的生长和人类的健康。如果采用普通装饰涂料，就会受到霉菌不同程度侵蚀，霉菌对于有机类涂料涂层侵蚀更为严重，受霉菌腐蚀以后的涂层会褪色、沾污，以致脱落。这是因为涂料成膜物质是由各种天然或合成高分子材料组成的，大部分含有微生物所需的营养物质，能为微生物的生长发育提供良好的营养条件。霉菌侵蚀涂膜以后，会分泌出酶，这些分泌物会进一步分解涂料中有机成膜物质，成为霉菌生长的营养物质，微生物的大量繁殖会在涂料表面形成斑点，导致涂层发生霉变，不仅严重影响涂层的保护功能及材料的整洁美观，甚至使涂层破裂，失去黏附能力剥落，严重影响了涂料的使用价值。所以，防霉是件很重要的事情，有必要对涂膜的耐霉菌性进行评价和测定，特别是对于建筑物的防霉应引起足够的重视。据报道，世界上每年都有相当数量的涂料损耗在霉变或微生物腐败上，造成了巨大的损失，在涂料生产、贮存和应用过程加入抗菌防霉剂可以明显抑制微生物的繁殖，减少涂料在贮存和应用后的损失。目前国内市场上的防霉涂料大多是在常规涂料中加入小剂量防霉剂，即称为防霉涂料。国内对于涂料防霉性能的测定主要是按照GB/T 1741—2020《漆膜耐霉菌性测定法》中的培养皿法进行。

（1）测试原理

模拟自然界霉菌生长的环境条件，按霉菌生长的生理特点进行加速试验的设计。在试样表面接种霉菌孢子，然后将试样放置在适合霉菌生长的环境条件下培养，观察霉菌在试样表面的生长情况。根据试样表面长霉程度对涂膜的防霉性能进行分级。

（2）测试仪器

恒温恒湿培养箱，生化培养箱，高压蒸汽灭菌锅，干热灭菌箱，pH计，离心机，生物安全柜，显微镜。

（3）培养基和试剂

无菌水；营养盐溶液；营养盐琼脂培养基；马铃薯-葡萄糖培养基。

（4）测试方法

① 混合孢子液的制备。

a. 菌种培养及保藏。在生物安全柜内用接种环分别接种各种霉菌于马铃薯-葡萄糖培养基上，于28～30℃生化培养箱培养至斜面长满孢子，培养后置于3～10℃条件下保藏，时间不超过3个月。

b. 混合孢子液的制备。在生物安全柜内用接种环挑取霉菌孢子，接种于马铃薯-葡萄糖培养基上，在28～30℃培养7～14d，当培养基表面长满孢子时，加入10mL无菌水，在生物安全柜内用接种环在无菌操作条件下轻轻地刮取霉菌培养物表面的孢子，制成孢子悬浮液。

将孢子悬浮液倒入125mL带有塞子的锥形瓶中，瓶内装有45mL无菌水和10～15个直径5mm的玻璃珠，用力振荡锥形瓶以打散孢子团，并使孢子从子实体中释放出来。将带有无菌纤维滤纸的玻璃漏斗置于无菌锥形瓶上，把振荡后的孢子悬浮液倒入漏斗内过滤，除去菌丝和培养基碎片。

无菌条件下4000r/min的速度离心已过滤的孢子悬浮液，去掉上清液，加入50mL无菌水于孢子沉淀物中，充分混匀，再次离心得到孢子沉淀物，重复清洗离心孢子3次。

将孢子沉淀物用营养盐溶液稀释，用血细胞计数板或其他方法测定孢子浓度，并稀释使悬浮液中孢子浓度为（0.8～1.2）$\times 10^6$个/mL。

将制备的每种霉菌孢子悬浮液等体积混合，获得混合孢子液。制备好的混合孢子液可在3～10℃冰箱中保存（不超过4d）。

② 接种培养。

a. 培养皿法。向无菌培养皿中倒入约20mL营养盐培养基，当培养基凝固后，在无菌条件下将3个试样和3个对照样分别放置在6个平皿培养基表面中央。

用灭菌的喷雾器向每个样品表面和培养基表面均匀喷洒0.4～0.6mL混合孢子液，使整个试样表面和培养基表面湿润。

将已接种的样品置于温度25～30℃、相对湿度≥85%的条件下培养。培养7d后检查对照样品上霉菌的生长情况，如果在任何一张滤纸上肉眼看不到霉菌生长，则该试验无效，应重新进行试验。若滤纸上肉眼可见霉菌生长，则继续培养至28d检查结果。根据实际需要，可以延长培养时间至56d。

b. 悬挂法。大件样品、不规则样品，无法用培养皿法测试的样品，可以用悬挂法进行检测。

把准备好的混合孢子悬浮液，分别接种于3个试样和3个对照样品的表面。试样与对照样品稍微晾干后，悬挂在容器内。使用带紧密盖子的、能放置样品的玻璃或塑料容器，容器的大小与形状应使其内部空间的底部具有足够敞露的水表面积，保证放置的样品有足够的空间，不相互干扰，并保持容器内相对湿度大于85%。样品放置方式应确保样品不被水触及或溅到，可以采用悬挂的方式把样品悬挂于容器中，注意样品放置不得互相接触。

把已接种的涂膜试验样品和对照样品放在恒温恒湿培养箱中，温度控制在25～30℃，相对湿度控制在不低于85%的条件下培养。培养7d后检查对照样品上霉菌生长情况，如果在任何一张滤纸上肉眼看不到霉菌生长，则该试验无效，应重新进行试验。若滤纸上肉眼可见霉菌生长，则继续培养至28d检查结果。根据实际需要，可以延长培养时间至56d。

（5）结果表示

培养结束后，立即将培养皿从恒温恒湿培养箱取出，应先目视检查，长霉面积小于10%时，用显微镜在放大50倍下观察，防霉性能按表8-2进行分级。以两个或以上平行试样的相同防霉等级作为该样品的防霉等级，若三个平行试样的防霉相差两个等级时应重新进行试验。

表8-2 防霉等级

样品上霉菌的生长情况	长霉面积/%	防霉等级
不生长	0	0
痕量生长	<10	1
少量生长	≥10，<30	2
中度生长	≥30，<60	3
重度生长	≥60	4

（6）参考标准

GB/T 1741—2020《漆膜耐霉菌性测定法》。

8.4.2 抗细菌性能

细菌在材料表面的黏附以及后续的增殖繁衍通常会导致生物膜的形成，在人体健康和工业应用中，包括公共卫生设置、手术设备、生物传感器、纺织品、水净化系统以及食品包装等，预防及治理生物膜成为一个重要问题。对于医疗植入材料和医疗设备，细菌等微生物的黏附不仅会限制器械的使用寿命，而且可能引发感染，在临床上容易引起并发症，有时甚至导致死亡。对于食品加工和包装材料，微生物的积累对加工效率、生产率和食品质量有很大的影响。对于海洋设备，生物膜等微生物污染物为其他海洋物种附着和增殖提供了平台，从而增加了操作和维护成本。为了解决这些问题，将传统涂料抗菌功能化，通过合适的方式涂布于材料表面，使材料表面具有一定的抗菌功能，可以大大降低初始细菌附着的程度，从而防止后续生物膜的形成。因此，近年来对抗菌涂层的需求日益增长。

当前，国内对于涂料防菌性能的测定主要是依据《抗菌涂料（漆膜）抗菌性测定法和抗菌效果》（GB/T 21866—2008）。

（1）测试原理

通过定量接种细菌于待检验样板上，用贴膜的方法使细菌均匀接触样板，经过一定时间的培养后，检测样板中的活菌数，并计算出样板的抗细菌率。

（2）测试仪器和材料

恒温培养箱［(37±1)℃］，冷藏箱（0～5℃），超净工作台，压力蒸汽灭菌锅，电热干燥箱。

灭菌平皿，灭菌试管，灭菌移液管，接种环，酒精灯。

覆盖膜：聚乙烯薄膜，标准尺寸为（40±2）mm×（40±2）mm、厚度为 0.05～0.10mm。用 70%乙醇溶液浸泡 10min，再用洗脱液冲洗，自然干燥。

（3）培养基

营养肉汤培养基（NB），营养琼脂培养基（NA）。

（4）试剂

消毒剂：70%乙醇溶液。

洗脱液：0.85% NaCl 生理盐水。为便于洗脱，可加入 0.2%无菌表面活性剂（如吐温 80）。

培养液：营养肉汤/生理盐水溶液。

检验菌种：

a. 金黄色葡萄球菌 AS1.89。

b. 大肠埃希氏菌 AS1.90。

根据产品的使用要求，可增加选用其他菌种作为检验菌种。

（5）样板

① 阴性对照样板。未放任何试板的灭菌培养平皿中 50mm×50mm 面积大小的空板。

② 空白对照样板。未添加抗菌成分的涂料试板，此对照涂料样品要求不含有任何无机或有机抗菌剂、防霉剂、防腐剂。

③ 抗菌涂料试验样板。

④ 涂料试板制备。制备试板所用基材通常应是实际使用基材（例如水泥板、木板、金属板、塑料板、贴膜纸板）。涂料的施涂一般为两次涂刷，第一遍表干后涂刷第二遍，涂膜总厚度湿膜小于 100μm，样板应平整、无锈、无油污等。若以木板作为试板基材，则要求涂膜封住整个木板。试板涂刷后干燥 7d，保证试板涂膜完全干后再用于试验。

将涂刷好的试板裁成 50mm×50mm 大小的试板 10 片，在试验前应进行消毒，建议用超净工作台中紫外灭菌灯消毒处理试板 5min，备用。

（6）测试方法

① 菌种保藏。将菌种接种于营养琼脂培养基（NA）斜面上，在（37±1)℃下培养 24 h 后，在 0～5℃下保藏（不得超过 1 个月），作为斜面保藏菌种。

② 菌种活化。使用保藏时间不超过 2 周的菌种，将斜面保藏菌种转接到平板营养琼脂培养基上，在（37±1)℃下培养 18～20h，试验时应采用连续转接 2 次后的新鲜细菌培养物（24 h 内转接的）。

③ 菌悬液制备。用接种环从培养基上取少量新鲜细菌，加入培养液中，并依次做 10 倍递增稀释液，选择浓度为（5.0～10.0）$\times 10^5$ cfu/mL 的菌液作为接种菌液。

④ 样品试验。分别取 0.4～0.5mL 试验用菌液滴加在阴性对照样板、空白对照样板和抗菌涂料样板上。

用灭菌镊子夹起灭菌覆盖膜分别覆盖在阴性对照样板、空白对照样板和抗菌涂料样板上，铺平且无气泡，使菌均匀接触样品，置于灭菌平皿中，在（37±1)℃、相对湿度＞90%条件下培养 24h。每个样品做 3 个平行试验。

取出培养 24h 的样品，分别加入 20mL 洗液，反复清洗空白对照样板、抗菌涂料样板及覆盖膜，充分摇匀后，取洗液接种于营养琼脂培养基（NA）中，在（37±1)℃下培养 24～48h 后，测定洗液中的活菌数。

（7）结果计算

将以上测定的活菌数结果乘以 1000 为阴性对照样板、空白对照样板和抗菌涂料样板培养 24 h 后的实际回收活菌数值，保证试验结果要满足以下要求，否则无效：

① 阴性对照样板的实际回收活菌数值均应不小于 1.0×10^5 cfu/片，且空白对照样板的实际回收活菌数值均应不小于 1.0×10^4 cfu/片；

② 同一空白对照样品的 3 个平行活菌数值要符合（最高对数值－最低对数值）/平均活菌数值对数值小于或等于 0.3。

抗细菌率计算公式为：

$$R=(B-C)/B\times100 \tag{8-5}$$

式中，R 为抗细菌率，数值取四位有效数字，%；B 为空白对照样板 24h 后平均回收菌数，cfu/片；C 为抗菌涂料样板 24h 后平均回收菌数，cfu/片。

（8）抗菌耐久性能试验

采用 1 支 30W、波长为 253.7nm 的紫外灯，抗菌涂料试板距离紫外灯 0.8～1.0m，照射 100h，经处理后的试板抗菌耐久性能按第（6）步和第（7）步进行试验。

（9）抗菌涂料抗菌效果

按抗菌效果的程度，抗菌涂料分为Ⅰ级和Ⅱ级两个等级，Ⅰ级适用于抗菌性能要求高的场所，Ⅱ级适用于有抗菌性能要求的场所，抗菌效果符合表 8-3 规定。

表 8-3 抗菌涂料抗菌等级

项目名称		抗细菌率/%	
		Ⅰ	Ⅱ
抗细菌性能	≥	99.00	90.00
抗细菌耐久性能	≥	95.00	85.00

（10）参考标准

GB/T 21866—2008《抗菌涂料（漆膜）抗菌性测定法和抗菌效果》。

8.4.3 最小抑菌浓度和最小杀菌浓度

抗菌涂料的抗菌效率是涂料抗菌性能的重要指标之一。对于添加抗菌剂的抗菌涂料来说，其抗菌效果可以通过抗菌剂的最小抑菌浓度（MIC）和最小杀菌浓度（MBC）两个指标来体现。MIC 是指在体外培养细菌 24h 后能抑制培养基内细菌生长的最低抗菌剂浓度，用来表征抗菌剂抑制细菌繁殖的能力。MBC 是指能使受试菌株总量减少 99.9%或以上所需的最小抗菌剂浓度，用来评价抗菌剂的杀菌能力。MIC 与 MBC 越小，抗菌涂料的抗菌效果越好。

抗菌剂或抗菌涂层的 MIC、MBC 的测定方法通常分为两种。第一种方法是液体稀释法：选用营养液作稀释剂，配制不同浓度梯度的抗菌样品-营养液的溶液或分散液，加入等浓度等体积的菌液，设置对照组，然后共同放入恒温摇床培养 24h。通过浊度法确定样品的

MIC，通过平板计数法确定样品的 MBC。第二种方法为固体稀释法（培养基法）：在加热融化的固体培养基中加入不同浓度梯度的抗菌剂，再凝固成培养基平板，培养菌种，培养一定的时间后确定该抗菌剂的 MIC 及 MBC。

8.4.4 抑菌圈法

抑菌圈法又叫扩散法，是利用待测物品在琼脂平板中扩散使其周围的细菌生长受到抑制而形成透明圈，即抑菌圈，根据抑菌圈大小判定待测物品抑菌效价的一种方法。若涂料中抗菌剂成分具有缓释性，则可通过抑菌圈法得以证明。抑菌圈法操作便捷、简单易行、成本低廉、结果准确可靠，是抑菌试验的经典方法，被广泛使用。抑菌圈及其抑菌曲线图的示例如图 8-13 所示。

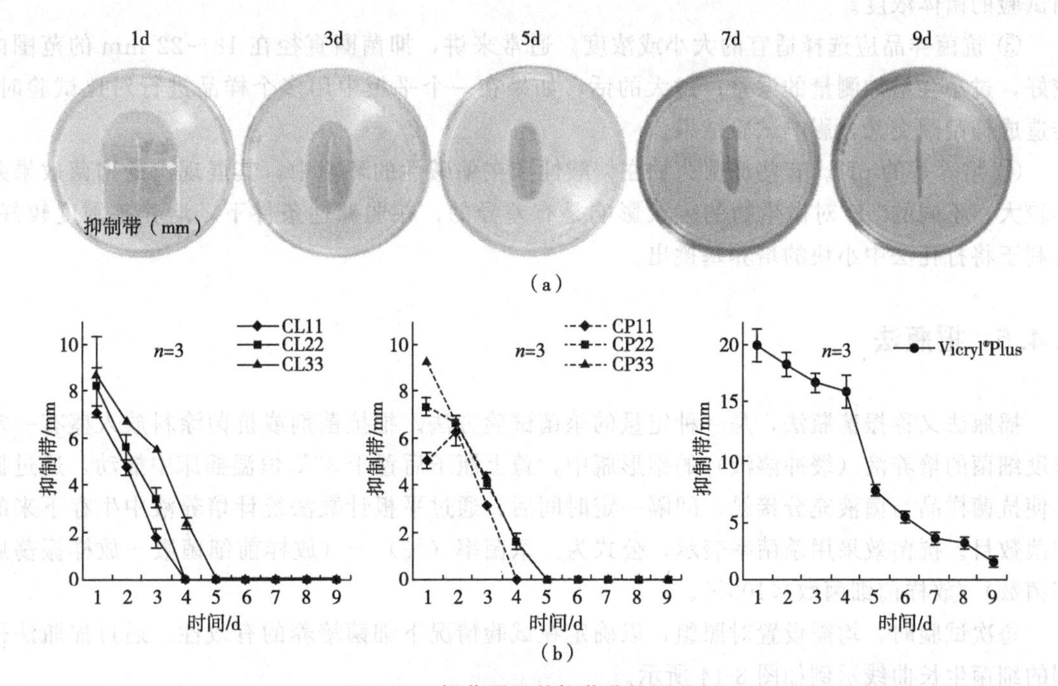

图 8-13 抑菌圈及其抑菌曲线图示例

CL—氯己定-月桂酸涂层缝合线；CP—氯己定-棕榈酸涂层缝合线；11，22，33—三种不同浓度 11mg/mL、22mg/mL、33mg/mL 氯己定的涂层缝合线样品；Vicryl®Plus 为一种含三氯生的可吸收缝合线，作为商用抗菌缝合线的参考

现行的使用最多的抑菌圈法主要有三种：滤纸片法（即 K-B 法，Kirby-Bauer test）、牛津杯法和打孔法三种。K-B 法选用质地均匀的圆形滤纸，用打孔机打成直径相同的圆片，进行灭菌，然后烘干，再将其浸泡于待测样品中，置于试验平板中培养一段时间后进行抑菌圈大小的测定。牛津杯法又称杯碟法，是将已灭菌处理牛津杯置于试验平板中，往杯中注入一定量的待测样品，培养一段时间后进行抑菌圈大小的测定。打孔法，是指用已灭菌的打孔器或钢管在试验平板上打孔，往孔中注入一定量的待测样品，培养一段时间后测定抑菌圈大小。

在进行抑菌圈试验时，应主要考虑以下几点：

① 试验平板的制备。制备抑菌圈试验所用的平板通常采用以下三种方法：

a. 涂布平板法。先往已灭菌的培养皿中倾注适量加热融化的固体培养基，水平静置凝固，接种适量菌液（通常体积为 0.1mL），涂布均匀后备用。

b. 倾注平板法。先往已灭菌的培养皿中加入菌液，然后倾注 50℃左右的固体培养基，混合均匀，水平静置凝固后备用。

c. 预加菌液倾注平板法。将已冷却至 50℃左右的固体培养基中注入一定量的菌液，混合均匀，倾注于已灭菌的培养皿中，水平静置凝固后备用。

② 试验平板中菌落的浓度。当抑菌剂含量一定时，菌体浓度直接影响了抑菌圈的大小。如果菌体浓度过大，会抵抗抑菌剂的作用，导致抑菌圈偏小。因此，对试验平板中的菌体进行梯度浓度试验，可确定活菌浓度试验最适合的浓度。通常情况下，试验平板中菌体浓度在（1×10^5）～（1×10^7）cfu/mL 时，平板菌落致密，具有明显的抑菌圈，是最适合进行抑菌圈试验的菌体浓度。

③ 抗菌样品应选择适宜的大小或浓度。通常来讲，抑菌圈直径在 18～22 mm 的范围内较好，过小会增加测量的误差；过大的话，如果在一个平板中用多个样品进行对比试验时，会造成抑菌圈交叉，影响试验结果。

④ 培养基的 pH。有些抑菌药物在偏酸性和在偏碱性的环境中，其展现出的抑菌效果差异较大；不同的 pH 对微生物的生长影响是有差异的；在弱碱性条件下，培养基硬度较好，有利于将打孔法中小块的培养基挑出。

8.4.5 摇瓶法

摇瓶法又称振荡瓶法，是一种定量的杀菌试验方法。把抗菌剂或抗菌涂料放入盛有一定浓度细菌的培养液（缓冲溶液）的锥形瓶中，盖上瓶子后置于 37℃恒温摇床中摇动，通过振荡使抗菌样品与菌液充分接触，间隔一定时间后，通过平板计数法统计培养液中生存下来的细菌数目。抗菌效果用杀菌率表示，公式为：杀菌率（%）＝（放样前细菌数－放样振荡后细菌数）/放样前细菌数×100%。

每次试验时，均需设置对照组，以确定在试验情况下细菌培养的有效性。通过摇瓶法得到的细菌生长曲线示例如图 8-14 所示。

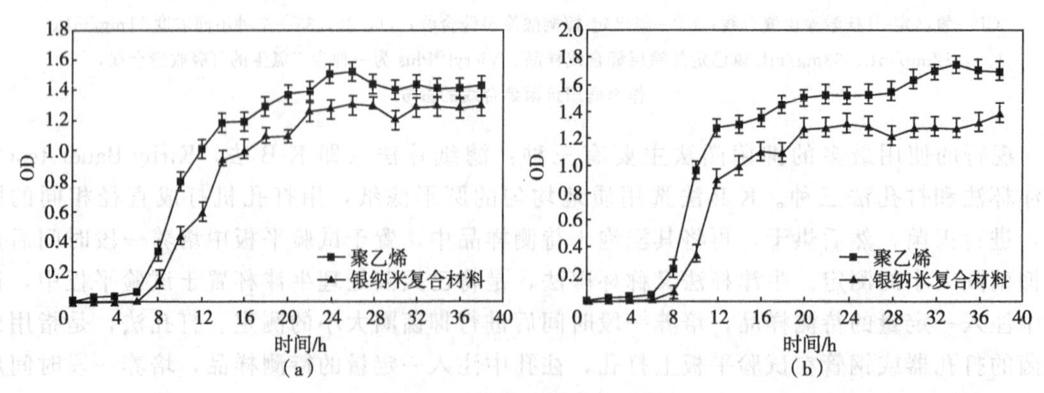

图 8-14 细菌生长曲线示例

8.4.6　电子显微镜法

通过扫描电子显微镜（SEM）或透射电子显微镜（TEM）可以观察细菌的微观形态，同时也可以作为探究抗菌成分杀菌机理的一种有效手段。在通过 SEM 及 TEM 观察之前，细菌样品的制备十分关键。其制备需要保持并固定细菌的形态，以便反映出实际存活或死亡情况。主要方法通常是先对观察细菌的载体（如玻片、铜网等）进行清洗、灭菌处理，再将需要观察的细菌样品通过固定剂固定在玻片或铜网等载体上，对样品整体进行梯度脱水，最终得到可用于电子显微镜观察的样品。通过 SEM 或 TEM 观察细菌的形态，得到的细菌图像示例如图 8-15 所示。

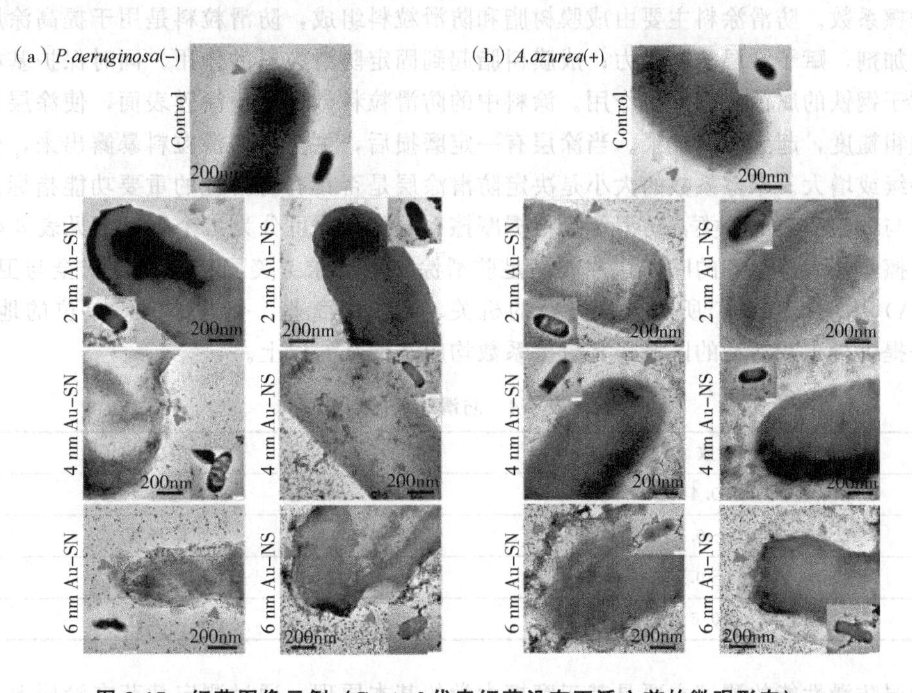

图 8-15　细菌图像示例（Control 代表细菌没有灭活之前的微观形态）

8.4.7　细菌荧光染色法

为了更为直观地观察细菌与抗菌涂层作用一定时间后的存活与死亡数量情况，可采用细菌荧光染色法进行研究。荧光染料碘化丙啶（PI）是一种可对 DNA 染色的细胞核染色试剂，常用于死亡细菌的检测。它是一种溴化乙啶的类似物，不能通过活细菌的细胞膜，但却能穿过破损死亡细菌的细胞膜并对细胞核染色，嵌入双链 DNA 后释放红色荧光。二乙酸荧光素（FDA）常用于活细菌的染色，其染色机理利用了活细菌与死细菌在代谢上的差异：FDA 本身不产生荧光，也无极性，能自由渗透出入完整的细菌细胞膜。当 FDA 进入活细菌细胞后，被细胞内的脂酶分解，生成有极性的、能产生荧光的物质——荧光素，而该荧光素因为其极性较强，不能自由透过活的细菌细胞膜，积累在细菌体内，因而使活细菌产生绿色荧光；而已死亡的细胞不能使 FDA 发生分解，因而也无法产生荧光。利用 PI 与 FDA 各自的染色特性，可以观察与样品接触一段时间后的细菌存活率、死亡率，更为清晰直观。

8.5 防滑性

防滑涂料是用于大型舰船的露天甲板、直升飞机起降甲板、航母飞行甲板上的重要功能材料，也是用于人行天桥、工业地板、体育场及医院等公共场所的安全保障材料。其最成功的应用是在航空母舰和舰载甲板上，涂敷防滑涂料后，甲板的摩擦系数大为增加，可防止飞机和车辆在航空母舰航行时在甲板上滑动，对于飞机在甲板上的安全起降、设备的正常运转和人员的行走起着重要的保障作用。

防滑涂料的防滑原理主要是涂覆的防滑涂料加大了基材表面的粗糙度，从而增加基材表面的摩擦系数。防滑涂料主要由成膜树脂和防滑粒料组成，防滑粒料是用于提高涂层防滑性能的添加剂，赋予涂层防滑能力；成膜树脂起到固定防滑粒料的作用，同时保护基材不受破坏，对于钢铁的腐蚀起着保护作用。涂料中的防滑粒料微突出于涂膜表面，使涂层表面具有合适的粗糙度，起到防滑效果。当涂层有一定磨损后，更多的防滑粒料暴露出来，引起摩擦系数持续或增大。摩擦系数的大小是决定防滑涂层是否具有防滑性的重要功能指标。按照美国材料与试验协会的分类，防滑等级根据摩擦系数的大小可分为 4 个等级（见表 8-4），当涂层的摩擦系数大于 0.6 的时候，才能满足防滑涂料的要求。美国在《职业安全与卫生条例》（OSHA）中明确强调，所有公众开放的机关、学校、商业、交通部门等单位的地面设施，只要是提供行走和活动的区域，其摩擦系数均应达到 0.6 以上。

表 8-4　防滑等级的划分

摩擦系数（μ）	等级
＜0.4	非常危险环境
0.4～0.5	危险环境
0.5～0.6	基本安全范围
＞0.6	非常安全范围

涂层防滑性能的测试主要是基于摩擦力学的基本原理，通过测定载荷在涂层上滑动所需的最小力来计算出摩擦系数。载荷由静止状态到开始滑动时所需的最小力为静摩擦力，一旦开始滑动后，保持匀速滑动所需的最小力为动摩擦力，静摩擦力通常大于动摩擦力。迫使重物开始滑动的静摩擦力有更重要的意义，故通常更重视静摩擦系数的测定。

摩擦系数 μ 为摩擦力 F 与正压力 P 之比：

$$\mu = F/P \tag{8-6}$$

摩擦系数的测定方法主要分为平面滑动法和倾角法两种。中国标准和美国军用标准采取的均为平面滑动法。当前，国内对于涂料防滑性能的测定主要是依据《防滑涂料防滑性的测定》（GB/T 9263—2020）。

8.5.1 平面滑动法

(1) 测试原理

通过逐渐增加水平的拉力以使滑块即将滑动所需的力与滑块的重量比计算出静摩擦系

数，以静摩擦系数大小评价防滑涂层的防滑性能。在涂层表面润湿水或油类介质，可以测试涂层相关的使用场合下的防滑性能。

（2）测试装置

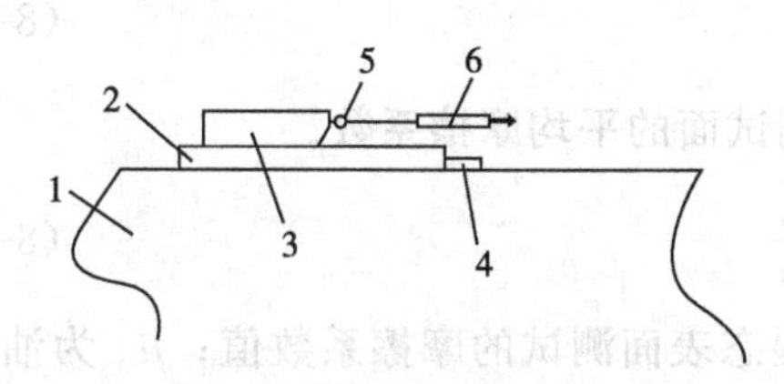

图 8-16　摩擦系数测试装置

1—试验台；2—试验样板；3—滑块；
4—固定架；5—环形螺钉；6—拉力计

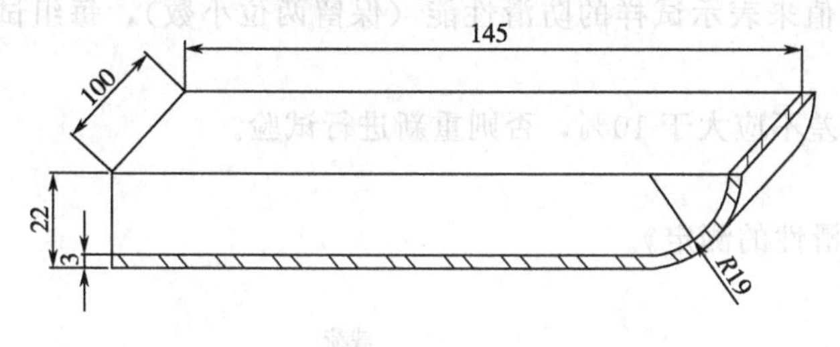

图 8-17　滑块示意图（单位：mm）

摩擦系数测试装置用于测试在受试涂层面上拉动一个滑块时所需用力，如图 8-16 所示。该测试装置包括：

拉力计：分度值为 0.01N，最大载荷不小于 50N。

硫化氯丁橡胶垫：邵氏 A 硬度为 57±2，标称厚度为 3mm。

滑块：用一层硫化氯丁橡胶垫粘在一块尺寸为 145mm × 100mm×22 mm 的钢块底部和圆弧边。圆弧边的一侧边上固定一个环形螺钉，用于与拉力计连接；滑块的总质量为（2.7±0.2）kg，如图 8-17 所示。

固定架：位于受试样板表面以下用来阻止样板滑动。

（3）测试方法

① 滑块的处理。将 400 号碳化硅砂纸平铺在水平的台面上，沿水平方向拉动摩擦系数测试装置的滑块组件，使其表面的硫化氯丁橡胶在砂纸上移动的距离约为 100mm。将滑块在水平面内转过 90°，再重复上述打磨过程直至橡胶表面失去光泽，用软毛刷刷去碎屑。

② 干态表面静摩擦系数的测试。

a. 将试验样板的测试面擦拭干净，放在水平的试验台上并固定。

b. 将摩擦系数测试装置放在试验样板的测试面上，水平拉力计通过坚硬的金属杆与挂在滑块组件的环形螺钉相连，拉力计的拉杆和环形螺钉保持在同一条水平线上，给予一个水平的拉力，记录滑块在滑动开始后的第一个峰值读数，并保持以 5mm/s 的速度做匀速直线运动，滑块移动距离不小于 25mm。

c. 每组测试 3 块试验样板，每个测试面拉动 5 次滑块，将试验样板水平旋转 90°后再进行 5 次测试，记录 30 个读数。

d. 每测试完一组测试样品后更换新的橡胶片，并按照要求对橡胶片的表面进行处理。

③ 湿态表面静摩擦系数的测试。测试前，用水介质润湿试样测试表面，重复干态表面静摩擦系数的步骤。每次测试均应保证测试面始终湿润。

④ 油润态表面静摩擦系数的测试。测试前，用油类介质润湿试样测试表面，重复干态表面静摩擦系数的步骤。每次测试均应保证测试面始终湿润。

（4）结果计算

① 干态静摩擦系数的计算。用式（8-7）计算测试面的平均摩擦系数。

$$干态：\mu_d=\frac{F_d}{nm} \tag{8-7}$$

② 湿态静摩擦系数的计算。用式（8-8）计算测试面的平均摩擦系数。

$$湿态：\mu_w=\frac{F_w}{nm} \tag{8-8}$$

③ 油润态静摩擦系数的计算。用式（8-9）计算测试面的平均摩擦系数。

$$油润态：\mu_o=\frac{F_o}{nm} \tag{8-9}$$

式中，μ_d为干态表面测试的摩擦系数值；μ_w为湿态表面测试的摩擦系数值；μ_o为油润态表面测试的摩擦系数值；F_d为干态表面30次拉力读数之和，N；F_w为湿态表面30次拉力读数之和，N；F_o为油润态表面30次拉力读数之和，N；n为测试次数（$n=30$）；m为滑块的实际质量，kg。

以一组试验测试结果的算术平均值来表示试样的防滑性能（保留两位小数），每组试样干湿、油润态试验结果分别表示。

每次测试数据与平均值的相对偏差不应大于10%，否则重新进行试验。

（5）参考标准

GB/T 9263—2020《防滑涂料防滑性的测定》。

8.5.2 倾角法

与平面滑动法相比，倾角法更加简便易行，除了可测定甲板漆的防滑性外，也适用于钻井平台、仓库和车间地面、设备及手持物件的表面所用的其他防滑涂料的摩擦系数的测定。

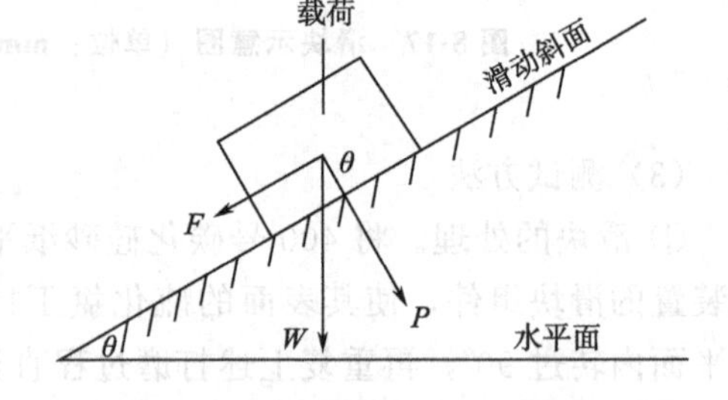

图 8-18 倾角法测定摩擦系数原理示意图

（1）测试原理

对于斜面上的载荷（见图8-18），当斜面角度θ大到恰好使载荷开始滑动时，摩擦力F为载荷所受重力W的分量，即$F=W\sin\theta$，而涂层受到的正压力$P=W\cos\theta$，则摩擦系数为：

$$f=F/P=\tan\theta \tag{8-10}$$

（2）测试仪器和材料

碳钢试板，尺寸为50mm×30mm。

倾角法摩擦系数测定仪结构如图8-19所示。

（3）测试方法

① 将试板打磨除锈后刷涂待测的涂料。

② 将涂有涂层的试板置于试板架上，加上载荷后调节试板架的倾斜角度，记下载荷恰好开始滑动时试板架的倾斜角度θ。

③ 在试板上不同部位多次测定，取平均值。

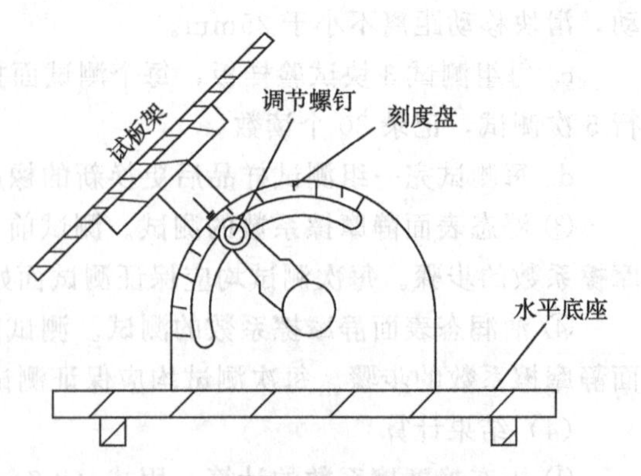

图 8-19 倾角法摩擦系数测定仪结构

（4）结果计算

按式（8-10）计算静摩擦系数。

朱万章采用该方法研究了六种聚氨酯涂层分别在干态、水湿态和油润态下的静摩擦系数，对涂料类型、涂层状态以及防滑粒料对涂层摩擦性能的影响进行了讨论。研究结果显示，聚氨酯涂层具有优秀的防滑性，特别是聚氨酯弹性涂层；聚醚、聚酯和环氧型聚氨酯涂层的防滑性亦很好；同种聚氨酯涂层在干态和水湿态下的防滑性要优于油润态；油的种类会影响油润态的防滑性，采用高黏度油，摩擦阻力会显著减小。相对于平面滑动法，倾角法操作更简便，测试结果重现性好，适合于防滑涂料的研究。

(5) 注意事项

① 涂层应平整，无颗粒、气泡等弊病。

② 试板应有足够的强度和厚度，以免重载荷加载后试板微小弧形弯曲而影响滑动。

③ 至少在试板的上下左右中各测一次，以减少涂层局部不均匀造成的偏差。

④ 载荷不可过高，以免大倾角时翻倒。

⑤ 载荷最好呈圆形，并将涂层接触的滑动面四周制成弧形倒角，以减少试板涂层微小不均匀的阻挡作用。

8.6 隔热保温性能

随着绿色建筑与建筑节能越来越受到重视，建筑隔热保温涂料也得到了快速的发展。隔热保温涂料的性能是由导热传热、对流传热和辐射传热三种热传递方式的综合效应决定的，因此按照其隔热保温机理的差异可将隔热涂层分为阻隔型隔热保温涂料、反射型隔热保温涂料和辐射型保温隔热涂料三大类。太阳反射率和红外发射率是衡量涂料隔热保温的两项重要评价指标，目前我国制定了一系列针对建筑隔热保温涂料的标准，主要包括：GB/T 25261—2018《建筑用反射隔热涂料》、JC/T 1040—2020《建筑外表面用热反射隔热涂料》、JG/T 235—2014《建筑反射隔热涂料》、JGJ/T 287—2014《建筑反射隔热涂料节能检测标准》和JGJ/T 359—2015《建筑反射隔热涂料应用技术规程》等。可以看到，目前中国有关隔热保温涂料的标准主要是针对反射型隔热保温涂料，对于辐射型等类型的隔热保温涂料相关标准较少。

我国隔热保温涂料的评价指标主要是太阳反射率和半球发射率。太阳反射率反映阻隔太阳辐射传递到外围护结构上的量；半球发射率是指一个辐射源在半球方向上辐射出射度与具有同一温度的黑体辐射源辐射出射度的比值。这两项指标虽然是衡量隔热保温涂料性能的重要指标，但仅依据这两项指标并不能准确地评价隔热保温涂料的隔热保温效果，特别是对于阻隔型隔热保温涂料、辐射型隔热保温涂料和复合型隔热保温涂料等。不同波段的反射率和发射率对隔热保温涂料隔热性能影响较大，其等效热阻或隔热温差也是衡量其节能效果的比较直观的评价指标。为了更直观地评价隔热保温涂料的节能效果，人们又提出了围护结构内外表面温度、隔热温差、等效热阻、节电率等关于建筑隔热保温涂料的节能效果评价指标，而最直观显示节能综合效果的是隔热温差（或隔热指数），检测实际温差才能与使用情况紧密联系，才是检验真假反射隔热涂料最有效的指标。

总的来说，对于反射型隔热保温涂料，主要是采用太阳反射率和半球发射率测量外表面温度的方法；而对于隔热型以及辐射型隔热保温涂料等其他一些隔热保温涂料，目前一般采用测量其传热系数、等效热阻或者测量空调能耗的方法来评价。

8.6.1 阻隔型隔热涂料

8.6.1.1 热导率法

（1）测试原理

通过测试得到涂层的热导率大小，定量反映隔热性能，符合 GB/T 4272—2008 规定的绝热材料性能要求，热导率越低，隔热性能越好。

（2）测试方法

用油灰刀逐层将试样加入三个空腔尺寸 300mm×300mm×30mm 的无底试模中，填满后刮平，将带模试件放入（50±5)℃电热鼓风干燥箱中，48h 后脱去试模，试件仍放入鼓风干燥箱，温度调至（105±5)℃，烘干至恒重，取出放入干燥器中冷却备用。试件表面用适当方法加工平整，使得试件与导热仪面板紧密接触，试件可将加热面板覆盖，根据仪器操作步骤测得热导率。

（3）参考标准

GB/T 17371—2008《硅酸盐复合绝热涂料》。

8.6.1.2 温度测试法

A 法

（1）测试原理

基于稳态传热原理，采用人工光源模拟太阳光辐射，分别对参比黑板和测试试板进行均匀照射，达到一定时间后，热量传导稳定，用热电偶测温仪分别测量出参比黑板和测试试板背向热源的金属表面温度，计算出参比黑板与测试试板的隔热温差。

（2）测试仪器

隔热温差测定仪：由人工模拟光源、试板固定及旋转装置、热电偶测温系统、辐射计等组成，示意图见图 8-20。

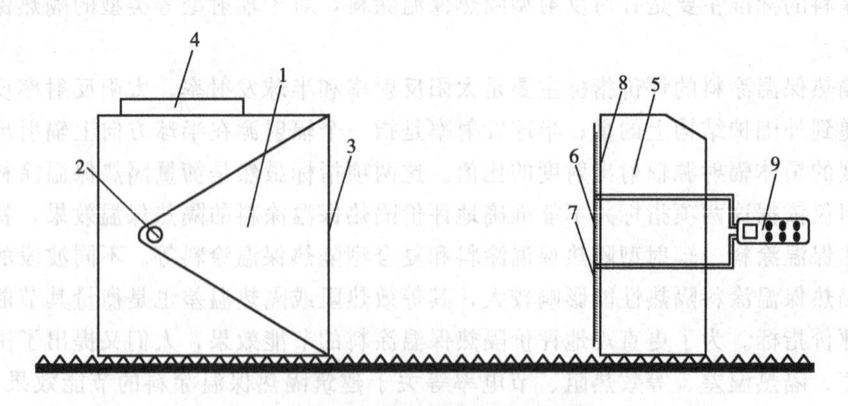

图 8-20 隔热温差测定仪示意图

1—人工模拟光源箱体；2—短弧氙灯/长弧氙灯或镝灯；3—滤光片；4—排热系统；
5—试板固定及旋转装置；6—试板；7—旋转支架；8—测温探头（热电偶）；9—测温仪

（3）试板制备和参比黑板的制备

参比黑板用涂料按照以下配方调制：水，224g；分散剂，7g；杀菌剂，1g；消泡剂，1.5g；纤维素增稠剂，1.5g；丙二醇，15g；沉淀硫酸钡，75g；重质碳酸钙，175g；滑石粉，75g；外墙用丙烯酸乳液，310g；成膜助剂，15g；增稠剂，9g；pH调节剂，1g；铁黑色浆（60%颜料粉），90g。总计1000g。

参比黑板的技术参数应符合表8-5的要求。

表8-5 参比黑板的技术参数

项目	技术参数
明度值	23.0
太阳反射率	0.04～0.05

（4）测试方法

① 在（26±2)℃的条件下进行试验，开机预热约0.5h。

② 将参比黑板安装在旋转装置上，有涂膜的一面正对光源。将热电偶与试板背面紧密贴合，打开测温仪记录数据，数据记录间隔不大于30s。开启旋转装置，旋转速度为5r/min。

③ 1h后，关闭旋转装置，停止数据记录并将数据导出。以时间为横坐标，记录的温度为纵坐标，得到一条温度随时间变化的曲线，去除升温段的数据，选取从温度达到平衡开始到试验结束的所有四个测温点的数据，计算其平均值，记为 T_0。通常情况下，可选取0.5～1h之间的所有四个测温点的数据进行计算。

④ 将参比黑板换为测试板，重复②③步骤，测得的数据记为 T_s。

（5）结果表示

与参比黑板的隔热温差：$\Delta T=T_0-T_s$。

参比黑板用一块进行测试，测试试板应进行平行测试，计算结果取两次平行测定结果的算术平均值，表示至小数点后一位。

（6）参考标准

GB/T 25261—2018《建筑用反射隔热涂料》。

B法

（1）测试原理

通过模拟太阳光照射下涂有隔热涂层的试样背面温度的变化情况反映涂层的隔热效果，温度升高越慢，隔热效果越好。

（2）测试方法

用50mm厚的聚苯乙烯泡沫板制成一个外围尺寸为40cm×40cm×30cm的箱子，在箱子上表面裁出两个对称的孔洞，尺寸以钢片不会掉下为宜，试验装置示意图见图8-21。

① 将两块涂有同一涂料的样板分别放置在泡沫箱的两个孔洞上，将275W红外灯放置在两块样板的正上方，保持样板与红外灯之间的高度为35 cm。

② 开启红外灯，样板表面的涂层接受红外灯源的照射，采用接触式热电偶测定样板背面的温度。每隔3min记录两块样板在同一时间背面的温度。

③ 持续记录样板背面温度，当背面温度在10min内不再变化可视为达到平衡温度，样

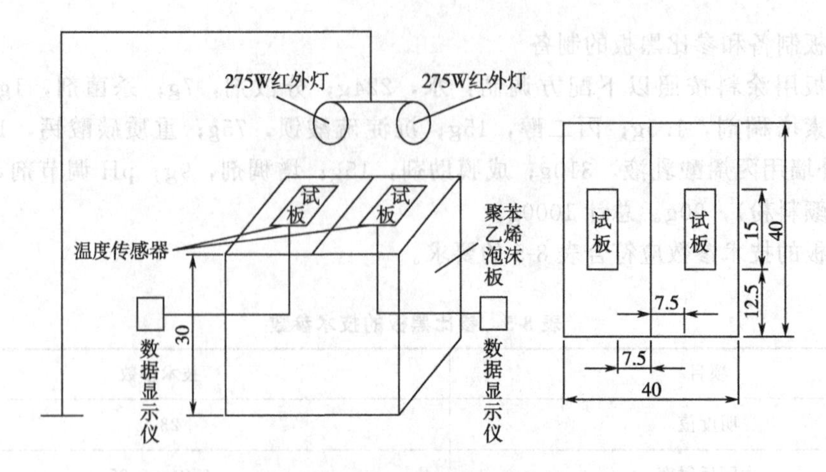

图 8-21 温度测试法试验装置示意图（单位：cm）

板背面的平衡温度越低说明涂料保温性能越好。

④ 绝对温升为样板背面平衡温度减去其初始温度，绝对温升越小，说明涂料的保温性能越好。

(3) 注意事项

整个试验应在封闭情况下进行，以免受到外界环境的干扰。

(4) 参考标准

MIL-E-46136。

8.6.2 反射型隔热涂料

反射型隔热涂料的隔热保温效果主要是通过太阳反射率和半球发射率两项指标来体现。GB/T 25261—2018《建筑用反射隔热涂料》对太阳反射率和半球发射率进行了规定（见表8-6、表8-7）。

表 8-6 反射隔热平涂面漆的功能性要求

项目		指标			
		明度值 L′范围			
		L′≤40	40＜L′≤80	80＜L′≤95	L′≥95
太阳反射率	≥	0.25	L′/100－0.15		0.85
近红外反射率	≥	0.4	L′/100	0.8	
半球发射率	≥	0.85			
污染后太阳反射率变化率/%	≤	—	15	20	
与参比黑板的隔热温度/℃	≥	11.2	L′×0.28		

表 8-7　反射隔热质感面漆的功能性要求

项目		指标			
		明度值 L' 范围			
		$L'\leqslant 40$	$40<L'\leqslant 80$	$80<L'\leqslant 95$	$L'\geqslant 95$
太阳反射率	≥	0.25	$L'/100-0.15$		
近红外反射率	≥	0.4	$L'/100-0.1$		0.75
半球发射率	≥	0.85			
污染后太阳反射率变化率/%	≤	—		15	20
与参比黑板的隔热温度/℃	≥	10.0	$L'\times 0.25$		

注：当产品设计有罩光漆时，可将反射隔热质感面漆与罩光漆配套后进行测试。

8.6.2.1　半球发射率

半球发射率的检测方法大致可分为两类：稳态量热计法，便携式辐射率仪法。

（1）稳态量热计法

稳态量热计法来源于 GJB 2502—1995《卫星热控涂层试验方法》。我国早期的反射隔热涂料标准，如 GB/T 25261—2018《建筑用反射隔热涂料》、JC/T 1040—2020《建筑外表面用热反射隔热涂料》、JG/T 235—2014《建筑反射隔热涂料》等都采用的是这种方法。

① 测试装置。稳态量热计法测试装置如图 8-22 所示。将试样置于真空冷壁中，由外加电功率补偿其热辐射，通过对试样与参比试样温度差别的测试，然后再由公式［见式(8-9)］计算出试样的半球发射率。为避免空气的传热和对流作用对测试样品辐射的影响，测试装置必须抽成真空。稳态量热计法测定装置的价格昂贵，导致使用此方法检测反射隔热涂料的半球发射率的费用也较高。

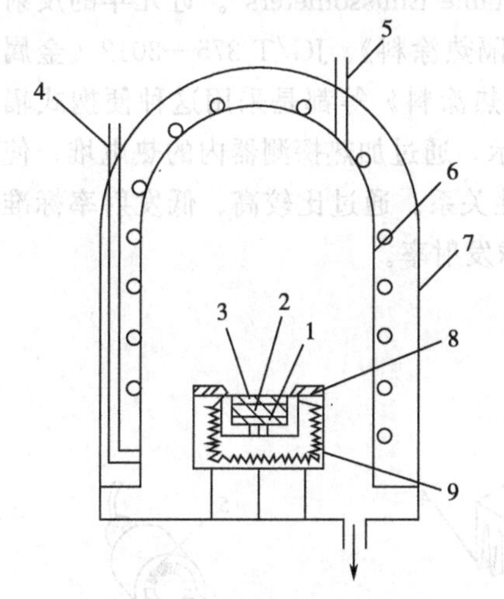

图 8-22　稳态量热计法半球发射率测试装置示意图

1—主加热器；2—均热板；3—试样；4—冷却介质入口；5—冷却介质出口；6—热沉；7—真空罩；8—压板；9—辅加热器

② 测试条件。

a. 真空室压力不高于 1.0×10^{-3} Pa。

b. 热沉冷却介质为液氮（用于标准试样测定）或水（用于一般试样测定），热沉温度均匀度优于 1℃。

c. 热沉内表面面积与试样辐射面积之比应不小于 100。

③ 测试方法。

a. 在试样的表面或背面装上测温热电偶，然后将试样放置并固定在主加热器的均匀热板上。

b. 连接好测温电缆，盖上真空罩。

c. 检查调试真空系统、电加热系统、测温系统使其处于正常状态。

d. 按操作规程启动真空机组，抽真空，向热沉加注冷却介质。

e. 向热沉加注冷却介质时，监视试样的温度，并调节主、辅加热器的加热功率，使试样温度接近技术文件要求的温度。

f. 当试样的主加热器和辅加热器得到补偿，试样温度达到技术文件要求的温度且处于热稳定状态（在 20min 内，试样温度波动不大于 0.1℃）时，连续三次测量试样温度 T、热沉温度 T_0（通水时记录进出口水的温度，取其平均值）、主加热器的端电压 V_0 和标准电阻的端电压 V_1。

g. 完成上述温度条件下的测试后，调节主、辅加热器功率，使试样温度升高到另一个温度点（温升应小于 10℃），在此温度点重复测试。

④ 结果计算。半球发射率计算见式（8-11）：

$$\varepsilon_H = \frac{\frac{V_1}{R}V_0}{\sigma S(T^4 - T_0^4)} \tag{8-11}$$

式中，ε_H 为试样的半球发射率；V_0 为主加热器的端电压（连续 3 次测量的平均值），V；V_1为标准电阻的端电压（连续 3 次测量的平均值），V；R 为标准电阻的电阻值，Ω；S 为试样辐射表面积，m^2；T 为试样温度（连续三次测量的平均值），K；T_0为热沉内表面平均温度（连续三次测量的平均值），K；σ 为斯特藩-玻尔兹曼常数，$\sigma = 5.67 \times 10^{-8}$ W（$m^2 \cdot K^4$）。

试样表面的半球发射率的测定结果，以两个温度点测定值的算术平均值表示，取至小数点后两位。

半球发射率试验结果以三个试板的算术平均值表示，计算精确至 0.01。

⑤ 参考标准

GB/T 25261—2018《建筑用反射隔热涂料》。

（2）便携式辐射率仪法

便携式辐射率仪法来源于 ASTM C1371—2004 “Standard Test Method for Determination of Emittance of Materials Near Room Temperature Using Portable Emissometers”。近几年的反射隔热涂料标准，如 HG/T 4341—2012《金属表面用热反射隔热涂料》、JG/T 375—2012《金属屋面丙烯酸高弹防水涂料》、JG/T 235—2014《建筑反射隔热涂料》等都是采用这种便携式辐射率仪的方法。便携式辐射率仪的结构示意图如图 8-23 所示，通过加热探测器内的热电堆，使探测器和试样之间产生温差，该温差与试板的发射率呈线性关系。通过比较高、低发射率标准板与试样表面温差的大小，即可测量出反射隔热涂料的半球发射率。

姜广明等准备了 5 种颜色的 8 个反射隔热涂料样品，分别采用稳态量热计法和便携式辐射率仪法测试这些样品的半球发射率，发现便携式辐射率仪法测定的半球发射率比稳态量热计法测定的半球发射率略低（表 8-8），两者的差值不超过 0.02。这说明便携式辐射率仪法与稳态量热计法的测试结果非常接近，可信度高。

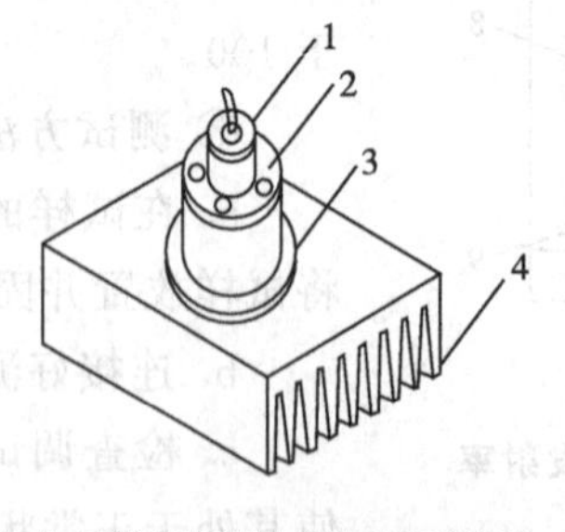

（a）辐射率仪测量头放在标准板上

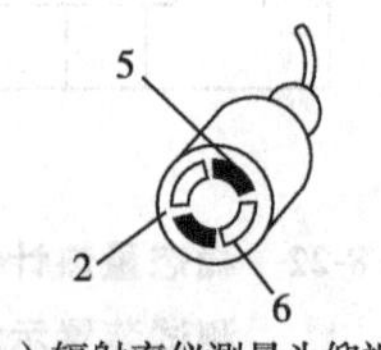

（b）辐射率仪测量头仰视图

图 8-23 便携式辐射率仪结构示意图

1—缆线；2—辐射率仪测量头；3—标准板；4—散热槽；5—高发射率探头元件；6—低发射率探头元件

表 8-8　稳态量热计法和便携式辐射率仪法测试半球发射率结果比对

编号	颜色	明度	半球发射率（稳态量热计法）	半球发射率（便携式辐射率仪法）	偏差
1	白色	96	0.88	0.87	0.01
2		83	0.89	0.88	0.01
3	红色	74	0.87	0.87	0
4		69	0.88	0.87	0.01
5	黄色	91	0.89	0.88	0.01
6		70	0.89	0.88	0.01
7	蓝色	83	0.90	0.88	0.02
8	银色（添加金属粉）	99	0.55	0.54	0.01

8.6.2.2　太阳反射率

太阳反射率的检测方法可分为实验室法和现场法两种。

(1) 实验室测试

实验室通常采用带积分球的紫外、可见光、近红外分光光度计或光谱仪精确测量材料不同波长的反射率，再根据太阳光在热射线波长范围内的相对能量分布，通过加权平均的方法计算材料在一定波长范围内的太阳反射率。

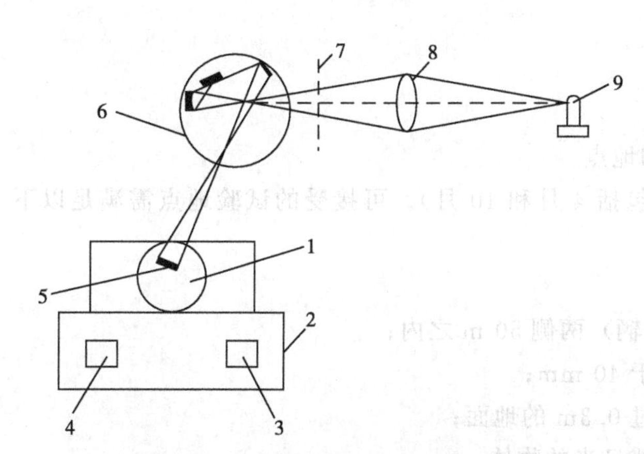

图 8-24　太阳反射率测试装置示意图

1—积分球；2—暗箱；3—光电倍增管；4—光敏电阻；5—试样；6—单色仪；7—调制器；8—聚光镜；9—碘钨灯

① 测试装置

测试太阳反射率的装置如图 8-24 所示。

② 测试方法

a. 接通装置电源，预热 20min 后，检查仪器；

b. 接通光源电源；

c. 把试样安装在试样架上，放入积分球内；

d. 在 250～2500nm 波长范围内，选择不少于 50 个测试点，逐点测试试样的太阳反射率。

③ 结果计算。太阳反射率计算见式 (8-12)：

$$\rho_s = \frac{\sum_{i=1}^{n} \rho_{\lambda_i} E_s(\lambda_i) \Delta \lambda_i}{\sum_{i=1}^{n} E_s(\lambda_i) \sum \lambda_i} \tag{8-12}$$

式中，ρ_s 为试样的太阳反射率；ρ_{λ_i} 为波长为 λ_i 时试样的光谱反射率；$\Delta\lambda_i$ 为波长间隔，$\Delta\lambda_i = 1/2\ (\lambda_{i+1} - \lambda_{i-1})$，nm；$E_s\ (\lambda_i)$ 为在波长 λ_i 处的太阳辐射照度的光谱密集度，W/

(m^2·nm)；n 为在波长 250～2500nm 范围内的测试点数目，一般大于 50。

太阳反射率试验结果以 3 个试板的算术平均值表示，结果精确至 0.01。

(2) 现场测试

太阳反射率的现场测试可采用便携式光纤光谱仪，将探头（小型积分球）倒扣于测试面上，通过光纤把反射光谱导入光谱仪进行分析，现场获得反射光谱。现场测试控制要求较高，在确保无漏光、震动、灰尘等因素的干扰下进行测试。现场测试与实验室测试结果比对显示，两者之间的平均偏差约 6%，高明度误差较小，低明度误差较大，需要修正。

(3) 参考标准

GB/T 25261—2018《建筑用反射隔热涂料》。

8.7 自清洁性能

自清洁涂料是指在能够通过亲疏水作用或者化学降解作用，使涂料表面的污染物在重力、风力、雨水、冲刷等外力作用下从涂料表面自动脱落，从而实现表面自清洁功能的涂料。在此过程中不需要额外人工作业和喷涂额外的清洁剂，从而可以节省人工和材料成本。目前自清洁涂层主要应用于外墙建筑，我国专门制定了针对建筑外表面用自清洁涂料的标准 GB/T 31815—2015《建筑外表面用自清洁涂料》。除了外墙建筑，自清洁涂料还能用于车窗玻璃。这些领域自清洁涂层的自清洁性能测试往往都是采取 GB/T 31815—2015 里面介绍的户外雨水污痕实验。

8.7.1 户外雨水污痕试验

(1) 户外雨水污痕试验的时间阶段和地点

试验阶段为每年的 4～10 月之间（包括 4 月和 10 月）。可接受的试验地点需满足以下条件：

① 地级及地级以上工业城市；

② 道路（日均通车辆不应少于 4000 辆）两侧 50 m 之内；

③ 试验期间的月平均降水量应不小于 40 mm；

④ 试板架放置在不积水、草高不超过 0.3m 的地面；

⑤ 试板前方应平坦、空旷，没有遮挡日光的物体；

⑥ 附近也无工厂烟囱和散发腐蚀性化学气体的设施。

(2) 测试方法

将 3 块试板涂层面朝正南面固定在试板架上（最下层的试板架的下端离地约 1m），使试板的 300mm×400mm 的平面区域垂直于地面，弯折面与水平面的夹角为 30°。在其中 2 块试板的弯折线的上沿，贴上由单个锯齿状雨水导流齿组成的导流条。每个齿的底边为 20mm，形状为等边三角形，一个齿尖向上，相邻的导流齿之间齿尖紧靠（但是相互不重叠）。导流齿用可粘贴的厚度为 90～110μm（含）的铝箔条制作。贴导流条的试板示意图如图 8-25 所示。

将对比板放在稍大于对比板尺寸的 2mm 厚的透明玻璃板上（试验涂层面向玻璃），在对比板四边用胶带等合适的密封材料进行密封固定，以防止试验期间雨水、灰尘进入玻璃板和

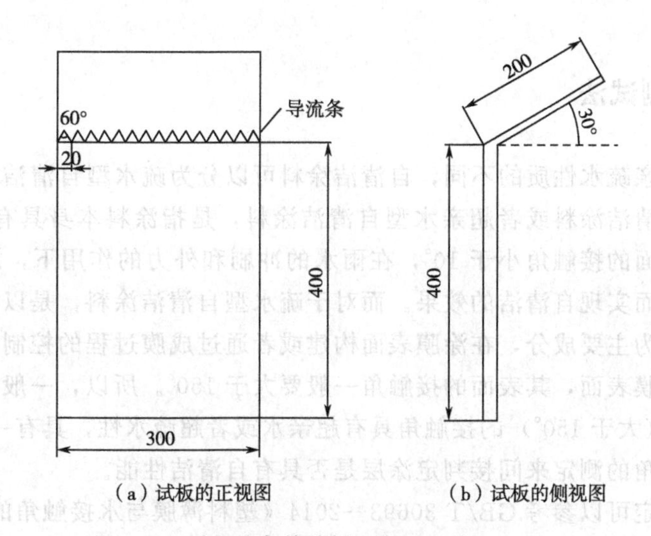

(a) 试板的正视图　　(b) 试板的侧视图

图 8-25　贴导流条的试板示意图（单位：mm）

涂层之间。试验期间每 3d 清洁一次玻璃表面灰尘，保证玻璃良好的透光性。

注意：贴导流条和安装试板过程中应戴手套，避免手上污渍污染试板表面；安装时应注意上下两层试板之间应前后错开，避免上层试板对下层试板的干扰。

(3) 测试结果评定

完成规定的试验后，取下 3 块试板和 1 块对比板。将 3 块试板用自来水（出水口径 8～12mm，流量 4.8～5.2L/min；试板平面与水平面夹角约 45°，出水口到试板上冲下点的距离约 20cm）均匀冲洗 300mm×400mm 的平面区域 3min，然后放置 24h 后按表 8-9 进行结果评定。

表 8-9　户外雨水污痕试验测试评定表

涂层	颜色	耐沾污性评定	雨水污痕登记评定
平涂效果涂层	白色和浅色	按照 GB/T 9780—2013 的规定测试和计算对比板和 1 块未贴导流条的试板之间的反射系数下降率	将对比板和 2 块贴导流条的试板进行比对，观察涂层表面雨水污痕的颜色深浅与密度，比对雨水污痕试验等级对照图片（见 GB/T 31815—2015），目测评定试板的雨水污痕等级。以 2 块试板中的雨水污痕试验结果较好的一块结果报出
	其他色	按 GB/T 9780—2013 的规定用基本灰卡目测评定对比板和 1 块未贴导流条的试板的耐沾污等级	将对比板和 2 块贴导流条的试板进行比对，观察涂层表面雨水污痕的颜色深浅和密度，按照上述方法进行比对。以 2 块试板中雨水污痕试验结果较好的一块结果报出
质感效果涂层	—	按 GB/T 9780—2013 的规定用基本灰卡目测评定对比板和 1 块未贴导流条的试板的耐沾污等级	将对比板和 2 块贴导流条的试板进行比对，观察涂层表面雨水污痕的颜色深浅和密度，按照上述方法进行比对。以 2 块试板中雨水污痕试验结果较好的一块结果报出

注：试板上端和下端各 300mm×80mm 的区域不做评定，报告中应附试验前后照片；比对雨水污痕试验等级对照图片时，应忽略底色和纹理等涂层原始状况。

8.7.2 接触角测试法

根据涂料表面亲疏水性质的不同，自清洁涂料可以分为疏水型自清洁涂料和亲水型自清洁涂料。亲水型自清洁涂料或者超亲水型自清洁涂料，是指涂料本身具有优异的亲水性质，在成膜之后，其表面的接触角小于10°，在雨水的冲刷和外力的作用下，涂料表面的污染物可以自动清除，从而实现自清洁的效果。而对于疏水型自清洁涂料，是以疏水型的助剂或者低表面能树脂体系为主要成分，在涂膜表面构建或者通过成膜过程的控制形成具有一定粗糙度或者规整结构涂膜表面，其表面的接触角一般要大于150°。所以，一般认为具有极小（小于10°）或者极大（大于150°）的接触角具有超亲水或者超疏水性，具有一定的自清洁性能。因此可以通过接触角的测定来间接判定涂层是否具有自清洁性能。

涂层接触角测定可以参考GB/T 30693—2014《塑料薄膜与水接触角的测量》。紫外光照光源为UVA-340，辐照度为0.68W/m^2，黑板温度（60±3)℃，不涂油酸，紫外光照24 h后立即进行接触角测试。测定接触角时，水滴接触试片形成液滴后，立即在3～5s内测定。

8.8 防腐性能

对于金属涂料，其防腐性能是至关重要的。有机涂层在严酷的腐蚀条件下的性能直接关系到它所保护的金属基体材料的腐蚀程度，影响到金属构件的服役寿命，因此涂层防腐性能的评价是防腐涂料研究开发与生产应用中的一个重要组成部分。随着对涂层防腐机理认识的不断深入，其他领域的新技术、新成果不断被引入，已初步形成了从常规的检测方法到应用现代仪器设备的电化学方法、表面分析技术、光谱学方法等涂料防腐性能的研究与评价方法体系。常规检测法主要包括浸渍试验法、耐盐雾试验法和湿热试验法，电化学方法主要包括电化学阻抗谱法、电化学噪声法、扫描Kelvin（开尔文）探头技术和氢渗透电流法，光谱学方法包括傅里叶变换红外光谱法、Raman光谱法和红外显微技术。

每一种方法均有其自身的特点，适用于不同范围，比如常规检测法适合做涂层性能的评价，而电化学方法比较适合用作防腐机理研究，将不同的方法配合使用、相互补充，对全面准确地分析评价涂层的防腐性能、深入研究涂层的防腐机理、指导防腐涂料新产品的开发具有十分重要的意义。

8.8.1 常规检测法

涂层样板在规定的腐蚀条件下经过一定时间后用目测的方式评价涂层所表现出来的对腐蚀介质的反应，如锈蚀、起泡、脱落等，并据此对涂层的耐蚀性能进行评价，将这一类方法统称为常规检测法。

常规检测法用到的仪器设备一般比较简单，比较容易实现，较为实用，且大都制定了相关的国家标准，是我国当前实验室产品研究开发、实际工业生产与应用中最常用的方法。但该类方法主要通过人为强化环境条件来加速试样的破坏速率，从而达到缩短测试时间的目的，试验周期长，试验结果不够精确，重现性较差，信息相对单一，只能观察试样表面涂层的变化状态（如起泡、锈蚀等），属于定性描述的范畴。这对于涂层下金属腐蚀动力学规律的研究和涂层防护机理的探讨是远远不够的，而且这类方法所采用的试验条件往往都经过人为强化，因此与涂层的实际使用环境存在一定差距，据此来预测涂层的耐蚀性和使用寿命具有一定局限性。

8.8.1.1　浸渍试验法

浸渍试验法是当前实验室和生产应用中评价涂层耐蚀性的常用方法之一。该方法是将涂敷有涂层的待测样板直接浸泡于腐蚀介质中，经过一定时间后，将样板取出，检查有机涂层的变化与破坏情况，或记录涂层破坏失效至一定程度所持续的时间，根据涂层/金属的破坏与腐蚀程度或持续的时间来评价涂层的耐蚀性。根据浸渍介质的不同种类可将浸渍试验法分为耐水性试验、耐盐水试验、耐酸碱试验、耐各种有机溶剂试验等，这些试验方法大都有相关的国家标准。浸渍试验法简单易行，可以根据涂层的不同用途和要求选择相应的浸渍介质，试验结果较直观，能真实地反映涂层的耐蚀性能。

8.8.1.2　耐盐雾试验法

耐盐雾性能是考察涂层耐蚀性和预测涂层使用寿命的关键指标，被认为是评定与海洋气氛有密切关系的材料性质的最有效方法，也是评价涂层耐蚀性最经典、使用最普遍的试验方法，在国际上被广泛采用。该法可以模拟由湿度、温度或由两者共同引起的某些加速作用的基本条件。这种试验方法比较严酷，更接近使用条件。常用的盐雾测试标准有 GB/T 1771—2007《色漆和清漆　耐中性盐雾性能的测定》、ASTM B117《操作盐雾箱的标准实验方法》、GB/T 10125—2021《人造气氛腐蚀试验　盐雾试验》等。

为了加速腐蚀，缩短测试时间，人们在中性盐雾（NSS）试验的基础上又相继开发了乙酸盐雾试验（AASS）、铜加速的乙酸盐雾试验（CASS）、酸性合成海水（盐雾）试验等。英国 Timmins 开发的间歇喷雾循环式盐雾试验，将盐雾、干燥、湿热条件进行综合和循环，该方法比盐雾试验更接近实际情况，效果更好。改进的耐盐雾试验在国外已被广泛采用，而国内当前仍以 GB/T 1771—2007 规定的试验方法为主。

(1) 测试原理

将试板放置于不同的盐雾环境中达到规定的时间，定期检查样板的起泡、锈蚀及其蔓延程度，通过观察试板表面变化并依据商定的标准评定盐雾对涂层的影响。其中，中性盐雾（NSS）试验适用于：金属及其合金、金属覆盖层（阳极性或阴极性）、转化膜、阳极氧化膜以及金属基体上的有机涂层；乙酸盐雾（AASS）试验适用于铜＋镍＋铬或镍＋铬装饰性镀层，也适用于铝的阳极氧化膜；铜加速的乙酸盐雾（CASS）试验适用于铜＋镍＋铬或镍＋铬装饰性镀层。

(2) 测试设备

耐盐雾试验法所用设备为盐雾试验箱，包括如下部件。

① 盐雾箱。容积不小于 0.4 m^3，对于大容积的箱体要确保在盐雾试验期间满足盐雾的均匀分布。箱顶部要避免试验时聚积的溶液滴落到试样上。盐雾箱的设计简图（正面图）如图 8-26 所示。盐雾箱在使用前须通过参比样板测试达到标准。

② 喷雾装置。供给喷雾的压缩空气应通过滤清器来除去油分和固体微粒，空气在进入喷嘴之前应通过装填水的饱和塔柱使空气增湿，防止试验溶液的汽化。装填水应至少符合 GB/T 6682—2016 规定的三级水，其温度比盐雾箱高几摄氏度。水的温度取决于所用的空气压力和

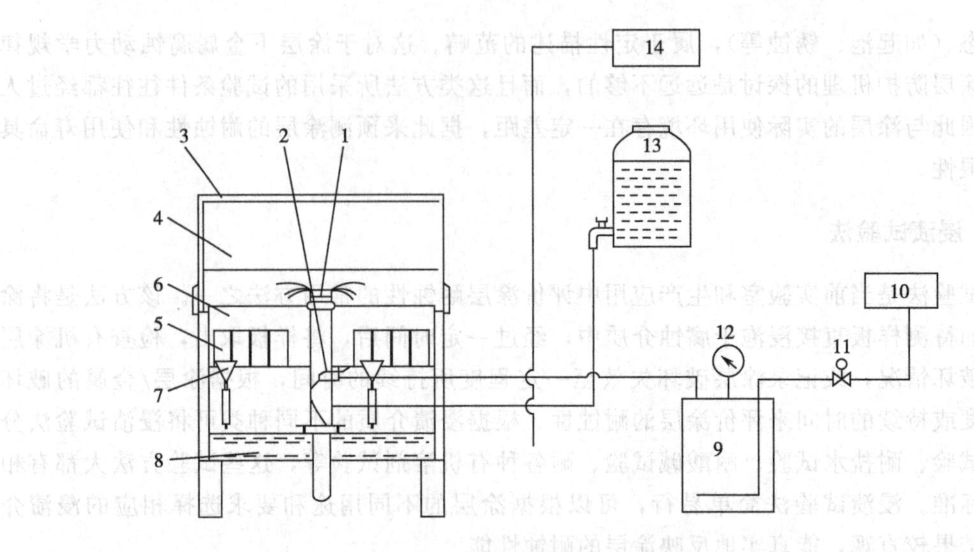

图 8-26　盐雾箱的设计简图

1—盐雾分散塔；2—喷雾器；3—试验箱盖；4—试验箱体；5—试样；6—试样支架；
7—盐雾收集器；8—给湿槽；9—空气饱和器；10—空气压缩机；11—电磁阀；
12—压力表；13—溶液箱；14—温度控制器

喷嘴的类型，调节空气压力使箱内收集速度和收集浓度保持在规定的范围内。喷雾压力保持在 70～170kPa。

③ 试验溶液贮罐。由耐盐水溶液的材料制成。

(3) 溶液配制

采用化学纯及以上的试剂，在温度为（25±2）℃时电导率不高于 20 μS/cm 的蒸馏水或去离子水中溶解氯化钠，配制浓度为（50±5）g/L。所收集的喷雾液浓度应为（50±5）g/L。对于中性盐雾试验（NSS 试验），pH 值调节至 6.5～7.2 之间。

对于乙酸盐雾试验（AASS 试验），向配制的氯化钠溶液中加入适量冰醋酸将 pH 值调节至 3.1～3.3，采用冰醋酸或氢氧化钠调节。

对于铜加速的乙酸盐雾试验（CASS 试验），向配制的氯化钠溶液中加入二水合氯化铜（$CuCl_2 \cdot 2H_2O$），其浓度为（0.26±0.02）g/L [即（0.205±0.015）g/L 无水氯化铜]，pH 值调节至 3.1～3.3，采用冰醋酸或氢氧化钠调节。

(4) 试验样板

① 试板的背面和周边用被试产品或涂层体系涂覆。如果不采用被试产品来涂覆时，则需用比被试产品更耐腐蚀的产品来涂覆。

② 如需要划痕，所有的划痕距试板的每一条边和划痕相互之间应至少为 25mm。划痕应透过涂层至基材，可以划出一道或两道划痕，划痕宽度为 0.3～1.0 mm。实施划痕时使用一种带有硬尖的划痕工具，不允许使用如手术刀、刮胡刀、小刀、针等工具。

③ 对铝板基材来说，应使两条划痕相互垂直但不交叉。一条划痕应与铝板轧制方向平行，而另一条划痕与铝板轧制方向呈垂直角度。如果使用镀锌板或镀锌合金钢板，划至锌镀层与划至金属基材结果会有不同，应商定划痕划破涂层及锌层的厚度。

(5) 试板的暴露方法

① 试板在箱内的暴露角度是很重要的，每块试板的被试表面朝上，与垂线的夹角是 20°±5°。

② 试板的排列应不使其互相接触或与箱体接触。被试表面应暴露在盐雾无阻碍沉降的地方。试板最好放在箱内的同一水平面上，以避免液滴从上层的试板或支架上落到下面的其他试板上。

（6）测试步骤

① 调节试验条件如表 8-10 所示。

表 8-10　试验条件

试验方法	中性盐雾试验（NSS 试验）	乙酸盐雾试验（AASS 试验）	铜加速的乙酸盐雾试验（CASS 试验）
温度/℃	35±2	35±2	50±2
$80cm^2$ 的水平面积的平均沉降率/（mL/h）	1.5±0.5		
氯化钠溶液的浓度（收集溶液）/（g/L）	50±5		
pH 值（收集溶液）	6.5～7.2	3.1～3.3	3.1～3.3

② 将试板（或部件）排放在喷雾室内。关闭喷雾室顶盖，开启试验溶液贮罐阀，使溶液流到贮槽，进行试验。在整个试验周期内，连续进行喷雾。

③ 除了检查、重排或取出试板，检查及补充贮槽中的溶液或按规定做必要的记录，方可停止喷雾。

④ 除另有规定，应进行两次平行测定。

（7）试板的检查

在规定的试验周期结束时，从箱中取出试板，为减少腐蚀产物的脱落，试样在清洗前放在室内自然干燥 0.5 ～1h，然后用温度高于 40℃的清洁流动水轻轻清洗以除去试样表面残留的盐雾溶液，接着在距离试样约 300mm 处用气压不超过 200kPa 的空气立即吹干，检查试板表面的破坏现象，如起泡、生锈、附着力降低、由划痕处腐蚀蔓延等。

（8）结果表示

评价的方法既可以通过测量和计算，也可以通过与图示等级进行比较而确定。对涂层附着力的丧失和腐蚀的程度，是通过测量和计算“划痕层离宽度”和“划痕腐蚀宽度”来进行评价。对其他的损坏状态，如气泡的形成、锈蚀的形成、龟裂的形成、涂层脱落或者花纹形腐蚀，都可以根据 ISO 4628 相应的标准进行评价。

① 划痕部分的评价。

划痕层离宽度（delamination）：划痕处各类膜层失去附着力的宽度。从划刻线的边缘起到膜层失去附着力最远处的距离。

划痕腐蚀宽度（corrosion）：划痕处各类膜层具有可见腐蚀的宽度。从划刻线的边缘起到腐蚀最远处的距离。

划痕腐蚀深度（hole）：划痕处各类膜层具有可见腐蚀点，向基材金属纵深发展的深度。

a. 划痕层离宽度 D 的测量与计算。

竖划痕：在距离为 80mm 长的划痕线上取 6 个测试点（自划痕线的一端 15mm 处开始取点，每间距 10mm 取一点，共 6 个测试点。划痕线的两个端点不作为测试点）。

横划痕：在距离为 50mm 长的划痕线上取 4 个测试点（自划痕线的一端 5mm 处开始取

点，每间距 10mm 取一点，共 4 个测试点。划痕线的两个端点不作为测试点）。

取样点示意图见图 8-27。

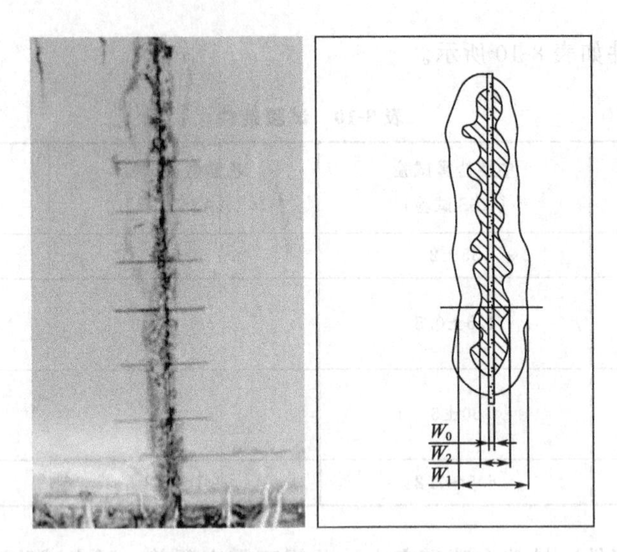

图 8-27　取样点示意图

步骤：记录划痕测试点两侧的最大层离宽度 D，即膜层丧失附着力的最大宽度。根据式(8-13）计算涂层划痕层离宽度 D

$$D=\frac{W_1-W_0}{2} \tag{8-13}$$

式中，D 为划痕层离宽度（单侧），mm；W_1 为划痕测试点两侧的最大层离宽度，mm；W_0 为原有划痕的宽度，mm。

注意：如果失去附着力的范围是不均匀的，则可以增加测量点的数目（自划痕线的一端 15mm 处开始取点，每间距 5mm 取一点，共 12 个点。划痕线的两个端点不作为考核点），之后用公式计算。

b. 划痕腐蚀宽度 C 的测量与计算。

步骤：记录划痕测试点两侧的最大腐蚀宽度 C，即膜层出现腐蚀的最大宽度。根据式(8-14）计算涂层划痕腐蚀宽度 C

$$C=\frac{W_2-W_0}{2} \tag{8-14}$$

式中，C 为划痕腐蚀宽度（单侧），mm；W_2 为划痕测试点两侧的最大腐蚀宽度，mm；W_0 为原有划痕的宽度，mm。

注意：如果腐蚀宽度的范围是不均匀的，则可以增加测量点的数目（自划痕线的一端 15mm 处开始取点，每间距 5mm 取一点，共 12 个点。划痕线的两个端点不作为考核点），也就是紧密集中测量点。

通常，防腐蚀效果好的试样，其划痕层离宽度 D 与划痕腐蚀宽度 C 是一样的，不容易分清。

通常，防腐蚀效果差的试样其划痕层离宽度 D 大于划痕腐蚀宽度 C，通过是否有锈迹很容易分清。

c. 划痕腐蚀深度 H 的测量。如果发现划痕处有明显的腐蚀深坑，那么需要目测腐蚀深度。取划痕上腐蚀较严重的12个点，作为测试点，目测其最大腐蚀深度 H，取算术平均值为最终结果，做好记录和拍照。

② 非划痕部分的评价。明确样板起泡、生锈、脱落等腐蚀现象，记录腐蚀程度。判定参照 ISO 4628，如起泡等级的评定按 ISO 4628-2，生锈等级的评定按 ISO 4628-3。

a. 起泡等级的评定。起泡等级可通过对涂层的起泡数量（密度）/起泡大小等进行评价，也可结合相关区域缺陷的大概尺寸，或者其相对总面积的百分比进行评定。

b. 生锈等级的评定。生锈等级 Ri 初步评级（严重锈蚀加上可见锈蚀）标准参见表 8-11。

表 8-11　生锈等级和生锈面积比

生锈等级	生锈面积比/%	生锈等级	生锈面积比/%
Ri0	0	Ri3	1
Ri1	0.05	Ri4	8
Ri2	0.5	Ri5	40～50

8.8.1.3　湿热试验——连续冷凝法

在潮湿的环境下聚合物涂膜会发生水降解反应，伴随着降解反应，涂层会出现起泡、开裂、剥落以及变色等不同程度的破坏，导致涂层慢慢丧失保护作用，基材（如金属）会发生腐蚀和损坏，因此，湿度是涂料产生老化缺陷和影响其使用寿命的重要环境因素，了解涂层在潮湿环境下的抵抗能力对研究涂料的抗老化性能和预测涂料使用寿命具有重大实际意义。特别是涂层在户外因潮湿（尤其是凝露）引起的腐蚀超过其他因素，因此涂层耐湿性试验也是其耐腐蚀试验的一种重要方法，该方法可作为涂层抵抗腐蚀性能的一个重要评估手段。

湿热试验主要考察涂层的耐水性和水汽渗透性，具体做法是将样板置于湿热试验箱中，在规定的温、湿度条件下，定期观察涂层锈蚀、起泡、脱落等状况。湿热试验与盐雾试验相似，区别仅在于湿热试验的雾滴来源于蒸馏水或去离子水，没有盐分。因此湿热试验引起的腐蚀强度不及盐雾试验剧烈，但在很多情况下湿热试验条件与实际场地环境更为相符，如地下库房、潮热密闭的包装箱、桥梁下部钢结构等，因此对于预测涂层的耐水性和实际使用效果，湿热试验比盐雾试验和浸水试验往往更能说明问题。

（1）测试原理

在湿热环境中，测试试板表面涂层的外观变化及破坏程度。

（2）测试设备

调温调湿箱。

（3）测试方法

试板垂直悬挂于搁板上，试板的正面不允许相互接触。将搁板放入预先调到温度（47±1)℃、相对湿度（96±2)%的调温调湿箱中，也可采用其他商定的温度和湿度。当温度和湿度达到设定值时，开始计算试验时间。试验过程中试板表面不应出现凝露。连续试验 48h 检查一次。两次检查后，每隔 72h 检查一次。每次检查后，试板应变换位置。试板检查时必须避免指印，在光线充足或灯光直接照射下与标准板比较，结果以 3 块试板中级别一致的两块为准。试板四周边缘、板孔周围 5mm 以内及外来因素引起的破坏现象不做考察。

(4) 结果评定

试验结果按 GB/T 1766 中相关规定进行，可根据需要选择以下两种评定方法：

① 分别评定试板生锈、起泡、变色、开裂或其他破坏现象；

② 按表 8-12 评定综合破坏等级。

表 8-12 综合破坏等级

等级	破坏现象			
	生锈	起泡	变色	开裂
1	0 (S0)	0 (S0)	很轻微	0 (S0)
2	1 (S1)	1 (S1)、1 (S2)	轻微	1 (S1)
3	1 (S2)	3 (S1)、2 (S2)、1 (S3)	明显	1 (S2)
4	2 (S2)、1 (S3)	4 (S1)、2 (S2)、2 (S3)、1 (S4)	严重	2 (S2)
5	3 (S2)、2 (S3)、1 (S4)、1 (S5)	5 (S1)、4 (S2)、3 (S3)、2 (S4)、1 (S5)	完全	3 (S3)

注：涂膜有数种破坏现象，评定等级时应按破坏最严重的一项评定。

注意：各国制定的湿热试验方法标准略有不同，主要表现在对温湿度条件的限定上，GB/T 1740—2007《漆膜耐湿热测定法》规定湿热箱的温度为 (47±1)℃、相对湿度为 (96±2)%，而在 ASTM D2247—97《涂层在100%相对湿度中的耐水性试验》中，温度被限定为38℃，相对湿度被限定为100%。

(5) 参考标准

GB/T 1740—2007《漆膜耐湿热测定法》。

8.8.1.4 耐循环腐蚀环境测试

大约从 1914 年盐雾喷淋方法首次用于测试材料的耐腐蚀性能。1939 年，中性盐雾喷淋测试被写入 ASTM B117 标准。标准要求样品在 35℃条件下连续暴露在浓度为 5%的盐雾中。虽然 ASTM B117 测试标准在应用过程中有过多次修正和改进，但是人们长久以来都认为“盐雾喷淋法”的测试结果与样品户外暴露实际的腐蚀效果相关性不好。即便如此，目前 ASTM B117 仍然是盐雾腐蚀测试的主要标准，广泛应用于涂层、军用元件和电子元件的耐腐蚀性测试。

随着对材料防腐要求的提高，人们努力开发能更准确模拟户外腐蚀效果的测试程序。20 世纪 60～70 年代，英国的 Harrison 和 Timmons 开发了特别适用于工业防护涂料的 Prohesion 腐蚀性测试。近几年来，美国钢铁学会（AISI）和美国汽车工程师协会（SAE）开始研究开发汽车循环腐蚀性测试，目前结果令人满意。与此同时，日本研究人员也已经开发出许多循环腐蚀性测试方法。

循环腐蚀测试（CCT）是一种比传统盐雾喷淋法更真实的盐雾喷淋测试。传统盐雾喷淋法由单一的湿环境构成，而实际户外暴露通常包含干湿两种环境，模拟这些自然的、周期性条件，实验室加速测试才有意义。因此，循环腐蚀测试比传统盐雾喷淋法更接近真实的户外暴露。研究表明，经过循环腐蚀测试后，样品的相对腐蚀率、结构、形态和户外的腐蚀结果很相似。

循环腐蚀测试的目的是再现户外腐蚀环境的腐蚀类型。CCT 测试把样品暴露于一系列不同条件的循环环境中。简单的暴露循环，如 Prohesion 测试，是把样品暴露在由盐雾和干燥条件组成的循环中。汽车测试方法要更为复杂，除了要求干湿环境循环外，还包括浸泡、潮湿和冷凝等循环。这些测试循环最开始是通过人工操作来完成，操作人员需要把样品从盐雾喷淋箱移到潮湿试验箱，再转移到干燥环境中。最近新开发的微处理器控制的测试箱可以自动完成这些测试步骤，减少了试验的不确定性。

为了满足不同的使用环境，人们开发了多种循环腐蚀性测试方法。以下测试条件是对各种标准、测试方法和操作的简述。

① Prohesion 测试。Prohesion 测试起源于英国，应用于工业防护涂料的测试。Prohesion 也因在丝状腐蚀性测试中的很好结果而得到认可。Prohesion 电解液比传统的盐雾浓度更低。除此之外，喷雾空气未经湿润。

暴露条件包括：

电解液　　0.05%氯化钠和0.35%硫酸铵

酸性溶液　　pH 值在 5.0～5.4 之间

Prohesion 暴露循环如下：

1h　　在 25℃（或室温条件下）盐雾喷淋

1h　　在 35℃干燥（通过给测试箱通新鲜空气来干燥样品，45min 后样品上的所有可见液滴都被吹干）

重复上述步骤。

② 腐蚀/老化循环。对工业防护涂料来说，增加紫外线测试有利于提高一些产品的测试相关性。这是因为紫外线对涂料的破坏使产品更易腐蚀。腐蚀/老化循环由一周 Prohesion 测试和一周 QUV 暴露交替进行。

电解液　　0.05%氯化钠和0.35%硫酸铵

溶液酸度　　pH 值在 5.0～5.4 之间

试验周期　　2000h

腐蚀/老化暴露循环如下：

1h　　在 25℃（或室温条件下）盐雾喷淋

1h　　在 35℃干燥（通过给测试箱通新鲜空气来干燥样品，45min 后样品上的所有可见液滴都被吹干）

重复一周，然后人工操作把样品移到 QUV 加速老化实验装置且在下列循环中暴露：

4h　　紫外光照，UVA-340 灯管，60℃

4h　　冷凝（纯水），50℃

重复一周。人工操作把样品移到 CCT 试验箱且重复整个程序。

③ 汽车 CCT 暴露。CCT 为汽车工业的循环腐蚀性测试方法技术。因此，大部分 CCT 测试都应用在汽车测试方面。

a. GM 9540P/B。美国汽车工程师学会（SAE）ACAP 委员会和美国钢铁学会（AISI）研究出目前用于汽车表面腐蚀（面涂或预涂金属板）的 CCT 方法。GM 9540P/B 要求每天按 16h 工作周期人工试验，或使用自动循环测试箱。如果是人工操作，就要用一个喷雾器给样品喷雾直到全部湿透。零件在被喷雾之前看起来必须是干燥的。如果是人工操作，周末的时候样品只能暴露在实验室条件下。自动化测试装置可在一个试验箱内完成暴露测试。

GM 9540P/B 暴露条件包括：

电解液　　0.9%NaCl，0.1%$CaCl_2$，0.25% $NaHCO_3$

溶液酸度　　pH 值在 6.0～8.0 之间

试验周期　　80 测试循环（1920h）

GM 9540P/B 暴露测试循环如下：

—　　彻底的盐雾喷淋

90min　　实验室环境（25℃，相对湿度 30%～50%）

—　　彻底的盐雾喷淋

90min　　实验室环境（25℃，相对湿度 30%～50%）

—　　彻底的盐雾喷淋

90min　　实验室环境（25℃，相对湿度 30%～50%）

—　　彻底的盐雾喷淋

210min　　实验室环境（25℃，相对湿度 30%～50%）

8h　　潮湿（相对湿度 9%～100%）

8h　　干燥（60℃，相对湿度<30%）

重复上述步骤。

b. CCT 酸雨。这是一种模拟酸雨暴露的循环测试，是日本汽车标准组织（JASO）的测试方法 M609 在汽车腐蚀性测试方面的改进版。

CCT 酸雨暴露条件如下：

电解液　5%（质量分数）NaCl，0.12%（体积分数）HNO_3，0.173%（体积分数）H_2SO_4，0.228%（质量分数）NaOH

溶液酸度　pH 3.5

CCT 酸雨暴露循环如下：

2h　　35℃盐雾喷淋

4h　　60℃干燥，相对湿度小于 30%

2h　　50℃湿润/潮湿，相对湿度高于 95%

CCT 酸雨测试要求各测试条件之间的转换时间如下：

盐雾到干燥　　30min 以内

干燥到潮湿　　15min 以内

潮湿到盐雾　　30min 以内

④ 汽车零部件及材料循环腐蚀试验方法 CATCH（Corrosion Accelera tion Test with Controlled Humidity），试验步骤见表 8-13。其试验条件见图 8-28。

表 8-13　CATCH 方法试验步骤

步骤	试验操作	箱体内温度/℃	相对湿度/%	每步骤时间	步骤间转换	转换时间
第 1 步	喷淋	25±2	—	4min	—	—
第 2 步	温湿度控制	25±2	45±5	1h56min	线性	1h26min
第 1～第 2 步，重复 4 次		—	—	—	—	—
第 3 步	温湿度控制	50±2	90±5	2h	线性	1h
第 4 步	温湿度控制	50±2	70±5	2h	线性	1h

续表

步骤	试验操作	箱体内温度/℃	相对湿度/%	每步骤时间	步骤间转换	转换时间
第 3～第 4 步，重复 3 次		—	—	—	—	—
第 5 步	温湿度控制	50±2	90±5	2h	线性	1h
第 6 步	温湿度控制	35±2	20±5	2h	线性	1h30min

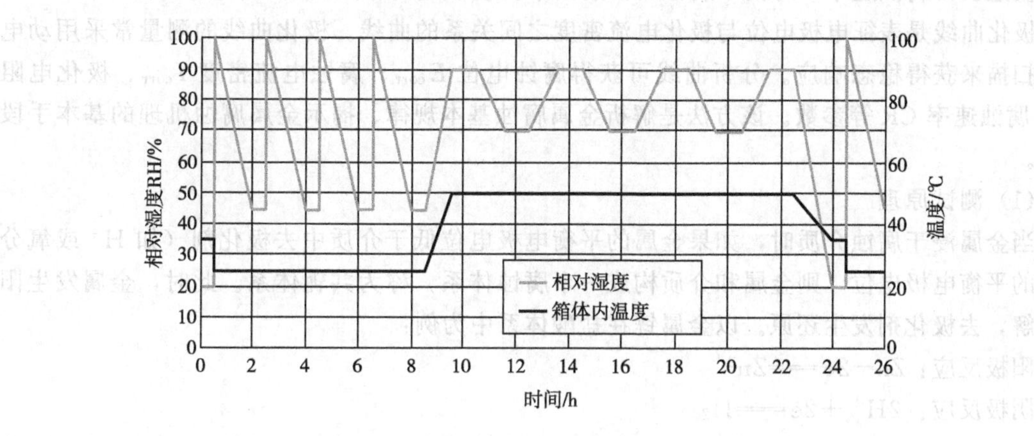

图 8-28　CATCH 方法的试验条件示意图

总的来说，目前有很多循环盐雾腐蚀性测试方法可供选择，每种方法各有利弊。有些研究人员认为盐雾条件优于浸泡条件。有些则选用特殊电解液来模拟酸雨。但多数选用的是自动化盐雾箱。对不同的暴露温度、持续时间和暴露顺序的设定仍有争论，所以对循环时间的修正和腐蚀溶液改进的研究将毫无疑问地继续进行下去。但是，对于大多数材料来讲，循环腐蚀性测试结果比传统的盐雾喷淋更真实，这是大多数人的共识。

8.8.2　电化学方法

有机涂层在金属的防护失效过程中，总伴随着一系列的电化学变化。考虑到腐蚀过程的电化学性质，金属溶液界面的电性能测量广泛用于腐蚀科学和工程的整个范围。通过电化学变化信号的检测，可以实时获得涂层防护性能变化与涂层下金属腐蚀的动态信息，再应用电化学理论分析处理所获得的信息，就可以对涂层的防护机理与金属腐蚀的动力学规律进行研究，实现涂层耐蚀性的定性与半定量评价。在过去的几十年中，电化学方法已广泛用于防腐涂层的表征，并在实验室中用于评估防腐涂层的性能和耐久性。电化学方法的优点是能够在肉眼观察到涂层失效之前获得相关信息。

8.8.2.1　腐蚀电位法

测量腐蚀电位（OCP）是一种简单易行的电化学测试方法。通常腐蚀电位越正，该物质越稳定。检测电位变化可定性判断出涂层防腐性能的好坏。只需要一支稳定的参比电极和高输入阻抗的电压表，便可测量试样的自腐蚀电位及其随时间的变化。这是体系在无外加电流作用下进行的原位测量，适用于长时间检测和监测，而不影响体系的正常反应。

腐蚀电位的测量虽然简便，但是其提供的信息量少，最好与其他测试方法结合使用，以便获得更丰富的信息。

8.8.2.2 极化曲线法

极化电位与极化电流或极化电流密度之间的关系曲线称为极化曲线，测量腐蚀体系的极化曲线可以获得阴极保护和阳极保护的主要参数，在腐蚀点位附近的积弱极化区进行测量还可以快速求得腐蚀速率，对揭示腐蚀的控制因素及缓蚀剂的作用机理有着重要的意义。

极化曲线是表征电极电位与极化电流密度之间关系的曲线。极化曲线的测量常采用动电位慢扫描来获得稳态响应。分析曲线可获得腐蚀电位 E_{corr}、腐蚀电流密度 I_{corr}、极化电阻 R_p、腐蚀速率 CR 等参数。该方法是解析金属腐蚀基本规律、揭示金属腐蚀机理的基本手段之一。

(1) 测试原理

当金属浸于腐蚀介质时，如果金属的平衡电极电位低于介质中去极化剂（如 H^+ 或氧分子）的平衡电极电位，则金属和介质构成一个腐蚀体系，称为共轭体系。此时，金属发生阳极溶解，去极化剂发生还原。以金属锌在盐酸体系中为例：

阳极反应：$Zn-2e \longrightarrow Zn^{2+}$

阴极反应：$2H^+ +2e \longrightarrow H_2$

阳极反应的电流密度以 i_a 表示，阴极反应的电流密度以 i_k 表示。当体系达到稳定，即金属处于自腐蚀状态时，$i_a=i_k=i_{corr}$（i_{corr} 为腐蚀电流），体系不会有净的电流积累，体系处于一稳定电位。根据法拉第定律，体系通过的电流和电极上发生反应的物质的量存在严格的对应关系，故可认为阴阳极反应的电流密度代表阴阳极反应的腐蚀速率，金属自腐蚀状态的腐蚀电流密度即代表了金属的腐蚀速率。塔菲尔（Tafel）外推法求金属腐蚀电流的基本原理见图 8-29。

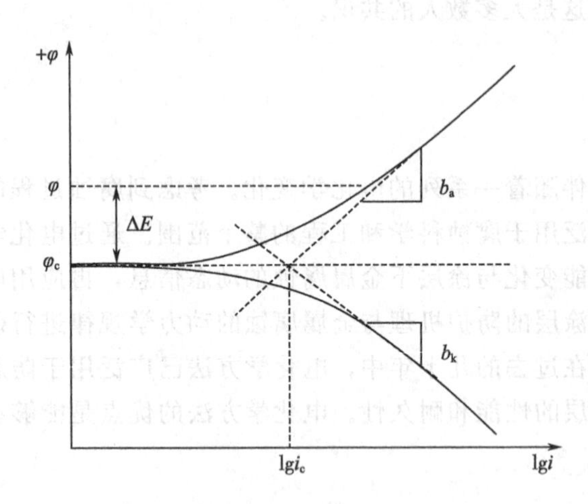

图 8-29 塔菲尔（Tafel）外推法求金属腐蚀电流的基本原理

(2) 测试装置。

电化学工作站。

(3) 应用领域

a. 测量腐蚀速率。贾志军等采用动电位极化测量技术测量了 316L 不锈钢在 0.1mol/L NaCl 水溶液中不同电位扫描速率下的极化曲线，采用 Tafel 外推法、线性极化法和弱极化区极化曲线法测定了金属的腐蚀电流密度。试验结果表明，在该溶液中 316L 不锈钢动电位极化曲线中的零电流电位随着电位扫描速率的增大而逐渐负移。理论推导和试验验证表明，腐蚀电流密度与电位扫描速率的平方根呈线性关系，并且电位扫描速率对利用 Tafel 外推法、线性极化法和弱极化区极化曲线法测定的腐蚀电流密度的影响不同。

b. 研究缓蚀剂的作用。在溶液中添加缓蚀剂可以降低金属的腐蚀速率，有时也可改变稳定电位值。用极化曲线方法可以迅速地得到这些数据。在一般情况下，缓蚀剂的加入可以同时改变阳极过程和阴极过程的速率，虽然它对于每个过程的作用可以是不同的，若对阳极过程的作用比较大，则稳定电位向正方向移动，反之，若对阴极过程的作用较大，则往负方向移动；若对两个过程的影响完全一样，那么稳定电位不变，但自动溶解速率却是减小的。

c. 研究腐蚀机理。姬永生等为了确定混凝土中钢筋锈蚀速率的控制因素，运用腐蚀极化曲线图分析活化钢筋阴阳极极化曲线和腐蚀电流随环境相对湿度的变化规律，并讨论在干湿循环过程中混凝土中钢筋的锈蚀过程。结果表明，有锈蚀产物存在时，锈蚀产物中 FeOOH 可以取代氧成为钢筋锈蚀过程的阴极去极化剂，钢筋的总腐蚀电流为氧去极化和锈蚀产物去极化产生的腐蚀电流的加和。钢筋的总腐蚀电流随着环境相对湿度的提高而增大，和氧在混凝土中的扩散速率的变化趋势截然相反，从而证明氧仅是混凝土内钢筋开始锈蚀的必备条件，但不是钢筋锈蚀过程控制因素。

8.8.2.3　电化学阻抗谱法

电化学阻抗谱（electrochemical impedance spectroscopy，EIS）是最广泛用于表征防腐涂层特性的电化学方法，EIS 的优势在于它能区分所调查组件的单个影响。当观察浸入电解质溶液中金属表面涂层的行为时，可以通过对电化学数据进行建模来确定涂层电阻、涂层电容、界面反应电阻、界面双电层电容及涂层失效过程的相关信息，实时反映涂膜性能的变化。建模过程使用由诸如电阻器和电容器之类的组件构建的电路来表示涂层和金属基材的电化学行为。通过对 EIS 谱的精确解析，得出各等效元件的参数，据此对涂层的抗渗性、结合力、耐蚀性能进行衡量，信息量相对丰富，据此来评估并筛选合理的涂层体系等。另外，EIS 法所施加的信号很微弱，对被测体系的扰动小，可实现涂层的无损检测，还能够快速得到试验结果。由于 EIS 法在技术上的优越性，现已成为研究有机涂层防腐机理与性能的一种最主要的电化学方法，美国已制定了 EIS 法评价涂层性能的 ASTM 标准。

（1）测试原理

EIS 法是向被测体系（介质/涂膜/金属）加一小振幅正弦交变信号进行扰动，测定系统的阻抗谱图，利用等效电路模型分析以获得系统内部的电化学信息，总的来说就是输入细微扰动，输出不同频率下的阻抗信息。一个电路中，直流电受到阻碍，称为电阻。将这个概念延伸到交流电中，就可以得到阻抗（impedance，Z）。

（2）测试装置

EIS 测试一般在腐蚀电解池中完成，大多采用双电极或三电极体系装置，目前最为经典的三电极体系装置如图 8-30 所示。其中，RE（reference electrode）为参比电极，CE（counter electrode）为辅助电极，WE（working electrode）为工作电极，电解质为 3.5%（质量分数）NaCl 水溶液。

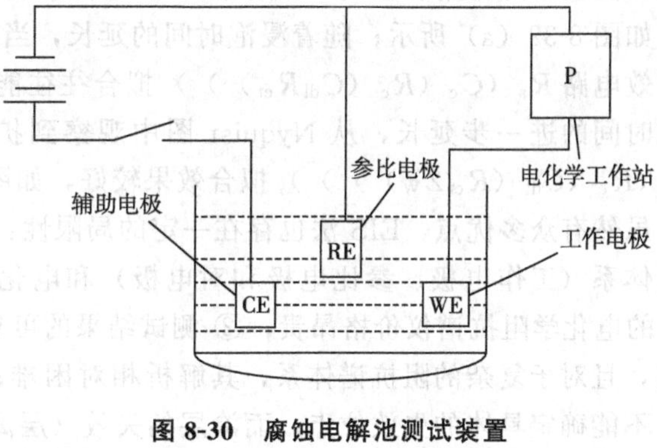

图 8-30　腐蚀电解池测试装置

（3）参数设置

电化学阻抗谱的测试频率范围广泛，一般为 $10^5 \sim 10^{-2}$ Hz。正弦扰动信号的幅值通常设定为 20～50 mV（与涂层的厚度有关）。对较厚的重防腐涂层，扰动信号幅值适当提高，以避免或减少低频区信号漂移现象，也可以提高测量的信噪比。

(4) 数据处理及评价

EIS 测试后得到的阻抗谱图（图 8-31）通常有两种：一种为奈奎斯特图（Nyquist plot），横轴为阻抗的实部，纵轴为虚部的相反数，图中的点表示不同频率，自左向右依次为高中低三种频率区；另一种为波特图（Bode plot），它包括两条曲线，频率的对数为横轴，阻抗模值的对数为纵轴（左侧）。

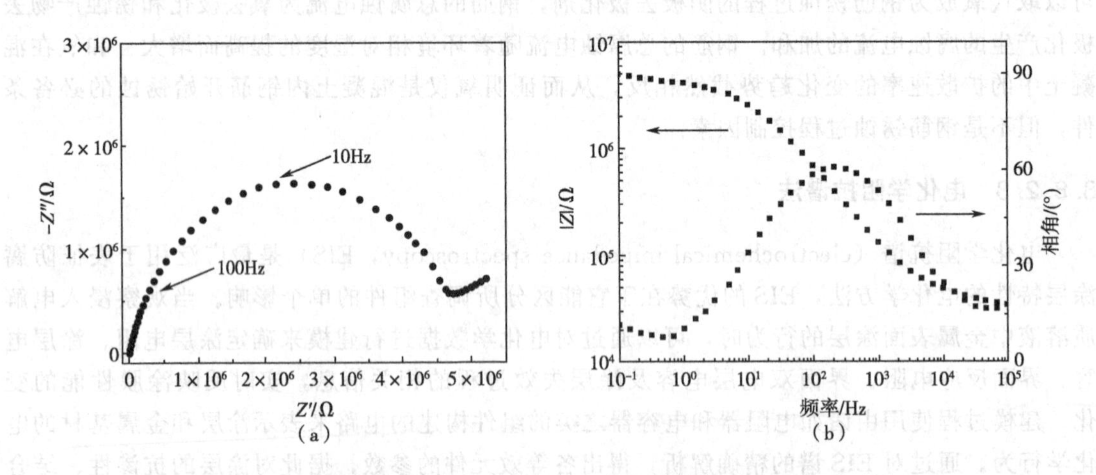

图 8-31 奈奎斯特图（Nyquist plot）(a) 和波特图（Bode plot）(b)

目前 EIS 数据处理方法主要有两种：一种是基于等效电路拟合法（equivalent electrical circuit models，EECM）；另一种是直接提取阻抗谱图的特征参数。等效电路拟合法是处理 EIS 数据的一种有效的方法。它的基本思想是结合涂层的实际情况，通过 Zsimp 或 Ziview 软件对测量结果进行电路拟合，由此得到涂层电容 C_c、双电层电容 C_{dl}、涂层电阻 R_c、电荷转移电阻 R_{ct}、Warburg 扩散阻抗 Z_W 等一系列电化学参数，基于这些参数对涂层体系进行研究评价。一般地，R_c 反映了涂层抵抗腐蚀性介质渗透的能力，R_{ct} 反映电化学反应速率，C_{dl} 反映腐蚀介质的渗透量或涂层与基体金属的剥离程度，Z_W 一般出现在阻抗谱低频区，反映扩散过程。根据涂层所处的浸泡周期，可以选用合适的等效电路模型进行模拟：当涂层处于屏蔽性能较好的初始状态时，只存在一个时间常数，可采用等效电路 R_s（$C_{dl}R_{ct}$）进行拟合，如图 8-32 (a) 所示；随着浸泡时间的延长，当涂层 Bode 图中出现了两个时间常数，采用等效电路 R_s（C_c（R_c（$C_{dl}R_{ct}$）））拟合往往能取得较好的效果［图 8-32 (b)］；随着浸泡时间的进一步延长，从 Nyquist 图中观察到扩散阻抗尾时，此阶段采用等效电路 R_s（C_c（R_c（C_{dl}（$R_{ct}Z_W$））））拟合效果较好，如图 8-32 (c) 所示。

虽然有众多优点，EIS 法也存在一定的局限性：① 对有机涂层进行测量分析时，需要三电极体系（工作电极、参比电极和对电极）和电化学工作站设备，不利于现场测量，且测 EIS 的电化学阻抗谱仪价格昂贵；② 测试结果的可靠性对所选择的等效电路存在较大的依赖关系，且对于复杂的阻抗谱体系，其解析相对困难；③ 它给出的是整个涂层表面的平均信息，不能确定具体的失效位点，而涂层的失效（层离、起泡等）通常起始于局部，如果与红外显微技术、表面分析技术等配合使用则可以相互补充、相得益彰。尽管 EIS 在表征防腐涂料方面得到了广泛的应用，但尚未成功实现将 EIS 测量直接与寿命预测相关的模型。一些研究人员试图解释从测量数据中的低频区域来进行寿命预测。

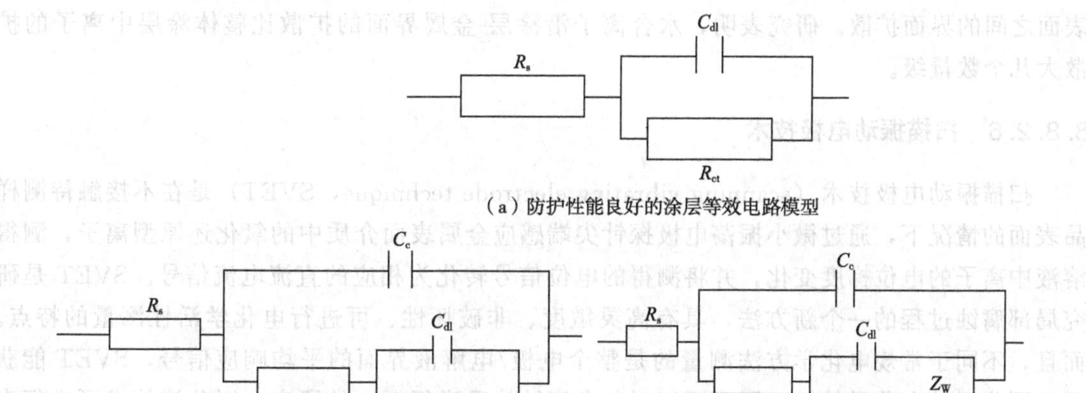

图 8-32 等效电路模型

8.8.2.4 电化学噪声法

电化学噪声（electrochemical noise，EN）是指在电化学反应动力系统的演化过程中，该系统的电化学状态参量（电极电势、外测电流）随时间发生的非平衡波动。这种波动是由电极界面发生的不可逆电化学反应而引起的电极表面电流和电势的变化，包含了许多电极体系自身的信息，如介质、电极局部活性、点蚀等。EN 是通过测量工作电极和参比电极之间或两个相同电极之间产生的自发电流和（或）电压波动来分析金属的腐蚀，该技术最大的优势在于无须对测试体系施加任何扰动，是一种非破坏性、非侵入性的电化学测试技术，而且不需预先建立被测体系的电极过程模型，通过数据处理就能得到腐蚀速率与腐蚀机理方面的信息。以往的电化学测试技术，如 EIS 技术等，都需要对待测体系施加外部电压或电流，因而可能改变待测体系，且体系到达平稳状态时间花费也较多。另外，电化学噪声法（ENM）简便有效，仪器设备相对便宜，测试时间相对较短，再加上当前计算机在数据采集、信号处理与快速分析技术方面的巨大进步。这些优点使其近 10 年来逐渐成为重要的测试手段，应用于金属的腐蚀速率与局部腐蚀发生过程的研究、涂层耐蚀性评价、缓蚀剂性能的测试与筛选等，并开始应用于工业现场腐蚀监测。然而，该技术在腐蚀研究中的应用仍然是一个有争议的话题，因为尚无公认的测试方法或者关于解释数据的理论框架。

8.8.2.5 扫描开尔文探头技术

用于研究防腐涂层的性能和耐久性的另一种广泛应用的技术是扫描开尔文（Kelvin）探针，这是一种无创、无接触的振动电容器技术，以高分辨率测量振动微电极和样品之间的电压。它可以在不接触涂层表面的情况下就可检测到涂层下金属的局部腐蚀电位分布，不仅可以用于早期涂层下的腐蚀及涂层的破损、剥离的检测，还可以准确地确定腐蚀与破损的部位和程度，为研究金属/有机涂层界面的反应提供强有力的证据。扫描开尔文探针能够测量缺陷与涂层/钢界面上任意位置之间的界面电势，根据电位与时间的变化关系即可确定涂层/金属界面电化学反应的传播速率，从而可以无损地测量阴极分层的速率，即涂层剥离速率，这对剥离的机理和影响因素的研究具有重要意义。最近，扫描开尔文探针已用于研究涂层和钢表面之间的界面扩散。研究表明，水合离子沿涂层-金属界面的扩散比整体涂层中离子的扩散大几个数量级。

8.8.2.6 扫描振动电极技术

扫描振动电极技术（scanning vibrating electrode technique，SVET）是在不接触待测样品表面的情况下，通过微小振荡电极探针尖端感应金属表面介质中的氧化还原型离子，测得溶液中离子的电位梯度变化，并将测得的电位信号转化为相应的直流电流信号。SVET 是研究局部腐蚀过程的一个新方法，具有高灵敏度、非破坏性、可进行电化学活性测量的特点。而且，不同于常规电化学方法测量的是整个电极/电解液界面的平均响应信号，SVET 能获得不同位置的电化学特性，因而可以对复杂腐蚀体系进行深入的研究，因此该技术可进行表面涂层及缓蚀剂的评级和局部腐蚀等方面的研究，如研究点蚀和应力腐蚀的产生、发展等。

(1) 测试原理

当材料浸入电解质溶液后，其表面发生电化学反应。由于氧化还原反应通常发生在不同区域，各区域反应速率、离子性质及分布差异会形成离子浓度梯度，产生电势。SVET 通过微探针对材料表面进行扫描，通过振动电极探针尖端感应测量不同点的电势差，并将测得的电位信号转化为相应的直流电流信号，显示微观尺度内的电流密度的变化，从而获得表面电流的分布，进而探测金属的局部腐蚀性。

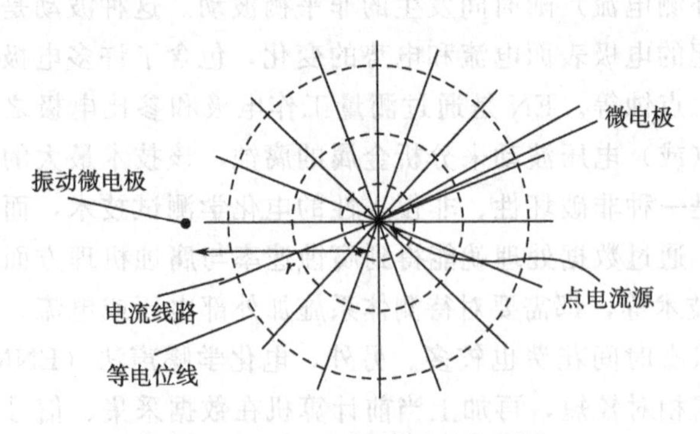

图 8-33 SVET 测试原理示意图

图 8-33 为 SVET 的测试原理示意图。采用 SVET 进行测量时，用一个微电极检测表面所有点的电势差，用另一个微电极作为参比电极，利用欧姆定律将测得的电势梯度信号转换为电流信号。通过电极振动，将测得的电势梯度信号转变为与电极振动具有相同频率的交流信号，再由锁相放大器进行过滤，消除扫描过程中的噪声，从而有效提高检测灵敏度。

(2) 测试装置

SVET 的测试装置如图 8-34 所示。三维微控制器控制 SVET 探针在垂直试样方向振动，探针振幅为数十微米。探针上的响应（信号＋噪声）由静电计获取，静电计获取的信号输入锁相放大器。锁相放大器以同样振动频率为参考，从整个测量响应中抽出相应振动的微小的交流信号，消除微区扫描中的背景噪声，并依此测量下去。测量的电位和探针的位置被重置，就可以得到电压相对位移的数据图。目前，该技术已经有商业产品，如 Bio-logic 公司、Ametek 公司和 Applicable Electronics 公司均有成熟系统。

(3) 应用领域

① 研究应力腐蚀开裂。SVET 可以跟踪应力腐蚀过程，从微观角度对腐蚀过程的萌生和发展进行原位监测。Zhang 等采用扫描振动电极技术、局部电化学阻抗谱和 Mott-Schottky 分析研究了 X70 管线钢在碳酸氢盐/碳酸盐溶液中的电化学腐蚀行为。研究了外加应力对焊接钢试样中各区域腐蚀的影响。结果表明，X70 钢焊接后的焊缝金属、热影响区和母钢等区域均可建立钝化。钝化热影响区具有较高的无源电流密度。外加应力增强了钢的阳极溶解，

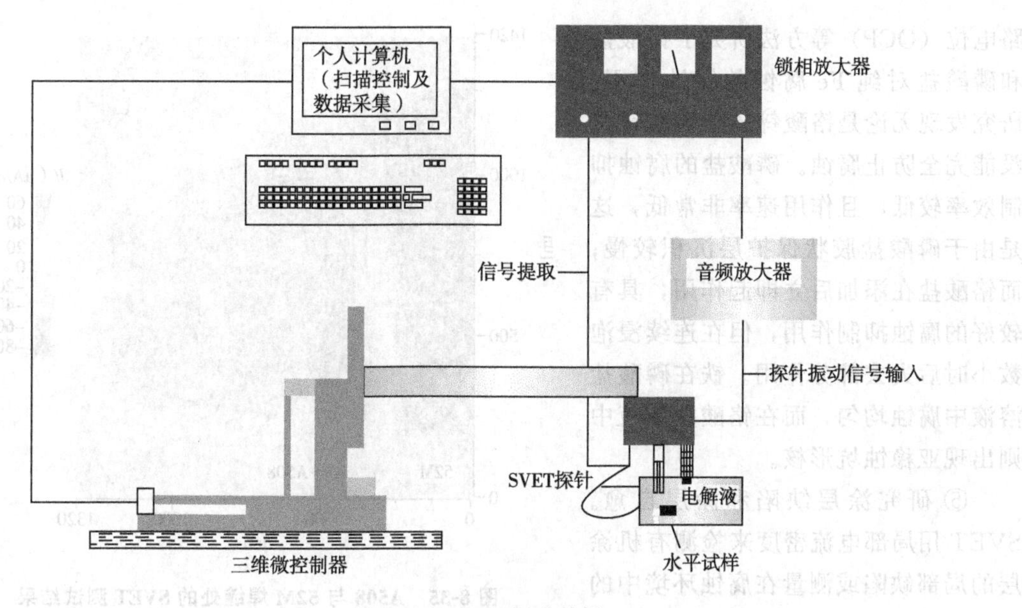

图 8-34 SVET 测试装置

表现为随着外加应力的增加，钢的电荷转移电阻降低，溶解电流密度增大。在所有应力水平下，热影响区均存在最大电流密度。随着阳极电位的正移，钝化膜的稳定性增强，溶解电流密度降低。当外加电位接近水氧化电位时，电流密度显著增大。

② 电偶腐蚀。由于金属之间电位差的存在，当不同种类的金属相接触时，会导致电偶腐蚀的发生。可采用 SVET 检测电偶腐蚀发生及发展过程中的局部阴、阳极电流，从而解释腐蚀过程中不同因素所带来的影响，更好地理解腐蚀机理。

Souto 等采用扫描振动电极技术研究了硫酸钠溶液中锌-铁电偶对的电偶腐蚀，从微观尺度上探讨了电偶腐蚀过程中所发生的电化学行为。实验结果证明，锌表面主要发生阳极氧化过程，铁电极表面主要发生阴极氧还原过程。根据离子电流的变化可以判断氧还原为速控步骤。SVET 还可以提供较好的空间分辨率，实验中观察到 Zn 的氧化首先发生在局部区域，而氧还原则相对均匀地发生在 Fe 表面。采用 SVET 测试可进一步了解锌-铁电偶对的腐蚀过程，有助于更好地解释宏观腐蚀规律。

③ 焊缝腐蚀。焊缝腐蚀，即焊缝金属发生腐蚀破坏的现象。焊接结构绝大多数由轧制钢材或铝、钛焊接而成，焊缝是铸造组织而且还会有宏观及微观偏析。因此，在许多使用环境，特别是海洋及化工等苛刻的腐蚀环境中，焊缝抗均匀腐蚀性可能比母材差而先腐烂，特别是偏析还可能造成焊缝金属易发生孔状腐蚀（称“焊缝孔蚀”）等局部腐蚀。SVET 可以在无损情况下对焊缝腐蚀进行原位研究，更好地分析焊接件局部位置的腐蚀过程和机理，从而弥补传统电化学方法的不足。

Wang 等将 SVET 技术与扫描探针显微镜（SPM）、扫描电子显微镜（SEM）、透射电子显微镜（TEM）、能谱（EDS）进行有效结合，研究了低合金钢（A508）与镍基合金（52M）焊缝在模拟压水反应堆介质中的腐蚀行为。SVET 测试结果（图 8-35）表明，A508 与 52M 焊缝处发生电偶腐蚀：52M 表面为阴极电流，发生氧还原反应，腐蚀减缓；A508 表面为阳极电流，发生阳极溶解，腐蚀加速。

④ 研究缓蚀剂。Bastos 等采用电化学阻抗谱（EIS）、扫描振动电极技术（SVET）和开

路电位（OCP）等方法研究了铬酸盐和磷酸盐对纯 Fe 腐蚀的缓蚀作用。研究发现无论是铬酸锌还是磷酸锌都没能完全防止腐蚀。磷酸盐的腐蚀抑制效率较低，且作用速率非常低，这是由于磷酸盐胶状保护层沉积较慢；而铬酸盐在添加后立即起作用，具有较好的腐蚀抑制作用，但在连续浸泡数小时后失去部分作用。铁在磷酸盐溶液中腐蚀均匀，而在铬酸盐溶液中则出现亚稳蚀坑形核。

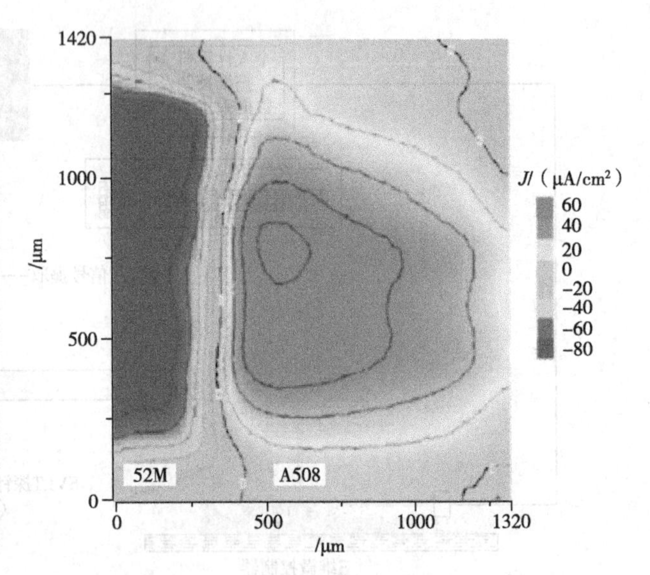

图 8-35　A508 与 52M 焊缝处的 SVET 测试结果

⑤ 研究涂层缺陷和涂层自愈。SVET 用局部电流密度来检测有机涂层的局部缺陷或测量在腐蚀环境中的划痕边角的活性。电流的局部测量并不能克服在高阻抗涂层下腐蚀测量的困难，但是可以帮助理解缺陷的起源，并有助于研究缓蚀剂及填料对这些缺陷活性的影响。

He 等用 SVET 研究了聚 3-辛基吡咯导电聚合物涂层对铁和铝腐蚀的影响。他们通过在聚 3-辛基吡咯涂层上划痕露出铁/铝基材的表面来模拟缺陷，然后用 SVET 描绘缺陷及周围的电流分布。铁的电流密度图表明，氧化反应发生在缺陷处，而还原反应发生在聚 3-辛基吡咯涂层的表面。而对于铝，在缺陷处未出现明显的氧化反应。

（4）不足

SVET 目前还处于实验室研究阶段，缺少在实际复杂体系中的测量数据和应用结果。因此，SVET 通常与其他微区电化学技术以及常规电化学测试方法（如电化学阻抗）联合使用，从而获得更加全面准确的电化学信息。此外，SVET 测试的准确性受探针与被测对象表面距离的影响较大，这对测试环境及实验人员的技术水平要求都较高。另外，其较为昂贵的仪器费用同样限制了其应用。

8.9 电性能

8.9.1 绝缘性能

随着科学技术的进步，绝缘材料及绝缘技术日益受到重视，在航天、石化、核能、军事、民生等领域有着广阔的应用前景。对于电工设备和电子器件来说，绝缘材料的性能对其技术指标和使用寿命起着关键作用。绝缘涂料是指具有良好的电绝缘性能的涂料，是功能涂料的一种。它的应用面较广，是绝缘材料的一个重要分支。将绝缘涂料涂覆于器件表面形成绝缘膜，使基材表面不导电，对器件提供绝缘保护，降低意外事故的发生率。

涂膜的电绝缘性包括涂膜的体积电阻、电击穿强度 E、介电常数 ε_r、介质损耗及耐电弧性等。国内针对涂层的电绝缘性能制定了一系列标准，如《涂层电绝缘性能测试方法　总则》（QJ 2220.1—1992）、《涂层电绝缘性能测试方法　绝缘电阻、表面电阻率、体积电阻率的测试方法》（QJ 2220.2—1992）、《电气绝缘用树脂基反应复合物 第2部分：试验方法 电气用涂敷粉末方法》（GB/T 6554—2003）、《涂层电绝缘性能测试方法 工频下击穿电压、击穿强度、耐电压的测量方法》（QJ 2220.3—1992）、《固体绝缘材料 介电和电阻特性 第2部分：电阻特性（DC方法）体积电阻和体积电阻率》（GB/T 31838.2—2019）。评价涂料电性能的指标主要有表面电阻率、体积电阻率和电气强度等。

8.9.1.1 表面电阻率和体积电阻率

绝缘涂料通常用于涂覆于器件表面形成绝缘膜，对器件起到绝缘保护的作用，可以降低意外事故的发生率。一般希望绝缘涂料具有尽可能高的绝缘电阻和较好的力学、化学和耐热性能。

表面电阻率是指在绝缘材料的表面层里的直流电场强度与线电流密度之商，即单位面积内的表面电阻。体积电阻率是指在绝缘材料里面的直流电场强度和稳态电流密度之商，即单位体积内的体积电阻。体积电阻率的测量常被用于检查绝缘材料生产是否如一，或检测能影响材料质量而又不能用其他方法检测到的导电杂质。

电绝缘涂层的表面电阻率和体积电阻率通常是采用高阻计法测定。

(1) 测试仪器

测试仪器包括高阻计和电极。

高阻计：具有多挡测试电压，必须具备500V挡。电阻测试范围：10^6～10^{12}Ω。当测试电阻值大于10^{10}Ω时，误差不超过±20%；测试电阻值不大于10^{10}Ω时，误差不超过±10%。高阻计的零点漂移每小时不大于全标尺的4%。测试电路应有良好屏蔽。

电极：电极材料一般采用不大于0.22mm的退火铝箔或锡箔，也可采用橡皮铝箔（或锡箔）电极或导电橡皮电极。采用金属箔作电极时，应涂覆微量医用凡士林或变压器油、硅油、电容器油等，将电极紧密贴在试样上。采用橡皮铝箔（或锡箔）电极及导电橡皮电极时，电极对试样的接触压力为（10.0±0.2）kPa，导电橡皮应具有良好的导电性，其体积电阻率不大于500Ω·cm。此外，电极表面应该平整光滑、无毛刺，上电极与辅助电极之间应十分清洁。

测试时，电极尺寸及其与试样的配置见图8-36，各电极的用途及接法见表8-14，电极与试样之间不允许存在杂质和间隙。所用仪器除了可以测试表面电阻率和体积电阻率，也可以用于测试绝缘电阻。

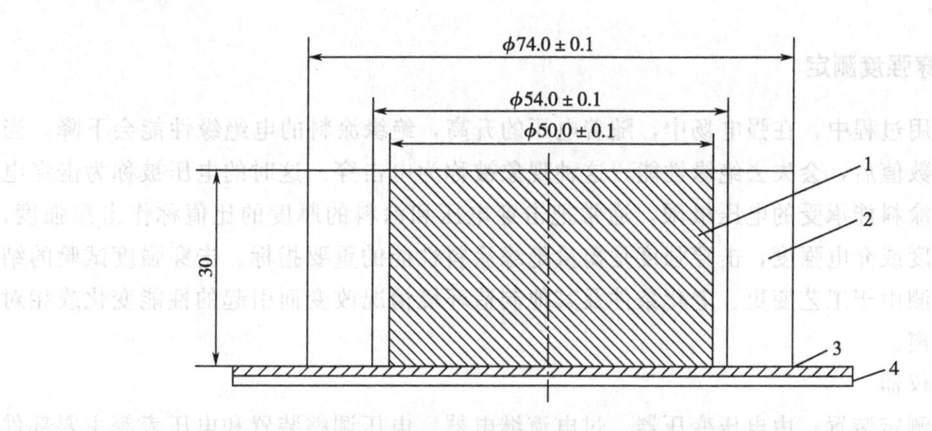

图8-36 电极尺寸及其与试样的配置（单位：mm）

1—上电极；2—辅助电极；3—涂层；4—纯铜片或工件基材

表 8-14 测三种电阻时各电极的用途及接法

测试电阻类别	各电极用途及接法		
	上电极	纯铜片或工件基材	辅助电极
绝缘电阻 R	作测量电极	接高压	不接
表面电阻 R_s	作测量电极	接地	接高压
体积电阻 R_v	作测量电极	接高压	接地

（2）测试方法

① 涂层厚度测试。推荐采用非磁性测厚仪进行测试。将测厚仪的探头轻轻压在被测涂层表面，当探头尖端突出部分缩回与探头平齐时，测厚仪的指示值即为涂层厚度。

② 绝缘性能测试。

a. 测试环境。绝缘性能测试的环境为：温度 15～35℃，相对湿度 45%～75%。如果有高温、湿热以及浸水等特殊要求时，应按照相应技术条件进行。

b. 表面电阻率和体积电阻率的测试过程。将贴上电极的试样按照要求进行配置和接线，调整上电极和辅助电极，使其保持同心。仪器预热 15min 后，将指针调整到“∞”，在试样上施加 500V 直流电压，1min 后读出并记录电阻值（R，R_s 或 R_v）。

（3）结果计算

① 表面电阻率计算公式

$$\rho_s = R_s \frac{2\pi}{\ln(D/d)} \tag{8-15}$$

式中，ρ_s为表面电阻率，Ω；R_s 为表面电阻，Ω；D 为辅助电极直径，m；d 为上电极直径，m。

② 体积电阻率计算公式

$$\rho_v = R_v \frac{\pi d^2}{4t} \tag{8-16}$$

式中，ρ_v为体积电阻率，Ω·cm；R_v为体积电阻，Ω；d 为上电极直径，m；t 为试样涂层厚度，m。

8.9.1.2 击穿强度测定

在实际使用过程中，在强电场中，随着电压的升高，绝缘涂料的电绝缘性能会下降，当电压达到一定数值后，会失去绝缘性能，这种现象被称为电击穿。这时的电压被称为击穿电压，它是绝缘涂料能承受的电压极限。通常把击穿电压和涂料的厚度的比值称作击穿强度，也称作电气强度或介电强度，击穿强度是衡量绝缘涂料性能的重要指标。击穿强度试验的结果，可用于检测由于工艺变更、老化条件及其他制造环境情况改变而引起的性能变化或相对于正常值的偏离。

（1）测试仪器

击穿强度测定装置：由电压变压器、过电流继电器、电压调整装置和电压表等主要部件组成。

烘箱：能良好绝缘，精度±2℃。

（2）测试条件

常态测试：在温度（23±2）℃和相对湿度（50±5）%的条件下测试。

受潮测试：将试板完全浸没于（23±2）℃符合GB/T 6682三级水的蒸馏水中，24h后取出，用滤纸吸干涂膜表面的水分即进行测试。试板从水中取出到测试完毕不得超过5min。

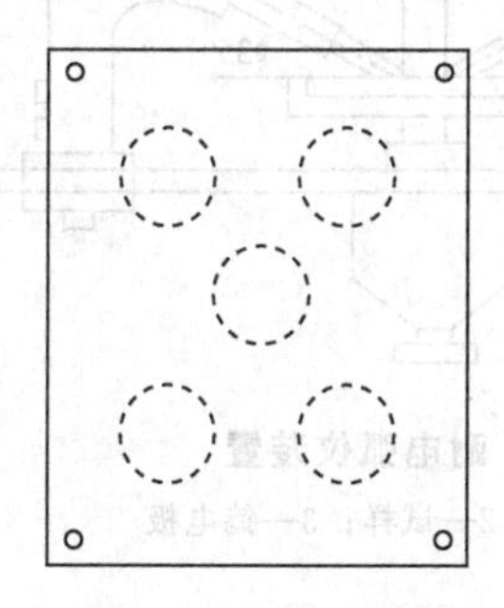

图8-37 试板上击穿测试点分布示意图

热态测试：将高压电极置于绝缘良好的专用烘箱中，升温至规定的温度，然后放入试板，在此温度下恒温10min后于烘箱内进行测试。

（3）测试方法

以涂装试板为接地电极，放置于高压电极下进行试验。作用于试样上的电压由零位开始以连续均匀平稳的速度升高。自开始至击穿为止，时间应不少于10s，击至穿时读取电压值。

按图8-37示意的位置在试板每面至少测试5点的击穿电压，然后在击穿点附近测量涂膜的厚度。电极边缘与试板边缘的距离及击穿点间的距离均不少于15mm。

（4）结果计算与表示

每块试板的击穿强度E（kV/mm）按下式计算：

$$E=V/d \tag{8-17}$$

式中，V为试板击穿时的电压，kV；d为测试点的单面厚度，mm。

以两块试板测试结果（每块试板的测试结果为该试板上5个点测试值的算术平均值）的算术平均值作为试验结果，精确至0.1kV/mm。

每块试板测试结果的相对误差不应大于5%，否则应重新制备试板进行测试。

（5）参考标准

HG/T 3330—2012《绝缘漆漆膜击穿强度测定法》。

8.9.1.3 耐电弧性

涂膜的耐电弧性是指在规定的连续高电压低电流放电情况下，涂膜经受电弧作用，直至其破坏（形成导电通路）所需的时间，以秒（s）表示。

（1）测试仪器和材料

酚醛绝缘塑料板：100mm×100mm×3mm。

连续高压小电流耐电弧仪：由调压变压器、电流互感器、交流毫安表、钨电极、限流电阻等部分组成。

（2）测试方法

① 将钨电极用钨棒加热到暗红色，擦上亚硝酸钾后马上放入水中冷却，擦干净。然后研磨出与轴线成30°角的椭圆平面。

② 将待测试样放在耐电弧仪支架托盘上，使两电极的椭圆面朝下接触涂膜表面。两支钨电极的距离为（6.50±0.05）mm，对试样的压力为（50±5）g，试样与电极间夹角为35°。整个装置如图8-38所示。

③ 开启仪器，使两电极在空气中燃弧时，交流毫安表数值为10mA，关闭玻璃罩，开启开关并开始计时。待两电极间涂膜表面发生碳桥导电，弧迹发亮，电弧熄灭或电弧呈火焰状现象形成导电通路时，记录下时间。

④ 打开玻璃罩，排气，重复试验。每个试样至少测定 5 个点，并保证燃弧部分离试样边缘超过 7mm，每点间隔超过 12mm。

(3) 结果表示

以每个试样各点的算术平均值为该试样的耐电弧值，以两个试样的平均值作为最终结果，以秒（s）表示。

(4) 参考标准

HG/T 3332—1980《耐电弧漆耐电弧性测定法》、ASTM D495《固体电绝缘材料耐高压低电流干电弧性测定》。

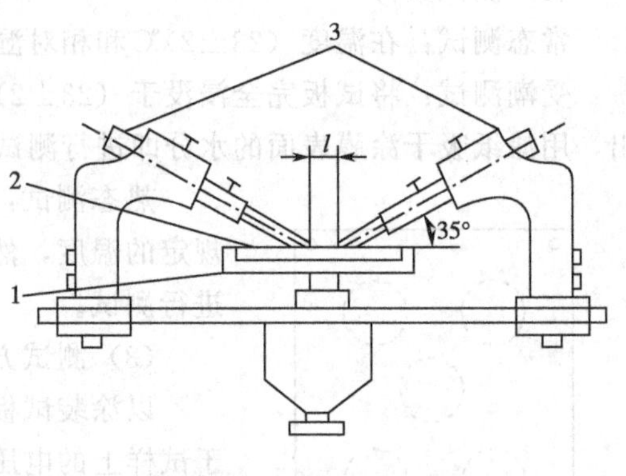

图 8-38　耐电弧仪装置

1—支架托盘；2—试样；3—钨电极

8.9.2 抗静电性能

静电是日常生活中普遍存在的一种现象，可通过接触起电和感应起电两种途径产生静电。在日常生活中，许多材料在使用中会产生静电积累，从而造成吸尘、电击等恶性事故发生，比如静电会引起爆炸和火灾等危险。人们通常制备抗静电涂料来消除静电带来的危害。抗静电涂料具有一定的导电性，能够把材料表面积累的电荷传导开，从而达到抗静电的作用。

在绝缘涂料中，由于不存在可电子移动的相关粒子载体，其本身也会因为摩擦起电和感应起电的方式而造成大量的静电积累。然而，当涂料经过基体改性或者添加导电填料成为导电涂料后，积累的电荷可以通过导电涂层耗散掉，从而减少了静电积累。

根据应用需求的不同，这种导电涂料会设计成具备不同的电阻率。一般而言，在需要抗静电的场合，为了使静电消散掉，涂层的体积电阻率一般要小于 $10^9\Omega\cdot cm$，这是消除复合材料表面静电的有效值，此时物体产生的静电荷可以瞬间消散，不会产生较高的静电场。

通常通过降低涂层的体积电阻率来消除或减少静电，使得带电的材料表面迅速放电防止电荷的聚集。国家颁发有关静电安全标准要求物质的体积电阻率应在 $10^8\Omega\cdot m$ 以下，这样可以使得产生的电荷消散。一般，防静电地板要求其表面的表面电阻值应处于 $10^5\sim10^9\Omega$ 之间。在国标《轻质油品安全静止电导率》(GB 6950—2001) 的附录 D 中，明确规定石油设备用导静电涂料的面电阻率应控制在 $10^5\sim10^9\ \Omega$ 之间。

可参考 8.9.1.1 中体积电阻率和表面电阻率的测定方法。

以上方法可以精确测量涂层的表面电阻率，实际测试中为了简化测量步骤，许多经济型便携式的表面电阻测量仪被设计出来，如 SL-030 型表面电阻测试仪。这种测试仪通过测量防静电产品表面的电阻，从而检测防静电产品的防静电能力。这种仪器主要是参照美国标准 ASTM D257—2014 的测试方法，通过仪器底部的两根平行铜电极快捷地测出物体表面的电阻。

在测试时，将仪器放置在待测涂料表面，仪器底部的两根平行铜电极与涂料表面接触，然后按住红色的测量按钮（TEST）。仪器上有 10 个发光二极管（LED），分别对应 $10^3\sim10^{12}\ \Omega$ 的表面阻抗量级别，当按下 TEST 按钮后，持续发亮的 LED 灯指示的是对应涂料的表面阻抗量级别。

8.9.3 导电性能

当涂料具有优良导电性后，可涂覆于高电阻率材料表面，可使材料具有传导电流以及消除静电荷的能力，这种导电涂料在表面防腐、抗静电和电磁屏蔽等领域具有广阔的应用前景。

导电涂层的导电性则常用表面电阻以及方块电阻来表征。表面电阻指材料表面上两点间的直流电压与通过的电流之比，单位是欧姆。表面电阻的大小除取决于材料的结构和组成外，还与电压、温度、材料的表面状况、处理条件和环境湿度有关。

涂层的导电性也可采用方块电阻（简称方阻）表征，指一个正方形的薄膜导电材料边到边之间的电阻。方块电阻有一个特性，即任意大小的正方形边到边的电阻都是一样的，不管边长是 1m 还是 0.1m，它们的方阻都是一样，这样方阻的大小与样品尺寸无关，仅与导电膜的厚度和电阻率因素有关，其单位为 S/sq 或 Ω/sq。

其计算公式为：

$$R_{sh}=\rho\frac{l}{l X_j}=\frac{\rho}{X_j} \tag{8-18}$$

式中，ρ 为薄层电阻率；l 为所选正方形边长；X_j 为涂层厚度。

测量涂层方块电阻的方法很多，常见的方法有圆铜棒法和四探针测试仪法。

8.9.3.1 圆铜棒法

在两边各压上一个电阻比导电膜电阻小得多的圆铜棒，而且这个圆铜棒光洁度要高，以便和导电膜接触良好，就可以通过用万用表测试两铜棒之间的电阻来测出导电薄膜材料的方阻。如果方阻值比较小，如在几欧姆以下，因为存在接触电阻以及万用表本身性能等因素，用万用表测试就会存在读数不稳和测不准的情况。这时就需要用专门的四端测试的低电阻测试仪器，如毫欧计、微欧仪等。测试方法如下：用四根光洁的圆铜棒压在导电薄膜上，如图 8-39 所示。四根铜棒用 A、B、C、D 表示，它们上面焊有导线接到毫欧计上，使 BC 之间的距离 L 等于导电薄膜的宽度 W，至于 AB、CD 之间的距离没有要求，一般在 10～20mm 就可以了，接通毫欧计以后，毫欧计显示的阻值就是材料的方阻值。这种测试方法的优点是：①可以测试几百毫欧，几十毫欧，甚至更小的方阻值。②由于采用四端测试，铜棒和导电膜之间的接触电阻，铜棒到仪器的引线电阻，即使比被测电阻大也不会影响测试精度。③测试精度高。由于毫欧计等仪器的精度很高，方阻的测试精度主要由膜宽 W 和导电棒 BC 之间的距离 L 的机械精度决定，由于尺寸比较大，这个机械精度可以做得比较高。在实际操作时，为了提高测试精度和为了测试长条状材料，W 和 L 不一定相等，可以使 L 比 W 大很多，此时方阻 $R_s=R_xW/L$，R_x 为毫欧计读数。此方法虽然精度比较高，但比较麻烦，尤其在导电薄膜材料比较大，形状不整齐时，很难测试，这时就需要用专用的四探针探头来测试材料的方阻。

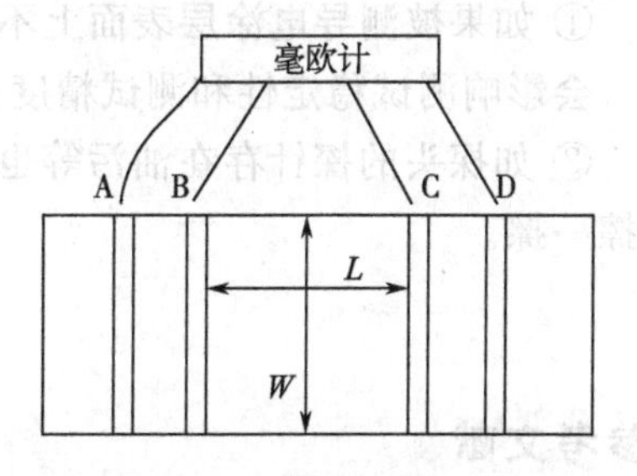

图 8-39　圆铜棒法测试示意图

8.9.3.2 四探针法

如图 8-40 和图 8-41 所示，四根探针由四根导线连接到方阻测试仪上，当探头压在导电薄膜材料上面时，方阻计就能立即显示出材料的方阻值，具体原理是外端的两根探针产生电流场，内端上两根探针测试电流场在这两个探点上形成的电势。

由于扩散层非常薄（厚度仅 1μm 左右），探针 1（图 8-41）流出的电流可认为在以探针 1 为中心的表面散开，等势面是以探针 1 为中心的圆柱面，在距中心 r 处电流密度：

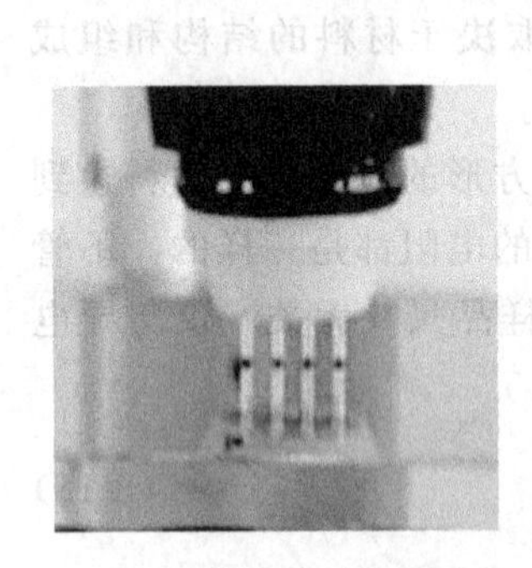

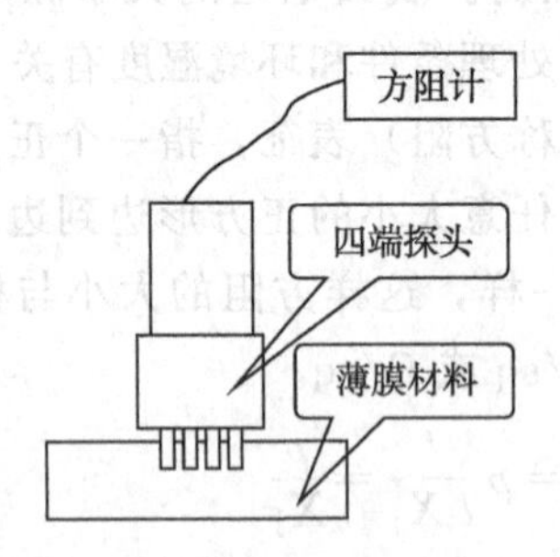

图 8-40　四探针方阻测试仪及其示意图

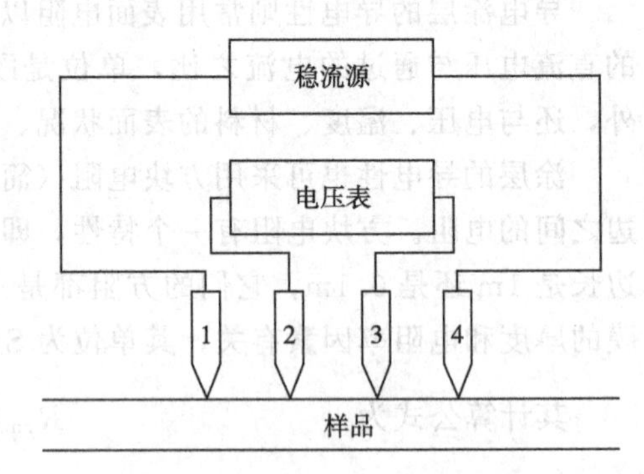

图 8-41　四探针方阻测试仪测试原理

$$J=\frac{I}{A}=\frac{I}{2\pi r X_j} \tag{8-19}$$

所以，距中心 r 处电场强度为：

$$E(r)=J\rho=\frac{\rho}{X_j}\times\frac{I}{2\pi r} \tag{8-20}$$

探针 1 和 4 分别看作流入点流源和流出点流源，则探针 2 和 3 之间电压差为：

$$V_{23}=V_2-V_3=\int_s^{2s}2E\,\mathrm{d}r=\frac{\rho}{X_j}\times\frac{I}{\pi}\int_s^{2s}\frac{\mathrm{d}r}{r}=\frac{\rho}{X_j}\times\frac{I}{\pi}\ln 2 \tag{8-21}$$

结合上式，得到：

$$R_{\mathrm{sh}}=\frac{\rho}{X_j}=\frac{\pi}{\ln 2}\times\frac{V_{23}}{I} \tag{8-22}$$

这就是四探针法测无穷大薄层方块电阻的公式，为准确测量，要求样品厚度 X_j 远比探针间距 s 小，样品尺寸远远大于探针间距。

注意事项：

① 如果被测导电涂层表面上不干净，存在油污或材料暴露在空气中时间过长，形成氧化层，会影响测试稳定性和测试精度，在测试中需要引起注意。

② 如探头的探针存在油污等也会引起测试不稳，此时可以把探头在干净的白纸上滑动几下擦一擦。

参考文献

[1] 徐晓楠．新一代评估方法——锥形量热仪（CONE）法在材料阻燃研究中的应用［J］．中国安全科学学报，

2003, 13 (1): 19-22.

[2] 于健. 锥形量热仪的实验技术与测试分析 [J]. 实验室研究与探索, 2009, 28 (12): 53-58.

[3] 王庆国, 张军, 张峰. 锥形量热仪的工作原理及应用 [J]. 现代科学仪器, 2003 (6): 36-39.

[4] 徐晓楠, 徐文毅, 吴涛. 采用锥形量热仪 (CONE) 研究和评价新型可膨胀石墨防火涂料 [J]. 火灾科学, 2005 (1): 11-15.

[5] 邓小波, 杨森, 高萍, 等. 钢结构防火涂料的研究现状、应用、发展方向及防火性能检测方法的研究 [J]. 化工新型材料, 2010, 38 (9): 57-60.

[6] 邓小波, 高萍, 孙玉泉, 等. 钢结构防火涂料防火性能检测方法的研究及应用 [J]. 2010年中国阻燃学术会议论文集, 2010.

[7] 杜建科, 卢艳萍, 陈建. 差示扫描量热法分析防火涂料的膨胀体系 [J]. 材料保护, 2002 (2): 5-7.

[8] 肖新颜, 徐伟萍, 杨卓如, 等. 膨胀型防火涂料的阻燃机理研究 [J]. 华南理工大学学报 (自然科学版), 1998 (12): 77-81.

[9] 蔡卫国, 唐茂勇, 迟建卫, 等. 海洋防污涂层性能的评价方法 [J]. 实验室科学, 2012, 15 (4): 87-92.

[10] 王强, 李昌诚, 闫雪峰, 等. 低表面能海洋防污涂层技术及其评价方法 [J]. 材料导报, 2008, 22 (10): 84-94.

[11] Trentin Ilva, Romairne Vitrio, Marcenaro Giuseppe, et al. Quick Test Methods for Marine Antifouling-Paints [J]. Progress in Organic Coatings, 2001 (42): 15-19.

[12] Schultz M P, Finlay J A, Callow M E, et al. A Turbulent Channel Flow Apparatus for Determination of the Adhesion Strength of Micro-fouling Organisms [J]. Biofouling, 2000, 15 (4): 15243-15251.

[13] Franck Casse, Geoffrey W Swain. The Development of Microfouling on Four Commercial Antifouling Coatings under Static and Dynamic Immersion [J]. International Biodeterioration & Biodegradation, 2006, 3 (57): 179-185.

[14] 黄晓冬, 张占平, 齐育红, 等. 水性聚氨酯防污涂料的海洋细菌附着实验 [J]. 大连海事大学学报, 2007, 33 (01): 6-9.

[15] 刘红, 张占平, 齐育红, 等. 无毒防污涂料表面底栖硅藻附着评价的实验方法 [J]. 海洋环境科学, 2006, 35 (03): 89-92.

[16] 路艳红, 李昌诚, 于良民, 等. 防污剂及防污涂料性能评价方法研究进展 [J]. 上海涂料, 2013, 51 (1): 23-28.

[17] Swain G W, Griffith J R, Bultman J D, et al. The Use of Barnacle Adhesion Measurements for the Field Evaluation of Non-toxic Foul Release Surfaces [J]. Biofouling, 1992, 6 (02): 105-114.

[18] Obermeier A, Schneider J, Wehner S, et al. Novel High Efficient Coatings for Anti-Microbial Surgical Sutures Using Chlorhexidine in Fatty Acid Slow-Release Carrier Systems [J]. Plos One, 2014, 9 (7): e101426.

[19] 谭才邓, 朱美娟, 杜淑霞, 等. 抑菌试验中抑菌圈法的比较研究 [J]. 食品工业, 2016, 37: 122-125.

[20] Sadeghnejad A, Aroujalian A, Raisi A, et al. Antibacterial nano silver coating on the surface of polyethylene films using corona discharge [J]. Surface & Coatings Technology, 2014, 245 (4): 1-8.

[21] Huo S, Jiang Y, Gupta A, et al. Fully Zwitterionic Nanoparticle Antimicrobial Agents Through Tuning of Core Size and Ligand Structure [J]. Acs Nano, 2016, 10 (9): 8732.

[22] 朱万章. 倾角法研究聚氨酯涂层的摩擦性能 [J]. 涂料工业, 1996, 2: 8-10.

[23] 姜硕, 蒋荃, 孙飞龙. 建筑隔热保温涂料节能效果评价指标及方法综述 [J]. 建筑节能, 2019, 47 (2): 108-112.

[24] 姜广明, 郭晶, 马海旭, 等. 反射隔热涂料半球发射率的检测方法及设备介绍 [J]. 质量检测, 2018, 36 (9): 78-80.

[25] 邱童, 王国建, 倪钢. 涂层太阳光反射比测试方法研究 [J]. 中国建筑防水, 2017 (3): 26.

[26] 周立新, 程江, 杨卓如. 有机涂层防腐性能的研究与评价方法 [J]. 腐蚀科学与防护技术, 2004, 16 (6): 375-380.

[27] 李亚东, 李玉飞, 夏同驰, 等. 有机涂层防腐性能评价技术的研究进展 [J]. 郑州轻工业学院学报 (自然科学版), 2009, 24 (5): 29-32.

[28] 李欣，彭军，李潇茹．连续冷凝法测定涂层耐湿性的探讨 [J]．合成材料老化与应用，2016，45（2）：87-90.

[29] 赵必江．湿热海上钢构件涂层体系耐蚀性电化学快速评价技术的研究 [D]．广州：华南理工大学，2015.

[30] 钟莲，王燕华，芦永红，等．导电高分子涂层防腐行为研究中的电化学方法 [J]，腐蚀科学与防护技术，2010，22（4）：354-358.

[31] 陈祖权．镁合金表面热浸镀铝合金工艺与镀层组织研究 [D]．重庆：重庆大学，2013.

[32] 贾志军，李晓刚，杜翠薇．电位扫描速率对电极过程动力学参数测试结果的影响 [J]．腐蚀与防护，2010，11：829-832.

[33] 姬永生，王志龙，徐从宇，等．混凝土中钢筋腐蚀过程的极化曲线分析 [J]．浙江大学学报（工学版），2012（8）：1457-1464.

[34] 徐安桃，李锡栋，周慧．EIS 评价有机涂层防腐性能的应用研究进展 [J]．装备环境工程，2018，15（6）：48-52.

[35] 李黎．AZ91D 镁合金耐蚀涂层及其性能研究 [D]．北京：北京化工大学，2009.

[36] Bastos A C，Simões A M，Ferreiraa M G. Corrosion of electrogalvanized steel in 0. 1 M NaCl studied by SVET [J]. Electrochim Acta，2003，21：371.

[37] 张彭辉，逄昆，丁康康，等．扫描振动电极技术在腐蚀领域的应用进展 [J]．中国腐蚀与防护学报，2017，37（4）：315-321.

[38] 续冉，王佳，王燕华．扫描振动电极技术在腐蚀研究中的应用 [J]．腐蚀科学与防护技术，2015，27（4）：375-381.

[39] Zhang G A，Cheng Y F. Micro—electrochemical characterization and Mort—Schottky analysis of corosion of welded X70 pipeline steel in carbonate/bicarbonate solution [J]. Electrochim Acta，2009，55（1）：316.

[40] Souto R M，González-García Y，Bastos A C，et al. Investigating corrosion processes in the micrometric range：A SVET study of the galvanic corrosion of zinc coupled with iron [J]. Corros Sci，2007，49：4568-4580.

[41] Wang S Y，Ding J，Ming H L，et al. Characterization of low alloy ferritic steel-Ni base alloy dissimilar metal weld interface by SPM techniques，SEM/EDS，TEM/EDS and SVET [J]. Mater Charact，2015，100：50.

[42] Bastos A C，Ferreira M G，Simões A M. Corrosion inhibition by chromate and phosphate extracts for iron substrates studied by EIS and SVET [J]. Corros Sci，2006，48：1500.

[43] He J，Gelling V J，Tallman D E，et al. Conducting polymers and corrosion Ⅲ A scanning vibrating electrode study of poly（3-octyl pyrrole）on steel and aluminum [J]. J Electrochem Soc，2000，147（10）：3667.

第9章

其他涂料分析与性能测试

9.1 光固化涂料

紫外光固化涂料是一种节能环保的涂料，在紫外光的照射下，紫外光固化涂料能够交联、聚合，由液态涂料瞬间变为固态涂层。光固化技术具有高效、适应性广、经济、节能、环保的特点，随着人们环保意识的不断提高，紫外光固化技术得到了迅速的发展。

9.1.1 双键转化率

光固化（photocuring）是指单体、低聚体或聚合体基质在光诱导下的固化过程，光谱中能量最高的紫外光产生的活化能，能够使不饱和树脂的碳碳双键断裂，产生自由基从而使树脂固化。所以光固化反应其实就是双键被打开进行聚合（及交联）反应的过程。反应物中多少双键被打开发生了转化，就是反应进程的一个重要指标。因此双键转化率（double bonds conversion，DC）是影响最后交联聚合物物理性能的一个重要因素，是反应进程的一个重要指标。双键的转化率越高，机械强度、模量和硬度就越高。要想对涂层的加工及其质量进行有效的监控，首要前提是能够不断获得实时的双键转化率数据，因此对于双键转化率的测试就非常重要。

9.1.1.1 实时红外光谱法

傅里叶变换红外光谱（Fourier transform infrared spectroscopy，FTIR）是一种已经被完整建立起来用于评估体系中双键转化率的一种标准、方便和可靠的分析技术和方法。通过振动光谱学对双键转化率的确定是通过监测乙烯双键振动所产生的信号的消失来实现的。在紫外光照之后所残留的双键含量可以通过 $1637cm^{-1}$ 处 C═C 双键的伸缩振动峰，或者 $816cm^{-1}$ 处 C═C 双键扭转峰强度来进行估算。不过更多是选择 $1637cm^{-1}$ 处的吸收峰，因为它比 $816cm^{-1}$ 处的峰更强一些，实验偏差也较小。

周钢等用红外光谱仪测定环氧丙烯酸酯树脂紫外光固化前后 C═C 在 $1634cm^{-1}$ 处吸收峰强度的变化，以 $2800 \sim 2900cm^{-1}$ 处 C—H 伸缩振动峰作为内标，计算光固化过程中C═C 双键转化率。图 9-1 为环氧丙烯酸酯树脂在不同辐照时间的红外光谱图，可以看到经紫外光辐照后，样品在 1634cm^{-1}处的峰强显著减弱。表 9-1 为红外图谱计算出的不同紫外光辐照时刻的双键转化率。其中：S_A 为紫外光辐照 t 时刻碳碳双键吸收峰的积分面积，积分范围 1625～1648cm^{-1}；S_B 为紫外光辐照 t 时刻苯环吸收峰的积分面积，积分范围 1591～1627cm^{-1}；S_t 为 t 时刻 S_A 与 S_B 之比，用于衡量环氧丙烯酸酯不同光照时间的反应程度；C_t 表示双键转化率，$C_t=1-S_t/S_0$，S_0 为紫外光辐照 0 时刻 S_A 与 S_B 之比。

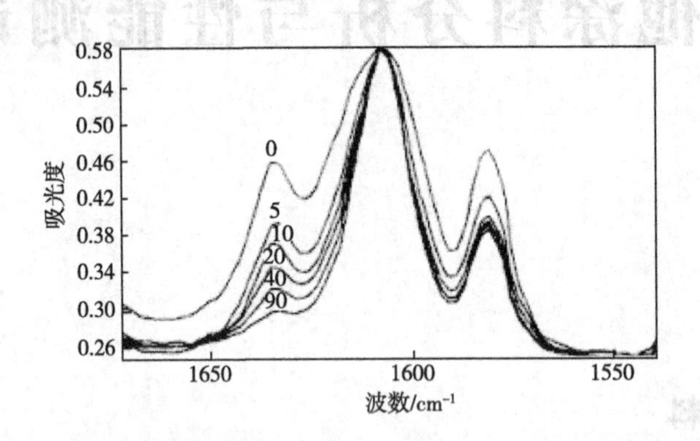

图 9-1 环氧丙烯酸酯树脂在不同辐照时间（s）的红外光谱图

表 9-1 红外光谱分析双键转化率

固化时间/s	S_A	S_B	S_t	C_t/%
$t_1=0$	0.782	3.786	0.2066	0
$t_2=5$	0.461	3.002	0.1536	25.65
$t_3=10$	1.312	12.446	0.1054	48.98
$t_4=20$	0.166	3.119	0.0532	74.25
$t_5=40$	0.143	5.420	0.0264	87.22
$t_6=90$	0.083	10.131	0.0082	96.03

双键转化率随固化时间的变化趋势见图 9-2。笔者也采取化学滴定法（溴酸钾量法）对不同固化时间的碳碳双键含量进行测定，发现两种方法的测定结果基本吻合，证明采用红外光谱定量测定紫外光固化涂料固化过程中双键转化率是可靠的。

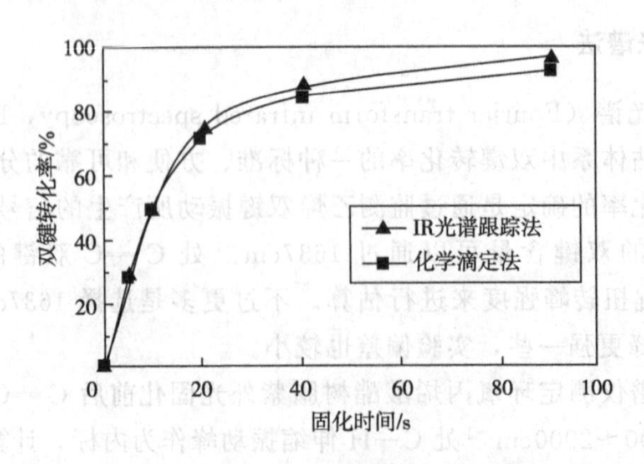

图 9-2 固化时间对双键转化率的影响

一般来说，涂料光固化初期的双键转化率增长较快，后期速率减慢。这是由于随着交联反应的进行，体系黏度越来越大，阻碍了链段的运动，剩余双键之间的碰撞概率降低，导致双键转化率降低。

9.1.1.2 Photo-DSC 测双键转化率

(1) 测试仪器

紫外光固化-差示扫描量热仪（Photo-DSC），紫外辐照计。

(2) 测试方法

Photo-DSC 法主要是根据紫外光固化反应进行程度与反应热效应成正比例的原理来测双键转化率，通过 DSC 采集样品在紫外光（UV）辐照过程中释放的热量来计算双键转化率。测试时，在样品凹槽内放入准确称量的样品约 5mg，样品称准至 0.1mg，进行 UV 固化，记录不同 UV 固化时间的热量变化，温度为室温，DSC 曲线的峰面积用 Origin 软件积分得到。

利用 DSC 实时监测官能团的反应热，其官能团转化率如式（9-1）：

$$C=\Delta H_t/\Delta H_0\times 100\% \tag{9-1}$$

式中，C 为转化率；ΔH_t 为 t 时间的反应热；ΔH_0 为反应基团的理论热值（如丙烯酸双键的理论反应热值为 86 kJ/mol）。

9.1.2 收缩率

在常规聚合反应中，单体分子间都会由反应前的远程范德华力变成反应后的共价键力，分子间距离明显缩短。因此，聚合反应中的体积收缩难以避免。但是在光聚合反应中，除了分子间距缩短外，还存在大量的应力无法松弛。两个方面共同造成了光引发聚合的收缩率大于常规的热引发聚合反应。光聚合所产生的收缩会造成很多严重的后果，对光固化涂料的应用带来了很大的影响。光聚合过程中未松弛的内应力会造成涂膜表面张力高，导致附着力下降，这对于光固化涂料在金属基材表面的应用是致命的。对于刚性材料的粘接，容易产生空隙甚至开裂，对于柔性材料则容易产生翘曲变形。因此，对光固化涂料收缩率的测试是必要的。

收缩率是表征树脂体系收缩性的指标，一般有两种表达方式：线收缩率和体积收缩率。线收缩是指反应体系固化前后一维方向的收缩，主要取决于树脂官能团数量和树脂体系中各组分的分子结构。线收缩所带来的实际后果是会引起材料的翘曲变形。体（积）收缩是指反应体系固化前后体积的改变，主要与反应官能团的含量有关。光固化树脂的体（积）收缩虽然不会直接导致材料的翘曲变形，但也存在一定的间接影响。同时体（积）收缩会产生收缩应力，形成薄弱点，造成材料力学性能下降，影响其使用寿命。

体积收缩率：树脂体系固化后的体积差与固化前体积之比值，也可以用树脂体系固化前后的密度差与固化后密度之比值的百分率表示。

线收缩率：树脂浇注体中心线相对应的两个端面间的固化前后的长度差与固化前长度之比值，以百分率表示。

9.1.2.1 体积收缩率

(1) 测试原理

分别测定树脂固化前后密度变化，计算而得出结果。

(2) 测试仪器

固液密度计，镊子，计算器，酒精棉，吹风机。

(3) 测试方法

使用固液两用电子密度计在不同的模式下，分别测试固化前后样品的密度，通过公式计算出体积收缩率。具体操作是：固化前已配好的树脂液体密度可采用密度计法测定，固化前树脂体系密度为 ρ_0。然后将树脂滴加到聚四氟乙烯板上，用紫外灯固化树脂。密度计在固体测量模式下测量固化好的树脂密度 ρ_C。

(4) 结果分析

总体积收缩率按下式计算：

$$V_S = (\rho_C - \rho_0) / \rho_C \times 100\% \tag{9-2}$$

式中，V_S为树脂固化总体积收缩率，%；ρ_0为固化前树脂体系密度，g/cm^3；ρ_C为固化后树脂密度，g/cm^3。

(5) 参考标准

ISO 3521—1997《塑料　不饱和聚酯和环氧树脂　总体积收缩率的测定》。

9.1.2.2　线收缩率的测定

(1) 长方框法

如图 9-3 (a) 所示，用不锈钢做一个内部挖空的长 100mm、宽 10mm、厚 1mm 的长方框，涂好脱模剂，填充满液态树脂，用紫外灯进行辐照固化，将固化后的树脂取出，对其实际长度进行测量。由于表面张力和边界作用的存在，导致这种方法有两个缺陷：一是液态树脂填充厚度不好确定；二是树脂固化后的长、宽、厚度都减小，而且边界很不规则，使得长度方向没有按比例缩小。通过实验发现液态树脂越厚（即不锈钢框越厚），固化后的树脂越不规则。

美国标准 ASTM D2566—79 规定了一种测定热固性树脂线收缩率的方法，其模具如图 9-3 (b) 所示。将长方框的底槽改成了半圆形，这样改的好处是可以修正因其他作用力造成的测试误差。但是考虑到光固化反应是由外向里的不均匀固化，从理论上判断，这种方法并不能完全消除光固化的不规则变形对材料收缩程度的影响，导致测试结果与实际收缩率还是存在一定的偏差。

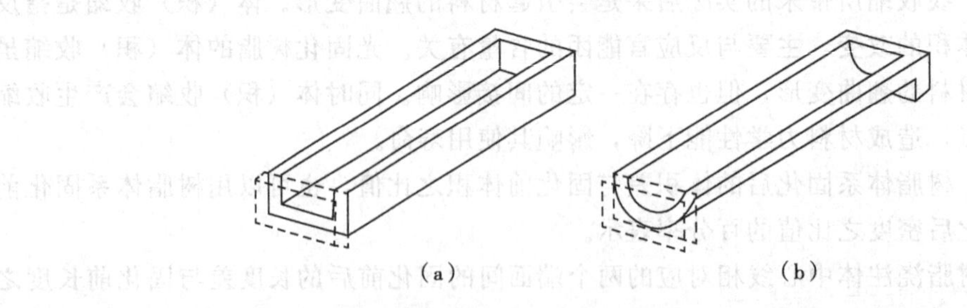

图 9-3　长方框法测量树脂线收缩率 (a) 与美国测试线收缩率的装置 (b)

为解决以上问题，鲁映红等进一步改良了线收缩率的测量装置，如图 9-4 所示。将一根高度 100mm 的玻璃管内壁涂一层脱模剂，注入光固化树脂，并套上 10mm 高的挡光罩（图中黑色部分）。光固化过程中，玻璃管与光源保持平行，缓慢旋转玻璃管，待未套挡光罩部分的树脂基本固化后，去掉挡光罩，继续光照直至所有树脂完全固化，将样品取出，对固化后样品的实际长度进行测量，计算出线收缩率。由于光固化过程中样品保持匀速旋转，紫外光充分照射树脂，因而固化均匀。同时挡光罩遮住的液态树脂不断地补充已固化部分，消除了光固化造成的不规则形变，因而测试结果更接近实际线收缩率。实验结果证明，装入一半高度的树脂，固化后收缩量也刚好是装满树脂的收缩量的一半，即线收缩量随装入树脂的量的增加按比例增加，而线收缩率是一致的，说明这种方法准确率比较高，为测定线收缩率的简便有效的方法。

(2) 激光位移传感法

激光位移传感器是利用激光技术进行测量的传感器。它由激光器、激光检测器和测量电路组成。激光传感器是新型测量仪表，能够精确非接触测量被测物体的位置、位移等变化。因此最近也被用于测量光固化树脂的收缩率。

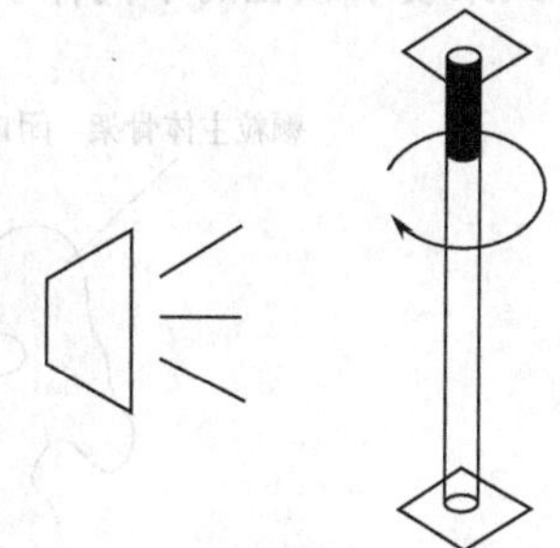

图 9-4 新型光固化树脂线收缩率测量装置

激光位移传感器以固定角度发射一束激光到液体样品表面，产生的镜面反射光被 CCD 相机接收，由于在紫外光下固化过程中，样品膜发生收缩，导致样品膜的厚度发生变化，镜面反射光在 CCD 上聚焦的位置随之发生变化，从而仪器可以检测到膜厚的变化。通过实时的固化样品厚度变化计算得到固化收缩率。

通过实时的固化样品厚度变化按照下式计算得到固化收缩率：

$$P_t = (1 - H_t / H_0) \times 100\% \tag{9-3}$$

式中，P_t为t时刻固化样品的收缩率，%；H_t为t时刻样品的厚度；H_0为初始样品的厚度。

采用激光位移传感器测固化收缩，采样频率可达 1000μs，再现性可达 0.02μm，量程为 2mm。待测配方采用滚涂的方法涂于载玻片上，控制涂膜厚度在 80～130μm 之间。

由于除测试收缩的方向，样品其他方向的收缩受到限制，因此固化的体积收缩可由线收缩来表示。固化光源采用高压汞灯，固化收缩导致膜厚发生变化的全过程由激光位移传感器记录。固化转化率由实时傅里叶变换红外光谱测得。

9.2 粉末涂料

近年来，粉末涂料因无挥发性有机化合物（VOC）排放、绿色环保的特点被应用于越来越多的行业。随着应用市场越来越成熟，各行业的使用要求也越来越明确并且严格，这就驱使粉末供应商对产品的品质以及成本进行更加科学的控制与管理。

粉末涂料是一种完全不含有机溶剂，以微细粉末状态存在的涂料。由于粉末涂料呈粉末状，与常规涂料呈液态状完全不同，因而其检验方法与检验项目也与常规涂料有所不同。

9.2.1 外观和状态

粉末涂料的粉体外观和状态应是目测色泽均匀，松散，无结块，无杂质。经存储、运输和喷涂过程，也应不吸潮，不变色，不结块和变质，始终呈松散状态。

9.2.2 密度

粉末涂料是基料树脂、固化剂、颜填料、助剂等多种组分，经过熔融、混炼、冷却、粉碎后的粉体混合物。成品中每个颗粒的形状并不规则，颗粒表面或者内部包含孔隙，用图像的方式来表示颗粒的不同体积值，如图 9-5 所示。

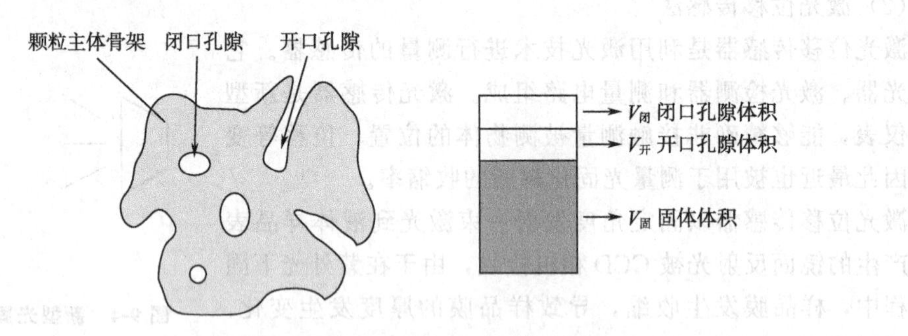

图 9-5 自然状态下粉末颗粒体积示意图

粉体测试密度是用粉体的质量（m）除以粉体的体积计算得到的。粉体的体积一般是由粉体颗粒间间隙所占体积（$V_间$）、粉体颗粒上孔的体积（$V_孔=V_开+V_闭$）、粉体颗粒材料的骨架体积（$V_固$）三部分组成。依据测得的粉末涂料的体积不同，粉体的密度可以用堆积密度、表观密度、真密度三种密度来表达，也就是：

堆积密度：$m/(V_间+V_孔+V_固)$；

表观密度：$m/(V_闭+V_固)$；

真密度：$m/V_固$。

在粉末涂料本身无法完全排除内部闭口孔隙的前提下，粉末涂料的真密度是很难测量的，最常使用的密度指标即为表观密度。从理论计算角度分析，待测粉末的粒径越小，单个颗粒的孔隙越少，表观密度越接近真密度。并且对于同类物质来说，颗粒的孔隙情况基本不变，所以即使是表观密度，测量结果还是比较稳定的，在粉末涂料行业内来说还是极有对比意义的。堆积密度是指粉末在规定条件下自由充满标准容器后所测得的密度，即粉末松散填装时单位体积的质量，反映的是颗粒堆积的紧密程度及粉体的堆放空间，是粉末的一种外在特征，对于粉末流化及涂装方面来说，是一个可以参考的判断指标。

9.2.2.1 表观密度

表观密度对喷涂工艺也有很大影响。表观密度过大，流化需要更大的气压，容易出现流化不均匀的现象，粉体中较细的部分会产生较严重的飞扬。表观密度大的粉末涂料通常带电性差，喷涂时受重力影响大，上粉率低，粉末浪费较严重。表观密度过小的粉末涂料在温度较高的环境下更容易结块，薄涂困难，边角容易出现肥边，易流挂。一般来讲，粉末涂料的表观密度控制在 1.4～1.8g/cm³之间为宜（特殊产品除外，如透明粉）。

粉末涂料表观密度的检测方法依据标准有 ASTM D5965—2002《测定粉末涂料密度的试验方法标准》、ISO 8130-2—2010《粉末涂料　第 2 部分：气体比较比重瓶测定密度（基准方法）》、ISO 8130-3—2010《粉末涂料　第3部分：用液体置换比重计法测定密度》、GB/T 21782.2—2008《粉末涂料　第2部分：气体比较比重仪法测定密度（仲裁法）》和GB/T 21782.3—2008《粉末涂料　第3部分：液体置换比重瓶法测定密度》。总结各种适用标准，粉末涂料密度的检测方法主要有三种：

① 液体置换法。该方法使用容量瓶和润湿液进行检测，适用于普通粉末（不包括金属粉末），成本较低，适合粉末涂料供应商常规使用。简述操作流程为：

a. 使用精度为万分之一的天平称重干燥过的50mL容量瓶，称取质量为m（一般为15g左右）待测粉末；

b. 选用合适的润湿介质进行充分润湿；

c. 使用润湿介质标定容量瓶至50mL刻度线，记录消耗润湿液体积$V_{液}$；

d. 依据测量所得数据按照式（9-4）进行计算并准备重复平行试验。

$$\rho = m/(50 - V_{液}) \tag{9-4}$$

该方法检测出的密度值由于润湿介质无法排除内部闭合孔隙和难浸润部分的干扰，可以认为测量的是表观密度。试验中使用的润湿介质选择也很重要，需要跟待测粉体有良好的润湿，且不能有溶解。标准里推荐使用已烷，实际粉末涂料生产行业内，使用的物质还有石油醚与庚烷，二者的润湿性和成本与已烷相近。由于石油醚成分复杂，且混有芳香烃，具有一定毒性，已烷挥发性较庚烷大，因此更推荐使用庚烷。

② 气体比较比重法。该方法使用气体比重仪进行测量，一般第三方检测机构或者是需要仲裁时使用该检测方法，精度较方法①高。测试方法如下：

a. 依照仪器供应商提供的方法首先进行仪器校正。

b. 使用仪器配置的样品杯取样放进比重仪的样品室。

c. 设置分析参数与脱气参数等相关参数。

d. 称重计算最终样品质量。

e. 自动仪器输入质量生成测试报告；手动仪器计算质量，根据采集数据计算体积，最后计算密度。

气体比重法的理论基础是理想气体状态方程，所使用的气体不能对待测粉末有化学作用。对于粉末涂料来讲，直接采用空气就可以，标准ASTM D5965中建议使用惰性气体氦气进行操作，具有普适性。使用该方法测量出的粉体体积基本接近颗粒的骨架体积，测得的结果可以认为是真密度。气体比重法粉体密度测试仪的设计原理图如图9-6所示。

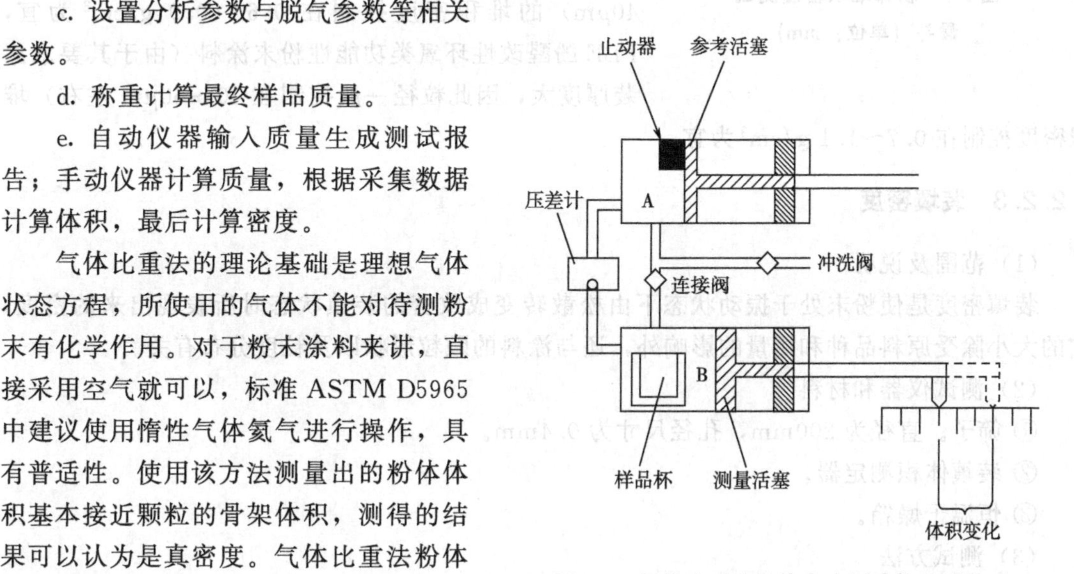

图9-6　气体比重法粉体密度测试仪设计原理

9.2.2.2　堆积密度

关于堆积密度的检测方法最常见的是漏斗法。关于该检测方法和设备的研究已经很成熟，检测流程也很简单，适合粉末涂料供应商进行批量操作检测。

（1）测试仪器和材料

测量杯，容量为（100.0±0.5）mL 的圆柱形杯，内径（45±5）mm，可用金属制成，内表面磨光；漏斗，底部开口直径为 33mm，用金属制成，见图 9-7；封板，尺寸和形状应适用于封住漏斗下口；天平，精度为 0.1g。

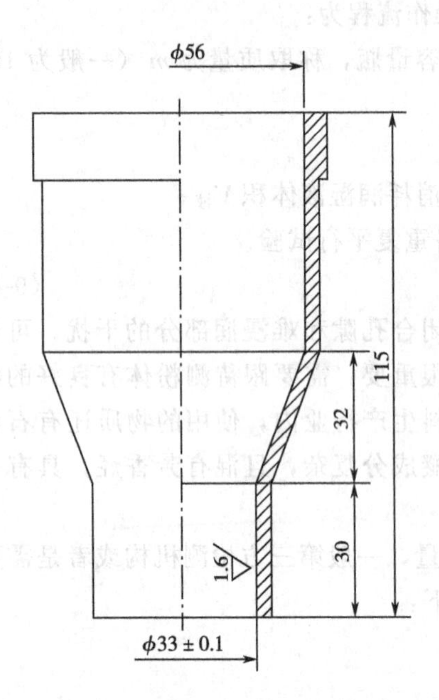

图 9-7　粉体堆积密度测试漏斗（单位：mm）

（2）测试方法

① 将漏斗垂直放置，下口在测量杯的正上方，距离为 25～30mm，两者同轴。

② 用量杯量取（115±5）mL 松散的粉末试样，用封板堵住漏斗下口，将试样倒入漏斗中。

③ 迅速移开封板，让试样自由地落进测量杯中，用直尺刮平杯顶的多余部分，不要抖动。

④ 用天平称出测量杯中试样的质量，精确至 0.1g。

（3）结果表示

堆积密度按下式计算：

$$\rho = M/V \tag{9-5}$$

式中，ρ 为粉末试样的松散密度，g/mL；M 为测量杯中试样的质量，g；V 为测量杯的体积（规定为 100mL），mL。取两次测量结果的算术平均值。

常用装饰性粉末涂料（一般粒径控制在 25～40μm）的堆积密度控制在 0.6～0.9 g/cm³ 为宜，FBE 酚醛改性环氧类功能性粉末涂料（由于其要求涂装厚度大，因此粒径一般控制在 40～60μm 左右）堆积密度控制在 0.7～1.1 g/cm³ 为宜。

9.2.2.3　装填密度

（1）范围及说明

装填密度是使粉末处于振动状态下由松散转变成致密的装填状态时所表现出来的密度，它的大小除受原料品种和用量的影响外，还与涂料的颗粒形状以及粒度分布有关。

（2）测试仪器和材料

① 筛子。直径为 200mm，孔径尺寸为 0.4mm。

② 装填体积测定器。

③ 恒温干燥箱。

（3）测试方法

① 取足够进行两次平行测定的试样约 500mL，在（105±2）℃恒温干燥箱中烘烤 2h，然后放入干燥器中冷却至室温。

② 将干燥后的试样过筛（孔径为 0.4mm），使聚集物完全分离，然后将过筛的试样［约（200±10）mL］称重，准确至 0.1g，再把它加入装填体积测定器的量筒中，加入试样的同时倾斜量筒并相对于轴线转动，避免空隙的形成。

③ 把量筒放到装填体积测定器的座架上，使得量筒振动约1250次后（约5min）读取试样的体积，准确至1mL。继续振动，每遍约1250次，每遍振动后读取试样的体积，直到连续读取两遍后试样的体积差小于2mL为止，记录装填后试样的最终体积。

（4）结果表示

装填密度按下式计算：

$$\rho = M/V \tag{9-6}$$

式中，ρ 为粉末试样的装填密度，g/mL；M 为试样的质量，g；V 为试样的装填体积，mL。

取两份试样测定值的平均值，其结果应准确到0.01g/mL。

9.2.3 粒度和粒度分布

粉末涂料是由不同粒度的粉末在一定范围内的混合物组成，有一定的粒度分布。如果粒度过细，造成流动性能不好，会对涂膜喷涂施工以及涂膜表面造成不利影响（如吐粉现象），而粒度太粗，则会造成表面有凸点以及表面流平性不好等弊病。一般热固性粉末涂料的粒度范围为10～100μm。

（1）测试仪器和材料

① 筛子。符合规范要求的直径为200mm、高为50mm的筛子，按产品要求估计的粒度范围选择筛子，并配置盖和底盘。

② 带自动计时器的机械振动器。该装置能够做均匀的旋转运动并能以（150±10）次/min频率振动。

③ 天平。

（2）测试方法

① 先称量每个选定的不同孔径筛子及底盘的质量（准确至0.1g），然后把筛子由粗到细叠起来，最粗的筛子放在最上部，底盘在最下部。

② 称取（100.0±0.1）g试样，移到顶部的筛子上。

③ 在顶部筛子上放置盖子，把整套筛子放到振动器上，开启振动器10min±15s。

④ 停止振动后，从顶筛开始小心把整套筛子分开，分别称取每个筛子中筛余物质量和底盘中的试样质量。

（3）结果表示

粒度分布以不同筛子的筛余物即不同粒径的粉末筛余物占总试样的比率表示，并按下式计算：

$$比率 = \frac{R}{S} \times 100\% \tag{9-7}$$

式中，R 为筛余物质量，g；S 为试样质量，g。

9.2.4 烘烤时质量损失

粉末涂料可通过静电喷涂涂装于物体表面上，然后经烘烤炉加热熔融流平和交联固化成膜。在烘烤过程中，由于挥发物的挥发而造成一定的质量损失。本方法用于测定粉末涂料在烘烤时的质量损失。

(1) 测试仪器和材料

鼓风恒温烘箱，能维持温度达250℃；分析天平；干燥箱，内装有效干燥剂；平底皿。

(2) 测试方法

① 将平底皿放入恒温干燥箱中，在规定的试验温度下干燥15min，取出放在干燥器中冷却至室温，称重，准确至0.1mg。

② 称（0.50±0.05）g的粉末试样，准确至0.1mg，放入平底皿中。用镊子夹住平底皿，缓慢晃动，使试样在皿的底部均匀地展开。

③ 将装有试样的平底皿放入预先调节至规定温度的烘箱中，放置规定时间。

④ 为促进快速热传导，将平底皿放在烘箱的一个金属板上。

⑤ 当达到规定的加热时间后，将平底皿移至干燥器中，使其冷却至室温。称量平底皿和烘烤后的试样，准确至0.1mg，确定烘烤后粉末的质量。

(3) 结果表示

烘烤的质量损失L以质量分数表示：

$$L=\frac{m_0-m_1}{m_0}\times 100\% \tag{9-8}$$

式中，m_0为烘烤前试样的质量，g；m_1为烘烤后试样的质量，g。

计算两次有效测定的平均值，结果准确至0.01%（质量分数），若两次平行测定结果绝对差值大于0.2%，重复操作。

9.2.5 安息角

粉末涂料作为粉末的集合体，除了具有自由流动的性能外，由于粉末粒子间产生摩擦和自身的重力，所以粉末涂料还具有阻碍流动、使粉末堆积的现象。当自由流动的粉末涂料从高处缓缓落下时，在水平面上自然堆积成一个圆锥体，达到静止状态时，锥体表面与水平所形成的夹角θ叫作安息角或休止角、静止角，如图9-8所示。

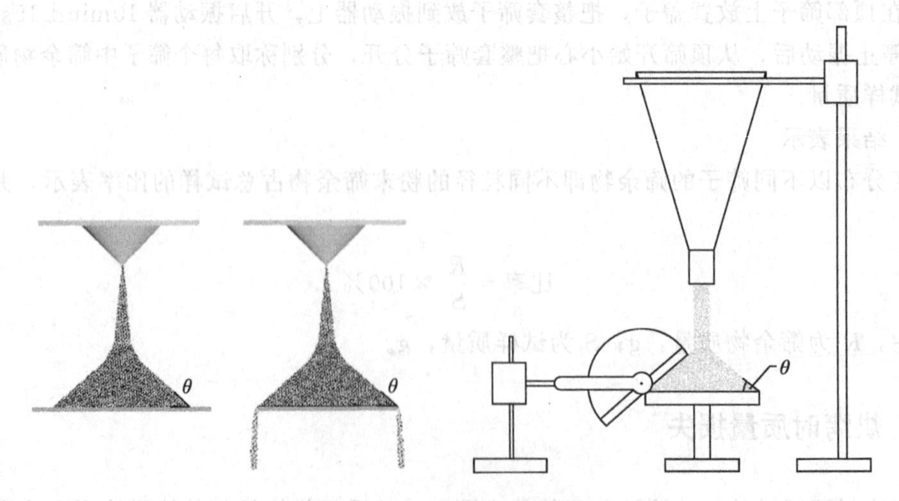

图9-8 安息角的测量示意图

安息角是反映干粉流动性的重要数据，一般静电粉末喷涂的安息角是35°～45°，当安息角在40°以下时，干粉流动性好，使用方便；若大于45°时，则干粉流动性不好。

（1）测试仪器和材料

漏斗，漏斗门不要太大，5mm左右为好；漏斗架；圆盘；量角器，包括架子。

（2）测试方法

按图9-8放置好漏斗架以及漏斗，使漏斗口对准接粉圆盘台中心，离圆盘不要太高，然后将粉末慢慢倒入漏斗，又从漏斗流到接粉圆盘台上堆积起来，直到将圆盘台堆满，并从圆盘边缘开始溢出为止，并保持θ角最大，然后用量角器量θ角。重复三次，取平均值即为安息角。

（3）误差及重复性的处理

控制重复性误差在1°以内；更高要求的话应该在0.5°以内为理想。

对高精度要求测量建议采用全自动仪器操作，比如FT-104BA自动休止角测试仪就比较理想，可以得到精度0.1°的数据。

9.2.6 流动能力

9.2.6.1 流出性

粉末涂料能均匀流动的能力或以恒定速率从容器连续注入的能力为流动性，一般以一定质量的粉末涂料从规定的漏斗中流出时间来衡量粉末涂料的流出性能。

（1）测试仪器和材料

天平，灵敏度为0.1g；秒表；漏斗（见图9-9）及漏斗架。

（2）测试方法

称量100 g松散无结块粉末试样，将漏斗垂直放置，用手或合适的板条封住其下口，把称出的试样轻轻倒入漏斗口。迅速放开下口并同时启动秒表计时，让粉末自动流出，当粉末停止流出时即停止计时。

（3）结果表示

三次测定取平均值，单位为秒（s），精确至0.5 s。

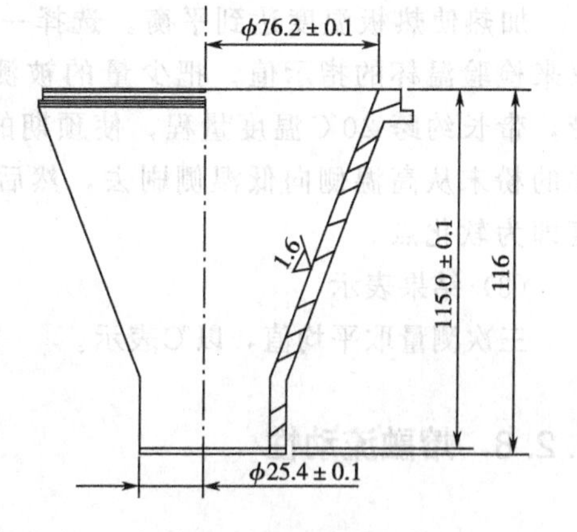

图9-9 流出性漏斗

9.2.6.2 流度

（1）范围及说明

粉末涂料的流度是评价粉末流化程度的重要参数，它对使用静电粉末喷涂法和流化床浸涂法进行涂装时的施工性能有很重要影响。

（2）测试方法

称取约250g粉末试样，放在直径100mm多空板的圆柱形聚氯乙烯仪器内，从多空板底部以200L/h的速度往容器内通入空气，使粉末试样流化，并通过容器壁上的一个直径为4mm的孔使粉末流出30s，测定流出粉末试样的质量。

（3）结果表示

粉末涂料流度系数按式（9-9）计算：

$$R = m \times \frac{h_1}{h_0} \tag{9-9}$$

式中，R 为流度系数；m 为流出粉末试样的质量，g；h_0为容器内原始粉末试样的高度，mm；h_1为流化时容器内粉末试样的高度，mm。

评价粉末流度可参考表 9-2 所列数据。

表 9-2　粉末流度的参考数据

流度系数	评定	流度系数	评定
＞180	很好	80～120	中等
140～180	好	＜80	差
120～140	合格		

9.2.7　软化温度

软化温度是指粉末涂料刚呈现熔化时的温度，单位为℃。

（1）测试仪器和材料

① 热板。用 Kofler 热板或性能相似的热板，其特点是加热时其一边至另外一边存在温度梯度，一般是从室温～200℃。

② 涂料刷。

（2）测试方法

加热使热板温度达到平衡。选择一种接近待试样品熔点的已知熔点的材料或用测温仪来检验温杯的指示值。把少量的被测粉末试样涂布在板上，使其呈薄而狭长的粉末带，带长约跨 20℃温度量程，使预期的熔点在该温度范围中心点附近 1min 后，把未熔化的粉末从高温侧向低温侧刷去，然后将指针调到刚呈现出熔化粉末痕迹的位置，此温度即为软化点。

（3）结果表示

三次测量取平均值，以℃表示。

9.2.8　熔融流动性

粉末涂料的成膜过程是粉末涂料受热熔融成为流动状态，黏度迅速下降，固化开始后黏度又上升，当固化反应到一定程度时，熔融的粉末涂料就停止流动，固化成膜。熔融流动性是评价粉末涂料涂膜流平性的重要参数之一，粉末涂料试样熔融流动距离越长，越有利于涂膜流平，但边角覆盖力不好；如果流平性小，边角覆盖力好，则不利于涂膜流平，所以应有适当的流平性才能保证粉末涂料的质量。

9.2.8.1　水平流动性

将热固性粉末涂料在标准尺寸的圆柱形模具中压制成片。在一定温度下，压制成片的粉末涂料在水平板上加热熔融后进行流动，测定其熔化后的直径大小。

（1）测试仪器和材料

流动性样品压模器，由上模、下模和模套等部件组成，如图 9-10 所示；热板，表面光滑的黄铜板，厚度 15～20mm，直径 120mm，侧面正中有直径 7 mm、深 65mm 的孔，供插入温度计用；电炉、调压器，能控温±1℃；不锈钢板，厚 2mm。

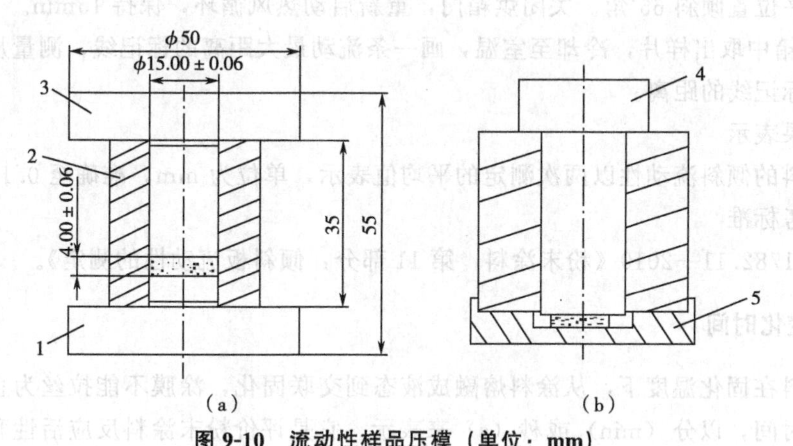

图 9-10　流动性样品压模（单位：mm）

1—下模；2—模套；3—上模；4—出料压头；5—出料槽

（2）测试方法

① 称取 0.8～1.0g 粉末涂料试样倒入压模器中压模成片，取出上下模，用顶杆将试片顶出。试片尺寸为直径 15mm，厚度 4mm。

② 将不锈钢板放在热板和电炉之间，用电炉加热热板到规定温度，把试片置于热板中央后，即用秒表计时，到规定时间停止加热。待试片冷却后，用分规测出直径大小，再用钢尺量出尺寸，或是当熔融试片不能继续流动时停止加热，测出试片冷却后的尺寸。

（3）结果表示

用两个试片做试验，两个测量值的平均值作为试片的水平流动性，单位为 mm，准确至 0.1mm。

9.2.8.2　倾斜流动性

（1）测试原理

将粉末涂料在标准尺寸的圆柱形模具中压制成片，在一定温度下，压制成片的粉末涂料在倾斜板上加热熔融后，沿倾斜面流下，测定其流动的长度。

（2）测试仪器和材料

热风循环烘箱，能维持温度达 250℃，循环风扇可根据需要开启和关闭；金属板架装置，50 mm×120 mm 的金属架，装在烘箱内，使用烘箱外部操纵杆能将其安放的金属板从水平位置调至 65°倾斜角位置；钢片试片压模器，能制备直径约 12.5mm、厚度 6.5mm 的圆饼；板材，玻璃板或金属板；分析天平，感量 0.01g；秒表，准确至 0.2s；钢尺，刻度 0.5mm；聚四氟乙烯，喷雾离型剂。

（3）测试方法

① 用天平称取 0.5～0.7g 粉末涂料放入钢制试片压模器中，将其压成厚度为 6.5mm 的圆饼，称量圆饼的质量。

② 将板材放在板架上，一起放入已达到设定温度的烘箱中，打开热风循环将板材和板架预热至少15min（如果使用玻璃板，则需要先使用聚四氟乙烯喷雾离型剂将板材向上的一面喷涂，使其自然风干）。

③ 预热结束关闭热风循环，打开烘箱门，将制备好的圆饼放在板材的尾部，操纵板架带动板材从水平位置倾斜65°角。关闭烘箱门，重新启动热风循环，保持15min。

④ 从烘箱中取出样片，冷却至室温，画一条流动最大距离的标记线，测量从原来放置样片的中心到标记线的距离。

（4）结果表示

粉末涂料的倾斜流动性以两次测定的平均值表示，单位为mm，准确至0.1mm。

（5）参考标准

GB/T 21782.11—2010《粉末涂料　第11部分：倾斜板流动性的测定》。

9.2.8.3　胶化时间

粉末涂料在固化温度下，从涂料熔融成液态到交联固化，涂膜不能拉丝为止所需的全部时间为胶化时间，以分（min）或秒（s）来表示。它是评价粉末涂料反应活性和固化反应速率的最简单的方法。一般情况，胶化时间短则固化快、反应活性大、涂膜外观流平较差。反之，胶化时间长则固化慢。如果涂膜没有足够烘烤时间，则涂膜的力学性能不会太好。

（1）测试原理

一定体积的粉末涂料试样在加热块的凹坑处被加热到规定温度后，测出由熔融物中不能再拉成丝的时间。

（2）测试仪器和材料

① 加热块。由一块足够质量的电加热钢块构成，即应能使所选择的温度在130～230℃范围内变化不大于±1℃，此温度应能用调温器控制。加热块有一圆形抛光的凹坑，其直径为（16.0±0.1）mm，位于上表面的中心处，供放置待测试样用。加热块还应有一足够直径的孔以放置测温器，应靠近加热块的一边的中心处，低于上表面的水平延伸至加热块中心附近，其终端距离凹坑中心不超过2mm。适宜的加热块如图9-11所示。

注意：加热块需热绝缘500W的加热装置可以使用。

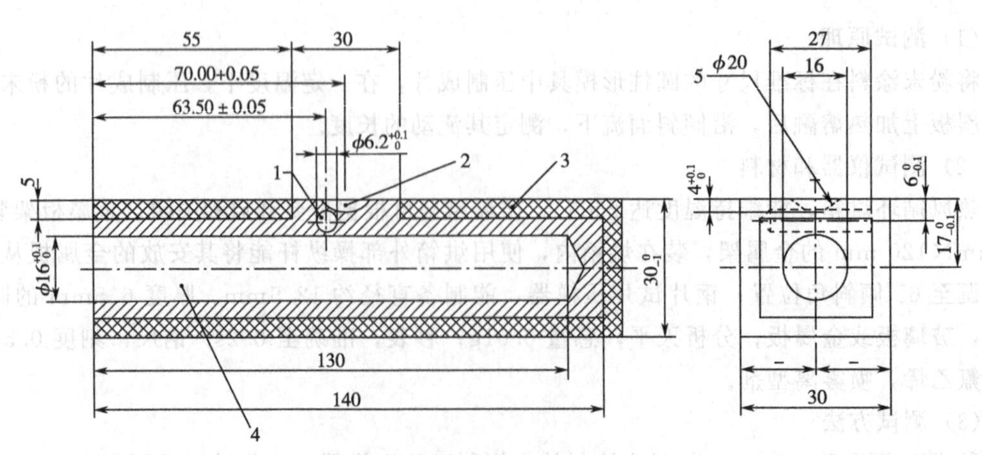

图9-11　加热块示意图（单位：mm）

1—温度计插孔；2—装试样的凹坑；3—绝缘材料；4—加热装置插孔；5—球径

② 测温器。应有足够的测量范围，准确至1℃。

③ 测量匙。容量为（0.25±0.01）mL，用于将试样转移至加热块的凹坑。

④ 计时器。

⑤ 搅拌器。

⑥ 刮刀。

（3）测试方法

① 除非另有规定或有关双方另有商定，实验应在（180±1）℃下进行。将加热块放置在无通风的室温中，把加热块升温至规定温度并使其保持稳定。加热块表面温度达到所需温度的核查，可用一小块熔点温度与之相同的物质放在加热板上来进行。如果需要，可按生产厂的说明使用涂膜剂对加热板上的凹坑及上表面进行处理。

② 用测量匙将0.25mL待测试样移至加热块的凹坑中，在所有试样都熔融后立即启动计时器，用搅拌器以小圆圈运动方式一直搅拌熔化的物料。当样品黏度变大时，每隔2～3s将搅拌器中的熔融物提高10mm左右，若提高时形成的拉丝变脆以至断裂，且无法再由熔化物中拉成丝状物时，记下此时的时间，该时间即为试样的胶化时间。

③ 用刮刀立即从加热块中刮掉实验样品。

（4）结果表示

重复采样并重复上述测定，如果两次测量结果之差不超过最小值的5%，则其算术平均值为最后测试结果，以s表示，并准确至1s。

（5）参考标准

GB/T 16995—1997《热固性粉末涂料　在给定温度下胶化时间的测定》。

9.3 电泳涂料

电泳涂料是一种新型的低污染、省能源和资源、具有保护和防腐蚀性的涂料。电泳涂装是将具有导电性的被涂物浸在装满水稀释的浓度比较低的电泳涂料槽中作为阳极（或阴极），在槽中另设置与其对应的阴极（或阳极），在两极间接通直流电一段时间后，在被涂物表面沉积出均匀细密、不被水溶解涂膜的一种特殊的涂装方法，是涂装金属工件最有效的方法之一，特别适合形状复杂、有边缘棱角、孔穴工件的涂装。电泳涂装可实现完全机械化、自动化，不仅减轻了劳动强度，而且还大幅度提高了劳动生产率，适用于大量流水线作业，被大量应用于汽车、机电、家电等五金件的涂装。

9.3.1 灰分和颜基比

电泳涂装场合的颜基比是指电泳涂料、槽液或者涂膜中的颜料和基料（树脂）之比。颜基比的测定有溶剂法和测灰分法。电泳涂料所用的颜料，除炭黑外一般都是不燃性的无机颜料，因而常测定灰分来算出颜料分，方法简便。

（1）测试仪器

马弗炉；恒温干燥箱；坩埚和坩埚夹。

（2）测试方法

① 称取约1g的漆样或槽液样于已称量的坩埚中；

② 将坩埚盖上坩埚盖置于马弗炉中，在（110±5)℃烘1h，随后在200～250℃烘1h，再在400～450℃烘0.5h，再升温至800℃煅烧0.5h；

③ 冷却后将坩埚重新称量。

（3）结果计算

$$灰分=(C-A)\times100/[(B-A)\times(D/100)]$$

$$颜基比(P/B)=(C-A)K/[D(B-A)-(C-A)K]$$

式中，A 为坩埚的质量，g；B 为坩埚加试样质量，g；C 为煅烧后坩埚加试样质量，g；D 为漆样固体分（质量分数），%；K 为炭黑系数（由涂料供应商提供）。

9.3.2 毫克当量值

电泳涂料的毫克当量（MEQ）值＝中和剂/胺值（酸值)，也可用中和100g涂料固体分所需中和剂的质量（mg）来表示。

（1）测试方法

① 取10g电泳涂料槽液放入250mL烧杯中，加入50mL四氢呋喃，用电磁搅拌充分搅拌均匀。

② 用0.1mol/L氢氧化钠，以3mL/min的速度（自动或手动滴定均可）进行滴定。

③ 将所有测定的数据记作消耗碱的函数。

④ 将所测定的各点圆滑连接，用平行尺根据曲线的拐点找出曲线与拐点的两条平行切线的垂线相交1/2点，此点即为中和点。此点对应值即为消耗的碱量。

注意：此测定方法仅适用于槽液。

（2）结果计算

$$MEQ=(V-V')N\times100/(WS) \qquad (9\text{-}10)$$

式中，V 为等当点时耗碱量，mL；V' 为四氢呋喃耗碱量，mL；N 为氢氧化钠溶液的浓度，mol/L；S 为试样的固体分（质量分数），%；W 为试样质量，g。

9.3.3 库仑效率

电泳涂料的库仑效率是表示涂膜生长难易程度的目标值，有两种表示法：耗1C电量析出涂膜的质量，以mg/C表示，故又称电效率；或沉积1g固体涂膜所需电量，以C/g表示。

（1）测试仪器及材料

硅整流器（400V/10A)；库仑计（50C)；磷化锌化成皮膜处理试片若干；试验用绝缘容器，约1L（容器可用正方形或圆筒形)；马口铁板，一组，至少三块。

（2）测试方法

阴极电泳涂料槽液为例，采用一般的库仑计：

① 磷化钢板称量，在被测试的槽液中按照标准电泳条件制备泳涂料样板。在样板制备过程中记录库仑计上的电量 Q（C)。

② 在规定的烘干条件下，待烘干的样板冷却后称量，测得涂料在样板上的沉积量 W（mg)。

（3）结果计算

库仑效率 C 按下式计算：

$$C=\frac{W-W_0}{Q} \tag{9-11}$$

式中，C 为库仑效率，mg/C；W_0为涂装前试片质量，mg；W 为涂装并烘干后试片质量，mg；Q 为库仑计指示的电量，C。

若无库仑计，则库仑效率如下：

$$C=\frac{\text{沉积的涂料质量}}{\text{电流}\times\text{时间}} \tag{9-12}$$

（4）参考标准

HG/T 3334—2012《电泳涂料通用试验方法》中 4.4。

9.3.4　泳透力

在电泳涂装过程中使背离电极（阴极或阳极）的被涂物表面涂上涂料的能力称为泳透力，也表示电泳涂膜在膜厚分布上的均一性，故又称泳透性。泳透力是衡量电泳涂料的一项重要指标，它与电泳涂料槽液的电导和湿涂膜的比电阻的大小有关，两者越大该涂料的泳透力越高。泳透力还与泳涂时间、涂装电压、槽液固体分等涂装工艺参数有直接关系。泳涂时间越长，涂装电压和固体分越高，泳透力也就越高。它也是确保空腔部分、缝隙间等表面涂上涂料的目标值。正是利用电泳涂料这一特性，才解决了汽车驾驶室内表面、空腔零部件及焊缝间的涂装、防腐蚀问题。电泳涂料的泳透力越高，则被涂物（如汽车车身）内腔和焊缝内表面的涂膜越厚，防腐蚀性能越好。当初开发的第一代阳（阴）极电泳涂料泳透力很低，被涂物内腔和缝隙涂上涂料要采用辅助电极；现市场供应的第二、三代阴（阳）极电泳涂料基本上都具有较高的泳透力。目前，阴极电泳涂料有向减小车身内外表面电泳底漆膜厚差的高泳透力方向发展的一个趋势，即泳透性优异的电泳涂料。所以，正确使用泳透力检测方法及准确鉴定电泳涂料泳透力十分重要。

泳透力检测方法主要有三种：钢管法、伏特盒法、四枚盒法。钢管法是最早用于测试泳透力的方法，不过随着阴极电泳涂料技术的进步，钢管法已无法评价出泳透力的高低。四枚盒法是近几年广泛采用的方法，该方法更接近于生产线实际状况，现已被国内外各大汽车公司和涂料公司用来评价电泳涂料的泳透力。

9.3.4.1　钢管法

（1）测试装置

钢管法泳透力测定装置如图 9-12 所示。电泳槽为玻璃或塑料制的圆筒形槽，电极采用薄紫铜片围成圆筒状，紧贴电泳槽内壁放置，并在此电极上引出导线。

电泳槽：高 240mm，内径 54mm，塑料制圆筒，下端封死。

阳极板：长 185mm，高 100mm，薄紫铜片围成圆筒状，置于电泳槽上部（离顶端 10mm），材质：非磁性不锈钢。

内试条：长 230mm，宽 15mm，在 212mm 处打孔，材质：马口铁。

外试条：长 150mm，宽 15mm，在 212mm 处打孔，材质：马口铁。

（2）测试方法

将长 230mm、宽 15mm、厚 1mm 的钢板条插入高 220mm、外径 25mm、内径 20mm 的

不锈钢管中，将其作为泳涂工件。通过钢板条的泳涂情况即可衡量该电泳涂料工作液对工件内腔的泳涂能力（泳透力）。

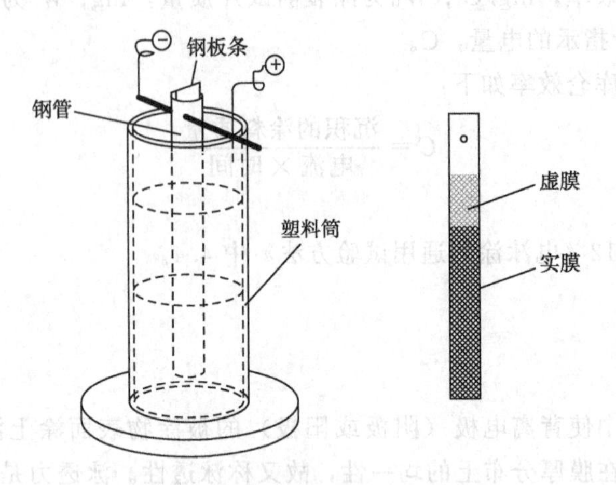

图 9-12　钢管法泳透力测定装置

（3）测试方法

① 按产品标准要求在烧杯中配制电泳涂料工作液 100mL，搅匀并调整温度 28℃（透明涂料温度为 25℃）左右，倒入泳透力测定器的涂料槽中，使液面至刻度线，并保持在（28±2）℃［透明涂料温度为（25±2）℃］。

② 用溶剂将钢管各试条擦净，晾干、编号后把试片插入钢管中，用钢丝穿好置于电泳槽中心处，使钢管浸入槽液深度为 200 mm。

③ 接通电路，同时启动秒表，采用软启动，在 5s 内把电压从零升至规定电压［标准电泳条件下膜厚（25±1）μm 的电压］保持 60s，断开电路（测透明涂料泳透力电压用 50V）。

④ 电泳完毕，取出试条，迅速用水冲洗除去表面浮料。

⑤ 按上述步骤，重复测电泳试条两根，每次测试前将槽液搅匀。

⑥ 把电泳后的三根试条，放入鼓风恒温干燥箱进行干燥，干燥条件应符合产品标准的规定。

⑦ 干燥后待其冷却，用钢尺测量试条上两面电泳涂膜的高度（如泳漆部分上端不齐，或出现弯月形，以最高处计算），并记录外试板膜厚。

（4）评价方法

钢管法以内板（空腔）的泳涂高度（cm）和外表面的涂膜高度（cm）之比（%）作为评价对象。

计算公式：泳透力（%）＝（实膜高度＋1/2 虚膜高度）÷200×100%

（5）参考标准

HG/T 3339—79《电泳漆泳透力测定法（钢管法）》、EDTM-07-02《科利尔公司厂内泳透力》。

9.3.4.2　伏特盒法

（1）测试装置

伏特盒法泳透力测定装置如图 9-13 所示。

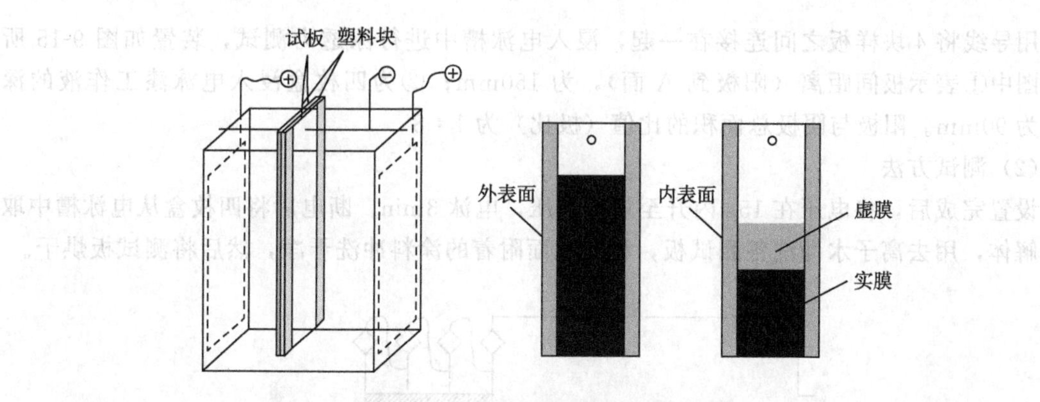

图 9-13　伏特盒法泳透力测定装置

（2）测试方法

取尺寸为 350mm×105mm×0.8mm 的两块磷化钢板，在距离上端 10 mm 处钻孔，以绝缘隔条将两板隔开，两板的间隔为 4mm，用胶带（38mm 宽）沿试板的长边封成一个上下空的盒子作为泳涂工件，即伏特盒。以内部尺寸为 200mm×120mm×350mm 的聚氯乙烯塑料槽作为电泳槽，其内设置一个钢板条作为相对电极。槽液深度为 340 mm，伏特盒底边距槽底 40 mm。极比（电极的面积：H 面的全部涂装面积）为 1/4，极间距为 150 mm。因为盒子可以拆卸，通过观察盒内磷化板的泳涂情况及烘干后磷化板内腔与外板膜厚情况，即可反映出泳透力。

（3）评价方法

伏特盒测泳透力以样板内表面泳上涂膜高度（cm）作为评价对象。

9.3.4.3　四枚盒法

（1）测试装置

4 枚盒法泳透力测定装置如图 9-14 所示。

取 4 块磷化钢板（70mm×150mm×0.8mm），其中 3 块在距样板底端 50mm 的中心处钻一小孔（直径 8mm），按图 9-14 所示制成试验装置，即四枚盒。每个样板之间的距离保持在 20mm，试验板的各涂装面按从左至右的顺序记为 A～H。将四枚盒的两侧面及底面用绝缘胶布封住，避免涂料在电泳过程中从涂装孔以外侵入。

电泳槽：尺寸为 230mm×100mm×180mm，液面高度为 130mm。

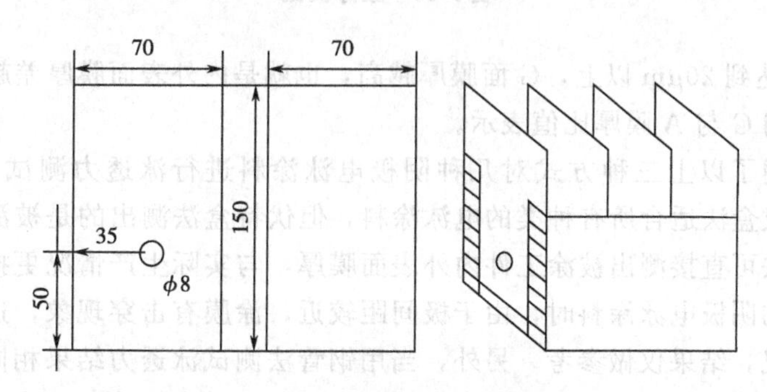

图 9-14　试验盒（四枚盒）（单位：mm）

用导线将4块样板之间连接在一起，浸入电泳槽中进行泳透力测试，装置如图9-15所示。图中①表示极间距离（阳极到A面），为150mm；②为四枚盒浸入电泳漆工作液的深度，为90mm。阳极与阴极总面积的比值（极比）为1∶8。

（2）测试方法

设置完成后，将电压在15s内升至规定电压，电泳3min。断电后将四枚盒从电泳槽中取出并解体，用去离子水冲洗各测试板，将其表面附着的涂料冲洗干净，然后将测试板烘干。

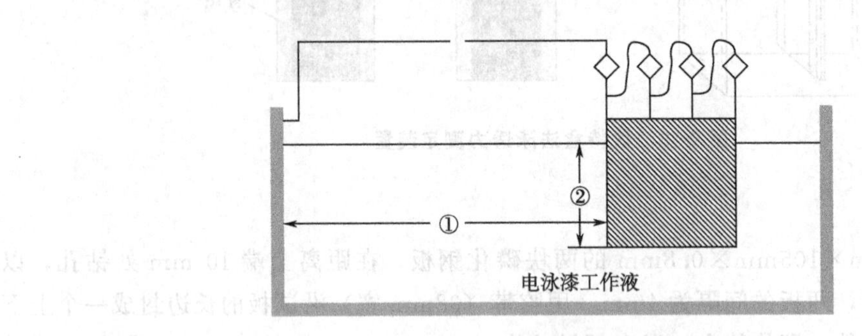

图9-15 四枚盒实验装置图

（3）评价方法

四枚盒法测电泳涂料泳透力是测定各试验板A～H面的涂装膜厚。如图9-16所示，A～F面：×印部4点是试验样板边缘到孔边缘距离的中点。G面、H面：×印部4点是试验样板边缘到电泳涂装面中心距离的中点，然后求出4点的平均值。

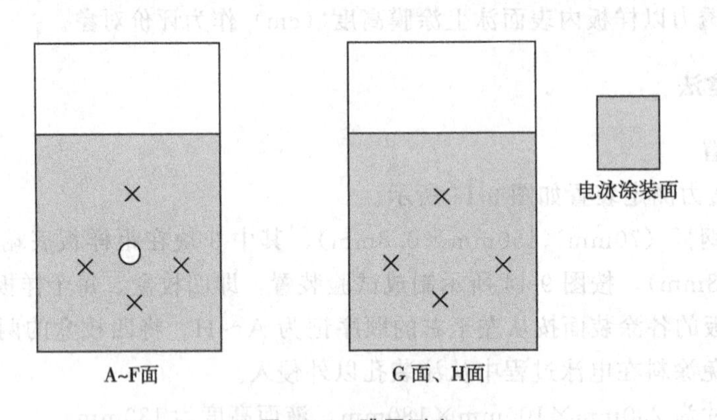

图9-16 膜厚测定

当A面膜厚达到20μm以上，G面膜厚越高，也就是内外表面膜厚差越小，表明该涂料的泳透力越好，用G与A膜厚比值表示。

宋华分别采用了以上三种方式对几种阴极电泳涂料进行泳透力测试，测试结果表明：①伏特盒法和四枚盒法适合所有种类的电泳涂料，但伏特盒法测出的是被涂工件内表面泳涂高度，而四枚盒法可直接测出被涂工件内外表面膜厚，与实际生产情况更接近。②用钢管法测试高施工电压的阴极电泳涂料时，由于极间距较近，涂膜有击穿现象，这样不能正确反映泳透力的实际情况，结果仅做参考。另外，当用钢管法测试泳透力结果相同时，四枚盒法测试泳透力差别较大，更说明四枚盒法适合用于测试泳透力。③钢管法的优点是被测试槽液用量少，仅需0.6L左右，而伏特盒法和四枚盒法分别需要8L和4.5L左右的槽液。另外，钢管法操作相对简单快捷。

9.3.5　击穿电压

击穿电压体现的是电泳液耐高电压的能力，具体是指涂膜仍能保持均一和能形成均一的涂膜所能承受的最高电压值。

（1）测试设备和材料

试板：尺寸为70mm×150mm×（0.7～1.0）mm的磷化钢板，或商定材质。

极板：面积为试板面积的1/6～1/4的不锈钢板，浸入工作液长度与试板浸入工作液长度相同。

烧杯：容量2L。

直流电源：0～350V，电压波纹系数在5%以内的恒定电压装置，含电极导线夹。

（2）测试方法

向烧杯中加入2L工作液，调整工作液的温度为（30±2)℃，在烧杯的对称两侧放好极板和试板，将极板和试板串入电泳电路中，根据产品规定的电压增加50V进行电泳，如果随着电泳时间增加电流值下降则提高电压30V，如此重复操作；当随着时间增加，电流值不下降而出现上升预兆时，立即关闭电源；将上述电压下降20V，根据电流随时间下降或上升迹象，再增减电压10V，直至电流不上升的最高电压，即为击穿电压。

（3）注意事项

每次电泳在30s内完成。如果在试验过程中发现涂膜击穿，立即关闭电源，必要时，工作液应搅拌20min并进行过滤。

（4）参考标准

HG/T 3334—2012《电泳涂料通用试验方法》中4.16。

9.3.6　边缘防锈试验

（1）测试仪器和材料

电泳涂装、烘干装置各一套。

耐盐雾试验装置。

刀片（OLFQ JAPAN 05)：刀片事先要进行前处理的品种在无特别指定的情况下，采用日本磷化PBL-3020法或PBL-3080法。

片架：盐雾试验装置中不腐蚀的夹具，保证刀片的刀刃向上，刀片水平且刀片的间距10mm以上。

放大镜：观察刀刃锈蚀、起泡程度，可放大30倍的型号。

（2）测试方法

① 刀片的涂装。

将试验用电泳涂料倒入电泳槽钢中，用电磁搅拌，将槽液温度调整至（28.0±0.5)℃。

悬挂刀片浸入电泳涂料中，极间距保持150mm，将刀片刀刃正对极板固定，无特别指定的情况下，通电方法如下：

a. 在30s内从0V升到规定电压；

b. 在规定电压维持 2min（合计通电时间为 2min30s）；

无特别指定的情况下，刀片的涂装膜厚（25±5）μm。

电泳涂装后的刀片用水洗净，按规定条件烘干。

准备 3 枚试验用刀片。

② 耐盐雾试验。

a. 试验条件烘干后的刀片，至少于温度（23±2)℃，相对湿度 50%±5%标准环境状态调整 16h，然后投入试验。

b. 将刀片固定在刀片架内，保持刀刃向上，刀刃线与地面水平，并固定好；刀片间距 10mm 以上。

c. 依据《盐水喷雾试验》规定进行喷雾试验，试验规定一段时间，如无特别指定的情况下，保持 168h。

（3）评价方法

① 清洁后的刀片，用 30 倍放大镜观察刀刃的锈蚀、起泡个数并做记录；但刀刃两端边缘 5mm 不记录。

② 计算 3 枚刀片刀刃锈蚀、起泡个数的平均值（精确至 0.01)，并记录。

（4）参考标准

EDTM—33《科利尔公司边缘防锈试验》。

9.4 船舶涂料

船舶涂料是一种专用涂料，主要是保护船舶、舰艇及海上钢结构不受海水和海洋气候的腐蚀。海洋与陆上自然条件不同，海洋有盐雾、带有微碱性的海水、海洋生物的污染和强烈的紫外线等，因此对船舶漆的质量要求要比陆上的钢结构高得多。船舶的船底部位由于长期浸于水中，受到海水的电化学腐蚀和海洋生物附着，因此要求船底有优良的耐水性、防锈性和防污性。船舶水线部位受海浪冲击和阳光照射，要求既耐水又耐晒。甲板部位因人员走动频繁和装卸作业要求，涂膜必须有较高的耐磨性和附着力。此外，船舶其他部位对涂料也各有其不同要求，因此船舶涂料除了一般的常规性能检验外，还有不少针对船舶涂料使用在各部位的特性要求，制定有相应的检验方法。

9.4.1 耐电位性

（1）测试范围及说明

目前防止船底钢板腐蚀最方便而有效的方法有两种：一种是单纯使用涂料进行保护；另一种是采用涂料与阴极保护相结合的方法，如牺牲阳极和外加电流等。本方法主要是用于船舶及海洋工程外加电流阴极保护系统辅助阳极的屏蔽涂料的耐电位性测定。

（2）测试仪器和材料

试验装置，见图 9-17；天然海水或人造海水；试验钢板，150mm×70mm×（1～2）mm。

（3）测试方法

① 按产品要求制备涂膜并在恒温恒湿条件下干燥，涂装厚度、涂装道数和涂装间隔按产

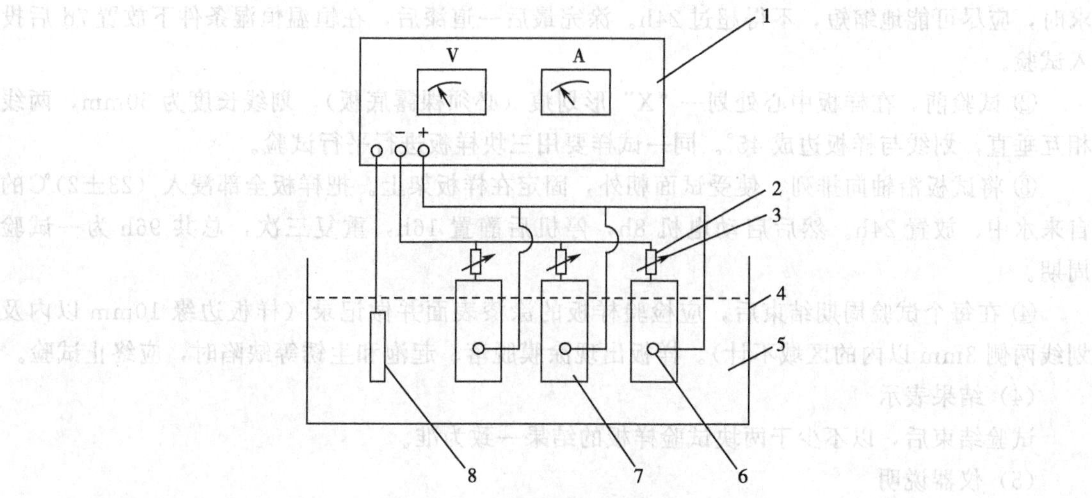

图 9-17　耐电位性试验装置

1—恒电位仪；2—取样电阻；3—电位器；4—水槽；5—天然海水；6—铝阳极；7—试验样板；8—热电偶

品说明规定，涂装后涂膜不得流挂。

② 涂膜实干后在试板的一面安装铝阳极，铝阳极与试板应绝缘，如图 9-18 所示。

③ 把试板浸入海水槽，浸入深度为试板的 2/3。试板并联接入恒电位仪，通电后每天检查样板涂层的变化情况。

④ 调节电位器，使试板电位保持在（−3.50±0.02）V（相对于银/氯化银电极），测定取样电阻上电压，每天测量一次。

⑤ 将测得电压数据换算成电流，绘出电流与时间曲线。在试验过程中，试验样板的涂层如出现起泡、脱落或粉化，试验即终止。

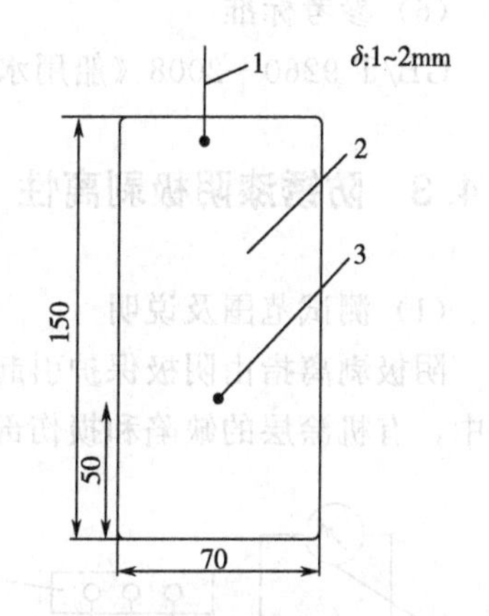

图 9-18　耐电位性试板（单位：mm）

1—导线；2—试验样板；3—铝阳极

(4) 结果表示

阳极屏涂料试验 30d，无起泡、无剥落、无粉化为合格。

(5) 参考标准

GB/T 7788—2007《船舶及海洋工程阳极屏涂料通用技术条件》。

9.4.2　耐划水性

(1) 测试范围及说明

水线漆是应用于船舶轻重载之间部位的涂料，除了经常受到海水浸泡和大气暴露的下湿交替作用外，还需经受海浪冲击以及要受到缆绳和船舶停靠时的擦伤与碰撞。该方法主要适用于与防锈漆配套的水线漆对以上性能的判定。

(2) 测试仪器和材料

试验钢板，150mm×70mm×（0.8～1.5）mm。

(3) 测试方法

① 按产品要求制备涂膜并在恒温恒湿条件下干燥，各涂层的涂装间隔在符合产品技术要

求时，应尽可能地缩短，不得超过24h。涂完最后一道漆后，在恒温恒湿条件下放置7d后投入试验。

② 试验前，在样板中心处划一“X”形划痕（必须裸露底板），划线长度为50mm，两线相互垂直，划线与样板边成45°。同一试样要用三块样板进行平行试验。

③ 将试板沿轴向排列，使受试面朝外，固定在样板架上。把样板全部浸入（23±2)℃的自来水中，放置24h。然后启动电机8h，停机后静置16h，重复三次，总共96h为一试验周期。

④ 在每个试验周期结束后，应检验样板的涂漆表面并做记录（样板边缘10mm以内及划线两侧3mm以内的区域不计)。样板出现涂膜脱落、起泡和生锈等缺陷时，应终止试验。

（4）结果表示

试验结束后，以不少于两块试验样板的结果一致为准。

（5）仪器说明

① 试验装置的水池尺寸为1200mm×1200mm×1200mm，其上装有电动机，通过传动装置带动池内的样板架。动力和传动装置必须使样板线速度达到32.7km/h（约18节）。

② 样板架的转动轴垂直于池的底面，固定安装在水池内，轴的位置距一边为边长的1/2，距该边的邻边为边长的1/3。

（6）参考标准

GB/T 9260—2008《船用水线漆》。

9.4.3 防锈漆阴极剥离性

（1）测试范围及说明

阴极剥离指由阴极保护引起的涂层与金属表面之间的附着失效。船舶在采取阴极保护过程中，有机涂层的缺陷和损伤部位受超电位和电极反应的作用后，出现不同程度的起泡、剥落等现象。另外，在电化学腐蚀过程中，阴极附近呈碱性，也容易使涂膜的附着性遭到破坏。为了考核涂料与电化学腐蚀措施配合的适应性，测定涂膜耐阴极剥离性是比较有效的方法。本方法适用于在海洋环境中船舶和海洋结构物单层或多层保护涂料在阴极保护下的耐阴极剥离性。

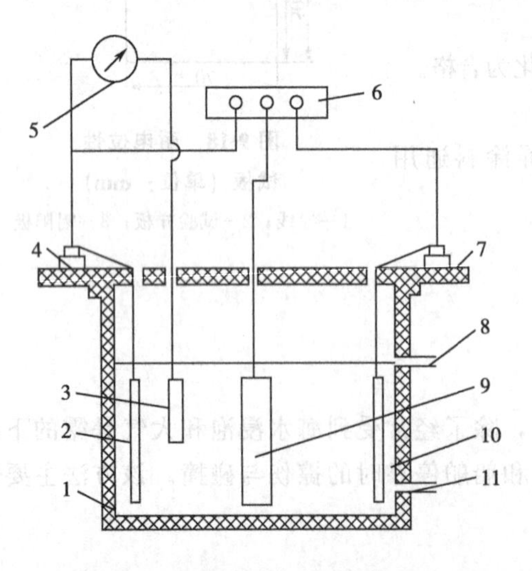

图9-19 阴极剥离性试验装置示意图

1—圆形塑料槽；2—试板；3—参比电极；4—接线柱；5—袖珍式数字万用表；6—螺栓连接器；7—槽盖；8—溢水口；9—镁阳极；10—海水；11—放水口

（2）测试仪器和材料

试验装置，见图9-19，试验容器为一圆形塑料槽，其直径应不小于500mm，高度应不小于100mm，配有盖子、试样固定架等；试验钢板，250mm×150mm×2mm，在其中两短边的任何一边的中心线上距边缘6mm处钻一直径为5mm的连接孔，如图9-20所示；天然海水或人造海水。

(3) 试板制备

① 采用铜螺钉、铜螺母和铜垫圈把一条长度为600mm、线芯直径为1mm的带塑料绝缘层的铜导线固定在试样底板的连接孔上。

② 连接后，用万用表测量导线和底板连接的导电性，其电阻值应小于0.01Ω，然后用环氧胶黏剂涂覆连接点，做绝缘密封处理。

③ 按产品要求制备涂膜并在恒温恒湿条件下干燥。在涂完最后一道漆后，将试板在此标准条件下继续放置7d。

④ 开始试验前在每一块试板的中心位置对涂层开一个人造漏涂孔，该孔为一个去掉直径为6mm涂层的圆孔。应采用直径为6mm的平头钻头加工孔洞，并使孔洞不穿透金属底板。应去除孔洞内全部涂层，露出光亮的金属。

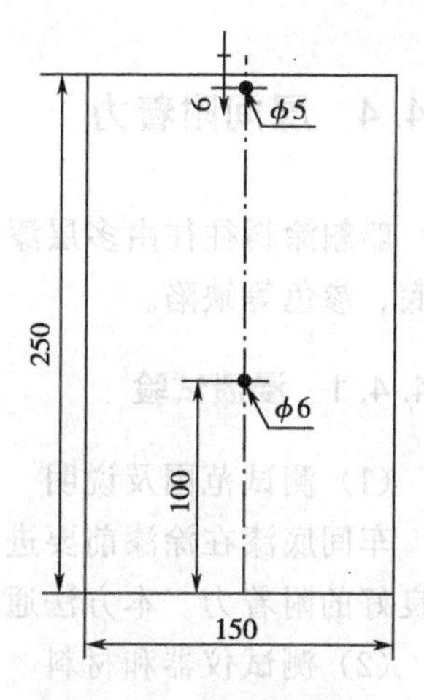

图9-20 阴极剥离性试样（单位：mm）

⑤ 对每一种单层或多层保护涂料制备足够数量的试板，至少有三块；同时也准备三块同样涂料的对照试板，它们在试验中不与阴极保护系统连接。

(4) 测试方法

① 向塑料槽内注入天然海水或人造海水，试验温度为(23±2)℃，每日添加自来水以保持容器内原有液面高度。

② 在容器中央悬吊镁阳极，其为直径52mm、长度240mm的圆棒，质量约1kg（包括埋入阳极内一根M12×30mm的钢质螺栓）。

③ 试板沿着容器四周与阳极等距排列，其人造漏涂孔面对阳极。每块试板与阳极距离不小于150mm，距离容器底不小于50mm。要保证试板完全浸泡，并且保持试板间不接触，也不与容器壁接触。

④ 在容器内空间允许条件下，可在适当位置放置对照试板，但不要把对照试板与阳极连接。另外，把参比电极放在试板附近，但不要遮挡人造漏涂孔。

⑤ 采用一螺栓连接器把每块试板的导线与阳极导线连接。测量试板与参比电极之间的电位为试验电位，在试验中保持电位稳定。

⑥ 试验周期为30d。在试验的第一周内应每天检查一次试验电位和涂层，自第二周起每周检查两次。检查时，取出试板，用自来水仔细冲洗，用滤纸轻轻擦干，检查涂层的起泡、剥离等破坏现象，然后重新放入塑料槽中。试验结束后，用自来水彻底冲洗每块试板，但不应损坏涂层。

(5) 结果表示

① 检查并记录起泡的密度、大小和距人造漏涂孔的距离，若试板背面也是涂装同样的涂料，则亦做同样检查。

② 检查人造漏涂孔周围涂层附着力降低（即阴极剥离）的情况：用一锋利小刀沿着人造漏涂孔边缘涂层底部轻轻剥起所有已松动的涂层或已剥开的涂层，计算试板有效区的剥离面积，并对每一块试板拍摄照片。

③ 对照试板也按以上步骤做同样检查。

(6) 参考标准

GB/T 7790—2008《色漆和清漆 暴露在海水中的涂层耐阴极剥离性能的测定》。

9.4.4 层间附着力

船舶涂料往往由多层漆构成，同一部位的各层涂料之间应有良好层间附着力，避免产生咬底、渗色等缺陷。

9.4.4.1 浸渍试验

(1) 测试范围及说明

车间底漆在涂漆前要进行再清洁工作，与涂覆其上的防锈漆配套后，既要能防锈，又要有良好的附着力。本方法通过盐水浸渍试验，结合划格法，以测定层间附着力。

(2) 测试仪器和材料

试验槽，500mm×400mm×300mm；多刃切割工具，刀刃间距 1mm、2mm；试验用钢板，150mm×70mm×（2～3）mm；盐水，3%氯化钠溶液。

(3) 测试方法

将车间底漆与其上所采用的底漆各喷一道，间隔 24h，并在恒温恒湿条件下干燥 7d 后浸入盐水中，试验 7d 后，取出用滤纸吸干，在空气中暴露 4h，接着进行划格试验。

(4) 结果表示

根据切割表面破坏情况定级或用“通过”或“不通过”来评定。

9.4.4.2 甩水法

(1) 测试范围及说明

本方法主要用于船底防锈漆。由于船底防锈漆的特殊处境要求有较好的附着力，既要求有与基材的附着力，又要求与面漆配套合适，因此使涂膜在一定的速度下与水流接触，以模拟实际使用情况来测定附着力。

(2) 测试仪器和材料

① 试验装置，两端开口的圆筒形转盘；电机及传动装置；盐水槽，600mm×600mm×500mm。

② 试验用钢板，200mm×120mm×（2～3）mm。

③ 盐水，3%氯化钠溶液。

(3) 测试方法

防锈底漆和面漆各喷一道，间隔 24h，并在恒温恒湿条件下干燥 7d。将样板固定于圆筒形转盘四周，然后整个浸入盐水中，转盘以 24mil/h 的线速度在水中转动，转动一定时间后，观察涂膜起泡、脱落等情况。

(4) 结果表示

以观察涂膜表面起泡、脱落为主，根据产品要求判定“通过”或“不通过”。

9.4.4.3 冲击法

(1) 测试范围及说明

本方法主要是模拟船舶在高速航行水流冲击下涂膜所受到的强烈冲刷，特别适用于船体水上部位漆和水线漆。通过在盐水喷射下涂膜耐水波冲击性可考核涂料配套性和涂膜之间的附着力。

(2) 测试仪器和材料

① 试验装置（见图 9-21）。两端开口的圆筒形转盘，长 300mm，高 200mm，它局部浸泡在盐水中；电机及传动装置，可提供相当于最大 40kn（1kn＝1.852km/h）的船速；盐水槽，1200mm×600mm×500mm；水泵，可从盐水槽中将盐水流喷向样板。

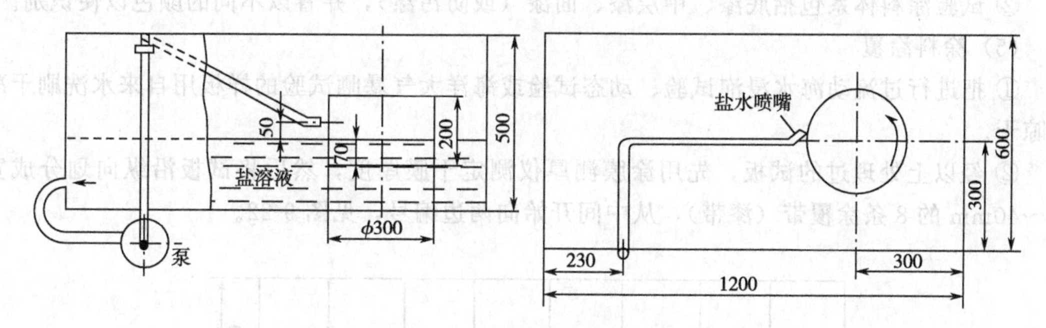

图 9-21 冲击法试验装置示意图（单位：mm）

② 试验用钢板，200mm×120mm×（2～3）mm。

③ 盐水，3%氯化钠溶液。

(3) 测试方法

① 按产品要求制备涂膜并干燥，再于恒温恒湿条件下放置 7d 后投入试验。

② 把样板固定于圆筒形转盘四周，然后将样板浸入盐水内 70mm。

③ 转盘旋转速度可以选择第 1h 14kn，第 2h 18kn，第 3h 和第 4h 为 24kn，也可选择其他变速，直至最大线速度 40kn/h。

④ 将盐水通过水泵以 7.6MPa 的压力成 45°角喷向旋转的圆盘，连续进行 4h 为一试验周期。

(4) 结果表示

以观察涂膜表面起泡、脱落为主，根据产品要求判定“通过”或“不通过”。

(5) 参考标准

NF J17-060—1974《造船工业　船用涂料　海浪作用下的状态和盐水喷射下的附着力》（参见文献［12］）。

9.4.5 修补性能

(1) 测试范围及说明

涂料的修补性能主要取决于修补后的新涂层与原涂层之间的附着力。本方法主要是测定一种涂料系统的新涂层在已自然老化或破损的同种或不同种系统的旧涂层上的附着力，来表示涂料的修补性能。

(2) 测试仪器和材料

涂膜测厚仪；划格试验器；便携式拉开法测定仪；0 号金钢砂布；试板；涂料刷；修补涂料。

(3) 试板准备

① 用于船底或重载水线以下部位的涂料体系修补试验的试板必须选用经三个月以上流动

海水浸泡试验的试板，或选用进行过动态试验一个周期以上的试板。

② 用于水线以上部位涂料体系修补试验的试板必须为进行过海洋大气暴晒试验三个月以上的试板。

(4) 修补涂料

① 用于修补试验的涂料体系一般应与原涂层为同种体系，也可用不同种体系。

② 试验涂料体系包括底漆、中层漆、面漆（或防污漆），并着以不同的颜色以便识别。

(5) 涂料涂覆

① 把进行过流动海水浸泡试验、动态试验或海洋大气暴晒试验的样板用自来水洗刷干净后晾干。

② 经以上处理过的试板，先用涂膜测厚仪测定干膜厚度，然后将试板沿纵向划分成宽30～40mm 的 8 条涂覆带（漆带），从中间开始向两边编号，见图 9-22。

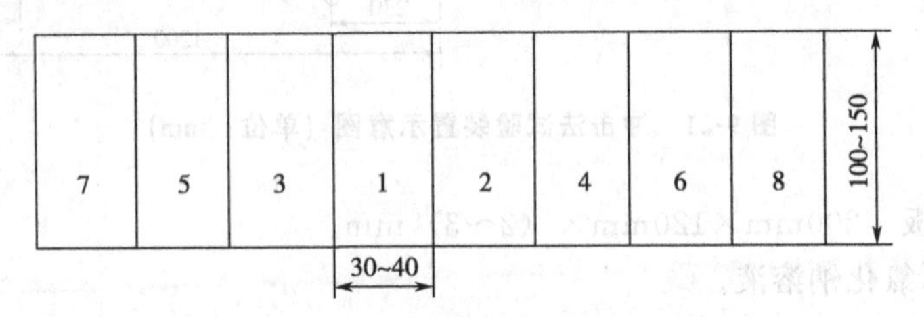

图 9-22　试板漆带分布（单位：mm）

③ 在第 1 条漆带上，将涂膜完全除去，并用 0 号金钢砂布将钢板打磨至手上除锈标准 St 3 级。在第 2 条漆带上，用 0 号金钢砂布磨去约涂膜厚度的一半，边磨边用涂膜测厚仪进行验证。在第 3～6 条漆带上，用 0 号金钢砂布轻轻打毛。

④ 修补涂料涂装体系的分布见图 9-23。在第 1 条漆带上刷涂底漆，在第 1 条漆带和第 2 条漆带上刷涂中间漆，在第 1～4 条漆带上刷涂第一道面漆，在第 1～6 条漆带上刷涂第二道面漆。

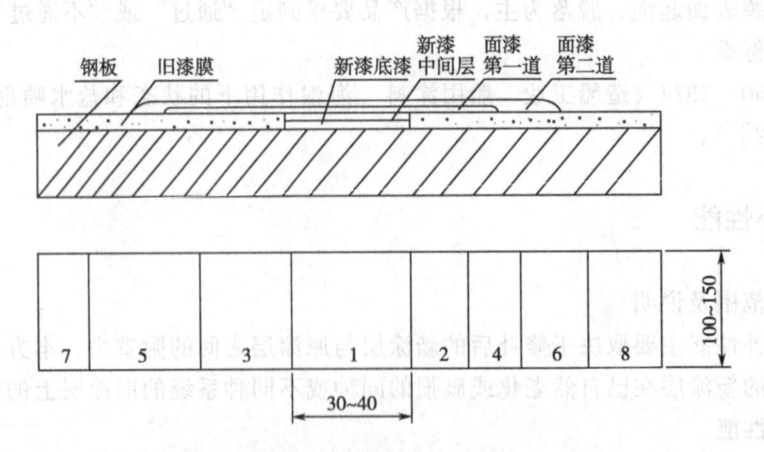

图 9-23　修补涂料重叠分布（单位：mm）

⑤ 在涂覆过程中，应记录可能出现的咬底、渗色或软化现象。最后一道修补漆涂后，试板应在产品规定的条件下干燥一周，然后在温度（23±2)℃、相对湿度（50±5)%的环境中

放置不小于16h，再进行附着力测定。

(6) 性能测定

采用拉开法或者划格法进行附着力的测定。

① 拉开法。在磨损部位及其邻近重涂覆部位和原始漆带上分别取几个有代表性的涂层部位，切割成30mm×30mm的正方形小块，在每个相同涂层部位取3～5块进行拉开法附着力试验。

② 划格法。在试板的每个有代表性的漆层部位分别进行划格法附着力试验。由于各部位涂膜厚度不同，应合理选择划格试验器的刀刃间距。

(7) 结果评定

按附着力测试结果比较原始漆带与新涂膜在被修补部位上的附着性能。拉开法附着力试验以各漆带上所测得的附着力平均值进行比较，划格法附着力试验根据切割表面破坏情况定级并进行比较。

(8) 参考标准

GB/T 14528—1993《船舶涂料修补性能测定法》(已废止)。

9.5 航空涂料

航空涂料是指用在飞机内、外表面（包括整机和零部件）的所有涂料。由于飞机涂膜要经受严酷的特定条件，如温湿度的变化、紫外线照射强度的变化、气流及空气中雨和砂粒的冲刷以及不同系统、不同介质的侵蚀等，因此对航空涂料的要求极为严格，在选择涂料或投入使用时，都必须对涂料产品进行严格的检验和考察。

9.5.1 蒙布收缩率

(1) 测试范围及说明

当飞机蒙布涂上漆后，蒙布收缩，使整个布表面在框架上绷得很紧，成为一个光滑的表面，符合飞机表面空气动力学性能的要求，但蒙布收缩率在产品标准中也有一定的控制。本方法适用于蒙布涂漆后，在直线方向收缩性的测定。采用蒙布收缩率测定仪测定，以百分数表示。

(2) 测试仪器和材料

蒙布收缩率测定仪；天平，感量为0.1g；蒙布，114号丝光线平布；涂料刷，宽25～35mm。

(3) 测试方法

① 将仪器置于平台上，调整四角调节螺钉，使仪器呈水平位置。

② 取宽50mm、长450mm的经向蒙布试条一端置于滚筒及滚筒压板之间；另一端可由压板及压座夹住。

③ 挂上重锤，尽量使仪器指针停在标尺的“0”位上，调整调节螺钉，使涂漆垫板刚好与蒙布条接触。

④ 在蒙布条上标出300mm一段，静置30min后，记录标尺上指针的读数。然后用涂料刷在蒙布条标出的300mm一段上涂刷四层漆，涂刷各层间隔时间及每层用漆量按产品标准

规定。

⑤ 涂漆完毕，降下涂漆垫板，使蒙布条自由收缩。如蒙布条收缩时，则仪器上指针向左偏转，反之则向右偏转。

⑥ 在恒温恒湿条件下，按产品标准规定时间干燥后，将指针在标尺上最后读数记录下来。

(4) 结果表示

蒙布收缩率（Y,%）按下式计算：

$$Y=\frac{aR}{bL}\times 100\% \tag{9-13}$$

式中，a 为蒙布条涂漆前指针在标尺上读数与终点时读数之差，mm；R 为滚筒的小轴半径（等于12mm）；L 为指针长度（等于200mm）；b 为蒙布条涂漆长度（等于300mm）。

(5) 参考标准

HG/T 2999《蒙布涂漆后收缩率测定法》。

9.5.2 耐低温性

(1) 测试范围及说明

本方法适用于检验飞机用保护性磁漆。通过周期性地加热和冷冻的循环，尤其是低温的考验，再结合柔韧性和附着力的测试，以判断涂膜对低温的抵抗能力。

(2) 测试仪器和材料

低温冷冻箱；恒温箱；轴棒测定器；刮杆附着力试验仪；4倍放大镜。

(3) 测试方法

① 按产品标准要求用底、面漆配套体系的涂料来进行制板，并在温度（23±2)℃、相对湿度（50±5)%的条件下干燥固化7d。

② 将试板放入71℃的恒温箱中，保持25min，然后立即把低温冷冻箱试板放入−53℃的冷冻箱内，保持5min，这样组成一个循环，共进行24次循环。

③ 在最后一次循环后，将试板放在−53℃冷冻箱中，保持5h并在−53℃的低温条件下，在直径为100mm的轴棒上做弯曲试验，同时取出试板立即做刮痕附着力测定。

(4) 结果表示

试验后涂膜不应有裂痕、起皱或附着力丧失等现象。

(5) 参考标准

美国波音公司材料规范BMS-10-60H。

9.5.3 耐高温砂蚀试验

在高空飞行中、在高温条件下，机身和发动机等可能遇到苛刻条件使保护涂层受到高温砂蚀的破坏作用，因此需要对航空涂料的耐高温砂蚀性能进行评定。

(1) 测试原理

通过在一定压力的高温空气流中，以一定的速度吹入规定质量的磨料至涂层试件，称量经高温砂蚀后的试片质量计算出涂层的质量损失来判定。

（2）测试仪器和材料

涂层高温砂蚀试验仪，工作原理见图9-24，仪器压缩空气应经过滤、除水、除油，表盘压力可调范围为0～0.3MPa，试验温度可调范围为20～300℃，落砂速度的变化范围为3～10g/s；分析天平，精确至0.2mg；工业天平，精确至0.2g；磨料，70～80目石英砂，试验前应过筛，并置于100～110℃烘箱中烘烤，以除去水分。

（3）测试方法

① 试板经表面处理后，用胶带保护不需喷涂的部位。然后按产品标准要求用底、面漆配套涂料进行制板，并在温度（23±2）℃、相对湿度（50±5）%的条件下处置规定的时间。

② 在分析天平上对试板一一称重，按规定的落砂量，在工业天平上一一称重，准确至0.2g，备用。

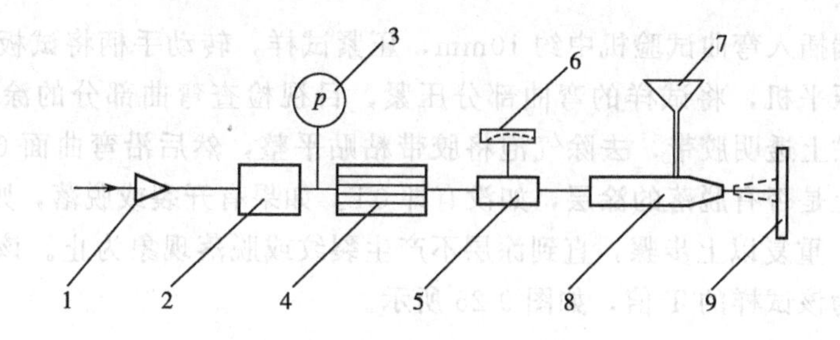

图9-24　高温砂蚀试验仪工作原理

1—空气入口；2—过滤减压器；3—压力指示表；4—空气加热器；5—测温装置；6—温度指示；7—漏斗；8—喷嘴；9—试板

③ 接通压缩空气，调节压力，开启空气加热器电源，把磨料注入漏斗，在磨料自重及压缩空气的引射作用下吸入喷嘴，与热压缩空气一起，垂直地吹射到试板中心部位。

④ 试验时各项参数的选择，如空气压力、温度、每次吸砂用磨料重量、落砂速度等，可根据涂层性能与实际使用条件来定。

⑤ 取下试板，将残留的磨料清理干净，待冷却至常温后，再在分析天平上称重，记录吹射前后的涂层损失量。每种受试涂层至少应制备三块试板，进行平行试验。

（4）结果表示

取三次涂层重量损失的算术平均值。

9.6　卷材涂料

9.6.1　T弯

T弯测试通常是表达涂层材料弯曲性能的一种测试方法，它反映的是涂膜的柔韧性和附着力。当涂层材料受加工的力超出涂层所能承受的弯曲或附着强度时，会导致涂层开裂，露出基材，或使基材的附着力下降。

在卷钢涂料和罐头涂料的性能测试中，T弯曲性是重要测试项目。预涂板上的有机涂层在轧制成型、弯曲成形或其他变形加工过程中处于受力状态，这些力会超出涂层所能承受的弯曲或附着强度，导致涂层开裂，露出基材，或使涂层的附着力下降。因此预涂样板上的有机涂层在加工成产品时所能承受的弯曲或附着强度的好坏受到了广泛关注。

（1）测试原理

将试样绕自身弯曲180°，观察弯曲面的涂层开裂或脱落情况，确定使涂层不产生开裂或脱落的试样的最小厚度倍数值。在彩涂板较厚、强度较高，难以进行180°弯曲时，也可采用90°弯曲试验。

（2）测试仪器

弯曲试验机：能将试板弯曲成锐角。

压平机或台钳：用于压平试样。

透明胶带：宽度约为25mm，黏结强度为（11±1）N/25mm宽。

（3）测试方法

将试板的一端插入弯曲试验机中约10mm，压紧试样，转动手柄将试板弯曲到锐角，然后取出试板插入压平机，将试样的弯曲部分压紧，目视检查弯曲部分的涂层上是否出现开裂，沿着弯曲面贴上透明胶带，去除气泡将胶带粘贴平整，然后沿弯曲面60°方向迅速撕下胶带，检查胶带上是否有脱落的涂层，如没有即0T。如果有开裂或脱落，则将0T弯曲部分继续做180°弯曲。重复以上步骤，直到涂层不产生裂纹或脱落现象为止。该条件下的样板厚度的最小倍数即为该试样的T值，如图9-25所示。

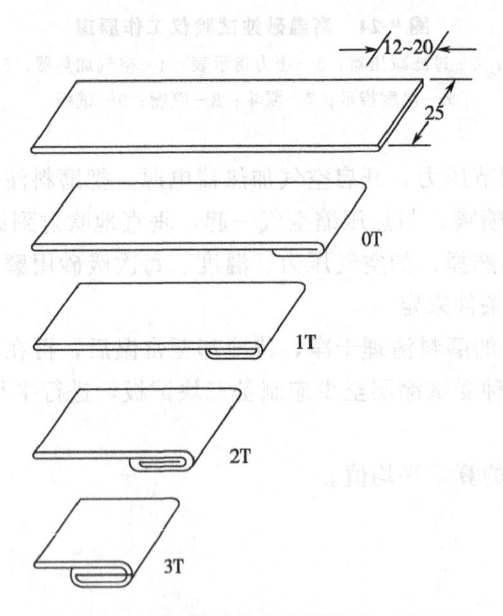

图9-25 涂层样板绕自身弯曲的T弯试验

（4）参考标准

GB/T 13448—2019《彩色涂层钢板及钢带试验方法》(7弯曲试验)。

9.6.2 杯突

杯突试验（又叫压陷试验）是指评价涂膜涂层在标准条件下逐渐变形后，其抗开裂或与金属基材分离的性能的试验。杯突试验实际上考察的是在金属基材伸长的情况下其表面涂层的强度、弹性及其对金属的附着力。杯突试验对卷材工业和制罐工业中需进行后成型的那些涂料，如卷钢涂料、罐头涂料等是必不可少的涂料测试项目。

（1）测试原理

用杯突试验仪将冲头恒速地从试样的背面顶出，冲压至一定的深度，观察正面涂膜是否开裂或从基材上剥离来评定涂层抗开裂或脱落的能力。涂膜破坏时冲头压入的最小深度即为杯突指数，以 mm 表示。

（2）测试仪器

① 杯突试验仪。如图 9-26 所示，杯突试验仪的主要组成如下：

a. 伸缩冲模：表面应淬火，且接触试板的表面是抛光面。

b. 固定环：接触试板的表面是抛光面，且与冲模的接触面相平行。

c. 冲头：直径为 20mm 的半球形，接触试板的部分是淬火抛光钢制。

d. 测量装置：测量用冲头得到的压陷深度，精确到 0.05mm。

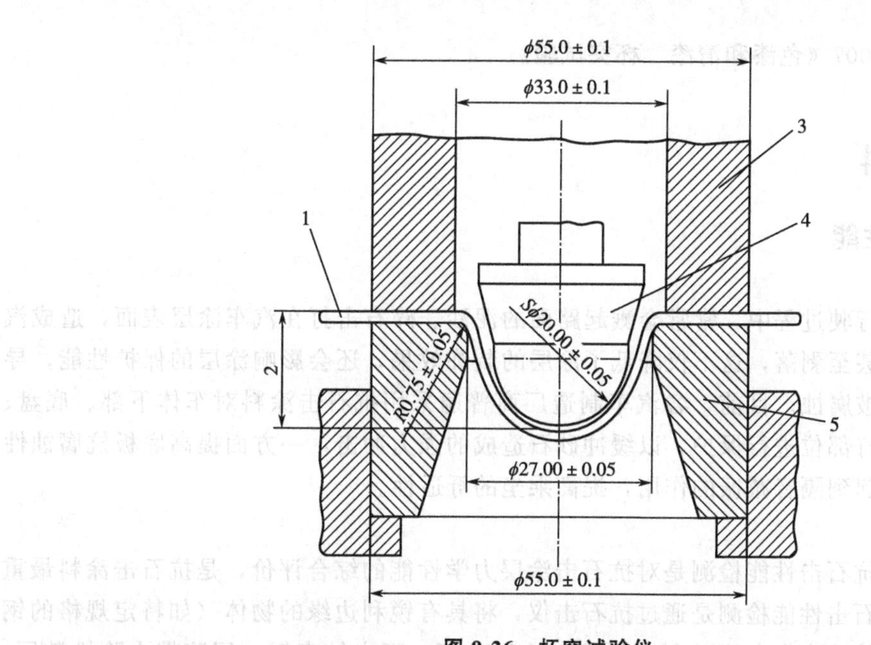

图 9-26　杯突试验仪

1—试板；2—压陷深度；3—固定环；4—冲头及球；5—冲模

② 放大镜。10 倍放大倍数，用于在试板变形期间或变形后观察试板。

③ 试板。长方形，厚度在 0.30～1.25mm（以千分尺测量），边长不小于 70mm。

（3）测试方法

① 将试板牢固地固定在杯突试验仪的固定环与冲模之间，涂层面向冲模。当冲头处于零位时，使冲头半球形顶端刚好与试板未涂漆的一面接触。调整试板，使冲头的中心轴线与试板的交点离试板边缘不小于 35mm。

② 开启杯突试验仪，将冲头的半球形顶端以 0.1～0.3mm/s 恒速从试板背面顶出，直至达到规定深度，即冲头从零位开始已移动的距离。在试验中，应防止冲头弯曲，且球面顶端中心与冲模的轴心偏离应不大于 0.1mm。以校正过的正常视力或经同意采用 10 倍放大镜

检查试板的涂层是否开裂或从基材上分离，以通过或不通过进行评定。

③ 如测定引起涂膜破坏的最小深度，则以涂层表面第一次出现开裂或从基材分离时的最小深度（精确到0.1mm）表示结果，并进行重复，取两次一致的结果。

（4）影响因素

① 冲头磨损的影响。冲头的磨损可以使杯突值降低，因而需经常检查，发现磨损及时更换。

② 夹紧力的影响。随着夹紧力的增加，杯突值逐渐减小，主要是试验时材料的流动性所致。夹紧力愈大，置于压模和垫模之间的试样所受到的正压力也愈大，试样与模具间的摩擦阻力也愈大。摩擦阻力将阻碍材料的塑性变形，试样的变形仅限于压模和垫模之间未被挤压部分，因此使测出的杯突值偏小。

③ 冲头上升速度的影响。试验时冲头上升速度必须缓慢或在快要接近破裂时减慢速度。否则，由于冲头上升过快而使杯突值升高，这是由于惯性作用。因此冲头速度一定要缓慢，一般控制在0.1～0.3mm/s为宜。

（5）参考标准

GB/T 9753—2007《色漆和清漆　杯突试验》。

9.7 汽车涂料

9.7.1 抗石击性能

汽车在实际的行驶过程中，常常会溅起路面的泥沙、碎石击打在汽车涂层表面，造成汽车表面涂层的破坏甚至剥落，这不仅降低了涂层的装饰效果，还会影响涂层的保护性能，导致涂层下方的钢板被腐蚀。目前，各汽车制造厂商普遍采用抗石击涂料对车体下部、底盘、轮罩等易被砂石击打部位进行保护，以缓冲砂石造成的强力冲击，一方面提高底板抗腐蚀性能，另一方面还能起到隔音减振的作用，提高乘坐的舒适性。

（1）测试原理

抗石击涂料的抗石击性能检测是对抗石击涂层力学性能的综合评价，是抗石击涂料最重要的性能指标。抗石击性能检测是通过抗石击仪，将具有锐利边缘的物体（如特定规格的钢丸或碎石）以一定的速度和角度喷射在抗石击涂层表面。石击结束后，用胶带去除松散层，露出样板上残留的石击痕迹，通过分析抗石击涂层的破坏程度来判断抗石击性能；或者以抗石击涂层被击穿的时间、剥落面积来判断抗石击性能。抗石击涂层的破坏程度由喷射压力、喷射角度、喷射物体（钢丸或碎石）的质量、冲击持续时间等共同决定。

目前国内外汽车行业常用的抗石击性试验方法主要有两种：一种是国际标准化组织（ISO）制定的ISO 20567-1《色漆和清漆　涂层的耐石击性的测定　第1部分：多次冲击试验》，该标准来源于德国工业标准DIN 55996-1：2001《涂层材料的碎石冲击强度检验　第1部分：多重冲击试验》；另一种是美国汽车工程协会（SAE）制定的SAE J400《汽车表面涂层的抗碎石测试》，多被美国通用、福特等汽车公司采用。日系汽车采用的抗石击试验方法与SAE J400相似。两大体系的抗石击性试验方法及评价方法的对比见表9-3。

表 9-3 两大体系的抗石击性试验方法及评价方法的对比

项目	ISO 体系	SAE 体系			
标准举例	DIN 55996-1	SAE J400	JIS		
	喷丸法		低强度石击法	高强度石击法	
	A 法、B 法、C 法			射石法	连续磨损法
喷射材料种类	有棱角的冷硬铸铁粒料	水磨铺路石	道路碎石 1～7 号		
钢丸或碎石量	500g×2 次	1pint	50g	500g×5 次	1000g×8 次
钢丸或碎石尺寸/mm	4～5	9.53～15.86	6～8	10～15	3～6
空气压力/kPa	200/100	480±20	58.8±4.9	490.0±19.6	58.8±4.9
喷射时间/s	10±2	7～10	3～5	5～10	25～30
待测表面与喷射方向的夹角/(°)	54±1	90	20、45	90	75
环境条件	(23±2)℃和相对湿度(50±5)%	常温或(−29±3)℃	(−20±2)℃，(0±2)℃，(20±2)℃	(−20±2)℃	(20±5)℃
试验前样品的处理方法	无	无	无	盐雾试验 120h，常温放置 24h 后进行	
石击后样品的处理方法	用胶带去除松垮的涂层，可以将受损试验面浸入 5% 的 $CuSO_4$ 溶液中，以便更好地观察和评定脱落至基材的情况	用胶带去除松垮的涂层		用胶带去除松垮的涂层（有时也有水洗的要求），通过盐雾试验处理，记录生锈点数	
胶带黏附力	6～10N/25mm	12.7N/25mm			

注：1pint（美制）＝0.4732L。

(2) 测试仪器和材料

① 耐碎石冲击试验机。主要可分为两大类，分别是对应 ISO 标准的德国抗石击仪（图 9-27）和 SAE 体系的日系抗石击仪（图 9-28）。

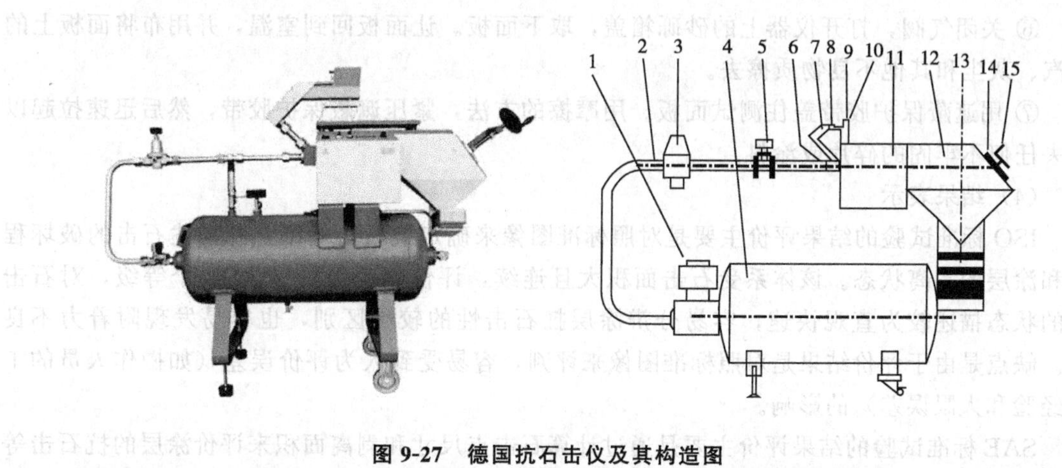

图 9-27 德国抗石击仪及其构造图

1—电磁阀；2—压缩空气管；3—减压器；4—蓄压器；5—压力测量表；6—加速喷嘴；7—粒料滑道；8—输送管；9—振动输送机；10—粒料加料漏斗；11—加速管；12—保护罩；13—粒料贮槽；14—试样板；15—试样夹紧装置

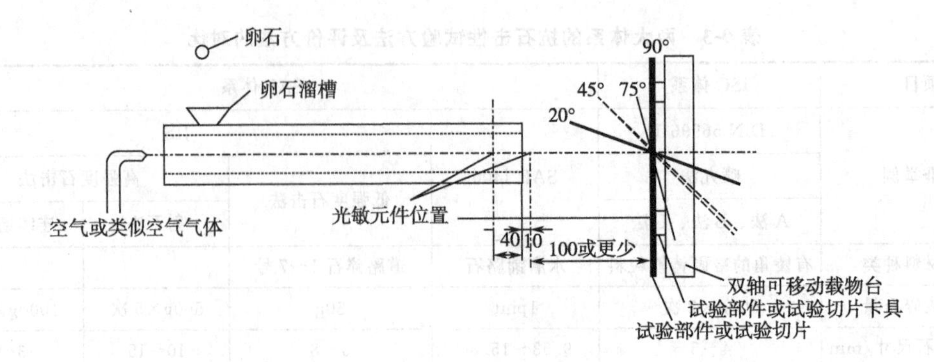

图 9-28　日系抗石击仪的结构示意图（单位：mm）

抗石击仪的工作原理为：一定质量的钢丸或碎石通过振动弹入进料器。由于进料器下部的高速气流高速运动形成了一个真空，因此碰撞介质就被吸入射枪组件中，而后被喷射气流射向测试样件。在介质撞击测试目标后，介质就掉入砂砾收集箱内。试验机使大量带有锋利边缘的钢丸或碎石在短时间内撞击样品表面，整个试验在可控温度下进行。冲击结束后，用胶带去除松散涂层，露出样板上残留的石击点痕迹，通过分析涂层的破坏程度判断其抗石击性能的优劣。

② 砂粒。粒径 4～5mm 的骤冷铁屑（经过 100 次测试后需要更换新的砂粒）。

③ 胶带。黏结强度应在 6～10N/25mm 宽之间，胶带宽度要大于 50mm。

(3) 测试方法

① 开动试验机，打开主开关和压缩空气源接头，直至压缩空气注满压力罐。

② 不填喷丸，打开减压阀，按要求调节好压力和喷丸喷射速度。

③ 在调整了气压之后，关闭气阀，打开仪器上的砂砾箱盖，然后，用合适的容器盛放喷丸。

④ 将处于理想测试温度的待检测涂层试样放置在试验架上，放置时将涂层面朝向仪器的前面，用螺栓拧紧；所有测试样件的放置角度应与飞石的冲击方向成 90°角，除非有其他特殊规定。关闭砂砾箱盖。

⑤ 砂砾添加。每隔（4±1）s 的时间，添加沙砾。在添加砂砾前，不要打开气阀。

⑥ 关闭气阀，打开仪器上的砂砾箱盖，取下面板。让面板回到室温，并用布将面板上的水汽、灰尘和其他不良物质擦去。

⑦ 用遮蔽保护胶带盖住测试面板。用摩擦的方法，紧压遮蔽保护胶带，然后迅速拉起以除去任何不牢固的碎片或涂料。

(4) 结果表示

ISO 标准试验的结果评价主要是对照标准图像来确定抗石击等级，并描述石击的破坏程度和涂层的剥离状态。该体系受石击面积大且连续，评价的等级可分为 19 个等级，对石击后的状态描述较为直观快速，容易分辨涂层扛石击性的较小区别，也容易发现附着力不良点。缺点是由于评价结果是对照标准图像来评判，容易受到人为评价误差（如操作人员的工作经验和人眼误差）的影响。

SAE 标准试验的结果评价主要是通过计算石击点尺寸和剥离面积来评价涂层的抗石击等级。该标准可以利用图像处理或面积测量仪器来代替人眼对剥离面积进行测量，因此人为评价误差能够被消除。缺点是由于需要用图像处理来测量剥离面积，该过程所包含的计算过程较为复杂，烦琐费时。

（5）参考标准

ISO 20567-1《色漆和清漆 涂层的耐石击性的测定　第 1 部分：多次冲击试验》、SAE J400《汽车表面涂层的抗碎石测试》。

9.7.2 鲜映性

对轿车特别是高级轿车而言，对涂料的要求除了高度的保护性，还应有优良的装饰性。轿车涂层外观的优劣已越来越引起人们的普遍关注。汽车的装饰性除车体造型和涂装色彩设计外，涂层的外观品质起着重要作用，其直接影响汽车的商品价值。除了颜色、光泽等指标外，涂层的丰满度、平滑度直接影响着装饰效果的好坏。

涂膜鲜映性就是用来描述涂膜表面显映物体的清晰程度的量值，以 DOI（distinctness of image）值表示。对于汽车涂料来说，汽车涂膜的鲜映性能综合反映涂层的平滑性、光泽度和粗糙度等外观特性，并直接影响涂层的装饰性和人对整车的感观效果。因此，了解涂膜鲜映性的机理及其影响因素，掌握提高涂膜鲜映性的方法，对提高汽车涂层装饰性和整车质量有着重要意义。

（1）测试原理

一个平整光泽的物体表面，对具有一定亮度的景象可以产生清晰而又不失真的反射，而如果这一平面既不平整，光泽度又低，则景象将会模糊甚至发生严重变形。这一原理就是涂膜鲜映性测量的基础。

其测试原理如图 9-29 所示：光源 2 发出光线照射在标准图像板或字码板 1 上，经镜片 3 和 4 反射将此图像或字码映射在被测表面 5 上，待侧表面将此图像或字码通过镜片 6 和 7 投射到目镜 8 中，人眼从目镜筒中即可观察到经被测表面所反射的图像。由于被测表表面涂膜的平滑性、丰满度和光泽等外观特性各不相同，因而对图像反射的效果不同，即清晰度及失真度不同，这样就可以通过反射图像的清晰程度及对图像或字码的辨别来评价待测表面的鲜映性等级。

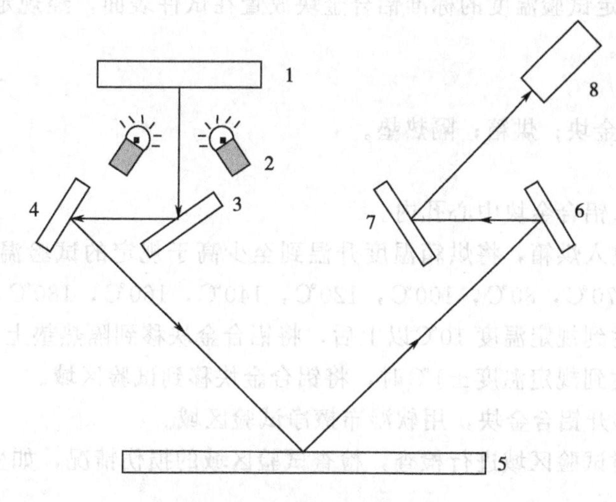

图 9-29　鲜映性测试原理

（2）测试仪器和材料

① QYG 型涂膜鲜映性仪。如图 9-30 所示，由壳体、成像室、光路、目镜及面板五部分组成。

② 标准鲜映性数码板。以字号大小不同的阿拉伯数字表示 DOI 等级，分为 0.1、0.2、0.3、0.4、0.5、0.6、0.7、0.8、0.9、1.0、1.2、1.5、2.0 共 13 个等级，2.0 级字号最小，0.1 级字号最大。

③ 标准反射板。

（3）测试方法

① 将标准反射板放在试验台上，将仪器底部的测量窗口对准标准反射板放好，然后按下电源开关，从目镜筒观察映照在标准反射板上的数码板，确认可清晰地读取数码板上 DOI 值为 1.0 的数字。

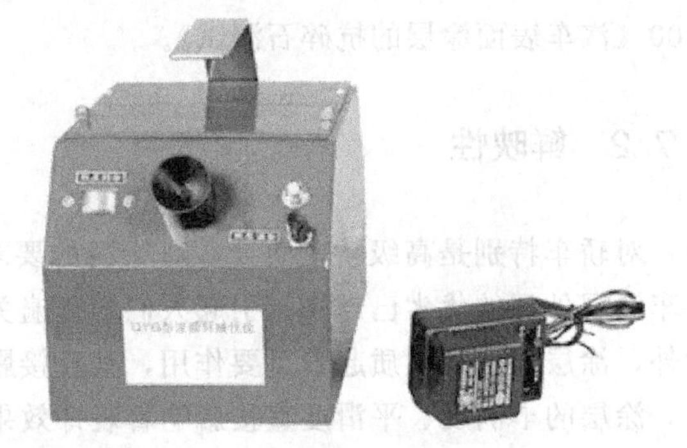

图 9-30 涂膜鲜映性仪

② 将仪器置于待测试板表面，使测量窗口与涂膜表面对好，按下电源开关，从目镜筒中观察被映照的数码，读取可清晰地看清楚的 DOI 值数字。

③ 重复测定 5 次，取其平均值。

（4）结果表示

以 DOI 值表示。

9.8 木器涂料

9.8.1 耐干热性试验

（1）测试原理

将一块加热到规定试验温度的标准铝合金块放置在试件表面，经规定时间后取走，根据涂膜的损伤程度评级。

（2）测试仪器

作为热源的铝合金块；烘箱；隔热垫。

（3）测试方法

① 将温度计插入铝合金块中心孔内。

② 将铝合金块放入烘箱，将烘箱温度升温到至少高于规定的试验温度 10℃。根据试验要求，温度可选取：70℃，80℃，100℃，120℃，140℃，160℃，180℃，200℃。

③ 当铝合金块达到规定温度 10℃以上后，将铝合金块移到隔热垫上。

④ 当铝合金块达到规定温度±1℃时，将铝合金块移到试验区域。

⑤ 20min 后，移开铝合金块，用软湿布擦净试验区域。

⑥ 从不同角度对试验区域进行检查，检查试验区域的损伤情况，如变色、失光、鼓泡或其他可见缺陷。

⑦ 同一试件中选取三个试验区域分别评定，以两个试验区域一致的评定值为最终值。不

一致时可复试一次。

（4）结果表示

评定值共分五个等级，以1级为最佳值，5级为最差值。具体分级指标范围见表9-4。

表9-4　耐干热性试验结果

等级	试验结果
1	无印痕
2	间接轻微印痕及轻微变色
3	近乎完美的环痕、圈痕或轻微变色
4	明显环痕或圈痕，变色
5	严重环痕或圈痕，变色或鼓泡

（5）参考标准

GB/T 4893.3—2020《家具表面漆膜理化性能试验　第3部分：耐干热测定法》。

9.8.2　发白试验

水性木器涂料在施工过程中或者施工后几天、十几天乃至更长的时间里，会出现涂层无光、发浑或者呈半透明等发白现象。导致该现象主要与施工和涂装后养护环境有关：当环境中水分（湿度）过高，表面涂膜、木器涂料底层水分挥发不出来，导致涂膜发白；另外，当木器涂料表面水分挥发过快，木器涂料底层水分被封闭在涂膜里面，无法挥发出去，从而涂膜出现发白现象。

为了获得合适的施工和养护环境，避免发白现象的发生，可以以实验室的模拟试验来测试木器涂料出现涂膜发白现象的涂装养护环境。

（1）测试原理

将涂膜放置在一定的温度和湿度下经历不同的干燥时间，来对涂膜进行判别。

（2）测试仪器和材料

恒温恒湿箱；测色仪；透明胶带。

（3）测试方法

① 对试板先进行厚涂两遍，每遍都刷涂4个“+”，使膜厚达300μm左右，再喷涂两遍，间隔0.5h。

② 在涂膜表干后的不同时间，分别用透明胶带对试板的不同部位进行封闭。

③ 将以上试板置于温度为（25±5）℃、相对湿度为55%～65%的大气环境中。

④ 放置5d后，去除透明胶带，将试板放入8℃、80%相对湿度的恒温恒湿箱中。

⑤ 24h后取出试板，观察并记录涂膜发白情况。也可以通过测色仪对同一试板被封闭处和不封闭处进行明度测试，以计算其明度差。

（4）结果表示

以明度差值表示涂膜发白程度或以文字叙述涂膜发白情况。

参考文献

[1] 周钢，陈建山，罗洁．环氧丙烯酸酯家具涂料光固化过程的红外光谱分析［J］．木材工业，2005，19：19-21.

[2] 李聪，袁妍，刘仁，等．低收缩率光固化反应研究进展［J］．涂料工业，2017，47（6）：81-87.

[3] 魏善智，宋彩雨，孙明明，等．紫外光固化收缩率的研究进展［J］．化学与黏合，2016，38（5）：373-381.

[4] 鲁映红，曹瑞军．光固化树脂线收缩率测试方法的探讨［J］．热固性树脂，2002，17（3）：40-41.

[5] 蹇钰，何勇，聂俊．紫外光固化实时体积收缩过程的研究［J］. 2012 第十三届中国辐射固化年会论文集，2012：86-91.

[6] 宋华．电泳漆泳透力检测方法适用范围的研究［J］．汽车工艺与材料，2004，3：25-28.

[7] 赵冉，宋华，张澍，等．四枚盒泳透力测试方法的影响因素［J］．中国汽车工程学会涂装技术分会学术年会，2013：104-110.

[8] 刘彬．汽车抗石击涂料的抗石击性能试验及评价方法［J］．粘结，2018，1：54-56.

[9] 王纳新，张馨月，杜屹峰．汽车车身涂层抗石击性试验及评价方法［J］．汽车工艺与材料，2011，3：1-5.

[10] 宾春兰．浅析汽车面漆漆膜鲜映性提高的措施［J］．装备制造技术，2013：07-15.

[11] 匡乃康，王汝萍．涂膜鲜映性及其测试技术［J］．工程与试验，1991，31：36-37.

[12] 温绍国，刘宏波，周树学．涂料及原材料质量评价［M］．北京：化学工业出版社，2013.

[13] 虞莹莹．涂料工业用检验方法与仪器大全［M］．北京：化学工业出版社，2007.